职业教育食品类专业教材系列

基础化学与实验

张越华　李银花　聂小伟　主编

科学出版社

北　京

内 容 简 介

本书按照"化学基础知识＋实践操作技能"模式构建内容体系，化学基础知识包括：物质的结构与性质、无机物质的命名、物质的状态与相变、化学反应基本理论、溶液、化学试剂与实验用水、化学分析概述、酸碱平衡与酸碱滴定法、氧化还原平衡与氧化还原滴定法、沉淀溶解平衡与沉淀滴定法、配位平衡与配位滴定法、分析化学中常用的分离和富集方法、有机化学基础知识等；实践操作技能包括：化学实验基本知识、单项操作技能和综合技能训练。

本书可作为职业教育食品类专业及相关专业的教学用书，也适用于成人教育培训。

图书在版编目(CIP)数据

基础化学与实验/张越华, 李银花, 聂小伟主编. —北京: 科学出版社, 2020.6

职业教育食品类专业教材系列

ISBN 978-7-03-065171-6

Ⅰ. ①基… Ⅱ. ①张… ②李… ③聂… Ⅲ. ①化学-职业教育-教材 Ⅳ. ①O6

中国版本图书馆 CIP 数据核字(2020)第 083065 号

责任编辑：沈力匀 / 责任校对：马英菊
责任印制：吕春珉 / 封面设计：耕者设计工作室

科 学 出 版 社 出版

北京东黄城根北街 16 号
邮政编码：100717
http://www.sciencep.com

三河市骏杰印刷有限公司 印刷

科学出版社发行　　各地新华书店经销

*

2020 年 6 月第 一 版　　开本：787×1092 1/16
2020 年 6 月第一次印刷　　印张：19
字数：460 000

定价：57.00 元

(如有印装质量问题，我社负责调换〈骏杰〉)

销售部电话 010-62136230　编辑部电话 010-62135235 (VC04)

本书编写委员会

主　　编　张越华　李银花　聂小伟
副主编　东　方　李燕杰　齐　明
参　　编　梁兰兰　王　英　夏侯国论
　　　　　彭少洪　陈　庆　倪明龙
　　　　　陈　威　贺延茏　张伶俐

前　言

根据《中国教育现代化 2035》和《加快推进教育现代化实施方案（2018—2022 年)》指导方针，结合职业教育食品类专业人才的培养目标，紧密围绕技能型人才培养要求，本书按照"化学基础知识＋实践操作技能"模式构建内容体系。化学基础知识以分析化学基本原理为主，适当选取无机化学、有机化学、物理化学部分知识；实践操作技能以化学定量分析技术为主，设计了化学实验基本知识、单项操作技能和综合技能训练三大模块，以培养学生规范使用化学分析仪器，能进行食品中常量组分分析，为夯实分析技能和后续的技能课程打下良好的基础。

在编写过程中，编者根据多年职业教育化学基础课程的教学体会，以及职业院校学生实用性、适用性和先进性的培养原则，注重夯实学生应用知识能力和实践技能。书中实验部分选用了最新的国家标准分析方法，并配有部分演示图、授课用演示文稿、动画等数字化教学资源，以满足学生自主学习和教师备课的需要。书后附有常用指示剂配制方法、不同温度下标准滴定溶液的体积补正值以及化学分析考核评分细则等，供读者需要时参考。

本书由广州城市职业学院张越华、广东食品药品职业学院李银花及威海海洋职业学院聂小伟担任主编；广东食品药品职业学院东方、李燕杰及佛山职业技术学院齐明担任副主编；广州城市职业学院梁兰兰、王英、夏侯国论、彭少洪、陈庆，广东食品药品职业学院倪明龙，广东省质量监督粮油检验站陈威，威海海洋职业学院贺延茏、张伶俐参与了编写工作。全书由张越华统稿。

编者在编写过程中参考了大量的文献资料，得到教育部高职高专食品类专业教学指导委员会和科学出版社的大力支持和指导，在此一并表示衷心的感谢！

由于编写时间仓促，水平有限，错误和不当之处在所难免，敬请各位同仁和读者批评指正。

目　　录

第1章　物质的结构与性质

☞ **能力要求**

（1）能判断常见化学物质的性质。

（2）能根据化学物质的性质，在实验过程中做好安全防护。

（3）可以书写常见原子的电子排布式，并根据电子排布式判断该原子的属性。

☞ **知识要求**

（1）掌握原子核外电子结构。

（2）掌握离子键、共价键与对应晶体，了解金属键与金属晶体。

（3）掌握分子的极性并了解分子间作用力。

☞ **教学活动建议**

利用原子结构模型，了解原子结构的空间构型。

物质的结构与性质

1.1　原子结构与元素的性质

从 19 世纪末，在电子、放射性和 X 射线等被发现后，人们对原子内部较复杂结构的认识越来越清楚。1911 年卢瑟福提出了原子的核式结构模型，指出原子是由原子核和核外电子组成的，原子核是由中子和质子等微观粒子组成的，质子带正电荷，核外电子带负电荷。

在一般化学反应中，原子核并不发生变化，只是核外电子运动状态发生改变。因此原子核外电子层的结构和电子运动的规律，特别是原子外电子层结构，就成为化学领域关注的问题之一。

1.1.1　核外电子运动状态的描述

1. 电子云

氢原子核外只有一个电子，设想核的位置固定，而电子并不是沿固定的轨道运动，由于不确定关系，也不可能同时测定电子的位置和速率。但我们可以用统计的方法来判

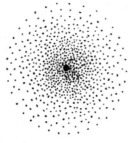

图 1-1　氢原子电子云

断电子在核外空间某一区域出现的机会（概率）是多少。设想有一个高速照相机能拍摄电子在某一瞬间的位置。然后在不同瞬间拍摄成千上万张照片，若分别观察每一张照片，则它们的位置各不相同，似无规律可言，但如果把所有的照片叠合在一起看，就明显地发现电子的运动具有统计规律性，电子经常出现的区域是在核外的一个球形空间。离核越近，黑点越密，它如同带负电的云一样，把原子核包围起来，这种想象中的图形就叫作电子云（图 1-1）。

2. 4 个量子数

要描述原子中各电子的运动状态，需用 4 个量子数（主量子数 n、角量子数 l、磁量子数 m_l、自旋量子数 m_s）来描述。

1) 主量子数 n（$n=1$, 2, 3, 4, 5, 6, 7, …）

对应电子层符号：K, L, M, N, O, P, Q, …

主量子数是原子中标记电子能量的最重要的量子数。

2) 角量子数 l [$l=0$, 1, 2, 3, …, $(n-1)$]

对应电子亚层符号：s, p, d, f, …

角量子数是决定原子中电子轨道角动量的量子数。当 n 相同时，不同的 l 值对能量值也稍有影响，且与 l 成正比。例如，当主量子数同为 n 时，有如下的关系：$Ens < Enp < End < Enf$，这是因为 l 越小，电子在核附近出现的机会多，受核的引力越大，能量也较低。

由于 l 的不同，引起能量的不同，可以理解为能量再分级或形成了亚层（或副层）。例如，$n=1$ 的电子层，l 只能取 0，它只能有一个能级；当 $n=2$ 时，l 可取 0，1 两个值，所以有 2 个能级（或有 2 个亚层）；当 $n=3$ 时，l 可以取 0，1，2，所以有 3 个能级（或有 3 个亚层）。

3) 磁量子数 m_l（$m_l=0$, ± 1, ± 2, ± 3, …）

磁量子数是决定原子中电子的轨道角动量在外磁场 B 中取向的量子数。$l=0$ 时，m_l 只取一个值，即 $m_l=0$，表示亚层只有一个轨道。当 $l=1$ 时，$m_l=0$, ± 1，分别表示 p 亚层在空间有三个伸展方向（p_x、p_y 和 p_z），但是能量相同。

4) 自旋量子数 m_s（$m_s=+1/2$, $-1/2$）

自旋量子数是决定电子自旋角动量的量子数。电子除绕核运动外，其自身还做自旋运动。根据量子力学的计算规定：m_s 只可能取 $+1/2$ 和 $-1/2$，用以表示 2 种不同的自旋状态，通常用正反 2 个箭头（↑ ↓）来表示。

综上所述，主量子数和角量子数决定原子轨道的能量；磁量子数决定原子轨道的形状及空间取向或原子轨道的数目；自旋量子数决定电子运动的自旋状态。

例如：已知核外某电子的 4 个量子数 $n=2$、$l=1$、$m_l=-1$、$m_s=+1/2$，指的是第二电子层、p 亚层、$2p_z$ 轨道上有自旋方向为 $+1/2$ 的电子。

1.1.2 原子核外电子结构

1. 原子核外电子分布规则

根据光谱实验数据以及对元素性质周期律的分析，归纳出多电子原子中的电子在核外的分布应遵从三条原则，即泡利（Pauli）不相容原理、能量最低原理和洪特（Hund）规则。

1）泡利不相容原理

1 个单电子空间波函数（或称空间轨道）$\psi(\gamma)$ 最多容纳 2 个电子，自旋必须相反，称为泡利不相容原理。由于每个电子层中原子轨道总数是 n^2 个，因此各电子层中电子的最大容量是 $2n^2$ 个（表 1-1）。

表 1-1　电子层可容纳电子的最大数目

电子层	K(1)	L(2)	M(3)
电子亚层	1s	2s，2p	3s，3p，3d
亚层原子轨道数	1	1，3	1，3，5
亚层中电子数	2	2，6	2，6，10
电子层可容纳电子的最大数目（$2n^2$）	2	8	18

2）能量最低原理

在不违背泡利不相容原理的前提下，电子在各个轨道上的分布方式应使整个原子能量处于最低状态，即多电子原子在基态时核外电子总是尽可能地先占据能量最低的轨道，称为能量最低原理。

3）洪特规则

电子在能量相同的轨道（即等价轨道）上分布时，总是尽可能以自旋相同的方向分占不同的轨道，因为这样的分布方式总能量最低，称为洪特规则。

2. 多电子原子轨道的能级

原子轨道的能量主要与主量子数有关，对多电子原子来说，原子轨道的能级还和角量子数及原子序数有关。图 1-2 为泡利近似能级图。该图反映核外电子填入轨道的最后顺序。

近似能级图是按原子轨道能量高低的顺序分布的，能量相近的能级划为一组放在一个方框中称为能级组。不同能级组之间的能量差较大，同一能级组内各能级之间的能量差别较小。图中共列出 7 组，它们依次是：

第一能级组：1s

第二能级组：2s，2p

第三能级组：3s，3p

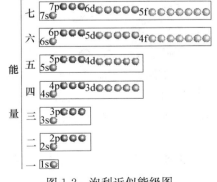

图 1-2　泡利近似能级图

第四能级组：4s，3d，4p

第五能级组：5s，4d，5p

第六能级组：6s，4f，5d，6p

第七能级组：7s，5f，6d，7p，…

s 亚层只有一个原子轨道，p 亚层中有 3 个能量相等的原子轨道。在量子力学中把能量基本相同的状态叫作简并态。所以 p 轨道是三重简并，这 3 个原子轨道能量基本相同，只是空间取向不同，所以又称它们是等价轨道。同样 d 亚层的 5 个 d 轨道是五重简并，f 亚层的 7 个 f 轨道是七重简并。由泡利近似能级图可知：

（1）主量子数 n 相同，角量子数 l 不同者，它们的能量有微小的差别，l 越大，能量也越大，即 $E_{ns} < E_{np} < E_{nd} < E_{nf}$。例如，$E_{4s} < E_{4p} < E_{4d} < E_{4f}$，这种在同一能级组中的能量差别称为能组分裂。

若角量子数相同，其能级次序则由主量子数决定，n 越大，能量越高，如 $E_{2p} < E_{3p} < E_{4p}$。

（2）若主量子数 n 和角量子数 l 同时变动时，能量次序就比较复杂。这种情况常发生在第三层以上的电子层中，如 $E_{4s} < E_{3d} < E_{4p}$ 等。这种现象称为能级交错。

必须指出，泡利近似能级图只是基本上反映了多电子原子核外电子的能级填充次序，如果忽略了不同元素的原子的个性，认为所有元素的原子都能满足泡利近似能级图，显然是不现实的。后来的光谱实验和量子力学的理论证明，随着元素原子序数的增加，核对电子的引力增加，轨道的能量都有所下降，由于下降的程度不同，所以能级的相对位置就随之而变。

3. 电子组态和价电子构型

应用泡利近似能级图和核外电子填充规则，可以准确写出化学元素中 91 种原子的核外电子组态，有一些元素原子外层电子排布情况稍有例外。

价电子构型是指决定元素化学性质的原子的外层电子排布。主族元素一般只写出 $nsnp$ 轨道的电子组态，副族元素（镧系和锕系元素除外）只写出 $(n-1)d\,ns$ 轨道的电子分布式。

核外电子填充实例和表示方法：

【例 1.1】　P 电子组态：$1s^2\,2s^2\,2p^6\,3s^2\,3p^3$，价电子构型表示为：$3s^2\,3p^3$。

【例 1.2】　Cr 价电子构型表示为：$3d^5\,4s^1$。

【例 1.3】　Cu 价电子构型表示为：$3d^{10}\,4s^1$。

从例 1.2 可看出元素 Cr 没有完全按照规则排列，根据这种情况，又归纳出一条规律：对于同一电子亚层，当电子分布为全充满、半充满或全空时，相对比较稳定，这是洪特规则特例。如例 1.2，$3d^5$ 是半满状态稳定，所以 4s 的一个电子排在 3d 轨道上。

【例 1.4】　Pb 电子组态：$1s^2\,2s^2\,2p^6\,3s^2\,3p^6\,4s^2\,3d^{10}\,4p^6\,5s^2\,4d^{10}\,5p^6\,6s^2\,5d^{10}\,4f^{14}\,6p^2$；价电子构型表示为：$4f^{14}\,5d^{10}\,6s^2\,6p^2$。

1.1.3　元素周期律

人们按核电荷数由小到大的顺序给元素编号，这种序号称为元素的原子序数。元素的性质随着原子序数的递增呈现周期性变化的规律称为元素周期律。根据元素周期律把已确认的元素按周期性变化有规律地排列，即将具有相同电子层的元素，按原子序数递增的顺序从左到右排成横行，再把不同横行中最外层电子数相同的元素按电子层数递增的顺序由上而下排列成纵行，这样制成的表称为元素周期表。

1. 元素周期与能级组

从各元素原子的电子层结构可知，当主量子数 n 依次增加时，n 每增加 1 个数值就增加一个能级组，也就增加一个新的电子层，而每一个能级组就相当于元素周期表中的一个周期，也就是周期的序数等于该周期元素原子具有的电子层数。从元素周期表上可知，在第四周期中，从 21 号元素 Sc 到 30 号元素 Zn，新增的电子都是填充到 3d 轨道上，这 10 种元素称为第四周期的过渡元素。从 39 号元素 Y 到 48 号元素 Cd，新增的电子都是填充到 4d 轨道上，这 10 种元素称为第五周期的过渡元素。在第六周期中，从 57 号元素 La 到 71 号元素 Lu，新增的电子都是依次填充在 4f 轨道上，这 14 种元素习惯上称为镧系元素。从 72 号元素 Hf 到 80 号元素 Hg，新增加的电子则依次填充到 5d 轨道上，这也是过渡元素。第七周期中从 89 号元素 Ac 到 103 号元素 Lr，称为锕系元素。

每当主量子数增加 1 时，相应地在元素周期表上就出现一个新的周期。这就是元素性质呈周期性变化的根本原因，换言之，周期的本质是按能级组的不同对元素进行分类。

2. 外层电子构型与元素分区、分族

1）元素周期表中的族

（1）主族。元素周期表中共有 7 个主族，ⅠA-ⅦA，凡最后 1 个电子填入 ns 或 np 亚层上的，都是主族元素，价电子的总数等于其族数。例如，元素 $_{16}S$ 电子组态是 $1s^2$ $2s^2$ $2p^6$ $3s^2$ $3p^4$，最后填入 3p 亚层，价电子构型为 $3s^2$ $3p^4$，故为ⅥA 族。

（2）副族。元素周期表中共有ⅠB-ⅦB 7 个副族。凡最后 1 个电子填入 $(n-1)d$ 或 $(n-2)f$ 亚层上的都属于副族，也称为过渡元素（镧系和锕系称为内过渡元素）。ⅢB～ⅦB 族元素，价电子总数等于其族数。例如，元素 $_{25}Mn$ 电子组态是 $1s^2$ $2s^2$ $2p^6$ $3s^2$ $3p^6$ $3d^5$ $4s^2$，价电子构型是 $3d^5$ $4s^2$，所以是ⅦB 族。ⅠB、ⅡB 族由于其 $(n-1)d$ 亚层已经填满，所以最外层上电子数等于其族数。

（3）零族。零族是稀有气体，其最外层均已填满，呈稳定结构。

（4）Ⅷ族。它处在元素周期表的中间共有 3 个纵行。最后 1 个电子填在 $(n-1)d$ 亚层上，也称为过渡元素。

2）元素周期表按区划分

元素的化学性质主要决定于价电子，而元素周期表中"区"的划分主要是基于价电

子构型的不同。根据元素最后一个电子填充的能级不同，将元素周期表中的元素分为 5 个区，这实际上是把价电子构型相似的元素集中分在一个区。

（1）s 区元素。最后一个电子填充在 s 轨道上的元素，价电子构型是 ns^1 或 ns^2，位于元素周期表的左侧，包括 ⅠA 和 ⅡA 族，它们容易失去电子形成 +1 价或 +2 价离子，是活泼金属。

（2）p 区元素。最后一个电子填充在 p 轨道上的元素，价电子构型是 $ns^2\,np^{1\sim6}$，位于元素周期表右侧，包括 ⅢA～ⅦA 族元素。稀有气体元素也属于 p 区。

s 区和 p 区的共同特点是：最后一个电子都分布在最外层，最外层电子的总数等于该元素的族数。s 区和 p 区就是按族划分的元素周期表中的主族。

（3）d 区元素。价电子构型是 $(n-1)d^{1\sim9}\,ns^{1\sim2}$，最后 1 个电子基本都是填充在次外层，即 $(n-1)$ 层 d 轨道上的元素（个别也有例外），位于长周期的中部。这些元素常有可变化的氧化态，它包括 ⅢB～ⅦB 族和Ⅷ族元素。

（4）ds 区元素。价电子构型是 $(n-1)d^{10}\,ns^{1\sim2}$，即次外层 d 轨道是充满的，最外层轨道上有 1～2 个电子。它们既不同于 p 区，也不同于 d 区，故称为 ds 区，包括 ⅠB 族和ⅡB族，元素周期表中处于 d 区和 p 区之间。

（5）f 区元素。最后 1 个电子填充在 f 轨道上，它包括镧系和锕系元素，由于本区包括的元素数较多（各有 15 种元素），故常将其列于元素周期表之下。

3）原子性质的周期性

元素的基本性质如原子半径、电离能、电子亲和能、电负性等都与原子的结构密切相关，因而也呈现明显的周期性变化。

（1）原子半径。按照量子力学的观点，电子在核外运动没有固定轨道，只是概率分布不同。因此，对原子来说并不存在固定的半径。通常所说的原子半径，是指相邻原子的平均核间距。同一主族元素的原子半径从上到下逐渐增大，这是因为从上到下，元素原子的电子层数增多起主要作用，所以半径增大。副族元素的原子半径从上到下的变化不很明显。第五、第六周期的一些同族元素（如 Nb 和 Ta、Mo 和 W、Tc 和 Re 等）的原子半径十分相近，这是由于镧系收缩的结果。

（2）电离能。一个基态的气态原子失去 1 个电子成为 +1 价气态正离子所需要的能量，称为该元素的第一电离能。元素原子的第一电离能随原子序数的增加呈现明显的周期性变化。电离能的大小主要取决于原子的核电荷、半径和电子构型。在同一周期中，自左向右核电荷增加，原子核对外层电子的吸引力也增加，半径减小，故电离能也随之增大。在同一主族中，从上到下电子层数增加，原子核对外层电子的引力减小，半径增大，电离能也随之减小。

（3）元素金属性和非金属性的周期性变化。在同一周期中，各元素原子的核外电子层数相同，从左到右，核电荷数依次增多，原子核对核外电子的吸引力逐渐增大，原子半径逐渐减小，失电子能力逐渐减弱，得电子能力逐渐增强。所以同一周期元素，从左到右，元素的金属性逐渐减弱，非金属性逐渐增强。在同一主族中，各元素原子的最外层电子数相同，从上到下，电子层数逐渐增多，原子半径逐渐增大，失去电子的能力逐渐增强，得到电子的能力逐渐减弱，所以同一主族元素，从上到下，元素的金属性逐渐增强，非金属性逐渐减弱。

1.2　化学键与物质的性质

原子在结合成分子时，相邻原子之间存在强烈的相互作用，我们把这种相邻原子之间的强烈相互作用称为化学键。按原子间结合方式的不同，将化学键分为离子键、共价键和金属键 3 种类型。

1.2.1　离子键与离子晶体

离子键是阴、阳离子之间通过静电作用形成的化学键。

离子键是由电子转移（失去电子者为阳离子，获得电子者为阴离子）形成的，即正离子和负离子之间由于静电作用所形成的化学键。活泼金属如 K、Na、Ca 等跟活泼非金属如 Cl、Br 等化合时，都能形成离子键。离子既可以是单离子，也可以由原子团形成，如 SO_4^{2-}、NO_3^- 等。离子键的作用力强，无饱和性，无方向性。

离子化合物在室温下是以晶体形式存在，离子间通过离子键结合而成的晶体叫作离子晶体。离子键往往是金属与非金属之间的化学键，但铵根离子也可形成离子键，离子键存在于离子化合物中。

在离子晶体中，阴、阳离子按照一定的格式交替排列，具有一定的几何外形，如 NaCl 是正立方体晶体（图 1-3），Na^+ 与 Cl^- 相间排列，每个 Na^+ 同时吸引 6 个 Cl^-，每个 Cl^- 同时吸引 6 个 Na^+。不同的离子晶体，离子的排列方式可能不同，形成的晶体类型也不一定相同。

离子晶体中不存在分子，通常根据阴、阳离子的数目比，用化学式表示该物质的组成，如 NaCl 表示氯化钠晶体中 Na^+ 与 Cl^- 个数比为 1∶1，$CaCl_2$ 表示氯化钙晶体中 Ca^{2+} 与 Cl^- 个数比为 1∶2。

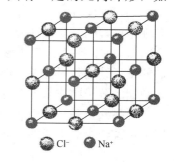

图 1-3　NaCl 晶体

离子晶体是由阴、阳离子组成的，离子间的相互作用是较强烈的离子键。离子晶体的代表物主要是强碱和多数盐类。我们常见的离子晶体有强碱（NaOH、KOH）、活泼金属氧化物（Na_2O、MgO、Na_2O_2）、大多数盐类 [$BeCl_2$、$AlCl_3$、Pb（Ac）$_2$ 等除外]。

离子晶体的结构特点是：晶格上质点是阳离子和阴离子；晶格上质点间作用力是离子键，它比较牢固；晶体里只有阴离子、阳离子，没有分子。离子晶体的性质特点：有较高的熔点和沸点，因为要使晶体熔化就要破坏离子键，离子键作用力较强大，所以要加热到较高温度，多数离子晶体易溶于水。离子晶体在固态时有离子，但不能自由移动，不能导电，溶于水或熔化时因离子自由移动而能导电。

1.2.2　共价键与原子晶体

共价键是原子间通过电子云重叠（共用电子对）所形成的化学键。

　　同种元素的原子形成共价键时，它们吸引电子对的能力相同，共用电子对处在正中间，不偏向任何一个原子，由于电荷在 2 个原子核附近均匀分布，因此成键的分子不显电性，这样的共价键叫非极性共价键。非极性共价键可以存在于单质之中，如 H_2 中的 H—H 键；也可以存在于共价化合物之中，如 H_2O_2 中的 O—O 键，还可以存在于离子化合物之中，如 Na_2O_2 中的 O—O 键。

　　不同种元素的原子形成共价键时，由于它们吸引电子对的能力不同，共用电子对必然偏向吸引电子能力强的原子一方，因而吸引电子能力强的原子一方相对地显负电性，吸引电子能力弱的原子一方相对地显正电性。这样的共价键叫极性共价键，简称极性键。极性键既可以存在于共价化合物之中，如 HCl、H_2O，也可以存在于离子化合物之中，如 NaOH 中的 O—H 键、K_2SO_4 中的 S—O 键。

　　以非极性键结合的分子，因共用电子对不偏向任何原子，整个分子不显电性，这样的分子称为非极性分子，如 H_2、O_2、N_2 等。以极性键结合的双原子分子，共用电子对偏向吸引电子能力较强的原子，使分子中一端带部分负电荷，另一端带部分正电荷，整个分子电荷分布不均匀，正、负电荷重心不重合，这样的分子是极性分子，如 NO、HCl、CO。以极性键结合的多原子分子，可能是极性分子，也可能是非极性分子，这要取决于分子中各键的空间排列。具体的区分方法如下：

　　（1）同种元素的原子形成的双原子分子一定是非极性分子，如 H_2、O_2。

　　（2）不同种元素的原子形成的双原子分子一定是极性分子，如 HCl、NO、CO。

　　（3）不同种元素的原子形成的多原子分子的极性主要取决于分子的空间构型，若为对称结构，则是非极性分子；若为不对称结构，则为极性分子。例如，直线形的 CO_2、CS_2、C_2H_2，平面正三角形的 BF_3，正四面体的 CH_4、CCl_4，都是非极性分子，因为它们的分子结构是对称的；而折线型的 H_2O、H_2S，三角锥形的 NH_3 都是极性分子，因为它们的分子结构都不对称。

　　凡靠共价键结合而成的晶体统称为原子晶体，如金刚石、晶体硅等就是相邻原子间以共价键结合而形成的空间网状结构的晶体。例如，金刚石晶体是以一个 C 原子为中心，通过共价键连接 4 个 C 原子，形成正四面体的空间结构，每个碳环由 6 个 C 原子组成，所有的 C—C 键键长为 1.55×10^{-10} m，键角为 $109°$，键能也都相等。金刚石是典型的原子晶体，熔点高达 $3550℃$，是自然界硬度最大的单质。

　　在原子晶体特性中，组成晶体的微粒是原子，原子间的相互作用是共价键，共价键结合牢固，原子晶体的熔点、沸点高，硬度大，不溶于一般的溶剂，多数原子晶体为绝缘体，有些如 Si、Ge 等是优良的半导体材料。

　　原子晶体中不存在分子，用化学式表示物质的组成，单质的化学式直接用元素符号表示，两种以上元素组成的原子晶体，按各原子数目的最简比写化学式。

　　常见的原子晶体是元素周期表中第ⅣA族元素的一些单质和某些化合物，例如金刚石、硅晶体、SiO_2、SiC、B 等。对不同的原子晶体，组成晶体的原子半径越小，共价键的键长越短，即共价键越牢固，晶体的熔点、沸点越高，如金刚石、炭化硅、硅晶体的熔点、沸点依次降低，且原子晶体的熔点、沸点一般要比分子晶体和离子晶体高。

1.2.3 金属键与金属晶体

金属键是金属中存在的一种化学键。

金属键由自由电子及排列成晶格状的金属离子之间的静电吸引力组合而成。由于电子的自由运动，金属键没有固定的方向，因而是非极性键。金属键有金属的很多特性，例如一般金属的熔点、沸点随金属键的强度而升高，其强弱通常与金属离子半径呈逆相关，与金属内部自由电子密度呈正相关（可粗略看成与原子外围电子数呈正相关）。

金属晶体是由金属键形成的单质晶体。金属单质及一些金属合金都属于金属晶体，如 Mg、Al、Fe、Cu 等。金属晶体中存在金属离子（或金属原子）和自由电子。金属离子（或金属原子）总是紧密地堆积在一起。金属离子和自由电子之间存在较强烈的金属键。自由电子在整个晶体中自由运动，金属具有共同的特性，有光泽，不透明，是热和电的良导体，有良好的延展性和机械强度。大多数金属具有较高的熔点和硬度，金属晶体中，金属离子排列越紧密，金属离子的半径越小，离子电荷越高；金属键越强，金属的熔点、沸点越高。例如，元素周期表 IA 族金属由上而下，随着金属离子半径的增大，熔点、沸点递减；第三周期金属按 Na、Mg、Al 顺序，熔点、沸点依次递增。

1.2.4 分子间作用力与分子晶体

1. 分子间作用力

分子间作用力又被称为范德瓦耳斯力，按其实质来说是一种电性的吸引力。分子间作用力可以分为取向力、诱导力、色散力。

（1）取向力发生在极性分子与极性分子之间。极性分子的电性分布不均匀，一端带正电，一端带负电，形成偶极。当两个极性分子相互接近时，由于它们偶极的同极相斥、异极相吸，两个分子因此发生相对转动。使相反的极相距较近，同极相距较远，此时引力大于斥力，两个分子靠近，当接近到一定距离之后，斥力与引力达到相对平衡。这种由于极性分子之间的偶极作用而产生的分子间的静电作用力，叫作取向力。

取向力的大小与偶极矩的平方成正比。极性分子偶极矩越大，取向力越大；温度越高，取向力越小。

（2）诱导力存在于极性分子和非极性分子之间及极性分子和极性分子之间。在极性分子和非极性分子之间，由于极性分子偶极所产生的电场对非极性分子发生影响，使非极性分子电子云变形（即电子云被吸向极性分子偶极的正电的一极），结果使非极性分子的电子云与原子核发生相对位移，本来非极性分子中的正、负电荷重心是重合的，相对位移后就不再重合，使非极性分子产生了偶极。这种电荷重心的相对位移叫作变形。因变形而产生的偶极，叫作诱导偶极，区别于极性分子中原有的固有偶极。诱导偶极和固有偶极相互吸引，这种由于诱导偶极而产生的静电作用力，叫作诱导力。

同样，在极性分子和极性分子之间，除了取向力外，由于极性分子的相互影响，每个分子也会发生变形，产生诱导偶极。其结果使分子的偶极矩增大，既具有取向力又具有诱导力。在阳离子和阴离子之间也会出现诱导力。诱导力的大小与非极性分子极化率和极性分子偶极矩的乘积成正比。

（3）非极性分子不具有偶极，它们之间似乎不会产生引力，然而事实上非极性分子之间也有相互作用。例如，某些由非极性分子组成的物质，如苯在室温下是液体，I_2、萘是固体，N_2、O_2、H_2 和稀有气体等在低温下都能凝结为液体甚至固体，这些都说明非极性分子之间也存在着分子间的引力。当非极性分子相互接近时，由于每个分子的电子不断运动和原子核的不断振动，经常发生电子云和原子核之间的瞬时相对位移，即正、负电荷重心发生了瞬时的不重合，从而产生瞬时偶极，而这种瞬时偶极又会诱导邻近分子也产生和它相吸引的瞬时偶极。虽然瞬时偶极存在时间极短，但上述情况在不断重复着，使得分子间始终存在着引力，这种力的计算公式与光色散公式相似，因此，把这种力叫作色散力。

一般来说，分子量越大，分子内所含的电子数越多，分子变形性越大，色散力越大。

总的来说，取向力、诱导力和色散力是范德瓦耳斯力的来源。一般极性分子与极性分子之间，取向力、诱导力、色散力都存在；极性分子与非极性分子之间，则存在诱导力和色散力；非极性分子与非极性分子之间，则只存在色散力。这三种类型的力的比例大小决定于相互作用分子的极性和变形性。极性越大，取向力的作用越重要；变形性越大，色散力就越重要，诱导力则与这两种因素都有关。但对大多数分子来说，色散力是主要的。

2. 氢键

一般情况下，对于结构相似的同系列物质的熔点、沸点会随着分子量的增大而升高，但在氢化物中，NH_3、H_2O、HF 的熔点、沸点比相应同族的氢化物都高得多。此外，HF 溶液的酸性也比其他氢卤酸显著地减小。这说明这些分子间除了普遍存在的分子间力外，还存在着另一种作用力，致使这些简单的分子成为缔合分子，分子缔合的重要原因是分子间形成了氢键。氢键是一种特殊的分子间作用力。在 HF 分子中，由于 F 原子电负性大、半径小，共用电子对强烈偏向 F 原子一边，而使 H 原子几乎成为裸露的质子。这样 H 原子就可以和相邻 HF 分子中的 F 原子的孤对电子相吸引，这种静电引力称为氢键，如图 1-4 所示。

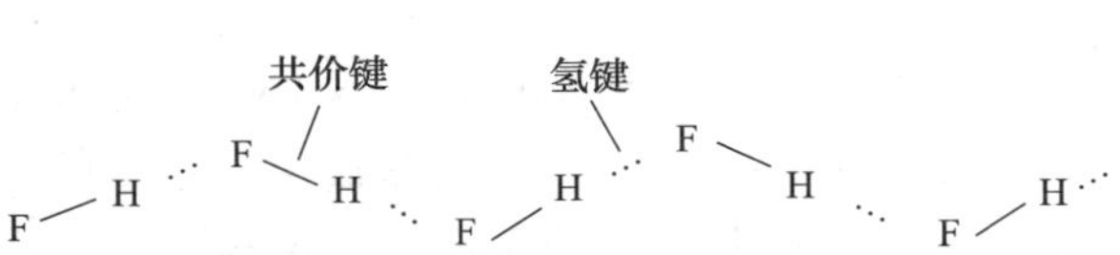

图 1-4　HF 分子间的氢键

氢键可用 X—H…Y 表示，其中 X 和 Y 代表电负性大、半径小且有孤对电子的原子（如 F、N、O 等）。X 和 Y 可以是同种原子，也可以是不同种原子。氢键既可在同种分子或不同种分子间形成，也可在分子内形成（如 HNO、H_3PO_4）。

与共价键相似，氢键也有方向性和饱和性：每个 X—H 只能与一个 Y 原子相互吸引形成氢键；Y 与 H 形成氢键时，尽可能采取 X—H 键键轴的方向，使 X—H···Y 在一条直线上。

3. 分子晶体

分子晶体是以有限原子组成的电中性分子为结构单元，通过范德瓦耳斯力、氢键等弱化学作用力构成的晶体。分子晶体是由分子组成，可以是极性分子，也可以是非极性分子。由于分子间作用力很弱，分子晶体具有较低的熔点、沸点，硬度小，许多同类型分子晶体，其熔点、沸点随分子量的增加而升高，如卤素单质的熔点、沸点按 F_2、Cl_2、Br_2、I_2 顺序递增；非金属元素氢化物，按周期系同主族由上而下熔点、沸点升高；有机物的同系物随碳原子数的增加，熔点、沸点升高。但 HF、H_2O、NH_3、CH_3CH_2OH 等分子间，除存在范德瓦耳斯力外，还有氢键的作用，它们的熔点、沸点较高，在固态和熔融状态时都不导电。

分子组成的物质，其溶解性遵守"相似相溶"原理，极性分子易溶于极性溶剂，非极性分子易溶于非极性的有机溶剂。例如，NH_3、HCl 极易溶于水，难溶于 CCl_4 和苯；而 Br_2、I_2 难溶于水，易溶于 CCl_4、苯等有机溶剂。根据此性质，可用 CCl_4、苯等溶剂将 Br_2 和 I_2 从它们的水溶液中萃取、分离出来。

 **学习资源**

弱者坐待时机，强者制造时机
居里夫人

在成名的道路上，科学家流的不是汗水而是鲜血，他们的名字不是用笔，而是用生命写成的。我以为人们在每一时期都可以过有趣而有用的生活。我们应该不虚度一生，应该能够说，"我们已经做了我能做的事"，人们只能要求我们如此，而且只有这样，我们才能有一点快乐。波兰人，当国家遭到奴役的时候，是无权离开自己祖国的。如果能随理想而生活，本着正直自由的精神、勇敢直前的毅力、诚实不自欺的思想而行，一定能臻于至美至善的境地。我们每天都愉快地过着生活，不要等到日子过去了才找出它们的可爱之点，也不要把所有特别合意的希望都放在未来。要把人生变成科学的梦，然后再把梦变成现实。不得不饮食、睡眠、浏览、恋爱，也就是说，我们不得不接触生活中最甜蜜的事情，不过我们必须不屈服于这些事物。人必须要有耐心，特别是要有信心。使生活变成幻想，再把幻想化为现实。人类看不见的世界，并不是空想的幻影，而是被科学的光辉照射的实际存在。尊贵的是科学的力量。在科学上重要的是研究出来的"东西"，不是研究者"个人"。体操和音乐两个方面并重，才能够成为完全的人格。因为体操能锻炼身体，音乐可以陶冶精神。科学的基础是健康的身体。人要有毅力，否则将一事无成。我从来不曾有过幸运，将来也永远不指望幸运，我的最高原则是：不论对任何困难都绝不屈服！我们生活似乎都不容易，但是那有什么关系？我们应该有恒心，尤其要有自信心！人类也需要富有理想的人。对于这种人说来，无私地发展一种事业是如此的迷人，以致他们不可能去关心他们个人的物质利益。人类也需要梦想者，这种人醉心于一种事业的大公无私的发展，因而不能注意自身的物质利益。荣誉就像玩具，只能玩玩而已，绝不能永远守着它，否则就将一事无成。我把你们的奖金当作荣誉的借款，它帮助我获得了初步的荣誉。借款理应归还，请把它再发给另一些贫寒而又立志争取更大荣誉的波兰青年。荣誉使我变得越来越愚蠢。当然，这种现象是很常见的，就是一个人的实际情况往往与别人认为他是怎样很不相称。比如我，每每小声咕噜一下也变成了喇叭的独奏。

 **复习与思考**

一、填空题

1. 原子是由带正电荷的_____和带负电荷的_____构成。原子核由带正电荷的_____和不带电的_____构成。

2. 元素周期表可以分为_____个周期，_____个主族，_____个区。

3. 离子键是_____之间通过_____所形成的化学键。

二、问答题

1. 请写出下列元素的符号：

（1）第二周期ⅢA族　　　　　　（2）第二周期ⅥA族

（3）第三周期ⅦA族　　　　　　（4）第三周期ⅤA族

2. 什么是量子数？它们的物理意义是什么？

3. 请写出以下元素的电子分布式：Na、Cl、K、Cr、Zn、Cu。

第 2 章　无机物质的命名

> ☞ **能力要求**
>
> （1）能根据无机物质的化学式命名。
>
> （2）能根据无机物质的名称写出化学式。
>
> ☞ **知识要求**
>
> （1）掌握化学介词、基和根、离子、特定词条。
>
> （2）掌握二元化合物的命名。
>
> （3）了解三元、四元等化合物的命名。
>
> ☞ **教学活动建议**
>
> 根据试剂瓶标签上的化学式和名称，讨论命名方法。

无机物质的命名

2.1　物质的概念与命名

2.1.1　物质的概念

世界上的物质都是化学物质，或者是由化学物质所组成的混合物。元素是物质的基本成分。元素呈游离态时为单质，呈化合态时则形成化合物，分子、原子、离子是构成物质最基本的微粒。分子能独立存在，是保持物质化学性质的一种微粒。原子是化学变化中的最小微粒，在化学反应中，原子重新组合成新物质。

2.1.2　化学物质的命名总则

化学基础知识告诉我们：物质分为纯净物和混合物。其中由同种元素组成的纯净物叫作单质，例如 Fe、Cu、Ag。含有不同种元素的纯净物叫作化合物，如 NaCl、$AgNO_3$、Fe_2O_3。化合物分为有机化合物和无机化合物。无机化合物又分为氧化物、酸、碱、盐等。

物质通常分为两类：一类是有准确定义的物质，即可完整地用定性定量的组分定义的物质；另一类是未知或可变组分物质、复杂反应产物或生物材料物质（简称 UVCB 物质）。

化学名称即指唯一标志一种化学品的名称。这一名称可以是符合国际纯粹与应用化学联合会（International Union of Pure and Applied Chemistry，IUPAC）或化学文摘社（CAS）的命名制度的名称，也可以是一种技术名称。

1. 有准确定义组成的物质的命名

物质的成分是指存在于物质中具有独特化学特性的任何一个单体。组分则是为组成配制品而有意加入的物质。

为了使物质稳定而有意加入的物质，称为添加剂。在食品工业等领域，如食品添加剂可能还有其他作用，如酸度调节或着色等。

杂质是指在生产时不希望出现在物质中的成分，它可能来自原材料或者是生产过程中副反应或不完全反应的结果，尽管不是有意加入的，但存在于最终产物中。

物质主要成分是在物质中作为该物质的有效部分的成分，不是添加剂，也不是杂质。

物质根据其组成，可以分为单成分物质和多成分物质。单成分物质是指一种成分质量分数至少为 80%，杂质质量分数不到 20% 的物质。多成分物质是指由多个质量分数介于 10%～80% 之间的主要成分组成的物质。配制品是指两种或两种以上物质组成的混合物或溶液，因其是物质的有意混合，因此不是多成分物质。

在单成分物质或多成分物质中不是主要成分的成分（除添加剂外）可被视为杂质，在有些地方也普遍称为"痕量物质"。

有准确定义化学组成的物质是根据其主要成分命名的。

1）单成分物质的命名

单成分物质用主要成分命名。原则上其英文名称应按照 IUPAC 命名法命名，此外也可用其他的国际接受的命名法命名。

2）多成分物质的命名

多成分物质用物质的主要成分的反应混合物命名，不是用生产物质所需的原料。一般格式是："［主成分名称］的混合物"。成分名称按其含量百分比由高到低的顺序排列，只在命名中出现含量高于 10% 的组分。原则上，其英文名称应按照 IUPAC 命名法命名，此外也可用其他的国际接受的命名法命名。

对于无机矿物材料各组分，应采用矿物学命名。例如，磷灰石是一种多成分物质，由磷酸盐矿石组成，一般是指经磷灰石、氟磷灰石和氯磷灰石，分别由在晶格中高浓度的 OH^-、F^- 或 Cl^- 离子命名。这三种共有部分混合物的化学式为 $Ca_5(PO_4)_3(OH，F，Cl)$。另一个例子是，霰石，它是一种特殊晶体结构的 $CaCO_3$。

2. UVCB 物质的命名

UVCB 物质无法由其化学成分充分鉴别，因为其组分数量相对很大，或者相当一部分组成未知，或是组成的可变性相对很大或难以预知。

1）一般类型的 UVCB 物质的命名

通常 UVCB 物质的名称是用物质来源和加工程序合起来的格式表示：前面是物质来源，后面是加工程序。

生物类来源的物质用物种名称表示；非生物类来源的物质用原料表示；如果涉及新分子的合成，或是一种精炼步骤，如萃取、分馏、浓缩，或是剩余产物，加工程序用化学反应的类型表示。

一般反应产物的名称格式是"［原料名称］的反应产物"。原则上，其英文名称应按照 IUPAC 命名法命名，此外也可用其他的国际接受的命名法命名。建议在特定反应类型的命名中用一般的描述代替"反应"这个词，例如醋化或成盐等。

（1）物质来源。物质来源分为生物类、化学品或矿物质两组。

生物类来源的物质要用属、种和科来定义，如瑞士石松，属是松，种是瑞士石松，科是松科。有些还涉及株或基因类型。在有可能的情况下还应说明物质提取的器官组织或部分，如骨髓、胰腺、茎、种子或根。

化学原料应该用 IUPAC 的英文名称描述。矿物质原料应该用通用术语描述，如磷矿、铝矾土、瓷土、金属煤气、煤、泥炭。

（2）加工程序。如果涉及新分子的合成加工程序用化学反应类型或提炼的步骤类型定义，如提取、分离、浓缩或提炼的剩余产物。

对于某些物质如衍生化学物质，加工程序应用提炼和合成一起来描述。

① 合成。合成是指在原料中发生特定的化学或生物学反应而产生某种物质。例如，格利雅反应、磺化反应、蛋白酶或脂肪酶的酶分解反应等。许多衍生反应也属于这种类型；对于合成的新物质，无法得到其化学成分，原料和化学反应的种类是其主要标志。化学反应的种类预示了物质中会存在的分子。

② 提炼。提炼可用于很多自然来源或矿物来源的物质。提炼过程中其化学成分不变，只是它的某成分的浓度发生变化，如植物组织的冷加工，然后用酒精萃取。

2）特殊类型 UVCB 物质的命名

特殊类型的 UVCB 物质有碳链长度不定的物质、从油或油类来源中提取的物质和酶。

（1）碳链长度不定的物质的命名。这类 UVCB 物质包括不定碳链长度的长链烷基物质，如烷烃和烯烃。这些物质从天然脂肪、油类中提取或通过合成得到。天然脂肪来源于植物或动物。通常从植物中得到的长碳链物质的碳链长度是偶数，而从动物中得到的长碳链物质的碳链长度还会有奇数。合成的长碳链物质的碳链长度奇数和偶数都有。

各成分的化学名称可以用以下 3 个指标完整、系统地命名。

① 烷基指标，描述烷基的碳链中的碳原子数目。通常烷基指标 $C_{x\sim y}$ 指饱和的烷基，直链烷基包括从 x 到 y 的所有链长，如 $C_{8\sim 12}$ 表示 C_8、C_9、C_{10}、C_{11} 和 C_{12}；如果烷基指标仅指偶数或奇数个碳原子的烷基链应标明，如 $C_{8\sim 12(偶数)}$；如果烷基指标仅指不饱和的烷基也应标明，如 $C_{12\sim 22(不饱和)}$；短链烷基不涵盖长链的，反之亦然，如 $C_{10\sim 14}$ 与 $C_{8\sim 18}$ 不一致。

② 官能团指标，确定物质性质的官能团，如氨基、铵、羧酸。

③ 盐指标，确定主要成分的盐的正/负离子，如钠离子（Na^+）、碳酸根离子（CO_3^{2-}）、氯离子（Cl^-）。

　　上述命名方法是 UVCB 物质命名的基础，用来描述碳链长度不同的物质，但不适用于有准确定义的物质，有准确定义的物质应用明确的化学结构来定义。

　　（2）来自油或油类来源的物质的命名。取自油（石油物质）或油类来源（如煤）的物质是组分复杂、可变或部分组分不明确的物质。下面用石油物质作为例子解释如何鉴别这种类型的 UVCB 物质。同样的方法也适用于其他取自油类来源的物质，如煤。

　　石油加工工业用的原料可能是原油，或经过一道或多道工序精馏而得的油。最终产物的组分取决于生产使用的原油（原油的组分取决于原产地）及后续的精炼程序。因此，加工程序对石油物质的组分有单独的影响。

　　石油物质的名称建议按照已建立的命名法系统命名。名称的组成一般包括精炼程序、流出原料及主要组分或特征。

　　（3）酶的命名。酶通常是通过微生物发酵生产的，有时也来自植物或动物体。液相酶的浓度取决于发酵或提取及后续提纯、除水的程序、活性酶蛋白质和其他发酵后剩余的成分，即蛋白质、缩氨酸、氨基酸、糖类、脂类和无机盐。

　　酶物质一般含质量分数为 10%～80% 的酶蛋白质，其他成分含量各不相同，取决于所用的生物体产品、发酵中间体、发酵程序的操作参数，以及所用的下游提纯。表 2-1 中列出了酶物质典型的组分。

表 2-1　酶物质典型的组分

典型组分	质量分数/%	典型组分	质量分数/%
活性酶蛋白质	10～80	脂类	0～5
其他蛋白质＋缩氨酸和氨基酸	5～55	无机盐	1～45
糖类	3～40	总量	100

　　由于酶具有可变的和部分未知的组分，它应被视为一种 UVCB 物质。酶蛋白质应被视为 UVCB 物质的一种成分。高纯酶可被认作有准确定义组分（单成分或多成分）的物质，应按有准确定义物质命名。

　　酶的名称可按照国际生物化学和分子生物学联合会（IUBMB）命名法规定命名。

　　IUBMB 分类系统对每种类型的酶和催化反应性质提供了唯一的由 4 个阿拉伯数字组成的编号（如 α-amylase 是 3.2.1.1）。每组编号包含不同的氨基酸次序和来源，但是酶的功能都是一样的。物质的鉴别应使用 IUBMB 命名法中的名称和编号。IUBMB 命名法将酶分为氧化还原酶类、转移酶类、水解酶类、裂合酶类、异构酶类、连接酶类等六大类。

2.2　无机化合物的命名

2.2.1　无机化合物的命名总则

1. 化学介词的概念

无机化合物的命名，应力求简明并确切地表示出被命名物质的组成和结构。这就需要用元素、基或根的名称来表达该物质中的各个组分；用"化学介词"（起着连接名词的作用）来表达该物质中各组分的连接情况。

无机化合物的系统名称是由其基本构成部分名称连缀而成的。化学介词在文法上就是连缀基本构成部分名称以形成化合物名称的连缀词。常用的化学介词有以下几种。

1）化

化表示简单的化合，如氯原子（Cl）与钾原子（K）化合而成的 KCl 就叫氯化钾，氧原子（O）与钠原子（Na）化合而成的 Na_2O 就叫氧化钠。

2）合

合表示分子与分子或分子与离子相结合，如 $CaCl_2 \cdot H_2O$ 叫水合氯化钙，H_3O^+ 叫水合氢离子。

3）代

（1）代表示取代母体化合物中的 H，如 NH_2Cl 叫氯代氨，$NHCl_2$ 叫二氯代氨，$ClCH_2COOH$ 叫氯代乙酸。

（2）代也可以表示为 S（或 Se、Te）取代 O，如 $H_2S_2O_3$ 叫硫代硫酸，HSeCN 叫硒代氰酸。

4）聚

聚表示 2 个以上同种的分子互相聚合，如 $(HF)_2$ 叫二聚氟化氢，$(HOCN)_3$ 叫三聚氰酸，$(KPO_3)_6$ 叫六聚偏磷酸钾。

2. 基和根

基和根是指在化合物中存在的原子基团，若以共价键与其他组分结合者叫作基，以电价键与其他组分结合者叫作根。基和根一般均从其母体化合物命名，称为某基或某根。基和根也可以用连缀其所包括的元素名称来命名，价已满的元素名放在前面，未满的放在后面，见表 2-2。

表 2-2　常见基和根命名

母体化合物	基	根
NH_3（氨）	—NH_2（氨基）	NH_4^+（铵根）
H_2O（水）	—OH（羟基）	OH^-（氢氧根）
HCN（氰化氢）	—CN（氰基）	CN^-（氢氰酸根）
H_2S（硫化氢）	—SH［巯基（氢硫基）］	SH^-（氢硫酸根）
H_2CO_3（碳酸）	>C=O（羰基）	CO_3^{2-}（碳酸根）、HCO_3^-（碳酸氢根）
HNO_3（硝酸）	—NO_2（硝基）	NO_3^-（硝酸根）
HNO_2（亚硝酸）	—NO（亚硝基）	NO_2^-（亚硝酸根）
H_2SO_4（硫酸）	—SO_2OH（磺酸基）	SO_4^{2-}（硫酸根）
H_2SO_3（亚硫酸）	—SO_2H（亚磺酸基）	SO_3^{2-}（亚硫酸根）

3. 离子

元素的离子，根据元素名称及其化合价来命名，如 Cl^- 为氯离子，Na^+ 为钠离子。

带电的原子团，如上所述称为某根，若需指明其为离子时，则称为某根离子。例如，HSO_4^- 为硫酸氢根离子，SiF_6^{2-} 为氟硅酸根离子，SO_4^{2-} 为硫酸根离子。

4. 常用化学词冠

常用化学词冠起修饰作用，以表达此物质的某一特点，见表 2-3。

表 2-3　常用的化学词冠

词冠	含义	举例
正	表示此元素（原子或离子）显示着常见的化合价（"正"字常省略）	$SnCl_4$［氯化（正）锡］，$NiCl_2$［氯化（正）镍］
亚	表示某元素的价态低于常见的价态	$SnCl_2$（氯化亚锡），FeO（氧化亚铁）
过	表示化合物里有过氧基或过硫基	H_2O_2（过氧化氢）
多	表示化合物内某元素的原子数很多	$(NH_4)_2S_x$（多硫化铵）
超	表示化合物中含有超氧基	KO_2（超氧化钾）

2.2.2　二元化合物的命名

只含有两种元素的化合物叫作二元化合物。二元化合物的名称是在两种元素的名称中加化学介词"化"字缀合而成的。在名称中，电负性较强的元素名称放在前面，电负性较弱的元素名称放在后面。

1. 常用的命名方法

1）标明金属元素的化合价

（1）在二元化合物中，金属元素仅有一种化合价者，该元素的化合价不需另加词头标明。例如：

NaCl 氯化钠　　Al_2O_3 氧化铝　　$CaCl_2$ 氯化钙

K_2O 氧化钾　　　LiH 氢化锂　　　MgS 硫化镁

（2）在二元化合物中，金属元素有两种化合价者，为了区分其化合价，经常会使用到"正""亚""高"。化合物中金属性元素最常见的化合价，命名时在名称中用词头"正"字表示，"正"字一般省略，如 HgO 应叫氧化正汞，"正"字省略，叫氧化汞。低于常见化合价的价数用词头"亚"字表示，高于常见化合价的价数用词头"高"字表示。例如：

HgO（氧化汞）　　$SnCl_4$（氯化锡）　　　Hg_2O（氧化亚汞）　　$SnCl_2$（氯化亚锡）

Fe_2O_3（氧化铁）　　Co_2O_3（氧化高钴）　　FeO（氧化亚铁）　　CoO（氧化钴）

$CuCl_2$（氯化铜）　　Ni_2O_3（氧化高镍）　　CuCl（氯化亚铜）　　NiO（氧化镍）

2）标明化学组成

该方法至少包括一个数字词头，当名称中有 2 个"一"字时就不能全部略去，而只可略去后一个"一"字。例如，一氧化一氮就只能简化成一氧化氮，不宜简化成氧化一氮，更不可简化成氧化氮。

（1）非金属二元化合物都用此法命名。例如：

B_4C（一碳化四硼）　　NO（一氧化氮）　　　NO_2（二氧化氮）

N_2O（一氧化二氮）　N_2O_4（四氧化二氮）　N_2O_3（三氧化二氮）

（2）二元化合物中，金属元素虽然通常仅有一种或两种化合价，但所形成的二元化合物其组成不符合常见的化合价时（如 $AlCl$、Fe_3O_4 等），或其化合价尚不清楚时（如 As_2S_2），也用此法命名。例如：

$AlCl$（一氯化铝）　　　FeS_2（二硫化铁）　　AlO（一氧化铝）

Fe_3S_4（四硫化三铁）　KO_2（二氧化钾）　　Cs_2S_4（四硫化二铯）

K_2O_3（三氧化二钾）　Cs_2S_5（五硫化二铯）　Fe_3O_4（四氧化三铁）

Fe_7S_8（八硫化七铁）　CaO_4（四氧化钙）　　Cs_2S_3（三硫化二铯）

（3）化合价通常不止两种的金属元素，其二元化合物用此法命名。例如：

MnO〔一氧化（一）锰〕　Mn_2O_7（七氧化二锰）　Mn_2O_3（三氧化二锰）

2. 水溶液呈酸性的二元氢化物的命名

水溶液是酸性的二元氢化物，除按一般二元化合物命名外，水溶液可视作无氧酸（也叫氢酸），命名为氢某酸，见表 2-4。

表 2-4　二元氢化物的命名

化学式	气体	水溶液	化学式	气体	水溶液
HF	氟化氢	氢氟酸	HCN	氰化氢	氢氰酸
HCl	氯化氢	氢氯酸，盐酸	HBr	溴化氢	氢溴酸
H_2S	硫化氢	氢硫酸	HI	碘化氢	氢碘酸

3. 过氧化物和过硫化物的命名

仅含过氧基（—O—O—）和过硫基（—S—S—）的二元化合物可分别称为过氧化某和过硫化某。例如：

H_2O_2　　H—O—O—H　　（过氧化氢）

Na_2O_2　　Na—O—O—Na　（过氧化钠）

Na_2S_2　　Na—S—S—Na　（过硫化钠）

2.2.3　三元、四元等化合物的命名

三元、四元等化合物，若其组成的基或根具有特定的名称时，应在尽可能的情况下，采用二元化合物的命名法，如 KCN（氰化钾）、$Co(OH)_3$（氢氧化高钴）、$BaSO_4$（硫酸钡）。

2.2.4　简单含氧酸及简单含氧酸盐的命名

1. 简单含氧酸的命名

根据酸中含氧与否，可将酸分为含氧酸和无氧酸。含氧酸含有 X—O—H 键，有的

亦含有 X—O 键等。

含氧酸种类繁多，有正酸、原酸、偏酸、亚酸、次酸、高酸、连酸、过氧酸、同多酸、杂多酸、某代酸（代氧，如硫代硫酸）、某取代酸（取代羟基，如卤磺酸）等。

在含氧酸中，由同一元素生成的各种组成元素相同的酸，可按其中所含 O 数多少按顺序冠以高、（正）、亚或次。其中最常见的酸定名为（正）某酸，比它 O 数多的冠以高字，比它少的冠以亚字，更少的冠以次字，如 $HClO_4$（高氯酸）、$HClO_3$（氯酸）、$HClO_2$（亚氯酸）或 $HClO$（次氯酸）。

（1）原酸。含氧酸根的化合价与其中 O 数相同的酸，称为原酸，命名为原某酸，如 H_4SiO_4（原硅酸）。

（2）偏酸。正酸缩去 1 水分子而成的酸，称为偏某酸，如 H_2SiO_3（偏硅酸）。

（3）焦酸。由 2 个简单含氧酸缩去 1 分子水。通常命名为焦酸，有些也称为重酸。例如，$2H_2SO_4—H_2O=H_2S_2O_7$（焦硫酸）、$2H_2CrO_4—H_2O=H_2Cr_2O_7$（重铬酸）。

判断含氧酸强弱的方法是将含氧酸改写成 $(OH)_mXO_n$ 的形式，如 H_2CO_3 改写成 $(OH)_2CO$。

根据 n 的值判断含氧酸的强弱，例如：

如果 $n=0$，则为极弱酸，如 $HClO—(OH)Cl$；

如果 $n=1$，则为弱酸，如 $H_2SiO_3—(OH)_2SiO$；

如果 $n=2$，则为强酸，如 $H_2SO_4—(OH)_2SO_2$；

如果 $n=3$，则为超强酸，如 $HClO_4—(OH)ClO_3$。

2. 简单含氧酸盐的命名

含有含氧酸根的盐即为含氧酸盐。

在含氧酸盐名称中，化合价通常恒定的金属元素，其价数不必标明；化合价通常仅有两种的金属元素，其价数用亚、（正）、高等词头来标明，和二元化合物所规定的相同。

化合价通常不止两种的金属元素，其价数一般用一价、二价、三价等词头标明。但是为了使这些金属元素常见的含氧酸盐名称能够简明起见，特对下述金属元素的某些常见价数规定用亚、（正）或高等词头标明，且正字通常省略。例如：

只有一个价态：

Na_2CO_3（碳酸钠）　$ZnSO_4$（硫酸锌）　$AlAsO_4$（砷酸铝）

有两种价态：

Cu_2CO_3（碳酸亚铜）　$CuCO_3$（碳酸铜）　　　$FeSO_4$（硫酸亚铁）

$Fe_2(SO_4)_3$（硫酸铁）　$CoSO_4$（硫酸钴）　　　$Co_2(SO_4)_3$（硫酸高钴）

$PbSO_4$（硫酸铅）　　　$Pb(SO_4)_2$（硫酸高铅）

化合价通常不止两种者：

$MnSO_4$（硫酸锰）、$Mn_2(SO_4)_3$（硫酸三价锰）

2.2.5　酸式盐与碱式盐的命名

酸式盐中的 H 用"氢"字表示，羟基盐中的氢氧基用"羟"来表示。其数目用一、

二、三等词头表示，一字通常省略。例如：

酸式盐：NaH_2PO_4（磷酸二氢钠）　　Na_2HPO_4（磷酸氢二钠）

碱式盐：$Cu(OH)IO_4$（碘酸羟铜）　　$V(OH)_2(SO_4)_3$［硫酸二羟二钒］

2.2.6　混盐和复盐的命名

混盐和复盐命名时，在名称中将电负性较强者放在前面；有几个电正性组分同时存在时，则从右往左命名。混盐和复盐也可视作分子化合物来命名，在名称中将相对分子量较小者放前面。例如：

混盐：

$Ca(NO_3)Cl$（氯化硝酸钙）　　　　NH_4MgPO_4（磷酸镁铵）

$Ca(OCl)Cl$（氯化次氯酸钙）　　　$KCaP_4$（磷酸钙钾）

$KNaCO_3$（碳酸钠钾）

复盐：

$KCl \cdot MgCl_2 \cdot 6H_2O$（六水合氯化镁氯化钾，俗名光卤石）

$Fe(NH_4)_2(SO_4)_2$（硫酸亚铁铵）

2.2.7　硼化合物的命名

凡含硼的化合物都用"硼××"或"××硼"字来标明；硼和氢的化合物都用"硼氢××"或"××硼烷"来标明；含硼阴离子都用"硼酸根"来标明。例如：

BCl_3（三氯化硼）　　　B_2F_4（四氟化二硼）　　　TiB_2（二硼化钛）

AlB_{12}（十二硼化铝）　　$NaBF_4$（四氟硼酸钠）　　$NH_4[B(C_6H_5)_4]$（四苯基硼酸铵）

BH_3［甲硼烷（3）］　　B_4H_{10}［丁硼烷（10）］

2.2.8　配位化合物的命名

对配位化合物按以下顺序进行命名：配位体数（中文数字）—配位体名称—合—中心原子（金属离子）及电荷数（罗马数字加括号）。若有多种配体，则：

（1）不同配体间以"·"分开（若只有 2 个配体，圆点可省略）。

（2）先无机配体，后有机配体；先阴离子，后中性分子。

例如：$[Cu(NH_3)_4]Cl_2$［氯化四氨合铜（Ⅱ）］

　　　　$K[Co(NH_3)_4Cl_2]$［二氯·四氨合钴（Ⅰ）酸钾］

2.2.9　杂多酸和杂多酸盐的命名

杂多酸是由不同的含氧酸缩合而制得的缩合含氧酸的总称。杂多酸命名有两种方法。两种方法都是将杂多酸解析为水、成酸的金属氧化物及非金属或两性金属所成的酸，并据此命名。但以阿拉伯数字在名前标明其数目比例这一方法较好。常见的杂多酸所含的水分子数及各项组分的数目比例通常省略。例如：

$2H_3SbO_4 \cdot 5WO_3 \cdot H_2O$（一水合五钨二锑酸）

或

$Sb_2O_5 \cdot 5WO_3 \cdot 4H_2O$（［4：5：1］水合钨锑酸，简称：钨锑酸）

$H_3PO_4 \cdot 12MoO_3 \cdot 12H_2O$（十二水合十二钼磷酸）

或

$P_2O_5 \cdot 24MoO \cdot 27H_2O$（［27：24：1］水合钼磷酸，简称：钼磷酸）

杂多酸盐命名法同杂多酸，常见杂多酸盐所含水分子数及各项组分的数目比例通常均予略去。例如：

$2K_2WO_4 \cdot 4MoO_3 \cdot 12H_2O$（十二水合四钼二钨酸钾）

或

$2K_2O \cdot 2WO_3 \cdot 4MoO_3 \cdot 12H_2O$（［12：4：2：2］水合钼钨酸钾，简称：钼钨酸钾）

2.2.10　加成化合物的命名

对于一些结构尚未确定的加成化合物，不应采用"合"介词命名，而是在各组成化合物名称之间加中圆点"·"来命名，并且在名称的最后用加括号的阿拉伯数字来表示各组成化合物的分子数。当这种加成化合物的结构一旦确定之后，就应该按照配位化合物的命名规则来命名。例如：

$3CdSO_4 \cdot 8H_2O$［硫酸镉·水(3/8)］

$Na_2CO_3 \cdot 10H_2O$［碳酸钠·水(1/10)或十水合碳酸钠］

$K_2SO_4 \cdot Al_2(SO_4)_3 \cdot 24H_2O$［硫酸钾·硫酸铝·水(1/1/24)或钾铝矾］

笼形化合物：

$8H_2S \cdot 46H_2O$［硫化氢·水(8/46)］

$8CHCl_3 \cdot 16H_2S \cdot 136H_2O$［氯仿·硫化氢·水(8/16/136)］

$C_6H_6 \cdot NH_3 \cdot Ni(CN)_2$［苯·氨·氰化镍(1/1/1)］

$8Kr \cdot 46H_2O$［氪·水(8/46)］

$6Br_2 \cdot 46H_2O$［溴·水(6/46)］

 **学习资源**

营　养　素

营养素（nutrient）是指食物中可为生物体提供能量、组织构成成分和具有组织修复及生理调节功能的物质。现代医学研究表明，人体所需的营养素不少于百种，其中一些可由自身合成、制造，但无法自身合成、制造必须由外界摄取的有 40 余种，精细划分后，概括为七大必需营养素：蛋白质、脂类、碳水化合物、维生素、矿物质和微量元素、水和膳食纤维。健康的继续是营养，营养的继续是生命。不论男女老幼，皆为生而食，为了延续生命现象，必须摄取有益于身体健康的食物。

 **复习与思考**

一、填空题

请写出下列化合物的名称：

HCN _____ H₂O₂ _____ K₂O _____ Mn₂O₃ _____ ZnSO₄ _____

二、问答题

请根据下列名称写出化学式：

磷酸氢二钠　　磷酸二氢钠　　硫酸铁　　　硫酸亚铁　　过氧化钠　　铵根离子

氢氰酸根离子　硫酸根　　　　亚硫酸根

第 3 章　物质的状态与相变

☞　**能力要求**

（1）能计算气体压强。

（2）能在实际生产中控制压强。

（3）能使用正确的方法加快水分蒸发。

（4）能正确使用超临界萃取设备。

（5）能分离提纯溶液。

☞　**知识要求**

（1）了解气体状态方程及气体的分压定律和分体积定律。

（2）掌握液体的蒸发、蒸气压、沸点和凝固。

（3）掌握气体的液化——临界现象。

（4）了解晶体的一般特性及分类。

（5）了解晶格和晶格的分类。

☞　**教学活动建议**

参观仪器实验室，了解液相色谱仪、气相色谱仪等仪器。

物质的状态与相变

　　物质是由分子、原子构成的。通常所见的物质有三态：气态、液态、固态。另外，物质还有"等离子态"、"超临界态"、"超固态"及"中子态"等其他状态。这里仅介绍气态物质、液态物质和固态物质。

1. 气态物质

　　我们生活的空间被大量气体包围着。人类很早就观察到风能将较细的树干吹弯，烧开的水中会冒出气泡，因此早期的哲学家相信有一种称为"空气"的元素存在，其还具有上升的倾向。17 世纪，托里切利证明空气和固体、液体一样具有重量。到了 18 世纪，化学家证明了空气是多种气体的混合物，并且在化学反应中发现了许多气体。这些新发现的气体被应用到人类的生活中，如从煤中提炼出的气体可以产生光与热。

2. 液态物质

　　液体的粒子会互相吸引，而且离得很近，所以不易将固定体积的液体压缩成更小的体积或是拉大成更大的体积。受热时，液体粒子间的距离通常都会增加，因而造成体积膨胀。当液体冷却时，则会发生相反的效应而使体积收缩。液体可以溶解某些固体，如将食盐放入水中，食盐颗粒会渐渐消失，这是因为食盐溶于水后电离出 Na^+ 与 Cl^-，并均匀分布在水中而形成一种水溶液。此外，液体还可以溶解气体或其他液体。

3. 固态物质

固态物质具有固定的形状，液体和气体则没有。想要改变固体的形状，就必须对它施力。例如，挤压或拉长可以改变固体的体积，但通常变化不会太大。大部分固体加热到某种程度都会变成液体，若是温度继续升高则会变成气体。不过有些固体在受热之后就会分解，如石灰石。晶体与金属是最重要的两种固体。

3.1　气　　体

3.1.1　理想气体与实际气体

1. 理想气体

理想气体是指分子本身的体积和分子间作用力都可以忽略不计的气体，又称"完全气体"，是理论上假想的一种把实际气体性质加以简化的气体。人们把在任何情况下都严格遵守三定律（玻意耳定律、查理定律和盖吕萨克定律）的气体称为理想气体，一般可认为温度不低于 $0℃$、压强不高于 $1.013 \times 10^5 Pa$ 时的气体。也就是说一切实际气体并不严格遵循这些定律，只有在温度较高、压强不大时，偏离才不显著。

当实际气体的状态变化规律与理想气体比较接近时，在计算中常把它看成是理想气体，这样，可使问题大为简化而不会发生大的偏差。

2. 实际气体

实际气体分子本身有一定体积，其真正体积比表观的体积小，实际气体分子间有相互作用力，因此其真正压力比表观的压力大。

实验表明，一切实际气体都只是近似地遵守玻意耳定律、查理定律和盖吕萨克定律。当气体压强不太大（与大气压比较）、温度不太低（与室温比较）时，实际测量的结果与上述定律得出的结果相差不大。当压强很大、温度很低时，实际测量结果和由上述定律得出的结果有很大差别。这是因为玻意耳定律只适用于理想气体。理想气体是一个理论模型，从分子动理论的观点来看，这个理论模型主要有如下三个特点：

（1）分子本身的大小跟分子之间的平均距离相比可以忽略不计。

（2）气体分子在做无规则运动过程中，除发生碰撞的瞬间外，分子相互之间及分子与容器器壁之间都没有相互作用力。

（3）分子之间及分子与器壁之间的碰撞是完全弹性的，即气体分子的总动能不因碰撞而损失。

　　这个模型，对于压强很大、体积大大缩小的真实气体显然是不适用的。其主要原因是：

　　第一，分子本身占有一定的体积。分子半径的数量级为 10^{-10} m，把它看成小球，每个分子总的固有体积为 $n_0V \approx 1.2 \times 10^{-4}$ m^3，和气体的体积比较，约为它的万分之一，可以忽略不计。这时，实际气体的性质近似于理想气体，能遵守玻意耳定律。当压强很大时，如 $p = 1000 \times 1.013 \times 10^5$ Pa，假定玻意耳定律仍能适用，气体的体积将缩小为原来的 1/1000，分子的固有体积约占气体体积的 1/10（按实验结果看，气体体积也缩小为原来的 1/500，分子的固有体积约占气体体积的 1/20）。在这种情况下，分子的固有体积，已经不能忽略不计了。所以在高压下的气体性质与理想气体有偏离。由于气体能压缩的体积只是分子和分子之间的一部分空间，分子本身的体积是不能压缩的，即气体可压缩的体积比它的实际体积小，这种效应，使得实际气体的 pV，在压强较大时，比由玻意耳定律给出的理论值偏大。

　　第二，分子间有相互作用力。当压强较小时，气体分子间距离较大，分子间的相互作用力可以不计，因此实际气体的性质近似于理想气体。但当压强很大时，分子间距离变小，分子间的相互吸引力增大，靠近器壁的气体分子受到向内的吸引力，使分子在垂直于器壁方向上的动量减小，因而气体对器壁的压强比不存在分子间的吸引力时的压强要小。这种效应，使得实际气体在压强较大时实测的 pV 值比由玻意耳定律计算出来的理论值偏小。

　　同样，查理定律和盖吕萨克定律用于实际气体也有偏差，任何一种气体的相对压力系数和体胀系数并不总是等于 1/273℃，都随温度略有变化。各种气体的压强系数和体胀系数也略有差异，这种差异，也是前面讲的两个原因造成的。

3.1.2　气体状态方程

　　1. 理想气体状态方程

　　理想气体状态方程式也称理想气体定律，是描述理想气体在处于平衡态时，压强、体积、物质的量、温度间关系的状态方程。

　　理想气体状态方程式为

$$pV = nRT$$

　　由于 $n = m/M$，所以上式可改写成

$$pV = \frac{m}{M}RT$$

式中，p——气体压强，Pa；

　　　　V——气体体积，m^3；

　　　　m——理想气体质量，g；

　　　　M——摩尔质量，g/mol；

　　　　n——气体的物质的量，mol；

　　　　T——体系温度，K；

R——理想气体常数，J/(mol·K)；对任意理想气体而言 R 是一定的，约为 8.314J/(mol·K)。

【例 3.1】 水银气压计中混进了空气，因而在 27℃、外界大气压为 758mmHg（1mmHg＝133.32Pa）时，这个水银气压计的读数为 738mmHg，此时管中水银面距管顶 80mm，当温度降至 −3℃时，这个气压计的读数为 743mmHg，求此时的实际大气压值为多少毫米汞柱？

解 根据题意有：

$p_1＝758−738＝20$ （mmHg）

$V_1＝80S$mm^3（S 是管的横截面面积）

$T_1＝273+27＝300$ （K）

$p_2＝p−743$mmHg

$V_2＝(738+80)S−743S＝75S$ （mm^3）

$T_2＝273+(−3)＝270$ （K）

$n_1＝n_2$

将数据代入理想气体状态方程 $\dfrac{p_1V_1}{T_1}＝\dfrac{p_2V_2}{T_2}$，可得

$$\frac{20×80S}{300}＝\frac{(p−743)×75S}{270}$$

解得 $p＝762.2$mmHg

理想气体状态方程式只适用于理想气体，对实际气体仅在高温、低压下近似适用。

2. 实际气体状态方程式

1873 年范德瓦耳斯针对理想气体模型的两个假定，考虑了分子自身占有的体积和分子间的相互作用力，对理想气体状态方程进行了修正。分子自身占有的体积使其自由活动空间减小，在相同温度下分子撞击容器壁的频率增加，因而压力相应增大。如果用 $V_m−b$ 表示每摩尔气体分子自由活动的空间，参照理想气体状态方程，气体压力应为 $p＝RT/(V_m−b)$。另外，分子间的相互吸引力使分子撞击容器壁面的力量减弱，从而使气体压力减小。压力减小量与一定体积内撞击器壁的分子数成正比，又与吸引它们的分子数成正比，这两个分子数都与气体的密度成正比。因此，压力减小量应与密度的平方成正比，也就是与摩尔体积的平方成反比，用 a/V_m^2 表示。这样考虑上述两种作用后，气体的压力为

$$p = \frac{RT}{V_m − b} − \frac{a}{V_m^2}$$

或

$$\left[p + \frac{a}{V_m^2} \right](V_m − b) = RT$$

这就是范德瓦耳斯状态方程式。它在理想气体状态方程的基础上又引入两个常数——$a\left[(\mathrm{m}^6·\mathrm{Pa})/\mathrm{mol}^2\right]$ 和 $b(\mathrm{m}^3/\mathrm{mol})$，这两个常数称为范德瓦耳斯常数，其值可由实验测定的数据确定。

3.1.3　气体的分压定律和分体积定律

1. 气体的分压定律

气体的分压定律即道尔顿分压定律，即理想气体混合物中某一组分 B 的分压等于该组分单独存在于混合气体的温度 T 及总体积 V 的条件下所具有的压力。而混合气体的总压即等于各组分单独存在于混合气体的温度、体积条件下产生压力的总和。

1801 年，道尔顿指出混合气体的总压等于组成混合气体的各气体的分压之和。

分压是指组分气体单独占有混合气体体积时所呈现的压力。

$$p_1 + p_2 + p_3 + \cdots + p_i = p_{总}$$

在等温等容下，组分气体的分压与混合气体总压之比，应等于它们相应的"物质的量"之比。

$$\frac{p_i}{p_{总}} = \frac{n_i}{n_{总}} \qquad 或 \qquad p_i = \frac{n_i}{n_{总}} p_{总} = x_i p_{总}$$

式中，$\dfrac{n_i}{n_{总}}$ 称为组分气体的"物质的量分数"（也称"摩尔分数"），用 x_i 表示。这一原理，称为道尔顿分压定律。

2. 气体的分体积定律

气体的分体积定律即阿马加分体积定律，即理想气体混合物的总体积 V 为各组元气体分体积之和。

根据理想气体的气态方程式，同温同压下，各气体物质体积比必等于它们的"物质的量"之比，即

$$\frac{V_i}{V_{总}} = \frac{n_i}{n_{总}} = x_i$$

分体积与总体积之比 $\dfrac{V_i}{V_{总}}$ 称为组分气体的体积分数，它在数值上即等于其摩尔分数，即

$$p_i = \frac{n_i}{n_{总}} p_{总} = x_i p_{总} = \frac{V_i}{V_{总}} p_{总}$$

3.2　液　体

3.2.1　液体的蒸发和蒸气压

1. 蒸发过程

蒸发指的是物质从液态转化为气态的相变过程。当一液体分子接近液体表面，具有适当的运动方向和足够大的动能时，摆脱邻近分子的引力逃逸到液面上方的空间变为蒸

气分子。

蒸发量是指在一定时段内，水分经蒸发而散布到空气中的量，通常用蒸发掉的水层厚度的毫米数表示。一般温度越高、相对湿度越小、风速越大、气压越低，则蒸发量就越大；反之蒸发量就越小。在蒸发过程中，液体蒸发不仅吸热还有使周围物体冷却的作用。当液体蒸发时，从液体里跑出来的分子，要克服液体表面层的分子对它们的引力而做功。这些分子能做功，是因为它们具有足够大的动能。比平均动能大的分子飞出液面，速率大的分子飞出去，而留存液体内部的分子所具有的平均动能变小了。所以在蒸发过程中，如外界不给液体补充能量，液体的温度就会下降。这时，它就要通过热传递方式从周围物体中吸取热量，于是使周围的物体冷却。

2. 饱和蒸气压

在一定温度下，将纯液体置于真空容器中，液体中的液态分子会蒸发为气态分子，同时气态分子也会撞击液面回归液态。这是单组分系统发生的两相变化，一定时间后，即可达到平衡。平衡时，气态分子含量达到最大值，这些气态分子对液体产生的压强称为该温度下液体的饱和蒸气压，简称蒸气压。任何纯液体在一定温度下都有确定的蒸气压，且随温度的升高而增大。

3.2.2 液体的沸腾和沸点

当液体蒸气压与外界压力相等时，液体沸腾。在沸腾时，液体的气化是在整个液体中进行的，与蒸发（在液体表面进行）是有区别的。液体的沸腾温度与外界压力密切相关，当外界压力增大，沸腾温度升高；外压减小，沸腾温度降低。我们把外压等于一个标准大气压（101.325kPa）时液体沸腾温度称作正常沸点，简称沸点。水的沸腾温度随外界压力而变化，如表 3-1 所示。

表 3-1 各种压力下水的沸腾温度

压力/kPa	沸腾温度/℃	压力/kPa	沸腾温度/℃	压力/kPa	沸腾温度/℃
47.34	80	270.2	130	792.3	170
71.00	90	361.5	140	1004	180
101.325	100	476.2	150	1554	200
198.6	120	618.3	160	3978	250

利用液体沸腾温度随外界压力而变化的特性，我们可以通过减压或在真空下使液体沸腾点降低的方法分离和提纯在正常沸点下会分解或正常沸点很高的物质。工业上及实验室中所使用的减压（或真空）蒸馏操作就是基于这一原理。

3.2.3 气体的液化——临界现象

气体变成液体的过程叫作液化或凝聚。液化有降低温度和压缩体积两种方式。任何气体在温度降到足够低时都可以液化；在一定温度下，压缩气体的体积也可以使某些气体液化（或两种方法兼用）。但压缩体积时，如果气体温度高于其临界温度，则无法压缩使其液化。

临界状态指纯物质的气、液两相平衡共存的极限热力状态。在此状态时，饱和液体与饱和蒸气的热力状态参数相同，气-液之间的分界面消失，因而没有表面张力，汽化潜热为零。处于临界状态的温度、压力和比容，分别称为临界温度、临界压力和临界比容。例如，水的临界温度 T_c 为 647.30K，临界压力 p_c 为 22.1287MPa，临界比容 v_c 为 $0.00317m^3/kg$。

在临界温度，降温加压是使气体液化的条件。但只加压，不一定能使气体液化，应视当时气体是否在临界温度以下，例如，水蒸气的临界温度为 374℃，远比常温要高，因此水蒸气平常极易冷却成水。其他如乙醚、氨、CO_2 等的临界温度高于或接近室温，这样的物质在常温下很容易被压缩成液体。但也有一些临界温度很低的物质，如 O_2、空气、H_2、He 等都是极不容易液化的气体，其中 He 的临界温度为 -268℃。要使这些气体液化，必须具备一定的低温技术和设备，使它们达到各自的临界温度以下，而后再用增大压强的方法使其液化。

物质的压力和温度同时超过它的临界压力（p_c）和临界温度（T_c）的状态，或者说，物质的对比压力（p/p_c）和对比温度（T/T_c）同时大于 1 的状态称为该物质的超临界状态。超临界状态是一种特殊的流体。在临界点附近，它有很大的可压缩性，适当增加压力，可使它的密度接近一般液体的密度，因而具有很好的溶解其他物质的性能，例如超临界水中可以溶解正烷烃。另外，超临界态的黏度只有一般液体的 $1/12 \sim 1/4$，但它的扩散系数却比一般液体大 $7 \sim 24$ 倍，近似于气体。

3.2.4　相图

1. 相与态

被人为划定作为研究对象的物质叫系统。在一个系统中，物理性质和化学性质完全相同并且组成均匀的部分称为相。如果系统中只有一个相叫作单相系统，含有两个或两个以上相的系统则称为多相系统。

系统中若只有一种液体，无论是纯液体（如水）还是真溶液（如 NaCl 水溶液）也总是单相的。若系统里有两种液体，则情况较复杂。酒精和水这两种液体能以任意比例混合，则是单相系统；而乙醚与水的中间由液-液界面隔开，为互不相溶的油和水在一起构成两相系统。

相和态是两个不同的概念，态是指物质的聚集状态，如上述由乙醚和水所构成的系统，只有一个状态——液态，却包含有两个相。

相和组分也不是一个概念，例如同时存在水蒸气、液态水和冰的系统是三相系统，但这个系统中只有一个组分——水。

2. 相平衡

在一定的条件下，当一个多相系统中各相的性质和数量均不随时间变化时，称此系统处于相平衡。一个系统可以是多组分的并含有许多相。当相与相间达到物理的和化学的平衡时，则称系统达到了相平衡。

相平衡的热力学条件是各相的温度和压力相等，任一组分在各相的化学势相等。化工热力学研究的两相系统的平衡，有气-液平衡、气-固平衡、汽-液平衡、汽-固平衡、液-液平衡、液-固平衡和固-固平衡；相数多于二的系统，有气-液-固平衡、汽-液-液平衡等。系统处于相平衡状态时，各相的温度、压力都相同，它们的组成一般不相同。

3. 水的相图

冰、水、水蒸气的化学组成相同，三者之间的转化没有发生化学变化，却发生了相的变化。固、液、气三相之间的转化称为相变，相变达到平衡状态时称为相平衡。为了表示水的固、液、气三态之间在不同温度和压力下的平衡关系，以压力为纵坐标、温度为横坐标，表达系统状态及温度和压力间关系的图称为相图或状态图。

水的相图由三条线、三个区和一个点组成，如图 3-1 所示。OC 线是水的蒸发线，它代表了水和蒸汽两相平衡关系随温度和压力的变化。OC 线上的各点表示在某一温度下所对应的水的蒸汽压，或达到水的某一蒸汽压时，所需的对应温度。所以 OC 线上的各点

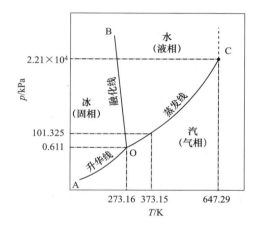

图 3-1　水的相图

表示的是水和其蒸汽长久共存的温度和压力条件。C 点为临界点，该点的温度称临界温度（高于此温度时，不论多大的压力也不能使水蒸气液化）；此点的压力称临界压力（临界温度时使水蒸气液化所需要的压力）。

OA 线是冰的蒸汽压曲线（又称为冰的升华线），线上各点表示冰与其蒸汽长期共存的温度和压力条件。OB 线是冰的融化线，线上各点表示水与冰达成平衡时对应的温度和压力条件。OB 线几乎与纵坐标平行，说明压力变化对水的凝固点变化影响不大。

三条曲线的交点 O 点表示冰、水、水蒸气三相共存时的温度和压力，故称为三相点。三相点是纯水在它自己饱和蒸汽压力下的凝固点，其蒸汽压为 0.611kPa，温度为 273.16K（0.00980℃ ± 0.00005℃）。要维持三相平衡，须保持此温度和压力，改变任何一个条件则会使三相平衡遭到破坏，而冰点是在 101.325kPa 下被空气饱和的水和冰的平衡温度，冰点的温度为 0℃。纯水三相点的温度和压力是由我国物理化学家黄子卿教授首先精确测定的。

三条曲线将图分为三个区，AOC 是气相区，BOC 是液相区，AOB 为固相区。每个区内只存在水的一种状态，称单相区。如在 AOC 区域内，在每一点相应的温度和压力下，水都呈气态。在单相区中，温度和压力可以在一定范围内同时改变而不引起状态变化即相变，因此，只有同时指明温度和压力，系统的状态才能完全确定。

3.3　固　　体

固体是物质存在的一种状态，与液体和气体相比，固体有比较固定的体积和形状，质地比较坚硬。通过其组成部分之间的相互作用，固体的特性可以与组成它的粒子的特性有很大的区别。

根据固体内部质点排列可将固体分为晶体和非晶体。呈有规则的空间排列形成晶体；毫无规律的空间排列形成非晶体（温度突然下降到液体的凝固点以下，物质内部的质点来不及进行有规则的排列时），如玻璃、石蜡、沥青等。

3.3.1　晶体的一般特性

1. 有一定的几何外形

自然界的许多晶体都有规则的几何外形。发育完整的食盐是立方体，水晶（即石英晶体，SiO_2）是六角棱柱，方解石（$CaCO_3$）晶体是菱形体（也称三方晶体）。

不过，有一些物质，在形成晶体时由于受到外界条件的影响，并不具备整齐的外形，却具有晶体的性质。例如，很多矿石和土壤的外形不像水晶等那样有规则，但它们基本上属于结晶形态的物质。大多数无机化合物和有机化合物，甚至植物的纤维和动物的蛋白质都可以以结晶形态存在。

非晶体如玻璃、松香、石蜡、动物胶和沥青等，无一定的几何外形，所以常称之为无定形态。可见，几何外形并不是晶体与非晶体的本质区别。

2. 有固定的熔点

在一定的外界压力下，将晶体加热到某一温度（熔点）时，晶体开始熔化。在全部熔化之前，继续加热，温度不会升高，直到晶体全部熔化。然后，继续加热，温度才能升高。这一事实说明晶体具有固定的熔点。

而非晶体则不同，加热时非晶体首先软化（塑化），继续加热，黏度变小，最后成为流动性的熔体。从开始软化到全熔化的过程中，温度不断升高，没有固定的熔点。我们把非晶体开始软化时的温度叫软化点。

3. 某些性质各向异性

晶体的某些性质如光学性质、力学性质和电学性质等有各向异性，如云母呈片状分裂，石墨晶体的电导率沿石墨层方向比垂直层方向大得多。非晶体是各向同性的。

4. 有一定的对称性

通过一定的操作，晶体的结构能完全复原，我们把这一性质称之为对称性。若晶体和它在镜中的像完全相同，且没有像左、右手那样的差别，则晶体具有平面对称性。若晶体中任一原子（或离子）与晶体中某一点连一直线，将此线延长，在和此点等距离的另一侧有相同的另一原子（或离子），那么晶体具有中心对称性，此点叫对称中心，除此还有其他的对称性。

晶体可有一种或几种对称性，而非晶体则没有。

5. 面角守恒

晶体内部的有规则的平面称为晶面。对于特定的晶体来说，它的晶面与晶面之间夹角（晶面角）是特定的。对于某一确定物质的晶体来说，不论是完整的晶体，还是外形不规则的晶体，其晶面角总是不变的。如果把晶体破坏，甚至碾成粉末，最后所得的每一颗粒仍具有相同的晶面角。因此，只要我们能测出晶面间的夹角，即知晶轴的夹角，也就能准确推测出任一晶体所属的晶系种类。

3.3.2　液体的凝固

凝固点是晶体物质凝固时的温度。在一定压强下，任何晶体的凝固点，与其熔点相同。不同晶体，具有不同的凝固点。凝固时体积膨胀的晶体，凝固点随压强的增大而降低；凝固时体积缩小的晶体，凝固点随压强的增大而升高。同一种晶体，凝固点也与压强有关。在凝固过程中，液体转变为固体，同时放出热量。所以物质的温度高于熔点时将处于液态；低于熔点时，就处于固态。非晶体物质则无凝固点。

液-固共存时，温度浓度越高，凝固点越低。各种液体的凝固点是不一样的。乙醇的凝固点是 -117.3℃，当在 -117.3℃以下的乙醇就是固体。

3.3.3　固体的熔化

熔化是通过对物质加热，使物质从固态变成液态的相变过程。熔化要吸收热量，是吸热过程。

晶体有固定的熔化温度，叫作熔点，与其凝固点相等。晶体吸热温度上升，达到熔点时开始熔化，此时温度不变。晶体完全熔化成液体后，温度继续上升。熔化过程中晶体是固-液共存态。

熔点是晶体的特性之一，不同的晶体，熔点不同。同一晶体的熔点与大气压有关。压力越大，熔点越低；压力越小，熔点越高。

非晶体没有固定的熔化温度。非晶体熔化过程与晶体相似，只不过温度持续上升，但需要持续吸热。

 学习资源

约翰·道尔顿

化学是在近代兴起的一门学科，无数的科学先驱者为这门学科奠定了理论基础，英国物理学家、化学家约翰·道尔顿就是其中的一位。道尔顿既具有敏锐的理论思维头脑，又具有卓越的实验才能，尤其是在对原子的研究方面取得了非凡的成果，因而被称

为"近代化学之父",成为近代化学的奠基人。

1766 年 9 月 6 日,道尔顿生于英格兰北方坎伯雷鹰田庄,1844 年在曼彻斯特去世,终生未娶。父亲是一位兼种一点薄地的织布工人,母亲生了 6 个孩子,有 3 个因生活贫困而夭折。道尔顿是一个红绿色盲患者,6 岁起在村里教会办的小学读书,刚读完小学,就因家境困难而辍学,生活艰辛,但是他酷爱读书,以惊人的毅力,在农活的空隙还坚持读书,自学成才。

 复习与思考

一、填空题

1. 理想气体分子和分子之间、分子和器壁之间的碰撞是_____的,分子体积和分子间作用力_____。

2. 理想气体总体积 V 与各组分气体体积之和_____。

3. 理想气体某一组分的分压与总压之比_____相应物质的量之比。

4. 晶体有_____的熔点,非晶体的熔点_____。

5. 固体的熔化需要_____热量,液体凝固需要_____热量。

6. 当液体的蒸气凝聚速率和蒸发速度相等时,体系可以达到动态平衡,这时蒸气产生的压强叫作_____。

7. 液体蒸气压随温度升高而_____,当液体蒸气压与外界相等时,称之为_____。

二、问答题

1. 什么是理想气体?什么是实际气体?它们有什么区别?

2. 某温度下,将 $1.013 \times 10^5 Pa$ 的 N_2 2L 和 $0.5065 \times 10^5 Pa$ 的 O_2 3L 放入 6L 的真空容器中,求 N_2 和 O_2 的分压及混合气体总压。

第4章　化学反应基本理论

☞ **能力要求**

（1）能正确确认化学反应速率的表示方法。

（2）能灵活选择改变化学反应速率的方法。

（3）在可逆反应中，能采取有效的方法提高转化率和生产率。

☞ **知识要求**

（1）了解化学反应速率的概念并掌握化学反应速率的表示方法。

（2）掌握碰撞理论，了解过渡态理论。

（3）掌握浓度、压强、温度、催化剂对化学反应速率的影响。

（4）掌握及应用化学平衡移动。

☞ **教学活动建议**

（1）通过演示实验，如钠与水的反应，了解化学反应的基本理论。

（2）观看录像，解释为什么许多食品原料进入食品厂后，要放到冷库里。

化学反应基本理论

4.1　化学反应速率

对于一个化学反应，当判断出其反应方向后，并不表示该反应一定能用于生产实际，因为一个在热力学上可进行的化学反应，其反应速率的快慢将直接决定该反应的应用前景。化学反应的速率千差万别，有的反应可以在瞬间完成，如酸碱中和反应；有的反应可以很慢，需要几年、几十年甚至几万年。而在实际生产中，人们总是希望那些有利的反应进行得越快越好，那些不利的反应，如金属腐蚀等，进行得越慢越好。

4.1.1　化学反应速率基本概念

化学反应速率用单位时间内反应物浓度或生成物浓度的变化来表示。在容积不变的反应器中，通常是指在单位时间内反应物浓度的减小或生成物浓度的增加来表示，即

$$v = \frac{\Delta c}{\Delta t}$$

式中，v——反应速率，$mol/(L \cdot s)$，或 $mol/(L \cdot min)$ 和 $mol/(L \cdot h)$；

　　　　c——反应物或生成物的浓度，Δc 表示其浓度变化（取其绝对值），单位常用 mol/L；

　　　　t——时间，Δt 表示时间变化，单位可选 s、min、h 等。

1. 化学反应平均速率的表示方法

绝大多数的化学反应在进行中，反应速率是不断变化的，因此在描述化学反应速率时可选用平均速率。对于反应 $mA+nB = pC+qD$ 以各种物质表示的平均速率为

$$v_A = -\frac{\Delta c_A}{\Delta t}, \quad v_B = -\frac{\Delta c_B}{\Delta t}, \quad v_C = \frac{\Delta c_C}{\Delta t}, \quad v_D = \frac{\Delta c_D}{\Delta t}$$

【例 4.1】　在测定 $K_2S_2O_8$ 与 KI 反应速率的实验中，所得数据为

$$S_2O_8^{2-}(aq) + 3I^-(aq) == 2SO_4^{2-}(aq) + I_3^-(aq)$$

$c_0/(mol/L)$	0.077	0.077	0	0
$c_{90s}/(mol/L)$	0.074	0.068	0.006	0.003

计算反应开始后 90s 内的平均速率。

解
$$v_{S_2O_8^{2-}} = -\frac{\Delta c_{S_2O_8^{2-}}}{\Delta t} = -\frac{0.074 - 0.077}{90 - 0} = 3.3 \times 10^{-5}\,[mol/(L \cdot s)]$$

$$v_{I^-} = -\frac{\Delta c_{I^-}}{\Delta t} = -\frac{0.068 - 0.077}{90 - 0} = 1.0 \times 10^{-4}\,[mol/(L \cdot s)]$$

$$v_{SO_4^{2-}} = \frac{\Delta c_{SO_4^{2-}}}{\Delta t} = \frac{0.006 - 0}{90 - 0} = 6.7 \times 10^{-5}\,[mol/(L \cdot s)]$$

$$v_{I_3^-} = \frac{\Delta c_{I_3^-}}{\Delta t} = \frac{0.003 - 0}{90 - 0} = 3.3 \times 10^{-5}\,[mol/(L \cdot s)]$$

$$v_{S_2O_8^{2-}} = \frac{1}{3}v_{I^-} = \frac{1}{2}v_{SO_4^{2-}} = v_{I_3^-}$$

计算表明，反应速率用不同物质表示时，其数值不相等，而实际上它们所表示的是同一反应速率。因此在表示某一反应速率时，应标明是哪种物质的浓度变化。但是，若都除以反应物前的计量系数，则得到相同的反应速率值。

【例 4.2】　在 400℃ 下，把 0.1mol CO 和 0.1mol NO_2 引入体积为 1L 的容器中，每隔 10s 抽样，快速冷却，终止反应，分析 CO 的浓度结果如表 4-1 所示。

表 4-1　实验数据

$c_{CO}/(mol/L)$	0.100	0.067	0.050	0.040	0.033
t/s	0	10	20	30	40

解

0～10s CO 平均速率：$v_{CO} = -\frac{\Delta c_{CO}}{\Delta t} = -\frac{0.067 - 0.100}{10 - 0} = 0.0033\,[mol/(L \cdot s)]$

10～20s CO 平均速率：$v_{CO} = -\frac{\Delta c_{CO}}{\Delta t} = -\frac{0.05 - 0.067}{20 - 10} = 0.0017\,[mol/(L \cdot s)]$

20~30s CO 平均速率：$v_{CO} = -\dfrac{\Delta c_{CO}}{\Delta t} = -\dfrac{0.040-0.050}{30-20} = 0.0010$ $\left[mol/(L \cdot s) \right]$

30~40s CO 平均速率：$v_{CO} = -\dfrac{\Delta c_{CO}}{\Delta t} = -\dfrac{0.033-0.040}{40-30} = 0.0007$ $\left[mol/(L \cdot s) \right]$

从计算结果可以看出，同一物质在不同的反应时间内，其反应速率不同。随着反应的进行，反应速率在减小，而且始终在变化；因此平均速率不能准确地表达出化学反应在某一瞬间的真实反应速率。

2. 速率方程与反应级数

从大量的实验中发现，大多数化学反应，反应物浓度增大，其反应速率增大。因此得到了质量作用定律：在恒温下，反应速率与各反应物浓度的相应幂的乘积成正比。

对于一般反应 $mA+nB = pC+qD$，

$$v = kc_A^{\alpha} \cdot c_B^{\beta} \tag{4-1}$$

式（4-1）称为反应速率方程。式中比例常数 k 称为反应的速率常数，其数值与浓度无关，但受反应温度的影响；不同的反应 k 值不同，同一反应 k 与浓度无关，但同一反应不同温度下 k 也不同。其单位由反应级数来确定，通式为：$mol^{1-n} \cdot L^{n-1} \cdot s^{-1}$，$\alpha$ 和 β 称为反应物 A 和 B 的反应级数，$\alpha+\beta$ 称为总反应级数。反应级数可以是整数，也可以是分数，它表明了反应速率与各反应物浓度之间的关系，即某一反应物浓度的改变对反应速率的影响程度。反应的速率方程一般是通过实验得到的，但对于基元反应，可以根据反应方程式直接写出。速率方程所表示的为瞬时反应速率。

3. 基元反应与反应机理

在化学上，把从反应物经一步反应就直接转变为生成物的反应称为基元反应，而把从反应物经多步反应才转变为生成物的反应称为复杂反应（非基元反应），显然，复杂反应是由两个或两个以上的基元反应组成的。对于一个化学反应，是不是基元反应，与反应进行的具体历程有关，是通过实验确定的。

质量作用定律适用于基元反应，速率方程可以直接根据反应方程式写出，并应用其进行计算。但对于复杂反应来说，不能直接根据化学方程式写出速率方程，其速率方程的获得是通过实验得到的。人们通过研究发现，质量作用定律的速率方程适用于复杂反应中的每一步基元反应。例如：

基元反应　$2NO(g)+O_2(g) = 2NO_2(g)$　　$v = kc_{NO}^2 \cdot c_{O_2}$

复杂反应　$2NO(g)+2H_2(g) = N_2(g)+2H_2O(g)$　　$v = kc_{NO}^2 \cdot c_{H_2}$

对于基元反应，可直接由质量作用定律写出速率方程；而对于非基元反应，反应速率与氢气浓度的一次方成正比，而不是二次方，不适用质量作用定律，不能直接根据反应式写出速率方程。原因在于，该反应是分步进行的，具体反应历程为

$2NO(g)+H_2(g) = N_2(g)+H_2O_2(g)$　　　　慢反应

$H_2O_2(g)+H_2(g) = 2H_2O(g)$　　　　　快反应

在两个反应中，第二个反应进行得很快，即 $H_2O_2(g)$ 一旦出现，反应迅速发生，生

成 $H_2O(g)$；而第一个反应进行得较慢，因此总的反应速率取决于第一步慢反应的速率，由于每一步反应均为基元反应，所以根据质量作用定律，可以得到反应的速率方程为

$$v = kc_{NO}^2 \cdot c_{H_2}$$

大多数复杂反应的速率方程中，浓度的指数与方程式的计量系数是不一致的，其反应级数必须由实验来确定；但如果知道了复杂反应的机理，即知道了它是由那些基元反应组成的，就可以根据质量作用定律写出其速率方程。

需要注意的是，以上的讨论都是基于均相反应，对于有固体或纯液体参与的反应，如果它们不溶于反应介质中，则不出现在表达式中。

4.1.2　化学反应速率理论

化学反应速率千差万别，除了浓度、温度及催化剂外，其本质原因还是物质本身性质决定的，是微观粒子相互作用的结果。如何去阐明这些微观现象的本质，这属于反应速率理论的问题。为了解决这个问题，化学家提出了各种揭示化学反应内在联系的模型，其中最重要、应用最广泛的是有效碰撞理论和过渡状态理论。

1. 有效碰撞理论

该理论认为，发生化学反应的先决条件是反应物分子之间要相互碰撞，但是当分子间发生碰撞的部位不匹配或碰撞的能量不足时，往往是碰撞的结果不能引发化学反应。实验证明只有当某些具有比普通分子能量高的分子在一定的方位上相互碰撞后，才有可能引起化学反应。在动力学中，把能导致化学反应发生的碰撞称为有效碰撞，能发生有效碰撞的分子称为活化分子。由气体分子运动论可知，气体分子在容器中不断地做无规则运动，它们通过无数次的碰撞进行能量交换，并使每个分子具有不同的能量。

图 4-1 用统计方法得出了在一定温度下气体分子能量分布的规律，即气体分子能量分布曲线。它表示在一定温度下，气体分子具有不同的能量。图中 $E_平$ 表示分子的平均能量，E_1 表示活化分子的平均能量，它是发生化学反应分子所必须具有的能量，即只有当气体中有些能量大于或等于 E_1 的分子相互碰撞后，才能发生有效碰撞，才能引起化学反应。图中的 $E_1 - E_平 = E_a$，E_a 称活化能。对于任何一个具体的化学反应，在一定温度下，均有一定的 E_a。E_a 越大的反应，由于能满足这样大的能量的分子数越少，因而有效碰撞次数越少，使化学反应速率越慢。反之亦然。

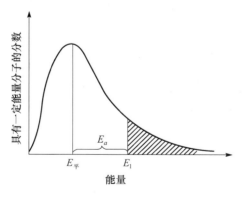

图 4-1　气体分子能量分布的规律

具备了足够能量的碰撞也并不都发生反应，碰撞的取向也将影响碰撞的结果，只有当碰撞处于有利取向时才发生反应。如 CO 与 NO_2 碰撞时，只有 CO 中的 C 与 NO_2 中的 O 迎头相碰时才会发生化学反应。有效碰撞理论为深入研究化学反应速率与活化能的关系提供了理论依据，但它并未从分子内部原子重新组合的角度来揭示活化能物理意义。

2. 过渡状态理论

反应速率的另一个理论是过渡状态理论，又称为活化配合物理论。该理论认为：在化学反应过程中，当反应物分子充分接近到一定的程度时，分子所具有的动能转变为分子内相互作用的势能，而使反应物分子中原有的旧化学键被削弱，新的化学键在逐步形成，形成一个势能较高的过渡状态 $[ON\cdots O\cdots CO]$，该过渡态极不稳定，因此，活化配合物一经形成就极易分解。它既可分解为产物 NO 和 CO_2，也可分解为原反应物 NO_2 和 CO 分子。当活化配合物 $[ON\cdots O\cdots CO]$ 中靠近 C 原子的 N—O 键完全断开，新形成的 O—C 键进一步强化时，即形成了产物 NO 和 CO_2，此时整个体系的势能降低，反应即告完成。

$$NO_2 + CO \rightleftharpoons \left[\begin{array}{c} O \\ | \\ N\cdots O\cdots C—O \end{array}\right] \longrightarrow NO + CO_2$$

图 4-2 为反应过程中势能变化示意图。图中 M 点对应的能量为基态活化配合物 $[ON\cdots O\cdots CO]$ 的势能。A 点对应的能量为基态反应物（$NO_2 + CO$）分子对的势能，B 点对应的能量为基态生成物（$NO + CO_2$）分子对的势能。在过渡状态理论中，所谓活化能，是指使反应进行所必须克服的势能垒，即图中 M 与 A 的能量差，因而属理论活化能范畴。由此可见，过渡状态理论中活化能的定义与分子碰撞理论中活化能的定义有所不同，但其含义实质上是一致的。

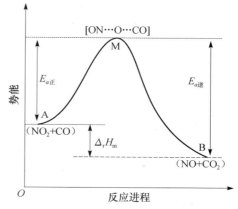

图 4-2　反应过程中势能变化示意图

4.1.3　影响化学反应速率的因素

化学反应的速率大小，主要取决于物质的本性，也就是内因起主要作用。例如，一般的无机反应速率较快，而有机反应相对较慢。但一些外部条件，如浓度、压力、温度和催化剂等，其对反应速率的影响也是不可忽略的。

1. 浓度对化学反应速率的影响

当增加反应物的浓度时，化学反应的速率增大时，除正反应速率增大外，逆反应速率也相应增大，这是因为，随着反应的进行，反应物的一部分转化为生成物，因此，生成物的浓度比原浓度也相应增大，故而，逆反应速率也相应增大。但正、逆反应速率增大的倍数是不同的。正反应速率增大的倍数要大于逆反应速率增大的倍数。对于零级反应，由于其反应级数为零，所以其反应速率与浓度无关。

2. 压强对化学反应速率的影响

对于有气体参与的化学反应，其他条件不变时（除体积），增大压强，即体积减小，反应物浓度增大，单位体积内活化分子数增多，单位时间内有效碰撞次数增多，反应速率加快；反之则减小。若体积不变，加压（加入不参加此化学反应的气体）反应速率就不变。因为浓度不变，单位体积内活化分子数就不变。但在体积不变的情况下，加入反应物，同样是加压，增加反应物浓度，速率也会增加。

3. 温度对化学反应速率的影响

浓度改变，可以引起反应速率的变化，对于反应级数较大的反应比较明显，而对于反应级数较小的反应则影响较小，所以在实际生产中的应用受到了较大的限制。对于大多数反应，温度升高，反应速率增大，只有极少数反应（如 NO 氧化生成 NO_2）例外。实验证明，反应温度每升高 $10℃$，反应速率增大 $2\sim4$ 倍。

1889 年阿伦尼乌斯提出了反应速率常数与温度之间关系式——阿伦尼乌斯方程：

$$k = Ae^{-E_a/RT} \tag{4-2}$$

式中，k——特定的反应速率常数，min^{-1}；

　　　e——自然对数的底；

　　　A——前因子，min^{-1}；

　　　E_a——活化能，J/mol；

　　　R——摩尔气体常数，为 8.32J/(mol·K)；

　　　T——热力学温度。

在温度变化不大的范围内，A 与 E_a 不随温度而变化，可以视为常数；从式中看出，温度的微小变化，都将导致 k 的较大变化，从而引起反应速率的较大变化。

4. 催化剂对化学反应速率的影响

增大反应物浓度、升高反应温度均可使化学反应速率加快，但是，浓度增大，使反应物的量加大，反应成本提高；有些时候升高温度，又会产生副反应。所以，在有些情况下，上述两种手段的利用受到限制。如果采用催化剂，则可以有效地增大反应速率。

催化剂是那些能显著改变反应速率，而在反应前后自身的组成、质量和化学性质基本不变的物质。其中，能加快反应速率的称为正催化剂，能减慢反应速率的称为负催化剂。例如，合成氨生产中使用的 Fe，H_2SO_4 生产中使用的 V_2O_5 以及促进生物体化学反应的各种酶（如淀粉酶、蛋白酶、脂肪酶等）均为正催化剂；减慢金属腐蚀的缓蚀剂，防止橡胶、塑料老化的抗老化剂等均为负催化剂。通常所说的催化剂一般都是指正催化剂。

对于催化反应应注意以下几个方面：

（1）催化剂只能通过改变反应途径来改变反应速率，但不能改变反应的焓变反应方向和限度。

（2）在反应速率方程中，催化剂对反应速率的影响体现在反应速率常数（k）内。对确定的反应来说，反应温度一定时，采用不同的催化剂一般有不同的 k。

（3）对同一可逆反应来说，催化剂等值地降低了正、逆反应的活化能。

（4）催化剂具有选择性。某一反应或某一类反应使用的催化剂往往对其他反应无催化作用。例如，合成氨使用的 Fe 催化剂无助于 SO_2 的氧化。化工生产上，在复杂的反应系统中常常利用催化剂加速反应并抑制其他反应的进行，以提高产品的质量和产量。

催化剂在现代化学工业中起着极为重要的作用。据统计，化工生产中约有 85％的化学反应需要使用催化剂。尤其在当前的大型化工、石油化工中，很多化学反应用于生产都是在找到了优良的催化剂后才付诸实现的。

4.2　化　学　平　衡

4.2.1　化学平衡系统

1. 平衡状态

在一定的反应条件下，一个反应既能由反应物转变为生成物，也能由生成物转变为反应物，这样的反应称为可逆反应。几乎所有的化学反应都是可逆的，只是可逆的程度不同而已。通常把自左向右进行的反应称为正反应，将自右向左进行的反应为逆反应。

可逆反应 $CO(g)+H_2O(g) \rightleftharpoons CO_2(g)+H_2(g)$，一方面若反应开始时，体系中只有 CO 和 $H_2O(g)$ 分子，则此时只能发生正反应，随着反应的进行，CO 和 $H_2O(g)$ 分子数目减少；另一方面，一旦体系中出现 CO_2 和 H_2 分子，就开始出现逆反应，随着反应的进行，CO_2 和 H_2 分子增多。当体系内正反应速率等于逆反应速率时，体系中各种物质的浓度不再发生变化，即单位时间内有多少反应物分子变为产物分子，就同样有多少产物分子转变成反应物分子，这样就建立了一种动态平衡，称为化学平衡。

与上述相似，若反应开始时体系中只有 CO_2 和 H_2 分子，此时，只能进行逆反应；随着反应的进行，CO_2 和 H_2 分子数目减少，CO 和 $H_2O(g)$ 分子的数目逐渐增大，直到体系内正反应速率等于逆反应速率，此时也可以建立一种动态平衡。

无论是哪一种情况下，当反应经过无限长时间后，反应体系中最终的物质组成是相同的，并且不再发生变化（只要反应条件不发生变化）。

所有参与反应的物质均处于同一相（化学中，把物理性质与化学性质完全相同的部分称作相）中的化学平衡叫均相平衡，如上例；而处于不同相中的物质参与的化学平衡叫多相平衡，如碳酸钙的分解反应。化学平衡具有以下特征：

（1）化学平衡是一种动态平衡。当体系达到平衡时，表面看似乎反应停止了，但实际上正、逆反应始终在进行，只不过由于两者的反应速率相等，单位时间内每一种物质的生成量与消耗量相等，从而使得各种物质的浓度保持不变。

（2）化学平衡可以从正、逆反应两个方向达到，即无论从反应物开始还是由生成物开始，均可达到平衡。

（3）当体系达到化学平衡时，只要外界条件不变，无论经过多长时间，各物质的浓度都将保持不变；而一旦外界条件改变时，原有的平衡会被破坏，将在新的条件下建立新的平衡。

2. 平衡常数

人们通过大量的实验发现，任何可逆反应不管反应的始态如何，在一定温度下达到化学平衡时，各生成物平衡浓度的幂的乘积与反应物平衡浓度幂的乘积之比为一个常数，称为化学平衡常数。它表明了反应体系内各组分的量之间的相互关系。对于反应：

$$mA + nB \rightleftharpoons pC + qD$$

若为溶液中溶质反应 $\qquad K_c = \dfrac{c_C^p \cdot c_D^q}{c_A^m \cdot c_B^n}$ （4-3）

若为气体反应 $\qquad K_p = \dfrac{p_C^p \cdot p_D^q}{p_A^m \cdot p_B^n}$ （4-4）

由于 K_c、K_p 都是把测定值直接代入平衡常数表达式中计算所得，因此它们均属实验平衡常数（或经验平衡常数）。其数值和量纲随所用浓度、压力单位不同而不同，其量纲不为 1（仅当反应的生成物与反应物化学计量系数之差 $\Delta n = 0$ 时量纲为 1）。由于实验平衡常数使用非常不方便，因此国际上现已统一改用标准平衡常数。

标准平衡常数（也称热力学平衡常数）K^θ 的表达式（也称为定义式）为

若为气体反应 $\qquad K^\theta = \dfrac{(p_C/p^\theta)^p \cdot (p_D/p^\theta)^q}{(p_A/p^\theta)^m \cdot (p_B/p^\theta)^n}$ （4-5）

若为溶液中溶质反应 $\qquad K^\theta = \dfrac{(c_C/c^\theta)^p \cdot (c_D/c^\theta)^q}{(c_A/c^\theta)^m \cdot (c_B/c^\theta)^n}$ （4-6）

与实验平衡常数表达式相比，K^θ 不同之处在于每种溶质的平衡浓度项均应除以标准浓度（$c^\theta = 1.0 \text{mol/L}$），每种气体物质的平衡分压均应除以标准压力（$p^\theta = 101 \text{kPa}$）。也就是对于气体物质用相对分压表示，对于溶液用相对浓度表示，这样，标准平衡常数量纲为 1。为简便起见，表达式中 c^θ 和 p^θ 可以省去。

对于固体、纯液体，它们不出现在标准平衡常数的表达式中。如

$$Zn(s) + 2H^+(aq) \rightleftharpoons Zn^{2+}(aq) + H_2(g)$$

$$K^\theta = \frac{(c_{Zn^{2+}}/c^\theta) \cdot (p_{H_2}/p^\theta)}{(c_{H^+}/c^\theta)^2}$$

标准平衡常数只与温度有关，而与压力和浓度无关。在一定温度下，每个可逆反应均有其特定的标准平衡常数。标准平衡常数表达了平衡体系的动态关系。标准平衡常数数值的大小表明了在一定条件下反应进行的程度，标准平衡常数数值很大，表明反应向右进行的趋势很大，达到平衡时体系将主要由生成物组成；反之，标准平衡常数数值很小，达到平衡时体系将主要为反应物。

书写标准平衡常数表达式时，应注意以下几点：

（1）标准平衡常数中，一定是生成物相对浓度（或相对分压）相应幂的乘积作分子；反应物相对浓度（或相对分压）相应幂的乘积作分母；其中的幂为该物质化学计量方程式中的计量系数。

（2）标准平衡常数中，气态物质以相对分压表示，溶液中的溶质以相对浓度表示，而纯固体、纯液体不出现在标准平衡常数表达式中（视为常数）。

（3）标准平衡常数表达式必须与化学方程式相对应，同一化学反应，方程式的书写不同时，其标准平衡常数的数值也不同。

$$N_2(g)+3H_2(g)\Longleftrightarrow 2NH_3(g) \qquad K_1^{\theta}=\frac{(p_{NH_3}/p^{\theta})^2}{(p_{H_2}/p^{\theta})^3 \cdot (p_{N_2}/p^{\theta})}$$

$$\frac{1}{2}N_2(g)+\frac{3}{2}H_2(g)\Longleftrightarrow NH_3(g) \qquad K_2^{\theta}=\frac{(p_{NH_3}/p^{\theta})}{(p_{H_2}/p^{\theta})^{\frac{3}{2}} \cdot (p_{N_2}/p^{\theta})^{\frac{1}{2}}}$$

$$2NH_3(g)\Longleftrightarrow N_2(g)+3H_2(g) \qquad K_3^{\theta}=\frac{(p_{H_2}/p^{\theta})^3 \cdot (p_{N_2}/p^{\theta})}{(p_{NH_3}/p^{\theta})^2}$$

三者的表达式不同，但存在如下关系：

$$K_1^{\theta}=(K_2^{\theta})^2=1/K_3^{\theta}$$

【例 4.3】 实验测得 SO_2 氧化为 SO_3 的反应在 1000K 时，各物质的平衡分压为 $p_{SO_2}=27.2kPa$，$p_{O_2}=40.7kPa$，$p_{SO_3}=32.9kPa$，计算 1000K 时反应 $2SO_2(g)+O_2(g)\Longleftrightarrow 2SO_3(g)$ 的标准平衡常数 K^{θ}？

解　　　　　　　　　$2SO_2(g)+O_2(g)\Longleftrightarrow 2SO_3(g)$

根据标准平衡常数的定义式：

$$K^{\theta}=\frac{(p_{SO_3}/p^{\theta})^2}{(p_{SO_2}/p^{\theta})^2 \cdot (p_{O_2}/p^{\theta})}=\frac{(32.9/101)^2}{(27.2/101)^2 \times (40.7/101)}=3.59$$

4.2.2　化学平衡的移动

化学反应是一种动态平衡，平衡时正反应速率等于逆反应速率，体系内各组分的浓度不再随时间而变化。但这种平衡是暂时的、相对的和有条件的；如果反应条件发生变化时，正逆反应速率就不再相等，可逆反应的平衡状态将发生变化，直至反应体系在新的条件下建立新的动态平衡。但在新的平衡体系中，各反应物和生成物的浓度已不同于原来的平衡状态时的数值。这种由于条件变化，使可逆反应从一种反应条件下的平衡状态转变到另一种反应条件下的平衡状态，这种变化过程称为化学平衡的移动。这里所说的条件是指浓度、压力和温度。

在改变反应条件后，化学反应由原来的平衡状态变为不平衡状态，此时反应将继续进行，其移动的方向是使反应的浓度商 Q 趋近于标准平衡常数 K^{θ}。我们可以根据下列关系判定化学平衡移动的方向。

$Q<K^{\theta}$　平衡能够正向移动，直到新的平衡。

$Q>K^{\theta}$　平衡能够逆向移动，直到新的平衡。

$Q=K^{\theta}$　处于平衡状态，不移动。

下面分别讨论浓度、压强、温度对化学平衡的影响。

1. 浓度对化学平衡的影响

在一定条件下，反应 $mA+nB\Longleftrightarrow pC+qD$ 达到平衡时，按式（4-6）计算，可得标

准平衡常数 K^θ，若增加反应物浓度或降低产物浓度。计算浓度商 Q，此时 $Q < K^\theta$，系统不再处于平衡状态，为了达到平衡，则必须增加生成物的浓度或降低反应物的浓度，因此，反应体系向正反应方向移动；直至 Q 重新达到 K^θ，使体系建立新的化学平衡，若降低反应物浓度或增加产物浓度，此时 $Q > K^\theta$，反应朝着生成反应物的方向进行，即反应逆向进行。

【例 4.4】 反应 $Fe^{2+}(aq) + Ag^+(aq) \rightleftharpoons Fe^{3+}(aq) + Ag(s)$ 在 25℃时标准平衡常数为 5.0，$AgNO_3$ 和 $Fe(NO_3)_2$ 的起始浓度均为 0.10mol/L，$Fe(NO_3)_3$ 的起始浓度为 0.010mol/L，求：

(1) 平衡时 Ag^+、Fe^{2+}、Fe^{3+} 的平衡浓度和 Ag^+ 的平衡转化率。

(2) 如果保持 Ag^+ 和 Fe^{3+} 浓度不变，向体系中加入 Fe^{2+}，使其浓度增加 0.20mol/L，求 Ag^+ 在新条件下的平衡转化率。

解 (1)

	$Fe^{2+}(aq)$	$+Ag^+(aq)$	$\rightleftharpoons Fe^{3+}(aq)$	$+Ag(s)$
开始时浓度/(mol/L)	0.10	0.10	0.010	
变化浓度/(mol/L)	$-x$	$-x$	$+x$	
平衡时浓度/(mol/L)	$0.10-x$	$0.10-x$	$0.010+x$	
平衡时相对浓度	$0.10-x$	$0.10-x$	$0.010+x$	

根据标准平衡常数的表达式：$K^\theta = \dfrac{c_{Fe^{3+}}/c^\theta}{(c_{Fe^{2+}}/c^\theta)(c_{Ag^+}/c^\theta)} = \dfrac{0.010+x}{(0.10-x)^2} = 5.0$

$$x = 0.021\text{mol/L}$$

$c_{Fe^{2+}} = c_{Ag^+} = 0.10 - 0.021 = 0.08 \ (\text{mol/L})$ 　　　 $c_{Fe^{3+}} = 0.010 + 0.021 = 0.031 \ (\text{mol/L})$

$$Ag^+ \text{ 的转化率} = \frac{0.021}{0.10} \times 100\% = 21\%$$

(2)

	$Fe^{2+}(aq)$	$+Ag^+(aq)$	$\rightleftharpoons Fe^{3+}(aq)$	$+Ag(s)$
开始时浓度/(mol/L)	0.30	0.10	0.010	
变化浓度/(mol/L)	$-y$	$-y$	$+y$	
平衡时浓度/(mol/L)	$0.30-y$	$0.10-y$	$0.010+y$	
平衡时相对浓度	$0.30-y$	$0.10-y$	$0.010+y$	

根据标准平衡常数的表达式：

$$K^\theta = \frac{c_{Fe^{3+}}/c^\theta}{(c_{Fe^{2+}}/c^\theta)(c_{Ag^+}/c^\theta)} = \frac{0.010+y}{(0.10-y)(0.30-y)} = 5.0$$

$$y = 0.051(\text{mol/L})$$

$$Ag^+ \text{ 在新条件下的平衡转化率} = \frac{0.051}{0.10} \times 100\% = 51\%$$

从计算可知，反应系统中增加反应物的量，平衡正向移动，可以提高 Ag^+ 的转化率。

2. 压强对化学平衡的影响

压强的变化会影响气体物质的浓度。在化学平衡体系中，若可逆反应前后气体分子数不相等，改变平衡体系的压强，则使正反应速率与逆反应速率变化的倍数不同，化学平衡会发生移动。例如：

$$2NO_2(g) \Longrightarrow N_2O_4(g)$$

反应前气体分子数为 2，反应后气体分子数为 1，所以正反应方向为气体分子数减少的方向，即气体体积减小的方向；相反，逆反应方向为气体分子数增大的方向，即气体体积增大的方向。

从大量的实验事实可以得出结论：在其他条件不变时，增大压强，化学平衡向着气体分子数减少（气体体积缩小）的方向移动；减小压强，化学平衡向着气体分子数增大（气体体积增大）的方向移动。

在讨论压强对化学平衡移动的影响时，应注意压强只对反应前、后气体分子数不等的平衡产生影响，若反应前、后气体分子数相等，则压强的改变不会使化学平衡发生移动。同时，对于一般的只有液体、固体参加的反应，由于压力的影响很小，所以平衡不发生移动，因此，可以认为压强对液、固相的反应平衡无影响。

3. 温度对化学平衡的影响

化学反应往往伴随着放热或吸热现象的发生。放出热量的化学反应称为放热反应，吸收热量的化学反应称为吸热反应。反应中放出的热量或吸收的热量称为反应热。常常在化学式后用 "Q" 将反应热表示出来。若反应吸热，则 Q 值取 "＋"；若反应放热，则 Q 值取 "－"。这种能够表示化学反应过程所吸收或放出热量的化学方程式称为热化学方程式。例如：

$$C(s) + H_2O(g) \xrightarrow{\text{高温}} CO(g) + H_2(g) \qquad Q = +131.3\text{kJ/mol}$$

说明在进行上述反应的同时，反应体系需吸收热量 131.3kJ/mol。

在有反应热的可逆反应达到平衡时，改变平衡体系温度，会使正反应速率与逆反应速率改变不同的倍数，从而使化学平衡发生移动。例如：

$$2NO_2(g) \Longrightarrow N_2O_4(g) \qquad Q = -56.9\text{kJ/mol}$$

　　　　　红棕色　　　　　　　无色

将装有上述混合气体的烧瓶放入热水中，实验结果表明：热水中烧瓶里的气体颜色变深，说明 NO_2 的量增多，即升高温度平衡向生成 NO_2 的方向（即逆反应方向、吸热方向）移动。总结大量实验事实，可以得出结论：在其他条件不变时，升高温度，化学平衡向吸热反应方向移动；降低温度，化学平衡向放热反应方向移动。

根据浓度、压强、温度对化学平衡影响的结果，法国化学家勒夏特列概括出一个普遍规律：当体系达到平衡后，如果改变平衡体系的条件之一（如浓度、压强或温度），平衡就向着减弱这些改变的方向移动。这个规律称为平衡移动原理，又称为勒夏特列原理。

例如，在平衡体系中增大反应物的浓度，则平衡向减小反应物浓度的方向，也就是向转变成生成物的方向（即正反应方向）移动；若增大压强，平衡向能够减小压强的方向，也就是减小气体体积的方向（即减小气体分子数的方向）移动；若升高温度，平衡向能够降低温度，也就是吸收热量的方向移动。

由于催化剂能够同等倍数地影响正反应速率和逆反应速率，因此，加入催化剂，体系中正反应速率和逆反应速率仍然保持相等，化学平衡不发生移动，所以使用催化剂不能提高原料的转化率。但加入催化剂，加快了正、逆反应速率，从而缩短了反应到达平衡所需的时间。

【例 4.5】　反应 $2CO(g) + O_2(g) \rightleftharpoons 2CO_2(g)$，$Q = -566kJ/mol$ 达到平衡时，如果 ①增加压强；②增加 O_2 的浓度；③减少 CO_2 的浓度；④升高温度；⑤加入催化剂。问平衡是否移动？若平衡发生移动，指出移动的方向。

解　① 由化学方程式可知：该反应前后气体分子数不相等，正反应方向为分子数减少的方向，因此增加压强，平衡向正反应方向移动。

② 增加 O_2 的浓度即增加反应物的浓度，平衡向正反应方向移动。

③ 减少 CO_2 的浓度即减少生成物的浓度，平衡向正反应方向移动。

④ 反应为放热反应，逆反应为吸热反应，升高温度，平衡向逆反应方向移动。

⑤ 加入催化剂对正、逆反应产生同等的影响，正反应速率仍等于逆反应速率，平衡不移动。

 **学习资源**

生命活动的催化剂——酶

酶大多数由蛋白质组成（少数为 RNA），能在机体温和的条件下，高效催化各种生物化学反应，促进生物体的新陈代谢。生命活动中的消化、吸收、呼吸、运动和生殖都是酶促反应过程。酶是细胞赖以生存的基础。细胞新陈代谢所有的化学反应几乎都是在酶的催化下进行的。酶的特性主要体现在以下几个方面：

（1）高效性。酶的催化效率比无机催化剂更高，使得反应速率更快。

（2）专一性。一种酶只能催化一种或一类底物，如蛋白酶只能催化蛋白质水解成多肽。

（3）多样性。酶的种类很多，大约有 4000 多种。

（4）温和性。酶所催化的化学反应一般是在较温和的条件下进行的。

（5）活性可调节性。酶的活性可调节性包括抑制剂和激活剂调节、反馈抑制调节、共价修饰调节和变构调节等。

（6）有些酶的催化性与辅因子有关。

（7）易变性。由于大多数酶是蛋白质，因而会被高温、强酸、强碱等破坏。

一般来说，动物体内的酶最适温度在 $35 \sim 40℃$，植物体内的酶最适温度在 $40 \sim 50℃$；细菌和真菌体内的酶最适温度差别较大，有的酶最适温度可高达 70℃。动物体内的酶最适 pH 值大多为 $6.5 \sim 8.0$，但也有例外，如胃蛋白酶的最适 pH 值为 1.8，植物体内的酶最适 pH 值大多为 $4.5 \sim 6.5$。

酶在我们的生产和生活中起到了重要的作用，如酿酒、制酱油、制醋都是在酶的作用下完成的；用淀粉酶和纤维素酶处理过的饲料，营养价值可显著提高；洗衣粉中加入酶，可以使洗衣粉去污效率提高，使原来不易除去的汗渍等很容易除去……

由于酶的应用广泛，酶的提取和合成就成了重要的科研课题。目前酶可以从生物体内提取，如从菠萝皮中可提取菠萝蛋白酶。但由于酶在生物体内的含量很低，因此，它不能适应生产上的需要。工业上大量的酶是采用微生物的发酵制取的，一般需要在适宜的条件下，选育出所需的菌种，让其进行繁殖，以获得大量的酶制剂。另外，人们正在研究酶的人工合成。随着科学水平的提高，酶的应用将具有非常广阔的前景。

 复习与思考

一、填空题

1. 影响化学反应速率大小的决定性因素是_____，影响化学反应速率的主要外观因素有_____、_____、_____和_____。

2. 压强只对有_____参加的化学反应速率有影响。

3. 可逆反应的特点是_____，达到化学平衡时的特点是_____。

4. 反应中加入催化剂的作用是_____。

二、问答与计算题

1. 在一体积固定的密封容器中加入 A、B 物质，发生反应如下：$A + 2B \Longrightarrow 3C$。反应经过 2min 后，A 的浓度从开始浓度的 1.0mol/L 降到 0.8mol/L。已知反应开始时 B 的浓度是 1.2mol/L。求：

（1）2min 末 B、C 的浓度。

（2）以单位时间内 A 的浓度减小来表示 2min 内该反应的平均速率。

2. 将 6mol H_2 和 3mol CO 充入容积为 0.5L 的密闭容器中，进行如下反应：$2H_2(g) + CO(g) \Longrightarrow CH_3OH(g)$，6s 末时容器内压强为开始时的 0.6 倍。试计算：

（1）H_2 的反应速率是多少？

（2）CO 的转化率为多少？

3. 反应 $CO(g) + H_2O(g) \Longrightarrow H_2 + CO_2$ 在某温度下发生反应时，$K_c = 1$，反应物的初始浓度分别为 1mol/L、2mol/L，计算 CO 的转化率。

第5章 溶 液

溶液

5.1　溶液及其浓度表示法

5.1.1　溶液的一般概念和分类

　　溶液是由两种或多种组分组成的均匀体系。所有溶液都是由溶质和溶剂组成，溶剂是一种介质，在其中均匀地分布着溶质的分子或离子。

　　溶质和溶剂只有相对的意义。通常将溶解时状态不变的组分称为溶剂，而状态改变的称为溶质，如糖溶于水时，糖是溶质，水是溶剂。若组成溶液的两种组分在溶解前后的状态皆相同，则将含量较多的组分称为溶剂，如在 100mL 水中加入 10mL 的乙醇组成溶液，水是溶剂；若体积调换一下，则乙醇为溶剂。有时两种组分的量差不多，此时可将任意一种组分看作是溶剂。

　　溶液具有均匀性、无沉淀、组分皆以分子或离子状态存在等特性。

　　溶液有许多不同种类。将一种气体溶解在另外一种气体中可形成气体溶液，如空气；也可以将一种或几种固体溶解在另外一种固体之中形成固体溶液；如各种合金钢分别是少量 C、Ni、Cr 和 Mn 等溶于 Fe 中而形成的固体溶液，通常所说的 12K 金是等量的 Au 和 Ag 形成的固体溶液。通常化学工作者所考虑的溶液是气体（如 HCl）、液体（如 C_2H_5OH）或固体（如 NaCl）等溶于液体中形成的液体溶液。

固体溶液中的反应速率一般很慢（至少是室温下如此），气体间的反应快慢又难于控制。液体溶液则不同，液体溶液中的原子、离子和分子可自由地运动，因而其反应速率通常比固体溶液中的反应快得多，却又很少像气体反应那样难于控制。基于这种原因，液体溶液尤其是水为溶剂的水溶液在化学上占有重要地位。我们一般所指的液体溶液，没有特别说明时溶剂均为水。

5.1.2　溶液组成的表示方法

在生产和实验中，常用溶液中溶质的量与溶液（或溶剂）的量之比表示溶液的组成。当我们使用不同的物理量表示溶质或溶剂的量时，就得到不同组成的表示方法。一般情况下，使用同一物理量表示溶质和溶液（或溶剂）的量的方法，称为分数；使用不同物理量表示溶质和溶剂的量的方法，称为浓度。常用溶液组成的表示方法有以下几种。

1. 体积分数

纯溶质 B 的体积 V_B 与溶液总体积 V 之比称为溶质 B 的体积分数，用符号 ϕ_B 表示，即

$$\phi_B = V_B/V$$

当纯溶质为液态（如乙醇、甘油等）时，常用体积分数表示溶液的组成。体积分数可以用小数表示，亦可用百分数表示。例如，市售普通药用乙醇为 $\phi_{乙醇} = 0.95$ 或 $\phi_{乙醇} = 95\%$ 的溶液。

2. 质量分数

溶质的质量分数是溶质质量与溶液质量之比，也指混合物中某种物质质量占总质量的百分比，用符号 w_B 表示，即

$$w_B = m_B/m = m_B/(m_A + m_B)$$

式中，m_B、m、m_A——溶质 B、溶液、溶剂 A 的质量。

质量分数可以用小数表示，也可以用百分数表示。例如，市售浓 H_2SO_4 的质量分数为 0.98 或 98%。

【例 5.1】　某溶液的质量分数为 0.36，密度为 1.18kg/L，500mL 该溶液中含溶质多少克？

解　　　　　　　　　　　$m = \rho V = 1180 \times 0.5 = 590$（g）

又　　　　　　　　　　　　　$w_B = m_B/m$

$$m_B = w_B m = 0.36 \times 590 = 212.4 \text{（g）}$$

3. 摩尔分数

溶质的物质的量与溶液的物质的量之比，也可以指混合物中某一组分的摩尔数与混

合物总摩尔数之比，用符号 x_B 表示，即

$$x_B = n_B/n \quad 或 \quad x_B = n_B/(n_A + n_B)$$

例如，丙三醇-水体系中，丙三醇摩尔分数为 0.19，即 0.19mol 丙三醇/mol（溶液）。

4. 物质的量浓度

物质的量浓度，简称浓度，是指溶质 B 物质的量 n_B 与溶液的体积 V 之比。单位为 mol/m^3，常用 mol/L。用符号 c_B 表示，也可用符号 [B] 表示。

$$c_B = \frac{n_B}{V}$$

例如，0.5L NaOH 溶液中含有 0.5mol NaOH，则该溶液的浓度是 1.0mol/L，表示为 $c_{NaOH} = 1.0mol/L$，也可写成 $[NaOH] = 1.0mol/L$。

在分析检测中，溶液的配制经常需要物质的量浓度与其他表示方法进行换算。

1）溶液中溶质的质量分数与溶质的物质的量浓度的换算

溶液中溶质的质量分数与溶质的物质的量浓度，二者都表示溶液的组成，可以通过一定关系进行相互换算。将溶质的质量分数换算成物质的量浓度时，首先要计算 1L 溶液中含溶质的质量，换算成相应物质的量，有时还需将溶液的质量换算成溶液的体积，最后才换算成物质的量浓度。

将溶质的物质的量浓度换算成溶质的质量分数时，首先要将溶质的物质的量换算成溶质的质量，有时还将溶液的体积换算成质量，然后换算成物质的质量分数。

$$n_B = m_B/M_B = V \cdot \rho \cdot w_B/M_B$$
$$c_B = n_B/V$$
$$c_B = (V \cdot \rho \cdot w_B/M_B)/V = \rho \cdot w_B/M_B$$

式中，ρ_B——溶液的密度，g/L 或 g/cm^3；

w_B——溶质的质量分数；

M_B——溶质的摩尔质量，数值等于物质的式量，g/mol。

【例5.2】 市售浓 HCl 溶液的质量分数为 0.36，密度为 1.18kg/L，该溶液的物质的量浓度为多少（$M_{HCl} = 36.58mol$）？

解 $$c_B = \rho \cdot w_B/M_B = \frac{1.18 \times 0.36 \times 1000}{36.5} = 11.64(mol/L)$$

2）一定物质的量浓度溶液的稀释

由溶质的物质的量在稀释前后不变得 $c_1 \times V_1 = c_2 \times V_2$（$c_1$、$c_2$ 为稀释前后溶质的物质的量浓度）。

【例5.3】 若配制 500mL 的 0.1mol/L HCl 溶液，需例 5.2 中浓 HCl 溶液多少毫升？

解 $$c_1 V_1 = c_2 V_2$$
$$V_1 = c_2 V_2/c_1 = \frac{500 \times 0.1}{11.64} = 4.3(mL)$$

3）一定物质的量浓度溶液中，溶质微粒的浓度

（1）非电解质在其水溶液中以分子形式存在，溶液中溶质微粒的浓度即为溶质分子的浓度。如 1mol/L 乙醇溶液中，乙醇分子的物质的量浓度为 1mol/L。

（2）强酸、强碱、可溶性盐等强电解质在其水溶液中以阴离子和阳离子形式存在，各种微粒的浓度要根据溶液的浓度和溶质的电离方程式来确定。例如：

1mol/L NaCl 溶液中：c_{Na^+}＝1mol/L　　　　c_{Cl^-}＝1mol/L

1mol/L H_2SO_4 溶液中：c_{H^+}＝2mol/L　　　　$c_{SO_4^{2-}}$＝1mol/L

5. 质量摩尔浓度

质量摩尔浓度（b_B）是指溶质 B 的物质的量 n_B 与溶剂 A 的质量 m_A 之比。单位为 mol/kg。

$$b_B = \frac{n_B}{m_A}$$

质量摩尔浓度与物质的量浓度相比，前者不随温度变化，在要求精确浓度时，必须用质量摩尔浓度表示。对于一般稀溶液来说，其密度近似等于水的密度，因此在计算中常可近似认为 $c_B(mol/L) = b_B(mol/kg)$。

6. 质量浓度

质量浓度（ρ_B）是指物质 B 的总质量 m 与相应混合物的体积 V（包括物质 B 的体积）之比。单位为 kg/m^3，常用 g/L。

$$\rho_B = \frac{m_B}{V}$$

【例 5.4】　《中华人民共和国药典》规定，生理盐水的规格是 0.5L 生理盐水含有 4.5g NaCl。生理盐水的质量浓度是多少？若配制生理盐水 1.2L，需要多少克 NaCl？

解　　　　　　　　　$\rho_B = m_B/V = 4.5 \div 0.5 = 9$（g/L）

$m_B = \rho_B \cdot V = 9 \times 1.2 = 10.8$（g）

5.2 溶 解 度

5.2.1 溶解度的概念

溶解度是指在一定温度下，某物质 B 在 100g 溶剂 A 中达到饱和状态时所溶解的质量，叫作这种物质 B 在这种溶剂 A 中的溶解度。目前所指的溶解度有固体溶解度和气体溶解度，如果没有特别说明，一般指固体溶解度。一种物质在某种溶剂中的溶解度主要决定于溶剂和溶质的性质。例如，水是最普通、最常用的溶剂，甲醇和乙醇可以任何比例与水互溶。大多数碱金属盐类都可以溶于水；苯几乎不溶于水。溶解度明显受温度的影响，大多数固体物质的溶解度随温度的升高而增大；气体物质的溶解度则与此相反，随温度的升高而降低。物质的溶解度对于化学和化学工业都很重要，在固体物质的重结晶和分级结晶、化学物质的制备和分离、混合气体的分离等工艺中都要利用物质溶解度的差别。

1. 固体溶解度

固体物质的溶解度是指在一定的温度下，某物质在 100g 溶剂里达到饱和状态时所溶解的质量，用字母"s"表示，其单位是 g/100g。

在未注明的情况下，通常溶解度指的是物质在水里的溶解度。例如，在 20℃时，100g 水里最多能溶 36g NaCl（这时溶液达到饱和状态），我们就说在 20℃时，NaCl 在水里的溶解度是 36g。

大部分固体物质随温度升高溶解度增大，如 KNO_3。少部分固体物质的溶解度受温度影响不大，如食盐（NaCl）。只有极少数固体物质的溶解度随温度升高反而减小，如 $Ca(OH)_2$。

2. 气体溶解度

在一定温度和压强下，气体在一定量溶剂中溶解的最高量称为气体的溶解度。常用定温下一定体积溶剂中所溶解的气体最多体积数来表示。如 20℃时 100mL 水中能溶解 1.82mL H_2。气体的溶解度有两种表示方法。一种是在一定温度下，气体的压强（或称该气体的分压，不包括水蒸气的压强）是 $1.013 \times 10^5 Pa$ 时，溶解于 1 体积水里，达到饱和的气体的体积（并需换算成在 0℃时的体积数），即这种气体在水里的溶解度。另一种气体的溶解度的表示方法是，在一定温度下，该气体在 100g 水里，气体的总压强为 $1.013 \times 10^5 Pa$（气体的分压加上当时水蒸气的压强）所溶解的克数。

气体的溶解度除与气体本性、溶剂性质有关外，还与温度、压强有关，其溶解度一般随着温度升高而减少，由于气体溶解时体积变化很大，故其溶解度随压强增大而显著增大。这是因为当压强增大时，液面上的气体的浓度增大，因此，进入液面的气体分子比从液面逸出的分子多，从而使气体的溶解度变大。而且，气体的溶解度和该气体的压强（分压）在一定范围内成正比（在气体不跟水发生化学变化的情况下）。例如，在 20℃时，H_2 的压强是 $1.013 \times 10^5 Pa$，H_2 在 1L 水里的溶解度是 0.01819L；同样在 20℃，在 $2 \times 1.013 \times 10^5 Pa$ 时，H_2 在 1L 水里的溶解度是 $0.01819 \times 2 = 0.03638$（L）。

溶解性是一种物质在另一种物质中的溶解能力，通常用易溶、可溶、微溶、难溶或不溶等粗略的概念来表示。溶解度是衡量物质在溶剂里溶解性大小的尺度，是溶解性的定量表示。

5.2.2　相似相溶原理

相似相溶原理是指由于极性分子间的电性作用，使得极性分子组成的溶质易溶于极性分子组成的溶剂，难溶于非极性分子组成的溶剂；非极性分子组成的溶质易溶于非极性分子组成的溶剂，难溶于极性分子组成的溶剂。例如，a、b、c 三种物质，a、b 是极性物质，c 是非极性物质，则 a、b 之间溶解度大，a、c 或 b、c 之间溶解度小。

相似相溶原理是一个关于物质溶解性的经验规律。例如，水和乙醇可以无限制地互相溶解，乙醇和煤油只能有限地互溶。因为水分子和乙醇分子都有一个—OH，分别跟一个小的原子或原子团相连，而煤油则是由分子中含 11～17 个碳原子组成的混合物，其烃基部分与乙醇的乙基相似，但与水毫无相似之处。结构的相似性并不是决定溶解度的唯一原因。分子间作用力的类型和大小相近的物质，往往可以互溶；溶质和溶剂分子的偶极矩相似性也是影响溶解度的因素之一。具体可以这样理解：

（1）极性溶剂（如水）易溶解极性物质（离子晶体、分子晶体中的极性物质如强酸等）。

（2）非极性溶剂（如苯、汽油、CCl_4 等）能溶解非极性物质（大多数有机物、Br_2、I_2 等）。

（3）含有相同官能团的物质互溶，如水中含羟基（—OH）能溶解含有羟基的醇、酚、羧酸。

另外，极性分子易溶于极性溶剂中，非极性分子易溶于非极性溶剂中。例如，非极性、弱极性溶质易溶于非极性、弱极性溶剂，如 I_2（非极性）分别在 H_2O（强极性）、C_2H_5OH（弱极性）、CCl_4（非极性）中的溶解度（g/100g 溶剂）依次为 0.030、20.5、2.91，又如白磷 P_4（非极性）能溶于 CS_2（非极性），但红磷（巨型结构）却不溶。

5.3　非电解质稀溶液的依数性

溶质溶解于溶剂形成溶液的过程中，不仅溶质的性质发生改变，溶剂的性质，如蒸气压、沸点、凝固点等，也会发生相应的变化。当溶液较稀时，这些性质的改变值与溶质的本质无关，而仅仅取决于溶液中溶质的质点数，我们称其为稀溶液的依数性。稀溶液的依数性包括溶液的蒸气压降低、沸点升高、凝固点降低和溶液的渗透压。

5.3.1　溶液的蒸气压降低

在一定温度下，将纯液体置于真空容器中，当蒸发速度与凝聚速度相等时，液体上方的蒸气所具有的压力称为该温度下液体的饱和蒸气压，简称蒸气压。任何纯液体在一定温度下都有确定的蒸气压，且随温度的升高而增大。当纯溶剂溶解一定量难挥发溶质（如蔗糖溶于水中）时，在同一温度下，溶液的蒸气压总是低于纯溶剂的蒸气压，这种现象称为溶液的蒸气压降低，其降低值可表示为

$$\Delta p = p^* - p$$

式中，Δp——溶液的蒸气压下降值，Pa；

　　　p^*——纯溶剂的蒸气压，Pa；

　　　p——溶液的蒸气压，Pa。

在这里，所谓溶液的蒸气压力实际是指溶液中溶剂的蒸气压力（因为溶质是难挥发的，其蒸气压可忽略不计）。

溶液的蒸气压力下降的原因为：溶剂溶解了难挥发的溶质后，溶剂的一部分表面或多或少地被溶质的微粒所占据，从而使得单位时间内从溶液中蒸发出的溶剂分子数比原来从纯溶剂中蒸发出的分子数要少，也就是使得溶剂的蒸发速率变小。纯溶剂气相与液相之间原来势均力敌的蒸发与凝聚两个过程，在加入难挥发溶质后，由于溶剂蒸发速率的减小，凝聚占了优势，结果系统在较低的蒸气浓度或压力下，溶剂的蒸气（气相）与溶剂（液相）重建平衡。因此，在达到平衡时，难挥发溶质的溶液中溶剂的蒸气压力低

于纯溶剂的蒸气压力。显然，溶液的浓度越大，溶液的蒸气压降低越多。

　　难挥发、非电解质稀溶液的蒸气压降低与溶质 B 的摩尔分数（x_B）成正比，与溶质的本性无关，这一定量关系称为拉乌尔定律。

$$\Delta p = p^* \cdot x_B$$

对于两组分稀溶液，溶剂的物质的量（n_A）远大于溶质的物质的量（n_B），则

$$n_A + n_B \approx n_A$$

$$x_B = \frac{n_B}{n_B + n_A} \approx \frac{n_B}{n_A}$$

$$\Delta p = p^* \cdot \frac{n_B}{n_A} = p^* \cdot M_A \cdot \frac{n_B}{m_A}$$

当温度一定时，$p^* \cdot M_A$ 为一常数，用 K 表示，n_B/m_A 为溶质 B 的质量摩尔浓度（b_B），则

$$\Delta p = K \cdot b_B$$

即拉乌尔定律还可表述为：一定温度下，难挥发非电解质稀溶液的蒸气压降低与溶质 B 的质量摩尔浓度成正比。

5.3.2　溶液的沸点升高和凝固点降低

　　沸点升高指溶液的沸点（T_b）要高于纯溶剂的沸点（T_b^*），升高值为
$$\Delta T_b = T_b - T_b^*$$
　　凝固点降低指溶液的凝固点（T_f）要低于纯溶剂的凝固点（T_f^*），降低值为
$$\Delta T_f = T_f^* - T_f$$
　　难挥发的非电解质稀溶液的沸点升高和凝固点降低的定量关系可根据拉乌尔定律证明，即

$$\Delta T_b = K_b b_B$$
$$\Delta T_f = K_f b_B$$

式中，K_b——溶剂的沸点升高常数，$(K \cdot kg)/mol$；

　　　　K_f——溶剂的凝固点降低常数，$(K \cdot kg)/mol$；

　　　　K_b、K_f 与溶剂有关，而与溶质无关。

　　常见溶剂的沸点（T_b^*）及沸点升高常数（K_b）和凝固点（T_f^*）及凝固点降低常数（K_f）见表 5-1。

表 5-1　常见溶剂的沸点（T_b^*）及沸点升高常数（K_b）和凝固点（T_f^*）及凝固点降低常数（K_f）

溶剂	T_b^* /K	$K_b/[(K \cdot kg)/mol]$	T_f^* /K	$K_f/[(K \cdot kg)/mol]$
乙酸	391.15	2.93	290.15	3.90
水	373.15	0.512	273.15	1.86
苯	353.15	2.53	278.65	5.10
乙酸	351.55	1.22	115.85	2.10
乙醚	307.85	2.02	156.95	1.80
萘	491.15	5.80	353.15	6.90

【例 5.5】 将 2.76g 甘油溶于 200g 水中，测得凝固点为 $-0.279℃$，求甘油的摩尔质量。

解 设甘油的摩尔质量为 M_G，则甘油的质量摩尔浓度为

$$b_B = \frac{2.76g/M_G}{0.2kg}$$

$$\Delta T_f = K_f \times b_B = K_f \times \frac{2.76g/M_G}{0.2kg}$$

查表 5-1 得水的 $K_f = 1.86(K \cdot kg)/mol$

$$M_G = \frac{K_f \times 13.8}{\Delta T_f} = \frac{1.86 \times 13.8}{0.279} = 91.7(g/mol)$$

5.3.3 溶液的渗透压与反渗透技术

1. 溶液的渗透压

半透膜是只允许溶剂分子透过而不允许溶质透过的物质（如动物的膀胱膜、肠膜、植物细胞原生质膜或人造羊皮纸等）。在膜两边分别放入蔗糖水和纯水，并使两边液面高度相等。经过一段时间以后，可以观察到纯水液面下降，而蔗糖水的液面上升，这似乎说明纯水中有一部分水分子通过半透膜进入了溶液，产生了渗透。其实水分子不但从纯水透过半透膜向蔗糖水扩散，同时也有水分子从蔗糖水侧向纯水侧扩散，只是由于蔗糖水中水分子浓度较纯水低，溶液的蒸汽压小于纯溶剂的蒸汽压，致使单位时间内纯水中水分子透过半透膜进入溶液的速率大于溶液中水分子透过半透膜进入纯水的速率，故使蔗糖水体积增大，液面升高。当蔗糖水液面上升了某一高度 h 时，水分子向两个方向的渗透速率相等，此时水柱高度不再改变，渗透处于平衡状态。换句话说，水柱所产生的静水压阻止了纯水向溶液的渗透。

若在蔗糖水液面上加一活塞并施加恰好阻止水分子渗透的压力，这个压力就是该溶液的渗透压。因此，为了阻止渗透作用的进行而施加于溶液的最小压力称为渗透压，用符号 π 表示。

1886 年，荷兰物理学家范特霍夫（Van't Hoff）总结大量实验结果后指出，难挥发非电解质稀溶液的渗透压（π）与溶液浓度及温度的关系与理想气体方程相似：

$$\pi V = n_B RT$$

或

$$\pi = \frac{n_B}{V}RT = c_B RT$$

当溶液浓度很稀时，$c_B \approx b_B$，$\pi = b_B RT$。

式中，c_B——物质的量浓度，mol/L；

π——渗透压，kPa；

R——理想气体常数，$8.314J/(mol \cdot K)$［或 $8.314kPa \cdot L/(mol \cdot K)$］；

T——温度，K。

渗透不仅可以在纯溶剂与溶液之间进行，同时也可以在两种不同浓度的溶液之间进行。因此，产生渗透作用必须具备两个条件：一是有半透膜存在；二是半透膜两侧单位体积内溶剂的分子数目不同（如水和水溶液之间或稀溶液和浓溶液之间）。

如果半透膜两侧溶液的浓度相等，则渗透压相等，这种溶液称为等渗溶液。如果半透膜两侧溶液的浓度不等，则渗透压就不相等，渗透压高的溶液称为高渗溶液，渗透压低的溶液称为低渗溶液，渗透是从低渗溶液向高渗溶液方向扩散。

如果外加在溶液上的压力超过了溶液的渗透压，则溶液中的溶剂分子可以通过半透膜向纯溶剂方向扩散，纯溶剂的液面上升，这一过程称为反渗透。反渗透原理广泛应用于海水淡化、工业废水处理和溶液的浓缩等方面。

与凝固点降低、沸点升高实验一样，溶液的渗透压降低也是测定溶质的摩尔质量的经典方法之一，而且特别适用于摩尔质量大的分子。

【例 5.6】　在 1L 溶液中含有 5.0g 血红素，298K 时测得该溶液的渗透压为 182Pa，求血红素的平均摩尔质量。

解　由 $\pi = c_B RT$

$$c_B = \frac{\pi}{RT} = \frac{182Pa}{8.314kPa \cdot L/(mol \cdot K) \times 298K} = 7.3 \times 10^{-5} mol/L$$

$$平均摩尔质量 = \frac{5.0g/L}{7.3 \times 10^{-5} mol/L} = 6.8 \times 10^{4} g/mol$$

2. 反渗透技术

反渗透技术（RO）是先进和节能的有效膜分离技术。其原理是在高于溶液渗透压的作用下，依据一些物质不能透过半透膜而将这些物质和水分离开来。

渗透是一种物理现象，当两种含有不同盐类的水，如用一张半渗透性的薄膜分开就会发现，含盐量少的一边的水分会透过膜渗到含盐量高的水中，而所含的盐分并不渗透，这样，逐渐把两边的含盐浓度融合到均等为止。然而，要完成这一过程需要很长时间，这一过程为渗透。但如果在含盐量高的水侧，试加一个压力，其结果也可以使上述渗透停止，这时的压力称为渗透压力。如果压力再加大，水会渗透到含盐量少的这边，而盐分剩下。因此，反渗透除盐原理，就是在有盐分的水中（如原水）施以比自然渗透压力更大的压力，使渗透向相反方向进行，把原水中的水分子压到膜的另一边，变成洁净的水，从而达到除去水中杂质、盐分的目的。

由于反渗透膜的膜孔径非常小（仅为 0.1nm 左右），因此能够有效地去除水中的溶解盐类、胶体、微生物、有机物等（去除率 97%～98%）。反渗透是目前高纯水设备中应用最广泛的一种脱盐技术。

反渗透、超过滤（UF）、微孔膜过滤（MF）和电渗析（EDI）技术都属于膜分离技术。近年来，这些膜分离技术已在工业中应用，主要应用于电子、化工、食品、制药及饮用纯水等领域。

5.4 电解质溶液

5.4.1 强电解质和弱电解质

1. 电解质

电解质是指在水溶液中或在熔融状态下能解离成带电离子的物质。它们所组成的溶液称为电解质溶液。从导电方面讲，凡是在水溶液（或在熔融状态下）能导电的物质称为电解质；反之就是非电解质。实验发现物质的水溶液在导电性方面有很大的差别。例如，NaOH、NaCl、HCl、HNO_3 等物质的水溶液的导电能力较强，CH_3COOH、NH_3 水溶液的导电能力较弱，而另一类物质如乙醇、蔗糖等的水溶液则不能导电。根据物质的水溶液在导电性上的差别，我们可以将物质分为两类，即电解质和非电解质。无机物中的酸、碱、盐都是电解质，而酒精、蔗糖及大部分有机物均属非电解质。

2. 强电解质和弱电解质

根据电解质溶液导电能力的强弱，电解质一般又可分为强电解质和弱电解质，在水溶液中能完全电离的电解质称为强电解质，在水溶液中仅能部分电离的电解质称为弱电解质。

由于强电解质在水溶液中能全部电离，不存在电离平衡，溶液中的电解质主要是以正、负离子的形式存在，故具有很强的导电性。强酸如 HNO_3、H_2SO_4、HCl、HBr、HI、$HClO_4$ 等，强碱如 KOH、NaOH、$Ba(OH)_2$ 等，盐类〔除少数盐如 $Pb(CH_3COO)_2$、$HgCl_2$ 等外〕均是强电解质。弱电解质的电离是可逆的，存在电离平衡，它在溶液中主要以分子状态存在，而离子浓度较小，故导电性较差。弱酸如 CH_3COOH（简写为 HAc）、H_2CO_3、HCN、H_2S 等，弱碱如 $NH_3 \cdot H_2O$、甲胺、苯胺等都是弱电解质。

必须指出，强电解质与弱电解质之间并没有绝对严格的界限，以上电解质的分类、是以水作为溶剂的，如溶剂不同，则分类的情况就可能不同，在不同的条件下，电解质的强弱常会发生变化。如 HAc 在水溶液中是弱酸，但以液氨作溶剂时，则表现为强酸。因此，不要把电解质的分类看成是绝对的、一成不变的。

3. 电离过程

不同的电解质溶液在导电能力上有较大差别，主要是由于电解质的本质，即化学键的性质及在溶液中的行为不同引起的。例如，在 NaCl 晶体里含有 Na^+ 和 Cl^-，它们之间存在着较强的吸引作用，使 Na^+ 和 Cl^- 不能自由移动，因而 NaCl 晶体不能导电。当 NaCl 在水里溶解时，由于水分子的作用，减弱了 Na^+ 和 Cl^- 之间的吸引力，使 NaCl 晶体解离成自由移动的 Na^+ 和 Cl^-，在电场的作用下可分别向阴、阳两极移动，因而 NaCl 溶液能导电。NaCl 晶体受热熔化时，也能产生可以自由移动的 Na^+ 和 Cl^-，因而 NaCl 在熔融状态下也能导电。

电解质在水溶液中形成自由移动离子的过程叫电离或解离（又称离解）。

HCl 为极性共价化合物，溶于水后，由于与水分子异端相邻而互相吸引使 HCl 分子逐渐变形，最后导致 HCl 分子中的共价键断裂，形成自由移动的 H^+ 和 Cl^- 进入水中，所以 HCl 的水溶液（盐酸本书也用 HCl 表示）也能导电。

4. 电离度

弱电解质在水溶液中的电离过程与强电解质相同，只是电离的程度较小，存在可逆平衡。通常用电离度来描述电解质电离程度的差别。电离度用 α 表示，它的数学表达式为

$$\alpha = \frac{已电离的溶质的分子数}{未电离前溶质的分子总数} \times 100\%$$

或

$$\alpha = \frac{已电离的溶质的量浓度}{未电离前溶质的量浓度} \times 100\%$$

强电解质在溶液中是全部被解离的，不存在未电离的分子，所以强电解质在理论上的电离度是 100%。但是，实验测得的强电解质在溶液中的电离度往往小于 100%。这主要是因为离子是一种带电荷的粒子，每一个离子的运动都要受到其他离子的影响。在强电解质溶液中，离子浓度较大，带相反电荷的离子的相互牵制作用较强，使离子不能完全地自由移动，因而影响了溶液的导电能力。这样使实验中所测得的电离度数据总是小于 100%。实验所测得的电离度称表观电离度。

电离度的大小除与电解质本性有关外，还同溶液的浓度及温度有关。一般浓度减小，离子相互碰撞而结合成分子的机会减小，则电离度增大。温度升高，电离度相应增大。在温度、浓度相同时，电离度的大小可以表示弱电解质的相对强弱。电离度大的，电解质较强。例如，在同一温度下，测得 $0.1 mol/L$ HAc 的电离度为 1.34%，$0.1 mol/L$ HCOOH 的电离度为 4.24%，说明电解质 HCOOH 的强度或酸性较强。

5. 离子强度

1923 年，德拜（P. Debye）和休克尔（E. Hückel）提出了强电解质溶液理论，认为强电解质在水溶液中可完全电离成正负离子。离子间存在着相互作用，正离子要受到其周围负离子的静电引力，负离子要受到其周围正离子的静电引力，离子在受到带有异种电荷的离子相吸的同时，还受到带有同种电荷的离子的相斥，离子的行动并不完全自由。

在测量电解质溶液的依数性时，离子之间上述的相互作用使得离子不能发挥一个独立微粒的作用。而当电解质溶液通电时，也由于离子之间的相互作用，使得离子不能百分之百地发挥输送电荷的作用。其结果导致实验测得的离子的数目少于电解质全部电离时应有的离子数目。

溶液中离子的浓度越大，或离子所带电荷数目越多，离子之间的相互作用就越强。我们用离子强度来衡量一种溶液对于存在于其中的离子的影响的大小。用 I 表示溶液的离子强度，则

$$I = \frac{1}{2} \sum_{i=1}^{n} c_i z_i^2$$

式中，I——离子强度，mol/kg；

z_i——溶液中离子 i 的电荷数；

c_i——离子 i 的质量摩尔浓度，mol/kg。

如 0.1mol/L HCl 和 0.1mol/L CaCl$_2$ 溶液等体积混合，所形成的溶液中，各种离子的质量摩尔浓度分别约为

$$c_{H^+}=0.05\text{mol/kg}, \quad c_{Ca^{2+}}=0.05\text{mol/kg}, \quad c_{Cl^-}=0.15\text{mol/kg}$$

电荷数分别为

$$z_{H^+}=1, \quad z_{Ca^{2+}}=2, \quad z_{Cl^-}=-1$$

故有

$$I = \frac{1}{2}\sum_{i=1}^{n}c_i z_i^2$$

$$= \frac{1}{2}\left[0.05\times 1^2 + 0.05\times 2^2 + 0.5\times(-1)^2\right]$$

$$= 0.2(\text{mol/kg})$$

6. 活度

在电解质溶液中，由于离子之间相互作用的存在，使得离子不能完全发挥出其作用。我们把离子实际发挥作用的浓度称为有效浓度，或称为活度。通常用下式表示：

$$a = fc$$

式中，a——活度；

c——浓度；

f——活度系数。

溶液的离子强度一定时，离子自身的电荷数越高，则其活度系数 f 的数值越小；离子的电荷数一定时，溶液的离子强度越大，活度系数 f 的数值越小，即浓度与活度之间的偏差越大。

当溶液的浓度较大，离子强度较大时，浓度与活度之间的偏差较大，这时有必要用活度计算和讨论问题。

当溶液的浓度一般较低时，离子强度也较小，近似认为活度系数 $f=1.0$，即利用浓度代替活度进行计算是合理的。

5.4.2 弱电解质的电离平衡

1. 电离平衡和电离常数

弱电解质分子在水溶液中，一方面受水分子的作用解离成离子进入到溶液中，另一方面已电离的离子又可互相碰撞结合成分子，即弱电解质的电离是个可逆过程。根据化学平衡原理，当正、逆反应速率相等时，弱电解质在溶液中的电离就建立了平衡，这种平衡称为电离（离解或解离）平衡。

以 HAc 的电离为例，电离过程可表示为

$$HAc \underset{结合}{\overset{电离}{\rightleftharpoons}} H^+ + Ac^-$$

在一定温度下，达到平衡时，溶液中各种离子浓度和分子浓度是一定的，离子浓度的乘积与未电离的分子浓度之比是个常数，称电离（离解或解离）平衡常数，简称电离（离解或解离）常数，用 K_i 表示。

$$K_i = [H^+][Ac^-]/[HAc] \tag{5-1}$$

K_i 的大小，反映了弱酸解离程度的大小。K_i 越大，表示弱电解质电离程度越大；K_i 越小，表示弱电解质电离程度越小。如 25℃时，$K_{HCOOH}=1.8\times10^{-4}$；$K_{HAc}=1.8\times10^{-5}$，说明电解质 HAc 越弱。

一般用 K_a 表示弱酸的电离常数，用 K_b 表示弱碱的电离常数。

电离常数 K_i 一般不受浓度的影响，受温度的影响也不显著。电离常数可以通过实验测得。

2. 电离平衡的计算

在弱电解质溶液的平衡体系中，根据平衡原理，可进行弱电解质的电离常数（K_i）、电离度（α）及离子平衡浓度之间的计算。

【例 5.7】 计算 0.10mol/L HAc 溶液中的 H^+ 浓度及电离度 α（已知 $K_{HAc}=1.8\times10^{-5}$）。

解　设电离平衡时，已电离的 HAc 浓度为 $x$mol/L，则 $[H^+]=[Ac^-]=x$mol/L

$$HAc \rightleftharpoons H^+ + Ac^-$$

起始浓度/(mol/L)　　　　　0.10　　　　0　　　　0
平衡浓度/(mol/L)　　　　　0.10－x　　x　　　x

$$K_{HAc} = \frac{[H^+][Ac^-]}{[HAc]}$$

$$\frac{x^2}{0.10-x} = 1.8\times10^{-5}$$

当 K_i 比较小时，上述计算可做近似处理，即 $0.10-x\approx0.1$

$$x^2 = 1.8\times10^{-6}$$
$$x = 1.34\times10^{-3}$$

所以　　　　　　　　　　$[H^+]=1.34\times10^{-3}$mol/L

则　　　　　　　　　　$\alpha = \frac{1.34\times10^{-3}}{0.10}\times100\%$

$$= 1.34\%$$

【例 5.8】 已知 25℃时，0.2mol/L $NH_3\cdot H_2O$ 的电离度为 0.934%，求溶液中 OH^- 浓度及电离常数 $K_{NH_3\cdot H_2O}$。

解　设平衡时 $[OH^-]=x$mol/L

$$NH_3\cdot H_2O \rightleftharpoons NH_4^+ + OH^-$$

起始浓度/(mol/L)　　　0.20　　　　　　　0　　　0
平衡浓度/(mol/L)　　　0.20－x　　　　　x　　x

因为　　　　　　　　　$\alpha = \dfrac{\text{已电离的溶质的量浓度}}{\text{未电离前溶质的量浓度}} \times 100\%$

所以　　　　　　　　　$0.934\% = \dfrac{x}{0.20} \times 100\%$

$$x = 1.87 \times 10^{-3}$$

所以　　　　　　　　　$[OH^-] = 1.87 \times 10^{-3} \text{mol/L}$

$$K_{NH_3 \cdot H_2O} = \frac{[NH_4^+][OH^-]}{[NH_3 \cdot H_2O]} = \frac{(1.87 \times 10^{-3})^2}{0.2 - 1.87 \times 10^{-3}} = 1.75 \times 10^{-5}$$

　　电离度和电离平衡常数均能表示弱电解质之间的相对强弱，两者既有区别又有联系。电离平衡常数是化学平衡常数的特例，因而它与浓度无关，而与温度有关；电离度是转化率的一种特例，它随浓度的增加而降低。二者之间有一定的定量关系。一元弱电解质的电离度 α 与电离平衡常数 K_i 的关系为

$$K_i = c\alpha^2 \quad \text{或} \quad \alpha = \sqrt{\frac{K_i}{c}} \qquad\qquad (5\text{-}2)$$

　　式 (5-2) 反映了电离度、电离常数及溶液浓度之间的关系。同一电解质的电离度与其浓度的平方根成反比，即当溶液稀释时，其电离度是增大的。这种关系也叫稀释定律。表 5-2 是不同浓度时 HAc 溶液的电离度和电离常数。

表 5-2　不同浓度时 HAc 溶液的电离度和电离常数

溶液浓度/(mol/L)	电离度 α/%	电离常数 K_i	溶液浓度/(mol/L)	电离度 α/%	电离常数 K_i
0.2	0.938	1.76×10^{-5}	0.02	2.96	1.76×10^{-5}
0.1	1.33	1.76×10^{-5}	0.001	13.3	1.76×10^{-5}

　　从表 5-2 看出，在同一温度下，不论 HAc 溶液的浓度如何变化，电离常数不变，而电离度相差很大。因此，用电离常数比较同类型弱电解质的相对强弱，在实际应用中更为重要。

3. 同离子效应

　　在弱电解质溶液中，加入同弱电解质具有相同离子的强电解质，使弱电解质的电离平衡向生成弱电解质分子的方向移动，弱电解质电离度降低，这种现象称为同离子效应。

　　例如，在 25℃时，0.200mol/L HAc 溶液中的 $[H^+]$ 为 $1.89 \times 10^{-3} \text{mol/L}$，若向该溶液中加入少量的含有醋酸根离子的盐，如 NaAc，由于平衡的移动，溶液中的 $[H^+]$ 会明显降低。

醋酸溶液中存在电离平衡：

$$HAc \Longrightarrow H^+ + Ac^-$$

NaAc 是强电解质，在溶液中完全电离：

$$NaAc \longrightarrow Na^+ + Ac^-$$

NaAc 的电离，溶液中 Ac^- 浓度急剧增大，使 HAc 的电离平衡向左移动，电离度减小，溶液中的 $[H^+]$ 降低。

4. 盐效应

若在 HAc 中加入不含相同离子的易溶物质，如 NaCl，Na^+ 和 Cl^- 对平衡有一定的影响，这种影响称为盐效应。盐效应将使弱电解质的电离度增大。

其原因可以解释为：强电解质的加入，增大了溶液的离子强度，使得活度系数 f 偏离 1 的程度增大，原来电离出的离子的有效浓度变小，不能与未发生电离的分子保持平衡。只有再离解出部分离子，才能实现平衡。于是实际离解出的离子浓度增加，即电离度增大。

盐效应与同离子效应相比较，同离子效应强得多，在一般的计算中，可以忽略盐效应。如在 HAc 中加入 NaAc，Ac^- 对 HAc 电离平衡产生同离子效应以外，Na^+ 对平衡也产生盐效应，但同离子效应更强。

 **学习资源**

人生五味之一——醋

醋的化学主要成分是乙酸，分子式为 CH_3COOH。醋不仅是一种调味品，而且还有很多用途。

（1）在烹调蔬菜时，放点醋不但味道鲜美，而且有保护蔬菜中维生素 C 的作用（因维生素 C 在酸性环境中不易被破坏）。

（2）在煮排骨、鸡、鱼时，如果加一点醋，可以使骨中的钙质和磷质大量溶解在汤中，从而大大提高人体对钙、磷的吸收率。

（3）患有低酸性胃病（胃酸分泌过少，如萎缩性胃炎）的人，如果经常用少量的醋作调味品，既可增进食欲，又可使疾病得到治疗。

（4）在鱼类不新鲜的情况下，加醋烹饪不仅可以解除腥味，而且可以杀灭细菌。

（5）醋可以作为预防痢疾的良药。在夏季痢疾多发的季节，可以多吃点醋。

（6）用醋浸泡暖水瓶中的水垢，可以去除水垢。

（7）夏天毛巾易发生霉变而出异味，用少量的醋洗毛巾就可以消除异味。

 复习与思考

一、填空题

1. 稀溶液的依数性包括_____、_____、_____和_____。

2. 若配制 1000mL 0.5mol/L HCl 溶液，需 6mol/L HCl 溶液_____mL。

二、计算与问答题

1. 今有甘油溶液若干，如果加水 20g，浓度变成 20%；或者加甘油 10g，浓度变成 40%，问原来甘油溶液的浓度是多少？原来溶液的质量是多少克？

2. 配制 500mL 浓度为 0.1mol/L 的 NaOH 溶液，需要 NaOH 固体多少克？

3. 配制 500mL 浓度为 0.1mol/L 的 HCl 溶液，需浓 HCl 溶液多少毫升？已知浓 HCl 溶液分子量为 0.36，密度为 1.18kg/L（$M_{HCl}=36.5$g/mol）。

第6章 化学试剂与实验用水

☞ **能力要求**
    (1) 可以正确使用化学试剂。
    (2) 能够正确选用实验用水。

☞ **知识要求**
    (1) 了解化学试剂的分类和规格。
    (2) 掌握化学试剂的使用和保管方法。
    (3) 了解分析实验室用水。

化学试剂与实验用水

☞ **教学活动建议**
    让学生观察实验室药品架上各种试剂的摆放。

6.1 化学品的分类与标签制度

6.1.1 全球化学品统一分类和标签制度

《全球化学品统一分类和标签制度》(Globally Harmonized System of Classification and Lablling of Chemicals,GHS) 实际上是根据化学品本身的物理化学特性、健康及生态毒理数据进行分类的一套标准体系。GHS 是联合国为降低化学品产生的危害,保障人民的生命和财产安全而推出的一项针对化学品的管理制度,是各国按全球统一的观点科学地处置化学品的指导性文本。GHS 的目的在于通过提供一种都能理解的国际系统来表述化学品的危害,提高对人类和环境的保护,为尚未制定相关系统的国家提供一种公认的系统框架,同时可以减少对化学品的测试和评估,并且有利于化学品的国际贸易。

GHS 的主要技术要素包括:按照物质和混合物对健康、环境的危害和物理危险建立分类物质和混合物的协调的分类准则;协调统一的危险信息表述要素包括对标签和安全数据表的要求。

我国现有化学品 4.5 万多种,每年还有数百种新化学物质在申报,实施 GHS 一方面有利于与国际标准接轨,改变我国注重易燃易爆、急性中毒等即时性危害,忽视对人体健康及环境潜在危害的现有化学品分类和标签体系;通过完善化学品健康和生态毒理数据,提高对化学品危害的认识;通过更详尽的分类和标志,将危害告知化学品生产、使用、运输人员及公众，起到有效预防、控制和减少化学品对健康和环境危害的作用。另一方面由于目前欧盟、美国、日本等主要国家和地区已实施 GHS，出口到上述国家和地区的化学品必须按照 GHS 进行分类，并在包装物上贴统一的标签，我国是化学品进出口大国，实施 GHS 可避免由于分类和标签不一致导致的货物滞港等情况，减少贸易成本。因此，实施 GHS 对健全我国化学品管理体制机制，加强化学品行业管理起到重要的作用。

6.1.2 化学品分类

化学品是由各种化学元素组成的纯净物和混合物。危险化学品则是指具有爆炸、燃烧、助燃、毒害、腐蚀、环境危害等性质且对接触的人员、设施、环境可能造成伤害或者损害的化学品。

依据化学品内在的危险特性，将危险程度分为理化危险、健康危害和环境危害三类。

1. 理化危险

理化危险是指化学品所具有的爆炸性、燃烧性（易燃或可燃性、自燃性、遇湿易燃性）、自反应性、氧化性、高压气体危险性、金属腐蚀性等危险性。

危险物质和混合物按理化危险分为以下几种。

（1）爆炸物质。爆炸物质（或混合物）是一种固态或液态物质（或物质的混合物）。其本身能够通过化学反应产生气体，而产生气体的温度、压力和速率能对周围环境造成破坏。

（2）易燃气体。易燃气体是在 20℃和 101.3kPa 标准压力下，与空气混合有一定易燃范围的气体。

（3）易燃气溶胶。易燃气溶胶是指喷射器中气溶胶。喷射器指任何金属、玻璃或塑料制成的不可再灌装的容器，装有压缩气体、液化气或加压溶解气体，包含或不包含液体、膏剂或粉末，并装有释放装置使内装物质喷射出来。

（4）氧化性气体。氧化性气体是指通过提供氧气，比空气更能导致或促使其他物质燃烧的任何气体。

（5）压力下气体。压力下气体是指高压气体在压力等于或大于 200kPa（表压）下装入储器的气体，或是液化气体或冷冻液化气体，包括压缩气体、液化气体、溶解液态、冷冻液化气体。

（6）易燃液体。易燃液体是指闪点不高于 93℃的液体。

（7）易燃固体。易燃固体是容易燃烧或通过摩擦可能引燃或助燃的固体。易于燃烧的固体为粉状、颗粒状或糊状物质，与燃烧着的火柴等火源短暂接触即可点燃。

（8）自反应物质或混合物。自反应物质或混合物是即使没有氧（空气）也容易发生激烈放热分解的热不稳定液态或固态物质或混合物，但不包括根据统一分类为爆炸物质、有机过氧化物或氧化物质的物质和混合物。自反应物质或混合物如果在实验室实验中其组分容易起爆、迅速爆燃或在封闭条件下加热时显示剧烈效应，应视为具有爆炸性质。

（9）自燃液体。自燃液体是即使量小也能在与空气接触 5min 之内引燃的液态物质。

（10）自燃固体。自燃固体是即使量小也能在与空气接触 5min 之内引燃的固态物质。

（11）自热物质和混合物。自热物质是自燃液体或固体以外，与空气反应不需要能源供应就能够自己发热的固体或液体物质或混合物。该物质或混合物与自燃液体或固体不同之处在于只在大量（几千克）和较长的时间周期（数小时或数天）时才会燃烧。

物质或混合物的自热导致自燃，是由该物质或混合物与氧（空气中的）反应和产生的热不能足够迅速地传导至周围环境中引起的。当产生热的速率超过散失热的速率和达到了自燃温度时就会发生自燃。

（12）遇水放出易燃气体的物质或混合物，是指通过与水作用，容易具有自燃性，或放出危险数量的易燃气体的固态或液态物质或混合物。

（13）氧化性液体。氧化性液体是指本身未必燃烧，但通常因放出氧气可能引起或促使其他物质燃烧的液体。

（14）氧化性固体。氧化性固体本身未必燃烧，但通常因放出氧气可能引起或促使其他物质燃烧。

（15）有机过氧化物。有机过氧化物是含有二价—O—O—结构的液态或固态有机物质，可以看作是 1 个或 2 个氢原子被有机基替代的过氧化氢衍生物，也包括有机过氧化物配方（混合物）。有机过氧化物是热不稳定物质或混合物，容易放热自加速分解。另外，它们可能具有下列一种或几种性质：①易于爆炸分解；②易于迅速燃烧；③对撞击或摩擦敏感；④与其他物质发生危险反应。

如果有机过氧化物在实验室实验中，在封闭条件下加热时，组分容易爆炸，若出现迅速燃爆或剧烈效应，则可认为它具有爆炸性质。

（16）金属腐蚀剂。金属腐蚀剂是指通过化学作用显著损坏或毁坏金属的物质或混合物。

2. 健康危害

健康危害是指根据已确定的科学方法进行研究，由得到的统计资料证实，接触某种化学品对人员健康可造成的急性或慢性危害。

（1）急性毒性。急性毒性是指在单剂量或在 24h 内多剂量口服或皮肤接触一种物质，或吸入 4h 之后出现的有害效应。

（2）皮肤腐蚀（刺激）。皮肤腐蚀可对皮肤造成不可逆损伤，即施用试验物质达到 4h 后，可观察到表皮和真皮坏死。腐蚀反应的特征是溃疡、出血、有血的结痂，而且在观察期 14d 结束时，皮肤、完全脱发区域和结痂处由于漂白而褪色，应考虑通过组织病理学来评估可疑的病变。皮肤刺激是施用试验物质达到 4h 后对皮肤造成的可逆损伤。

（3）严重眼损伤（眼刺激）。严重眼损伤是在眼前部表面施加试验物质之后，对眼部造成在施用 21d 内并不完全可逆的组织损伤，或严重的视觉物理衰退。

眼刺激是在眼前部表面施加试验物质之后，产生施用 21d 内完全可逆的变化。

（4）呼吸过敏或皮肤过敏。呼吸过敏物是人体吸入后会导致器官超过敏反应的物质。皮肤过敏物是皮肤接触后导致过敏反应的物质。

过敏包含两个阶段：第一个阶段是某人因接触某种变应原而引起特定免疫记忆；第二阶段是引发，即某一致敏个人因接触某种变应原而产生细胞介导或抗体介导的过敏反应。

（5）生殖细胞致突变性。该危险类别涉及的主要是可能导致人类生殖细胞发生可传播给后代的突变的化学品。但在分类时也要考虑活体外致突变性、生殖毒性试验和哺乳动物活体内体细胞中的致突变性、生殖毒性试验。突变是指细胞中遗传物质的数量或结构发生永久性改变。

（6）致癌性。致癌物一词是指可导致癌症或增加癌症发生率的化学物质或化学物质混合物。在实施良好的动物试验性研究中诱发良性和恶性肿瘤的物质也被认为是假定的或可疑的人类致癌物，除非有确凿证据显示该肿瘤形成机制与人类无关。

产生致癌危险的化学品的分类基于该物质的固有性质，并不提供关于该化学品的使用可能产生的人类致癌风险水平的信息。

（7）生殖毒性。生殖毒性包括对成年雄性和雌性性功能和生育能力的有害影响，以及在后代中的发育毒性。

有些生殖毒性效应不能明确地归因于性功能和生育能力受损害或者发育毒性。尽管如此，具有这些效应的化学品将划为生殖有毒物并附加一般危险说明。

（8）特异性靶器官系统毒性——单次接触。特异性靶器官系统毒性单次接触是由一次接触产生特异性的、非致死性靶器官系统毒性的物质，包括产生即时的和（或）迟发的、可逆性的和不可逆性功能损害的各种明显的健康效应。

（9）特异性靶器官系统毒性——重复接触。特异性靶器官系统毒性重复接触是由重复接触而引起特异性的非致死性靶器官系统毒性的物质，包括能够引起即时的和（或）迟发的、可逆性和不可逆性功能损害的各种明显的健康效应。

（10）吸入危险。"吸入"指液态或固态化学品通过口腔或鼻腔直接进入或者因呕吐间接进入气管和下呼吸系统。吸入毒性包括化学性肺炎、不同程度的肺损伤或吸入后死亡等严重急性效应。

3. 环境危害

环境危害是指化学品进入环境后通过环境蓄积、生物累积、生物转化或化学反应等方式对环境产生的危害。环境危害主要指对水环境产生的危害。

危害水环境的基本要素有以下几种。

（1）急性水生毒性。急性水生毒性是指物质对短期接触它的生物体造成伤害的固有性质。

（2）潜在或实际的生物积累。生物积累是指物质以所有接触途径［即空气、水、沉积物（土壤）和食物］在生物体内吸收、转化和排出的净结果。

（3）有机化学品的降解（生物或非生物）。降解是指有机分子分解为更小的分子，

并最后分解为 CO_2、H_2O 和盐。

（4）慢性水生毒性。慢性水生毒性是指物质在与生物体生命周期相关的接触期间，对水生生物产生有害影响的潜在性质或实际性质。

6.1.3 危险信息的表述手段

1. 化学品安全标签

化学品安全标签是用于标示化学品所具有的危险性和安全注意事项的一组文字、象形图和编码组合，它可粘贴、挂拴或喷印在化学品的外包装或容器上。

1）标签要素

标签要素是指化学品安全标签上用于表示化学品危险性的一类信息，包括化学品标志、象形图、信号词、危险性说明、防范说明、供应商标志、应急咨询电话、资料参阅提示语等。

2）标签内容

（1）化学品标志。用中文和英文分别标明化学品的化学名称或通用名称。名称要求醒目清晰，位于标签的上方。名称应与化学品安全技术说明书中的名称一致。

对混合物应标出对其危险性分类有贡献的主要组分的化学名称或通用名、浓度或浓度范围。当需要标出的组分较多时，组分个数以不超过 5 个为宜。对于属于商业机密的成分可以不标明，但应列出其危险性。

（2）象形图。象形图是由图形符号及其他图形要素，如边框、背景图案和颜色组成，表述特定信息的图形组合。

图形符号是旨在简明地传达安全信息的图形要素，GHS 规定应当使用的标准符号见图 6-1。

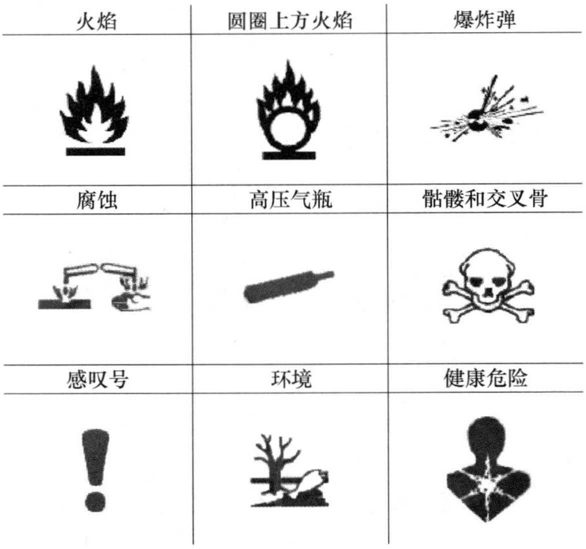

火焰	圆圈上方火焰	爆炸弹
腐蚀	高压气瓶	骷髅和交叉骨
感叹号	环境	健康危险

图 6-1 GHS 中应使用的标准符号

（3）信号词。信号词是标签上用于表明化学品危险性相对严重程度和提醒接触者注意潜在危险的词语。

根据化学品的危险程度和类别，用“危险”“警告”两个词分别进行危害程度的警示。信号词位于化学品名称的下方，要求醒目、清晰。根据相关国家标准，选择不同类别危险化学品的信号词。

（4）危险性说明。危险性说明是对危险种类和类别的说明，描述某种化学品的固有危险，必要时包括危险程度。简要概述化学品的危险特性，居信号词的下方。根据相关国家标准，选择不同类别危险化学品的危险性说明。

（5）防范说明。防范说明是用文字或象形图描述的降低或防止与危险化学品接触，确保正确储存和搬运的有关措施。

表述化学品在处置、搬运、储存和使用作业中所必须注意的事项和发生意外时简单有效的救护措施等，要求内容简明扼要、重点突出。该部分应包括安全预防措施、意外情况（如泄漏、人员接触或火灾等）的处理、安全储存措施及废弃处置等内容。

（6）供应商标志。供应商标志主要包含供应商名称、地址、邮编和电话等。

（7）应急咨询电话。填写化学品生产商或生产商委托的 24h 化学事故应急咨询电话。国外进口化学品安全标签上应至少有一家中国境内的 24h 化学事故应急咨询电话。

（8）资料参阅提示语。提示化学品用户应参阅化学品安全技术说明书。

化学品安全标签样例见图 6-2。

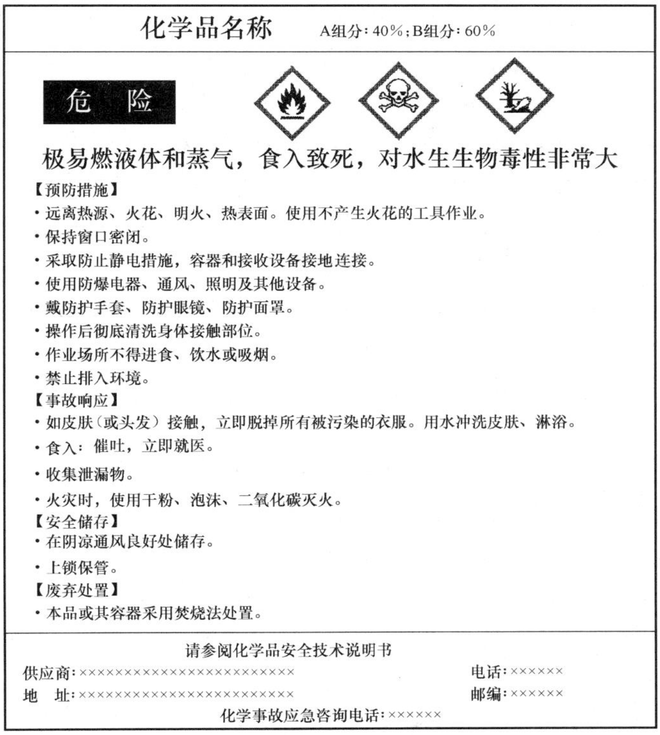
化学品名称　A组分：40%；B组分：60%

危　险

极易燃液体和蒸气，食入致死，对水生生物毒性非常大

【预防措施】
- 远离热源、火花、明火、热表面。使用不产生火花的工具作业。
- 保持窗口密闭。
- 采取防止静电措施，容器和接收设备接地连接。
- 使用防爆电器、通风、照明及其他设备。
- 戴防护手套、防护眼镜、防护面罩。
- 操作后彻底清洗身体接触部位。
- 作业场所不得进食、饮水或吸烟。
- 禁止排入环境。

【事故响应】
- 如皮肤（或头发）接触，立即脱掉所有被污染的衣服。用水冲洗皮肤、淋浴。
- 食入：催吐，立即就医。
- 收集泄漏物。
- 火灾时，使用干粉、泡沫、二氧化碳灭火。

【安全储存】
- 在阴凉通风良好处储存。
- 上锁保管。

【废弃处置】
- 本品或其容器采用焚烧法处置。

请参阅化学品安全技术说明书

供应商：××××××××××××××××××××××××　电话：××××××

地　址：××××××××××××××××××××××××　邮编：××××××

化学事故应急咨询电话：××××××

图 6-2　化学品安全标签样例

2. 危险性公示

1) 安全数据单

安全数据单（SDS）是就危害性化学物质和混合物，写明其成分、产品名、供货商、危害性、安全上的预防措施、发生意外时的预防措施等内容的文字措施，这些综合信息以供工作场所化学品控制管理使用。

应当为符合 GHS 中物理、健康或环境危险统一标准的所有物质和混合物，及含有符合致癌性、生殖毒性或靶器官系统毒性标准且浓度超过混合物标准所规定的安全数据单临界极限的物质的所有混合物制作安全数据单，还可为不符合危险类别标准但含有某种浓度的危险物质的混合物制作安全数据单。

安全数据单应提供关于化学物质或混合物的 16 个方面的信息。

2) 安全数据单最低限度的信息

（1）物质或化合物和供应商的标志。GHS 产品标志符；其他标志手段；化学品使用建议和使用限制；供应商的详细情况（名称、地址、电话号码等）；紧急电话号码。

（2）危险标志。物质（混合物）的 GHS 分类和任何国家或区域信息；GHS 标签要素，包括防范说明（危险符合可为黑白两色的符合图形或符号名称，如火焰、骷髅和交叉骨）；不导致分类的其他危险（例如尘爆危险）或不为 GHS 覆盖的其他危险。

（3）成分构成（成分信息）。物质：化学名称；普通名称、同物异名等；化学文文摘登记号码，欧洲联盟委员会编号等；本身已经分类并有助于物质分类的稳定添加剂。混合物：在 GHS 含义范围内其有危险和存在量超过其临界水平的所有成分的化学名称和浓质或浓度范围。

（4）急救措施。注明必要的措施，按不同的接触途径细分，即吸入、皮肤和眼接触及摄入；最重要的急性和延迟症状（效应）；必要时注明要立即就医及所需特殊治疗。

（5）消防措施。适当（和不适当）的灭火介质；化学品产生的其他危险（如任何危险燃烧品的性质）；消防人员的特殊保护设备和防范借施。

（6）事故排除措施。人身防范、保护措施和应急程序；环境防范措施；抑制和清洁的方法和材料。

（7）搬运和存储。安全搬运的防范措施；安全存储的方法，包括任何不相容性物质。

（8）接触控制（人身保护）。控制参数，如职业接触极限值或生物极限值；适当的工程控制；个人保护措施，如人身保护设备。

（9）物理和化学特性。外观（物理状态、颜色等）；气味；气味阈值；pH 值；熔点（凝固点）；初始沸点和沸腾范围；闪点；蒸发速率；易燃性（固态、气态）；上、下易燃极限或爆炸极限；蒸气压力；蒸气密度；相对密度；可溶性；分配系数；自动点火温度；分解温度。

（10）稳定性和反应性。化学稳定性；危险反应的可能性；避免的条件（如静态卸载、冲击或振动）；不相容材料；危险的分解产品。

（11）毒理学信息。简洁但完整和全面地说明各种毒理学（健康）效应和可用来确定这些效应的现有数据，其中包括：关于可能的接触途径的信息（吸入、摄入、皮肤和眼接触）；有关物理、化学和毒理学特点的症状；延迟和即时效应以及长期和短期接触引起的慢性效应；毒性的数值度量（如急性毒性估计值）。

（12）生态信息。生态毒性；持久性和降解性；生物积累潜力；在土壤中的流动性；其他不利效应。

（13）处置考虑。废物残留的说明和关于它们的安全搬运和处置方法的信息，包括任何污染包装的处置。

（14）运输信息。联合国编号；联合国专有的装运名称；运输危险种类；海洋污染物（是/否）；在其他地方内外进行运输或传送时，用户需要遵守的特殊防范措施。

（15）管理信息。针对有关产品的安全、健康和环境条例。

（16）其他信息。包括关于安全数据单编制和修订的信息。

6.2　化学试剂

6.2.1　化学试剂的分类和规格

1. 化学试剂的分类

化学试剂品种繁多，其分类方法目前国际上尚未统一。有的按"用途-化学组成"分类，如无机分析试剂、有机分析试剂、生化试剂等；有的按"用途-学科"分类，如通用试剂、分析试剂等；也有的按纯度或储存要求分类。

1）按"用途-化学组成"分类

国外许多试剂公司，如德国伊默克（E. Merck）公司、瑞士佛鲁卡（FLuKa）公司、日本关东化学公司和我国的试剂经营目录，都采用这种分类方法。

我国 1981 年编制的化学试剂经营目录，将 8500 多种试剂分为十大类，每类下面又分若干亚类。

（1）无机分析试剂。无机分析试剂为用于化学分析的无机化学品，如金属、非金属单质，氧化物、碱、酸、盐等试剂。

（2）有机分类试剂。有机分类试剂为用于化学分析的有机化学品，如烃、醛、酮、醚及其衍生物等试剂。

（3）特效试剂。特效试剂为在无机分析中测定、分离、富集元素时所专用的一些有机试剂，如沉淀剂、显色剂、螯合剂等。这类试剂灵敏度高，选择性强。

（4）基准物质。基准物质主要用于标定标准溶液的浓度。这类试剂的特点是纯度高，杂质少，稳定性好，化学组成恒定。

（5）标准物质。标准物质为用于化学分析、仪器分析时做对比的化学标准品，或用于校准仪器化学品。

（6）指示剂和试纸。指示剂和试纸用于滴定分析中指示滴定终点，或用于检验气体或溶液中某些存在的试剂。浸过指示剂或试剂溶液的纸条即是试纸。

（7）仪器分析试剂。仪器分析试剂为用于仪器分析的试剂。

（8）生化试剂。生化试剂为用于生命科学研究的试剂。

（9）高纯物质。高纯物质可用作某些特殊需要工业的材料（如电子工业原料、单晶、光导纤维）和一些痕量分析用试剂。其纯度一般在 4 个 "9"（99.99%）以上，杂质控制在百万分之一甚至 10^{-9} 级。

（10）液晶。液晶是液态晶体的简称，它既有流动性、表面张力等液体的特征，又具有光学各向异性、双折射等固态晶体的特征。

2）按 "用途-学科" 分类

1981 年，中国化学试剂学会将试剂分为八大类和若干亚类。

（1）通用试剂。通用试剂下分一般无机试剂、一般有机试剂、教学用试剂等 8 亚类。

（2）高纯试剂。高纯试剂为化学试剂的一种分类名称，纯度远高于优级纯的试剂。不同行业使用的高纯试剂有各自的标注方式，通用的标注是用 9 的数目来表示。例如，纯度为 99.999%，含 5 个 9 则表示为 5N；纯度为 99.995%，含 4 个 9、1 个 5，表示为 4.5N。

（3）分析试剂。分析试剂下分基准及标准试剂、无机分析用灵敏试剂、有机分析用特殊试剂等 11 亚类。

（4）仪器分析专用试剂。仪器分析专用试剂下分色谱试剂、核磁共振仪用试剂、紫外光及红外光谱试剂等 7 亚类。

（5）有机合成研究用试剂。有机合成研究用试剂下分基本有机反应试剂、保护基因试剂、相转移催化剂等 8 亚类。

（6）临床诊断试剂。临床诊断试剂下分一般试剂、生化检验用试剂、放射免疫检验用试剂等 7 亚类。

（7）生化试剂。生化试剂下分生物碱、氨基酸及其衍生物等 13 亚类。

（8）新型基础材料和精细化学品。新型基础材料和精细化学品下分电子工业用化学品、光学工业用化学品、医药工业用化学品等 7 亚类。

此外，化学试剂还可按纯度分为高纯试剂、优级试剂、分析纯试剂的化学纯试剂；或按试剂储存要求而分为容易变质试剂、化学危险性试剂和一般保管试剂。

2. 化学试剂的规格与包装

1）化学试剂的规格

常用的化学试剂按其纯度和杂质含量的高低分为 4 种等级（表 6-1）。

表 6-1　化学试剂的级别

试剂级别	一级	二级	三级	四级
纯度分类	优级纯（GR）	分析纯（AR）	化学纯（CP）	实验试剂（LR）
标签颜色	绿色	红色	蓝色	黄色

（1）优级纯试剂，亦称保证试剂，为一级品，纯度高，杂质极少，主要用于精密分析和科学研究，常以 GR 表示。

（2）分析纯试剂，亦称分析试剂，为二级品，纯度略低于优级纯，杂质含量略高于优级纯，适用于重要分析和一般性研究工作，常以 AR 表示。

（3）化学纯试剂为三级品，纯度较分析纯差，但高于实验试剂，适用于工厂、学校一般性的分析工作，常以 CP 表示。

（4）实验试剂为四级品，纯度比化学纯差，但比工业品纯度高，主要用于一般化学实验，不能用于分析工作，常以 LR 表示。

化学试剂除上述几个等级外，还有基准试剂、光谱纯试剂及超纯试剂等。基准试剂相当或高于优级纯试剂，专作滴定分析的基准物质，用以确定未知溶液的准确浓度或直接配制标准溶液，其主成分含量一般在 99.95%～100.0%，杂质总量不超过 0.05%。光谱纯试剂主要用于光谱分析中作标准物质，其杂质用光谱分析法测不出或杂质低于某一限度，纯度在 99.99% 以上。超纯试剂又称高纯试剂，是用一些特殊设备如石英、铂器皿生产的。

2）化学试剂的包装一般原则

化学试剂的良好的包装和储存，合理的运输管理，可以防止试剂的污染、变质和损耗，并可大大减少燃烧、爆炸、腐蚀和中毒事故的发生。

盛装固态、液态化学剂的容器一般有玻璃、塑料和金属的三类。玻璃容器可以盛装各种化学试剂，包括可燃性的高纯度的试剂，而塑料和金属容器虽不适宜盛装各种化学试剂，但比玻璃容器不易破裂。化学试剂所采用的包装容器是根据试剂的性质和纯度来确定的。

常见的玻璃容器有玻璃瓶和安瓿两种：前者适宜于盛装各种纯度级别的化学试剂，包括分析纯试剂、层析纯试剂、痕量分析试剂、MOS 级试剂和有机合成试剂等；后者则往往用于盛装需要完全密封不使散逸的化学试剂，如重氢试剂。但是，玻璃容器不宜盛装能与玻璃起化学反应或玻璃能起催化作用的一些化学试剂，前者如氢氟酸，后者如双氧水。容量大的玻璃容器易在运输或使用过程中破裂，通常用钢套或强化的聚苯乙烯套加固。

常见的塑料容器有塑料瓶和塑料桶两种。塑料瓶用于盛装不会与容器的塑料起反应的化学试剂，数量较大时则用塑料桶盛装。

常见的金属容器有锡罐、铝瓶和各种金属罐、桶，用于盛装不会与容器的金属起反应的化学试剂。金属容器一般用于盛装数量较大的化学试剂。

现今，世界上一些著名试剂厂商都陆续用金属安全罐作为盛装可燃、危险品的容器。金属安全罐由高强度材料用特殊工艺制成，即使在失火时，也不会立即破裂而释出内容物。例如，美国贝克公司产的安全溶剂罐由内外镀锡的钢和坚固的高密度聚丙烯螺旋盖构成，在罐顶表面和罐颈内壁都有密封环，焊缝折叠向外，所以溶剂不会与焊剂相接触，以保证溶剂的纯度。这种金属安全罐即使由 3m 多高处落下，摔在坚硬的水泥地面上，罐表面也仅变得坑坑洼洼，而无任何接口破裂或内容物漏泄，在没有打开的塑料旋盖时，周围也闻不到有气体逸出的气味。

不论用何种容器盛装的化学试剂皆应经过严格的试剂规格的检查。为保证试剂的纯度，容器在盛装试剂前的清洗和盛装试剂时的防尘、防污染措施皆有严格要求。

6.2.2　化学试剂的合理选用

化学试剂的选用应以分析要求，包括分析实验任务、分析实验方法、对结果准确度等为依据，来选用不同等级的试剂。例如，量分析要选用高纯或优级纯试剂，以降低空白值和避免杂质干扰。在以大量酸碱进行样品处理时，其酸碱也应选择优级纯试剂。同时，对所用的纯水的制取方法和玻璃仪器的洗涤方法也应有特殊要求。作仲裁分析也常选用优级纯、分析纯试剂。一般车间控制分析，可选用分析纯、化学纯试剂。某些制备实验、冷却浴或加热浴的药品，可选用工业品。

不同分析实验方法对试剂有不同的要求，如络合滴定，最好用分析纯试剂和去离子水，否则会因试剂或水中的杂质金属离子封闭指示剂，使滴定终点难以观察。

不同等级的试剂价格往往相差甚远，纯度越高，价格越贵。若试剂等级选择不当，将会造成资金浪费或影响检验结果。

另外必须指出的是，虽然化学试剂必须按照国家标准进行检验合格后才能出厂销售，但不同厂家、不同原料和工艺生产的试剂在性能上有时有显著差异，甚至同一厂家不同批号的同一类试剂，其性质也很难完全一致。因此，在某些要求较高的分析实验中，不仅要考虑试剂的等级，还应注意生产厂家、产品批号等，必要时应做专项检验和对照实验。

有些试剂由于包装或分装不良，或放置时间太长，可能变质，使用前应做检查。

实验时应根据实验的要求，如分析实验方法的灵敏度和选择性、分析实验对象的含量及对分析实验结果准确度的要求等，合理地选用相应级别的化学试剂。由于不同规格的同一种试剂其价格相差很大，因此在满足实验要求的前提下，选用试剂的级别应就低不就高，以免造成浪费。试剂的选用要考虑以下几点：

（1）滴定分析中常用的标准溶液，一般先用 AR 试剂粗配，再用工作基准试剂进行标定。在对分析实验结果要求不高的实验中，也可用 GR 试剂或 AR 试剂替代工作基准试剂。滴定分析中所用的其他试剂一般为分析纯试剂。

（2）就主体含量而言，GR 试剂和 AR 试剂相同或相近，只是杂质含量不同。如果实验对所用试剂的主体含量要求高，如常量化学分析，则应选用 AR 试剂；如果对试剂杂质含量要求严格，则应选用 GR 试剂。

（3）仪器分析实验中一般选用 GR 试剂、AR 试剂或专用试剂，测定痕量成分时应选用高纯试剂。

（4）如果现有试剂的纯度不能达到某种实验要求时，往往应进行一次至多次提纯后再使用。常用的提纯方法有蒸馏法（液体试剂）和重结晶法（固体试剂）。

（5）有机化学实验离不开有机溶剂及试剂，溶剂不仅作为反应介质，在产物的纯化和后处理中也经常使用。市售的有机溶剂及试剂有工业级、化学纯和分析纯等各种规格，纯度越高，价格越贵。

在有机合成中，常常根据反应的特点和要求，选择适当规格的溶剂和试剂，以便使反应能够顺利地进行。某些有机反应对溶剂和试剂的要求较高，即使微量杂质或水分的存在，也会影响反应的速率、产率甚至成败。因此，了解有机反应中常用溶剂、试剂的性质及纯化方法也是十分重要的。

6.2.3　化学试剂的使用方法

为了保障实验人员的人身安全，保证化学试剂的质量和纯度，得到准确的实验结果，实验人员应掌握化学试剂的性质和使用方法，制定化学试剂的使用守则，严格要求有关人员共同遵守。

实验室工作人员应熟悉常用化学试剂的性质，如市售酸碱的浓度、试剂在水中的溶解度，有机溶剂的沸点、燃点，试剂的腐蚀性、毒性、爆炸性等。

所有试剂、溶液及样品的包装瓶上必须有标签。标签要完整、清晰，标明试剂的名称、规格、质量。溶液除了标明品名外，还应标明浓度、配制日期等。万一标签脱落，应照原样贴牢。绝对不允许在容器内装入与标签不相符的物品。无标签的试剂必须取小样鉴定后才可使用。不能使用的化学试剂要慎重处理，不能随意乱倒。

为了保证试剂不受污染，应当用清洁的牛角勺或不锈钢小勺从试剂瓶中取出试剂，绝不可用手抓取。若试剂结块，可用洁净的玻璃棒或瓷药铲将其捣碎后取出。液体试剂可用洗干净的量筒倒取，不要用吸管伸入原瓶试剂中吸取液体。从试剂瓶内取出的、没有用完的剩余试剂，不可倒回原瓶。打开易挥发的试剂瓶塞时，不可把瓶口对准自己脸部或对着别人。不可用鼻子对准试剂瓶口猛吸气。如果需嗅试剂的气味，可将瓶口远离鼻子，用手在试剂瓶上方扇动，使空气流吹向自己而闻出其味。化学试剂绝不可用舌头品尝。化学试剂一般不能作为药用或食用。医药用药品和食品的化学添加剂都有安全卫生的特殊要求，由专门厂家生产。

6.2.4　化学试剂保管

化学试剂大多数具有一定的毒性及危险性。对化学试剂加强管理，不仅是保证分析结果质量的需要，也是确保人民生命财产安全的需要。

化学试剂的管理应根据试剂的毒性、易燃性、腐蚀性和潮解性等不同的特点，以不同的方式妥善管理。

实验室内只宜存放少量短期内需用的药品，易燃、易爆试剂应放在铁柜中，柜的顶部要有通风口。严禁在实验室内存放大量的瓶装易燃液体。大量试剂应放在试剂库内。

对于一般试剂，如无机盐，应有序地放在试剂柜内，可按元素周期系类族，或按酸、碱、盐、氧化物等分类存放。存放试剂时，要注意化学试剂的存放期限，某些试剂在存放过程中会逐渐变质，甚至形成危害物。例如，醚类、四氢呋喃、二氧六环、烯烃、液体石蜡等，在见光条件下，若接触空气可形成过氧化物，放置时间越久越危险。某些具有还原性的试剂，如苯三酚、四氢硼钠、维生素以及铝、镁、锌粉等易被空气中氧所氧化变质。

化学试剂必须分类隔离存放，不能混放在一起，通常把试剂分成下面几类，分别存放。

1. 易燃类试剂

易燃类试剂极易挥发成气体，遇明火即燃烧，在规定的条件下，加热试样，当试样达到某温度时，试样的蒸气和周围空气的混合气，一旦与火焰接触，即发生闪燃现象，发生闪燃时试样的最低温度，称为闪点。通常把闪点在 25℃ 以下的液体均列入易燃类。闪点在 25℃ 以下者有石油醚、氯乙烷、溴乙烷、乙醚、汽油、二硫化碳、缩醛、丙酮、苯、乙酸乙酯、乙酸甲酯等。

这类试剂要求单独存放于阴凉通风处，理想存放温度为 −4～4℃，存放最高室温不得超过 30℃，特别要注意远离火源。

2. 剧毒类试剂

剧毒类试剂专指由人体消化道侵入极少量即能引起中毒致死的试剂。生物实验半致死量在 50mg/kg 以下者称为剧毒物品，如氰化钾、氰化钠及其他剧毒氰化物，三氧化二砷及其他剧毒砷化物，二氯化汞及其他极毒汞盐，硫酸二甲酯，某些生物碱和毒苷等。

这类试剂要置于阴凉干燥处，与酸类试剂隔离，应锁在专门的毒品柜中。使用时应建立双人登记签字领用制度，使用、消耗、废物处理等制度。实验人员皮肤有伤口时，禁止操作这类物质。

3. 强腐蚀类试剂

强腐蚀类试剂专指对人体皮肤、黏膜、眼、呼吸道和物品等有极强腐蚀性的液体和固体（包括蒸气），如发烟硫酸、硫酸、发烟硝酸、盐酸、氢氟酸、氢溴酸、氯磺酸、氯化砜、一氯乙酸、甲酸、乙酸酐、氯化氧磷、五氧化二磷、无水三氯化铝、溴、氢氧化钠、氢氧化钾、硫化钠、苯酚、无水肼、水合肼等。

存放处要求阴凉通风，并与其他药品隔离放置。应选用抗腐蚀性的材料（如用耐酸水泥或耐酸陶瓷制成的架子）来放置这类药品。料架不宜过高，也不要放在高架上，最好放在地面靠墙处，以保证存放安全。

4. 燃爆类试剂

燃爆类试剂中，遇水反应十分猛烈，发生燃烧爆炸的有钾、钠、锂、钙、氢化锂铝、电石等。

钾和钠应保存在煤油中。试剂本身就是炸药或极易爆炸的有硝酸纤维、苦味酸、三硝基甲苯、三硝基苯、叠氮或重氮化合物、雷酸盐等，要轻拿轻放。与空气接触能发生强烈的氧化作用而引起燃烧的物质，如黄磷，应保存在水中，切割时也应在水中进行。引火点低，受热、冲击、摩擦或与氧化剂接触能急剧燃烧甚至爆炸的物质，有硫化磷、赤磷、镁粉、锌粉、铝粉、萘、樟脑等。

此类试剂要求存放室内温度不超过 30℃，与易燃物、氧化剂均须隔离存放。料架应用砖和水泥砌成，有槽，槽内铺消防砂，试剂置于砂中，加盖，万一发生危险不致扩大危险范围。

5. 强氧化剂类试剂

强氧化剂类试剂是过氧化物或含氧酸及其盐，在适当条件下会发生爆炸，并可与有机物、镁铝、锌粉、硫等易燃固体形成爆炸混合物。这类物质中有的能与水起剧烈反应，如过氧化物遇水有发生爆炸的危险。属于此类的有硝酸铵、硝酸钾、硝酸钠、高氯酸、高氯酸钾、高氯酸钠、高氯酸镁或钡、铬酸酐、重铬酸铵、重铬酸钾及其他铬酸盐、高锰酸钾及其他高锰酸盐、氯酸钾或钠、氯酸钡、过硫酸铵及其他过硫酸盐、过氧化钠、过氧化钾、过氧化钡、过氧化二苯甲酰、过乙酸等。

存放处要求阴凉通风，最高温度不得超过 30℃，要与酸类及木屑、炭粉、硫化物、糖类等易燃物、可燃物或易被氧化物（即还原性物质）等隔离，堆垛不宜过高过大，注意散热。

6. 放射性类试剂

一般实验室不可能有放射性试剂。实验操作这类物质需要特殊的防护设备和知识，以保护人身安全，并防止放射性物质的污染与扩散。

以上六类均属于危险品。

7. 低温存放类试剂

此类试剂需要低温存放才不至于聚合变质或发生其他事故。属于此类的试剂有甲基丙烯酸甲酯、苯乙烯、丙烯腈、乙烯基乙炔及其他可聚合的单体、过氧化氢、氢氧化铵等，应存放于 10℃ 以下。

8. 贵重类试剂

单价高的特殊试剂、超纯试剂和稀有元素及其化合物均属于贵重类试剂。这类试剂大部分为小包装。这类试剂应与一般试剂分开存放，加强管理，建立领用制度，常见的有钯黑、氯化钯、氯化铂、铂、铱、铂石棉、氯化金、金粉、稀土元素等。

9. 指示剂与有机试剂

指示剂可按酸碱指示剂、氧化还原指示剂、络合滴定指示剂及荧光吸附指示剂分类排列。有机试剂可按分子中碳原子数目多少排列。

10. 一般试剂

一般试剂可存放于阴凉通风、温度低于 30℃ 的柜内即可。

6.3　分析实验室用水

6.3.1　分析实验室用水的分类

按照实验的要求，分析实验室用水大致可分为四类。

（1）蒸馏水。蒸馏水就是将水蒸馏、冷凝得到的水，蒸馏二次的叫重蒸水（双蒸水），蒸馏三次的叫三蒸水。有时候为了特殊目的，在蒸馏前会加入适当试剂，如为了得到无氨水，会在水中加酸；若要得到低耗氧量的水，可加入高锰酸钾与酸等。一般普通一次蒸馏取得的水纯度不高，能去除水内大部分的污染物，但挥发性的杂质无法去除。经过多级蒸馏的水，水的纯度会很高，成本相对也比较高。

（2）去离子水。去离子水是指完全或不完全去除了呈离子形式杂质后的纯水。可使用阴阳离子交换树脂处理，即将水通过阳离子交换树脂（常用的为苯乙烯型强酸性阳离子交换树脂），则水中的阳离子被树脂所吸收，树脂上的阳离子 H^+ 被置换到水中，并和水中的阴离子组成相应的无机酸；含此种无机酸的水再通过阴离子交换树脂（常用的为苯乙烯型强碱性阴离子交换树脂），树脂上的 OH^- 被置换到水中，并和水中的 H^+ 结合成水。

（3）反渗水。反渗水常叫"纯水"，其生成的原理是水分子在压力的作用下通过反渗透膜，水中的杂质被反渗透膜截留排出。反渗水克服了蒸馏水和去离子水的许多缺点，利用反渗透技术可以有效地去除水中的溶解盐、胶体、细菌、病毒、细菌内毒素和大部分有机物等杂质，不同厂家生产的反渗透膜对反渗水的质量会产生不同的差异。

（4）超纯水。超纯水是指既将水中的导电介质几乎完全去除，又将水中不解离的胶体物质、气体及有机物均去除至很低程度的水。其标准是水电阻率大于 $18M\Omega \cdot cm$，可以认为是一般工艺很难达到的程度。一般不可直接饮用，对身体有害，会析出人体中很多离子。

6.3.2　分析实验室用水的级别与技术要求

1. 分析实验室用水的级别

分析实验室用水应为纯水或适当纯度的水，共分三个级别：一级水、二级水和三级水。

1）一级水

一级水通常被称为"超纯水"，往往用于精度较高的实验，包括对颗粒有要求的实验，如高效液相色谱、气相色谱等高精度分析用水。

一级水可用二级水经过石英设备蒸馏或离子交换混合床处理后，再经 $0.2\mu m$ 微孔滤膜过滤来制取。

2）二级水

二级水一般用于常规实验，如缓冲液、pH 值溶液及微生物培养基的制备，可为一级水系统、临床生化分析仪、培养箱、老化机供水，也可为化学分析或合成制备试剂。

二级水可用多次蒸馏或离子交换等方法制取。

3）三级水

三级水是最低级别的实验室用水，可用于一般化学分析实验。推荐用于玻璃器皿洗涤、水浴、高压灭菌锅用水及超纯水系统的进水。

三级水可用蒸馏或离子交换等方法制取。

2. 技术要求

分析实验室用水应符合表 6-2 所列规格。

表 6-2　实验用水要求

名称		一级	二级	三级
pH 值（25℃）				5.0 ~ 7.0
电导率（25℃）/(mS/m)	≤	0.01	0.10	0.50
可氧化物质（以 O 计）/(mg/L)	<		0.08	0.4
吸光度（254nm，1cm 光程）	≤	0.001	0.01	
蒸发残渣（105℃±2℃）/(mg/L)	≤		1.0	2.0
可溶性硅（以 SiO_2 计）/(mg/L)	<	0.01	0.02	

注：1）由于在一级水、二级水的纯度下，难于测定其真实的 pH 值，因此，对一级水、二级水的 pH 值不做规定。
2）一级水、二级水的电导率需用新制备的水"在线"测定。
3）由于在一级水的纯度下，难于测定可氧化物质和蒸发残渣，对其限量不做规定。可用其他条件和制备方法来保证一级水的质量。

6.3.3　取样和储存

1. 容器

（1）各级用水均使用密闭的、专用聚乙烯容器。三级水也可使用密闭的、专用玻璃容器。

（2）新容器在使用前需用 HCl 溶液（20%）浸泡 2~3d，再用待测水反复冲洗，并注满待测水浸泡 6h 以上。

2. 取样

按《分析实验室用水规格和实验方法》（GB/T 6682—2008）进行实验，至少应取 3L 有代表性水样。

取样前用待测水反复清洗容器。取样时要避免玷污。水样应注满容器。

3. 储存

各级用水在储存期间，其被玷污的主要来源是容器可溶成分的溶解、空气中的 CO_2 和其他杂质。因此，一级水不可储存、使用前制备。二级水、三级水可适量制备，分别储存在预先经同级水清洗过的相应容器中。

各级用水在运输过程中应避免被玷污。

6.3.4　实验方法

在实验方法中，各项实验必须在洁净环境中进行并采取适当措施，以避免对试样的玷污。实验中均使用分析纯试剂和相应级别的水。

量取 100mL 水样，按《化学试剂　pH 值测定通则》（GB/T 9724—2007）中的规定。

1）主题内容与适用范围

该标准规定了用电位法测定水溶液 pH 值的通则。

该标准适用于化学试剂水溶液 pH 值的测定，pH 值测定范围为 1~12。

2）引用标准

《化学试剂　标准滴定溶液的制备》（GB/T 601—2016）。

《化学试剂　试验方法中所用制剂及制品的制备》（GB/T 603—2002）。

《分析实验室用水规格和试验方法》（GB/T 6682—2008）。

3）方法原理

将规定的指示电极和参比电极浸入同一被测溶液中，构成一电池，其电动势与溶液的 pH 值有关，通过测量原电池的电动势即可得出溶液的 pH 值。

4）试剂

该标准中所用标准溶液、制剂及制品按 GB/T 601—2016、GB/T 603—2002 之规定配制。

实验用水应符合 GB/T 6682—2008 中三级水的规格。

（1）草酸盐标准缓冲溶液：称取 12.71g $KH_3(C_2O_4)_2 \cdot 2H_2O$，溶于无 CO_2 的水，稀释至 1000mL。此溶液的浓度 $c_{KH_3(C_2O_4)_2 \cdot 2H_2O}$ 为 0.05mol/L。

（2）酒石酸盐标准缓冲溶液：在 25℃ 时，用无 CO_2 的水溶解外消旋的 $KHC_4H_4O_6$，并剧烈振摇至饱和溶液。

（3）苯二甲酸盐标准缓冲溶液：称取 10.21g 于 110℃ 干燥 1h 的 $C_6H_4CO_2HCO_2K$，溶于无 CO_2 的水，稀释至 1000mL。此溶液的浓度 $c_{C_6H_4CO_2HCO_2K}$ 为 0.05mol/L。

（4）磷酸盐标准缓冲溶液：称取 3.40g KH_2PO_4 和 3.55g Na_2HPO_4，溶于无 CO_2 的水，稀释至 1000mL。KH_2PO_4 和 Na_2HPO_4 需预先在 120℃±10℃ 干燥 2h，该溶液的浓度 $c_{KH_2PO_4}$ 为 0.025mol/L，$c_{Na_2HPO_4}$ 为 0.025mol/L。

（5）硼酸盐标准缓冲溶液：称取 3.81g $Na_2B_4O_7 \cdot 10H_2O$，溶于无 CO_2 的水，稀释至 1000mL。存放时应防止空气中 CO_2 进入。该溶液的浓度 $c_{Na_2B_4O_7 \cdot 10H_2O}$ 为 0.01mol/L。

（6）$Ca(OH)_2$ 标准缓冲溶液：于 25℃，用无 CO_2 的水制备 $Ca(OH)_2$ 的饱和溶液。$Ca(OH)_2$ 溶液的浓度 $c_{1/2Ca(OH)_2}$ 应在 0.0400~0.0412mol/L。存放时应防止空气中 CO_2 进入。一旦出现浑浊，应弃去重配。$Ca(OH)_2$ 溶液的浓度可以用酚红为指示剂，用 HCl 标准溶液（c_{HCl}＝0.1mol/L）滴定出。

5）仪器

（1）一般实验室仪器。

（2）酸度计：精度为 0.1pH 值单位。

（3）指示电极。

① 玻璃电极：使用前须在水中浸泡 24h 以上，使用后应立即清洗，并浸于水中保存。

② 锑电极：使用前用细砂纸将表面擦亮，使用后应清洗擦干。

（4）参比电极。饱和甘汞电极：使用时电极上端小孔的橡皮塞必须拔出，以防止产生扩散电位，影响实验结果。电极内 KCl 溶液中不能有气泡，以防止断路。溶液中应保持有少许 KCl 晶体，以保证 KCl 溶液的饱和。使用前应拔去下端的橡皮帽，使用结束，用纯水洗电极下端后套上橡皮帽，以防水蒸发后电极干涸；甘汞电极不能浸在纯水中保存，否则 KCl 晶体溶解，溶液稀释。

6）操作步骤

将样品用无 CO_2 的水配成 5%（特殊情况除外）的溶液。

制备两种标准缓冲溶液，使其中一种的 pH 值大于并接近试液的 pH 值，另一种小于并接近试液的 pH 值。用这两种标准缓冲溶液校正酸度计，将温度补偿旋钮调至标准缓冲溶液的温度处，如酸度计不具备电极系数调节功能，相互校正的误差不得大于 0.1pH 值单位。用与试液的 pH 值接近的标准缓冲溶液定位。用水冲洗电极，再用试液洗涤电极，调节试液的温度至 25℃±10℃，并将酸度计的温度补偿旋钮调至 25℃，测定试液的 pH 值。为了测得准确的结果，可将试液分成几份，重复操作，直到 pH 值读数至少稳定 1min 为止。

 **学习资源**

绿 色 食 品

第二次世界大战以后，欧美和日本等发达国家在工业现代化的基础上，先后实现了农业现代化，一方面大大地丰富了这些国家的食品供应，另一方面也产生了一些负面影响。随着农用化学物质源源不断地、大量地向农田中输入，造成有害化学物质通过土壤和水体在生物体内富集，并且通过食物链进入到农作物和畜禽体内，导致食物污染，最终损害人体健康。可见，过度依赖化学肥料和农药的农业（也叫作"石油农业"），会对环境、资源及人体健康构成危害，并且这种危害具有隐蔽性、累积性和长期性的特点。

1962 年，美国的雷切尔·卡逊女士以密歇根州东兰辛市为消灭伤害榆树的甲虫所采取的措施为例，披露了杀虫剂 DDT 危害其他生物的种种情况。该市大量用 DDT 喷洒树木，树叶在秋天落在地上，蠕虫吃了树叶，大地回春后知更鸟吃了蠕虫，一周后全市的知更鸟几乎全部死亡。卡逊女士在《寂静的春天》一书中写道："全世界广泛遭受治虫药物的污染，化学药品已经侵入万物赖以生存的水中，渗入土壤，并且在植物上布成一层有害的薄膜……已经对人体产生严重的危害。除此之外，还有可怕的后遗祸患，可能几年内无法查出，甚至可能对遗传有影响，几个世代都无法察觉。"卡逊女士的论断无疑给全世界敲响了警钟。

20 世纪 70 年代初，由美国扩展到欧洲和日本的旨在限制化学物质过量投入以保护生态环境和提高食品安全性的"有机农业"思潮影响了许多国家。一些国家开始采取经济措施和法律手段，鼓励、支持本国无污染食品的开发和生产。自 1992 年联合国在里约热内卢召开的环境与发展大会后，许多国家从农业着手，积极探索农业可持续发展的模式，以减缓石油农业给环境和资源造成的严重压力。欧洲、美国、日本和澳大利亚等发达国家和一些发展中国家纷纷加快了生态农业的研究。在这种国际背景下，我国决定开发无污染、安全、优质的营养食品，并且将它们定名为"绿色食品"。

复习与思考

一、填空题

1. 优级纯试剂用_____表示；分析纯试剂用_____表示；化学纯试剂用_____表示；实验试剂用_____表示。

2. 易燃类试剂要求单独存放于_____处，理想存放温度为_____℃。

3. 危险品包括_____、_____、_____、_____、_____和_____类试剂。

4. 基准物质应具备的条件是：_____、_____、_____、_____。

二、问答题

1. 化学试剂保管应该注意哪些原则？

2. 简述实验室用水的级别与规格。

第7章　化学分析概述

　能力要求

（1）能提高化学分析实验准确度。

（2）能正确记录实验数据。

（3）能正确分析实验数据。

　知识要求

（1）掌握滴定分析法的原理、特点及相关术语。

（2）掌握误差和偏差的相关计算。

（3）掌握有效数字及运算的规则，会进行分析数据处理。

　教学活动建议

检测不同的食品，了解定量分析和定性分析的区别。

化学分析概述

7.1　化学分析的应用

7.1.1　化学分析的任务

利用物质的化学反应为基础的检验分析，称为化学分析。化学分析历史悠久，是分析化学的基础，又称为经典分析。化学分析可根据样品的量、反应产物的量或所消耗试剂的量及反应的化学计量关系，通过计算得出待测组分的含量。化学分析应用范围广，所用仪器较简单，结果较准确，但对于试样中极微量杂质的定性或定量分析往往不够灵敏，用于快速分析也不够理想，常需用仪器分析方法来解决。

7.1.2　常见分析化学方法的分类

根据分析任务、分析对象、测定原理、操作方法和基本要求的不同，分析化学方法可分为不同的类型。

1. 定性分析、定量分析和结构分析

根据分析的目的不同，分析化学可分为定性分析、定量分析和结构分析。定性分析的任务是鉴定物质由哪些元素、离子、原子团、官能团或化合物组成；定量分析的

任务是测定试样中各组分的相对含量；结构分析的任务是研究物质微观离子的结构，通过测定物质的空间构型、分布方式，从其微观结构进一步研究其物理、化学等方面的性质。在一般情况下，样品的组分是已知的，则不需要经过定性分析就可直接进行定量分析。

2. 化学分析和仪器分析

根据分析的原理和使用仪器的不同，将分析化学分为化学分析和仪器分析。

化学分析由于测定方法的不同，又分为重量分析与滴定分析。物理化学分析是根据待测物质的某种物理性质（如相对密度、相变温度、折射率、旋光度及光谱特征等）与组分的关系，不经过化学反应直接进行定性或定量分析的方法。这类方法，多数需要精密仪器，故又称仪器分析。仪器分析灵敏、快速、准确，发展很快，应用日趋广泛。

3. 常量分析、半微量分析、微量分析和超微量分析

根据分析试样用量的多少，分析化学可分为常量分析、半微量分析、微量分析和超微量分析（表 7-1）。

表 7-1　各种分析方法的试样用量

方法	试样重量	试液体积
常量分析	>0.1g	>10mL
半微量分析	0.1~0.01g	10~1mL
微量分析	10~0.1mg	1~0.01mL
超微量分析	<0.1mg	<0.01mL

4. 常量组分、微量组分和痕量组分分析

根据待测组分的含量百分比可粗略分为常量组分、微量组分和痕量组分分析。
常量组分分析：>1%；
微量组分分析：0.01~1%；
痕量组分分析：<0.01%。
这种分类方法与按取样量分类法的角度不同，是两种概念。一般情况下，常量组分分析取样量较多，大都采用化学分析；而微量组分和痕量组分分析，则采用仪器分析。

5. 例行分析和仲裁分析

例行分析是一般日常生产中的检验分析，即常规分析，如食品生产企业中的在线生产质量控制，随时随地地跟踪检测正在生产的食品，以确保食品质量的安全。仲裁分析是不同单位对分析结果有争执时，要求有关单位按指定的方法进行的检验分析，也适用于当出现食品安全事故时，由第三方单位进行检测，根据结果进行产品质量安全信息发布。

7.2　有效数字及其应用

在进行定量分析测定时，为了得到准确的测量结果，不仅要准确地测定各种数据，而且还要正确地记录和计算数据。为了提高分析结果的准确度，实验操作者要掌握有效数字及其运算规则。

7.2.1　有效数字的基本概念

有效数字是在化学分析工作中能测量到的并有实际意义的数字。其位数包括所有的准确数字和最后一位可疑数字。在定量分析中，要求记录的数据和计算结果都必须是有效数字，因而，数据记录必须与分析方法和仪器精度相匹配。

一般仪器标尺读数的最低一位是用内插法估计到两条刻度线间距的 1/10，故观测值的最后一位数字总是估计的，有一定误差。这种误差大小一般为 ±0.1 分度值。最后这位数字虽是可疑的，但也是可信的，因而是"有效"的。记录时应保留这位数字才能正确反映出观察的精确程度。例如，用万分之一的分析天平称量某试样的质量 1.2344g，5 位有效数字。这一数值中，1.234 是准确的，最后一位"4"存在误差，是可疑数字。又如表 7-2 是称取一称量瓶的质量和量取某一溶液体积的数据记录。

表 7-2　数据记录

仪器	量瓶质量和量取某一溶液的体积	有效数字位数
台秤	12.0g	3
普通天平	12.02g	4
分析天平	12.0212g	6
滴定管	17.60mL	4
量筒	18.0mL	3

"0"是一个特殊的数字。当它出现在中间或最后时都是有效数字，如 11.050 有 5 位有效数字，第四位上的"5"是仪器刻度标尺上直读数字，是可靠的，第五位上的"0"是估计数字，是可疑的。如将此数改写成 11.05，就只有 4 位有效数字，表示前面 3 位是可靠数字，第四位数"5"是可疑的，显然，这样表示测量的精确度就降低了。

但当"0"出现在前面时，全部是无效的。如 0.0260g，只有 3 位有效数字，2 之前的两个 0 都是无效的，仅用来决定小数点的位置，取决于所用单位。当用毫克计量时，可写成 26.0mg，最后一个零仍是有效的。但是，像 82300 这类数字，应该用科学计数法书写：

科学计数　　　有效数字位数

8.23×10^{4}　　　　3

8.2300×10^{4}　　　5

在分析化学中常遇到倍数、分数关系，非测量所得，可视为无限多位有效数字（不定值）。对于 pH 值、$\lg K$ 等对数数值，其有效数字的位数仅取决于小数部分数字的位数，而整数部分只说明该数的方次。如 pH 值 7.13，即 $[H^+] = 7.4 \times 10^{-8}$，其有效数字为 2 位而非 3 位。

7.2.2 有效数字修约规则与运算规则

1. 有效数字修约

在分析检验工作中，由于使用不同仪器所获得的实验数据有效数字不同，因此，我们必须按照一定的计算规则，合理地保留有效数字的位数，舍去多余数字的过程称为有效数字的修约。实验有效数字的修约，一方面可以节省时间，另一方面又可避免出现不合理的结论。因此，在处理实验数据时应注意以下几点。

（1）记录检验数据时，只保留 1 位可疑数字。

（2）目前，分析检验中数据处理常采用"四舍六入五成双"的规则对数字进行修约，也即"四舍六入五凑偶"，这里"四"是指 ≤ 4 时舍去，"六"是指 ≥ 6 时进上，"五"指的是根据 5 后面的数字来定。当 5 后有不为"0"的任何数时，舍 5 进 1。当 5 后无有效数字时，需要分两种情况来讲：①5 前为奇数，舍 5 进 1；②5 前为偶数（0 是偶数），舍 5 不进。例如，0.3735 和 0.3745 修约至 3 位有效数字后均为 0.374。

例如，将下列数据修约为 3 位有效数字：

$$6.834 \quad 6.836 \quad 6.8451 \quad 6.845 \quad 6.835$$

修约结果为：6.83 6.84 6.85 6.84 6.84

从统计学的角度，"四舍六入五成双"比"四舍五入"更科学，在大量运算时，它使舍入后的结果误差的均值趋于零，而不是像"四舍五入"那样逢五就入，导致结果偏向大数，使得误差产生积累，进而产生系统误差，"四舍六入五成双"使检验结果受到舍入误差的影响降到最低。例如：

$1.15 + 1.25 + 1.35 + 1.45$，若取一位小数计算：

$1.2 + 1.3 + 1.4 + 1.5 = 5.4$（按四舍五入）；

$1.2 + 1.2 + 1.4 + 1.4 = 5.2$（按四舍六入五成双）。

按"四舍六入五成双"舍入后的结果更能反映实际结果。

（3）修约数据时，只允许对原数据一次修约到所需位数，不能分次修约。例如，将 4.5491 修约为 2 位数，不能先修约为 4.55 再修约成 4.6，而应一次修约为 4.5。

2. 有效数字运算规则

由于每个检验数据的误差都会传递到最终结果，为了既不随意地保留过多的有效数字位数，使计算复杂，并可能得到不合理的结果，也不因舍弃过多的尾数，而使检验结果的准确度受到影响，计算时必须遵循有效数字运算规则，对所得的数据进行合理修约后，再进行计算。

1）加减法

几个数据相加减时，有效数字的保留位数应以小数点后位数最少的数字为依据，即以绝对误差最大的数据确定。一般采用先修约后加减的方法。例如：

$$25.45 + 1.476 - 0.12650$$
$$= 25.45 + 1.48 - 0.13$$
$$= 26.80$$

2）乘除法

几个数相乘除时，有效数字的保留应以有效数字位数最少（即相对误差最大）的数确定。例如：

$$\frac{0.0225 \times 4.003 \times 20.060}{10.9001} = 0.166$$

4 个数中，有效数字位数最少的是 0.0225（3 位），所以计算结果应保留 3 位有效数字。

10 的方次不影响有效位数。因此，结果也可表示应为 1.66×10^{-1}。

可见，在乘除法中，结果的相对误差应与原始数据中相对误差最大的数量级相同。在计算过程中，为避免修约误差累积，可多保留 1 位有效位数字计算，再修约。

在运算过程中应注意如下几点：

（1）若第一位有效数字为 9 时，则有效数字可多保留 1 位。例如，9.37 虽只有 3 位有效数字，但其数值已接近 10.00，可认为是 4 位有效数字；0.0988 可以认为是 4 位有效数字。

（2）在复杂计算过程中，可以暂时多保留 1 位数字，得到最后结果时，再修约掉多余的数字。

（3）凡涉及化学平衡的有关计算，由于常数的有效数字多为 2 位，一般保留 2 位有效数字。

（4）对于物质组成的测定，对含量大于 10% 的组分测定，计算结果一般保留 4 位有效数字。

（5）大多数情况下，表示误差时，取 1 位数字即已足够，最多取 2 位。

（6）采用计算器连续运算的过程中可能保留了过多的有效数字，但最后结果应当修约成适当位数，以正确表达测定结果的准确度。

7.3　误差与分析数据处理

在实际分析检验过程中由于受实验操作者的主、客观条件和操作熟练水平的限制，使得检验的结果不可能绝对准确，总有一定的误差。即使使用最精密的仪器，具有良好的操作技能，采用同样的分析方法对同一试样进行多次测定，所得到的分析结果也不可能完全一致。因此，在进行组分含量分析测定时，必须对分析结果进行正确评价，判断其准确性和产生误差的原因，采取减小误差的有效措施，从而提高分析结果的准确程度。

7.3.1　误差及其类型

在测定组分含量时，根据误差的性质和产生的原因，误差可分为系统误差和偶然误差两大类。

1. 系统误差

系统误差又称为可定误差，是由某些特定因素造成的，对检测结果的影响较固定，在同一条件下的实验中会重复出现。因此，系统误差的大小、正负是可以测定和估计的，也是可以设法减小或加以校正的。根据系统误差的性质和产生的原因可分为以下几种。

1）方法误差

由于分析方法本身不完善造成的误差称为方法误差。如反应不能定量完成，有副反应发生，滴定终点与化学计量点不一致等，都会产生系统误差。

2）仪器误差

仪器误差主要是检测仪器本身不够准确或未经校准引起的。例如，容量瓶、滴定管刻度不准，在使用过程中会使检测结果产生误差。

如果标定标准滴定溶液时和使用该标准滴定溶液时的环境不一致，也会带来误差。在实际工作中，标定溶液和使用溶液往往存在时间和地点的差异，不是每个实验室均有恒温条件。因此，应指定一个标准温度（20℃），当标定溶液和使用溶液的环境温度不同时，统一补正到20℃（即加温度补正值）。《化学试剂　标准滴定溶液的制备》（GB 601—2002）（表7-3）给出了部分水溶液的温度补正值，通过计算可将在某一温度下滴定测得的体积换算至20℃时的体积。

$$V_{校正} = V_{测量值}\left(1 + \frac{K}{1000}\right)$$

式中，$V_{校正}$——溶液校正后的体积；

$V_{测量值}$——实验实际测得的体积；

K——体积补正值。

表 7-3　0.1mol/L 水溶液体积补正值 K

温度/℃	0.1mol/L 水溶液体积补正值	温度/℃	0.1mol/L 水溶液体积补正值	温度/℃	0.1mol/L 水溶液体积补正值	温度/℃	0.1mol/L 水溶液体积补正值
5	+1.7	12	+1.3	19	+0.2	26	−1.4
6	+1.7	13	+1.1	20	0.00	27	−1.7
7	+1.6	14	+1.0	21	−0.2	28	−2.0
8	+1.6	15	+0.9	22	−0.4	29	−2.3
9	+1.5	16	+0.7	23	−0.6	30	−2.5
10	+1.5	17	+0.6	24	−0.9	31	−2.7
11	+1.4	18	+0.4	25	−1.1	32	−3.0

【例 7.1】　在 0.1mol/L NaOH 溶液标定中，消耗 NaOH 溶液的体积分别是 17.88mL、17.86mL、18.00mL，求校正以后溶液的体积分别是多少？（室温 28℃）

解
$$V_{校正} = V_{测量值}\left(1 + \frac{K}{1000}\right)$$

查表 7-3，$K = -2.0$

$$V_1 = 17.88[1 + (-2.0/1000)] = 17.84(mL)$$
$$V_2 = 17.86[1 + (-2.0/1000)] = 17.82(mL)$$
$$V_3 = 18.00[1 + (-2.0/1000)] = 17.96(mL)$$

3）试剂误差

试剂误差来源于化学试剂或实验用水的不纯。例如，试剂和蒸馏水中含有被测物质或干扰物质，从而使检验结果偏高或偏低。

4）操作误差

操作误差主要是指在正常操作情况下，由于实验操作者的主观原因所产生的误差。例如，滴定管的读数习惯性地偏高或偏低，或人眼对滴定终点颜色灵敏程度的差异等引起的误差。

与操作误差不同的另一类误差"操作过失"是由于实验操作者粗心大意或违反操作规程所产生的错误，如加错试剂、看错刻度、溶液溅失等。过失误差是一种错误操作，一经发现，必须将该次检测结果弃去重做。只要操作严格认真，恪守操作规程，养成良好的实验操作习惯，过失误差是完全可以避免的。

在同一次检测操作中，以上误差有可能同时存在。

2. 偶然误差

偶然误差又称随机误差，它是由某些难以控制或无法避免的偶然因素引起的，例如环境温度、相对湿度及气压的微小波动，仪器性能的微小变化等。我们无法预测误差的大小和方向，它的出现完全是偶然的、随机的，但是引起偶然误差的各种偶然因素是相互影响的。消除系统误差后，在同样条件下进行多次检测，就可发现偶然误差服从统计学正态分布规律：

（1）小误差出现的概率大，大误差出现的概率小，特别大的误差出现的概率极小。

（2）大小相等的正、负误差出现的概率一致，实验操作的次数越多，检测结果的平均值越接近真实值。

7.3.2 克服误差的方法

1. 克服系统误差的方法

1）选择适当的分析化学方法

首先，不同分析化学方法的准确度和灵敏度是不同的，选择时必须恰当。例如，重量分析法和滴定分析法准确度高，适合于常量分析（质量分数在 1% 以上），其相对误差一般在千分之几，但对含量在 1% 以下的微量组分则不适合，需采用灵敏度高的仪器分析来进行。

其次，应尽量设法减免由于分析化学方法不完善引起的系统误差。例如，在滴定分析中应选择更合适的指示剂，以减小终点误差。

选择分析化学方法时还要考虑与被测组分共存的其他物质干扰的问题。总之，必须综合考虑分析对象、样品情况及对检测结果要求等因素来选择合适的分析化学方法。

2）对照实验

对照实验是检验系统误差的有效方法。

（1）与标准试样对照。选择组成与试样相近的标准试样（标样）进行测定，将标样测定结果与标准值进行对比，用统计方法检验确定有无系统误差。

（2）与标准方法对照。用标准方法和所采用的方法同时测定某一试样，由测定结果做统计检验。

（3）用回收实验进行对照。称取等量试样 2 份，在一份中加入已知量的待测组分，然后进行平行检测，根据加入的量能否定量回收来判断有无系统误差。

3）仪器校正

由仪器不准确引起的系统误差，可以通过校准仪器来消除或减免。例如，砝码、移液管和滴定管等，在精确分析检测中，必须进行校准，并在计算结果时应采用校正值。在日常检测工作中，因仪器出厂时已校准过，只要妥善保管仪器，通常可不再进行校准。

4）空白实验

由试剂、蒸馏水或所用器皿不符合要求而引入的系统误差可做空白实验进行校正。所谓空白实验，是指在不加入样品的情况下，按照试样分析的步骤进行测定，所得结果称为空白值，然后从试样测定的结果中扣除此空白值，得到比较可靠分析结果的方法。

2. 偶然误差的减免

对于偶然误差的出现，由于其符合统计学正态分布的规律，故可采用增加平行检测的次数取其平均值的方法来减少检测误差。在实际工作中，一般平均检测 3～4 次即可。

7.3.3　误差和偏差

准确度的高低用误差的大小来衡量，误差越小，准确度越高。误差常用绝对误差和相对误差两种方法表示。

绝对误差（E_i）是指测得值（x_i）与真实值（x_t）之间的差值。

$$绝对误差 = 测得值 - 真实值$$
$$E_i = x_i - x_t \tag{7-1}$$

相对误差（E_r）是指绝对误差在真实值中所占的比率。

$$相对误差 = \frac{绝对误差}{真实值} \times 100\%$$
$$E_r = \frac{E_i}{x_t} \times 100\% \tag{7-2}$$

误差的数值越大，说明测得值偏离真实值越远。若测得值大于真实值，说明测得值存在正误差，反之存在负误差。

【例 7.2】 物体 A 和物体 B 的真实质量分别为 0.1020g 和 1.0243g，在分析天平上称得它们的质量分别为 0.1021g 和 1.0244g，试计算其绝对误差和相对误差。

解　物体 A　绝对误差 $E_i = 0.1021g - 0.1020g = +0.0001g$

$$相对误差\ E_r = \frac{+0.0001g}{0.1020g} \times 100\% = +0.1\%$$

物体 B　绝对误差 $E_i = 1.0244g - 1.0243g = +0.0001g$

$$相对误差\ E_r = \frac{+0.0001g}{1.0243g} \times 100\% = +0.01\%$$

例 7.2 说明，两个试样测定的绝对误差都是 0.0001g，但相对误差却不相同。质量大的相对误差较小，其测定的准确度也高。因此，用相对误差来比较不同情况下检测结果的准确度会更准确。

为保证检测结果的准确度，必须尽量减小相对误差。

【例 7.3】　用万分之一分析天平称量试样，为保证检测结果的准确度，试样取量最少不得低于多少克？

解　分析天平的称量误差为 $\pm 0.0001g$，用减重法称量 2 次，最大误差可能是 $\pm 0.0002g$，为使称量的相对误差不超过 0.1%，则

$$试样量 = \frac{绝对误差}{相对误差} = \frac{0.0002}{0.1\%} = 0.2(g)$$

即试样取量应不少于 0.2g。

又如滴定管的读数误差为 $\pm 0.01mL$，初、终两次读数可能引起的最大误差为 $\pm 0.02mL$，为使体积测量的相对误差小于 0.1%，则滴定液的体积必须在 20mL 以上。

$$滴定液的体积 = \frac{0.02}{0.1\%} = 20(mL)$$

再如用直接法配制标准滴定液时，基准物质的称量和溶液体积的测量必须分别用分析天平和容量瓶操作，但在配制一般试剂时，用台秤、量筒即可满足要求。

在实际检验分析中，客观存在的真实值常无法准确测得，通常用标准值代替真实值来检查检测结果。标准值是指采用可靠的检验方法，由具有丰富经验的实验人员经过反复多次测定，并用数据统计方法处理检测结果得到的一个比较准确的平均值。例如，原子量、物理化学常数、阿伏伽德罗常数等。把标准值当作真实值来计算误差，得到的是偏差。偏差可用来衡量精密度的高低，偏差越小，精密度越高。常用表达精密度的参数有绝对偏差、相对偏差、平均偏差、相对平均偏差、标准偏差（标准差）、相对标准偏差（相对标准差）。

绝对偏差（d_i）是指测得值（x_i）与平均值（$\bar{x}$）之间的差值。

$$绝对偏差 = 测得值 - 平均值$$

$$d_i = x_i - \bar{x} \tag{7-3}$$

$$相对偏差 = \frac{绝对偏差}{平均值} \times 100\%$$

$$d_R = \frac{d_i}{\bar{x}} \times 100\% \tag{7-4}$$

在实际的工作中对于一组测得数据常采用平均偏差（$\bar{d}$）和相对平均偏差（$R\bar{d}$）

表示。

$$平均偏差 = \frac{绝对偏差的绝对值之和}{测定次数}$$

$$\bar{d} = \frac{1}{n}\sum_{i=1}^{n}|d_i| = \frac{|d_1|+|d_2|+|d_3|+\cdots+|d_i|}{n} \tag{7-5}$$

$$相对平均偏差 = \frac{平均偏差}{平均值} \times 100\%$$

$$R\bar{d} = \frac{\bar{d}}{\bar{x}} \times 100\% \tag{7-6}$$

在实验中，由于检测次数有限，数据较少，一般计算结果的平均值 $\bar{x}$、平均偏差 $\bar{d}$ 和相对平均偏差 $R\bar{d}$ 就足以表示实验测得值的集中和分散程度。但当检测数据较多、分散程度较大时，还可用标准偏差（S）和相对标准偏差（RSD）来表示分散程度。

$$标准偏差 = \sqrt{\frac{绝对偏差平方之和}{测定次数-1}}$$

$$S = \sqrt{\frac{\sum_{i=1}^{n}(x_i-\bar{x})^2}{n-1}} = \sqrt{\frac{d_1^2+d_2^2+d_3^2+\cdots+d_i^2}{n-1}} \tag{7-7}$$

标准偏差不仅是一批检测中各次实验值的函数，而且对一批检测中较大或较小偏差感觉比较灵敏，它比平均偏差更能说明数据的分散程度。

相对标准偏差（RSD）又叫变异系数，表示单次测定标准偏差对测定平均值的相对值，用百分率表示。

$$相对标准偏差 = \frac{标准偏差}{平均值} \times 100\%$$

$$RSD = \frac{S}{\bar{x}} \times 100\% \tag{7-8}$$

【例 7.4】 某学生为标定某一溶液的浓度进行了 4 次滴定，其结果分别为 0.2041、0.2049、0.2039、0.2043（mol/L）。试计算结果的平均值、平均偏差、相对平均偏差、标准差、相对标准偏差。

解 平均值　　$\bar{x} = \dfrac{0.2041+0.2049+0.2039+0.2043}{4} = 0.2043$（mol/L）

平均偏差　　$\bar{d} = \dfrac{0.0002+0.0006+0.0004+0.0000}{4} = 0.0003$（mol/L）

相对平均偏差　　$R\bar{d} = \dfrac{0.0003}{0.2043} \times 100\% = 0.15\%$

标准偏差　　$S = \sqrt{\dfrac{(0.0002)^2+(0.0006)^2+(0.0004)^2+(0.0000)^2}{4-1}} = 0.0004$（mol/L）

相对标准偏差　　$RSD = \dfrac{0.0004}{0.2043} \times 100\% = 0.2\%$

由上述讨论可知，误差和偏差具有不同的含义，前者是以真实值为标准的，后者是以多次测得值的平均值为标准。

　　在食品质量检测中，通常对样品检测采取平行 3 次实验。《国家卫生标准：理化检测部分》中采用极差与平均值之比的大小来衡量实验结果的重现性。

$$极差＝结果最大值－结果最小值$$

　　【例 7.5】　某学生在 0.1mol/L NaOH 溶液标定实验中，得到 NaOH 溶液浓度分别是 0.1018、0.1020、0.1020(mol/L)，分析该生实验数据的重现性。（GB 601—2002 规定比值小于 0.5%）

　　解　　浓度平均值 $\bar{c} = \dfrac{0.1018 + 0.1020 + 1020}{3} = 0.1019(mol/L)$

$$\frac{极差}{平均值} = \frac{0.1020 - 0.1018}{0.1019} \times 100\% = 0.2\%$$

因此符合检测规定。

7.3.4　准确度和精密度

　　准确度是指测得值与真实值接近的程度，它代表检测的可靠程度。测得值与真实值之差越小，检测的准确度越高，误差越小。

精密度与准确度

　　为了获得相对可靠的检测数据，在实际操作中人们总是在相同条件下，对同一试样做几次平行检测，然后取平均值作为结果。如果几次检测的数据比较接近，则表示检测结果的精密度高。所谓精密度，是指一组平行实验值相互接近的程度。精密度表现了实验值的重复性和再现性。

　　如由 4 人同时分析同一药品，分析结果如图 7-1 所示：甲的精密度虽很高，但准确度太低，结果并不可靠，这是因为存在系统误差的缘故；乙的准确度与精密度均很好，结果最为可靠；丙的精密度与准确度均很差；丁的平均值虽也接近于真实值，但精密度太差，只能认为是偶然的巧合，算不上好的测定结果。

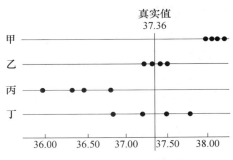

图 7-1　不同人对同一药品分析的结果

　　由此可以看出：

　　(1) 精密度是保证准确度的先决条件。精密度差，测定结果就不可靠。

　　(2) 高精密度不一定保证高准确度。有时检测结果的精密度很好，但准确度却不高，这就必须考虑可能出现了系统误差。因此在评价检测结果时，必须综合考虑系统误差和偶然误差的影响，即在消除系统误差以后，精密度高的分析结果才能准确。

7.4　滴定分析法概述

7.4.1　滴定分析法的原理和特点

　　滴定分析法又称容量分析法，是将一种物质的溶液滴加到另一种物质的溶液中，直到所加的物质与另一种物质按化学计量定量反应为止，然后根据滴定物与被滴定物之间的化学计量关系，计算出被测物质的浓度或含量。

滴定分析法与重量分析法相比较，具有操作简便、快速、仪器简单、准确度高等特点，一般情况下相对误差在 ±0.2% 以下。滴定分析法通常用于组分含量在 1% 以上的常量组分的测定，有时也可用于微量组分的测定。因此，滴定分析法在生产实践和科学实践中得到了广泛的应用。

7.4.2　滴定分析法的常用术语

标准溶液：已知准确浓度的试剂溶液。

滴定：将一种物质的溶液从滴定管滴加到另一种物质的溶液中去的操作过程。

化学计量点：当加入的物质与另一种物质恰好完全反应时，即标准溶液物质的量与被测组分物质的量恰好符合化学反应式所表示的化学计量关系的点。

指示剂：用于指示滴定终点的试剂。

滴定终点：在滴定过程中，指示剂恰好发生颜色变化的转变点。

滴定误差：滴定终点（测量值）与化学计量点（理论值）不一致所引起的误差。

7.4.3　滴定分析法对化学反应的要求

适用于滴定分析法的化学反应必须符合如下要求：

（1）反应要定量完全。反应必须按一定的计量关系进行，完成的程度要在 99.9% 以上，这是滴定分析定量计算的基础。

（2）反应要迅速。反应要求瞬时间完成。对于速度较慢的反应（如用 $Na_2C_2O_4$ 标定 $KMnO_4$ 溶液的浓度），可以通过加热或加入催化剂等方法提高反应的速率。

（3）不得有杂质干扰主反应。如果被测物质中含杂质要预先除去。

（4）要有合适的方法确定滴定终点。

7.4.4　滴定分析法的分类

滴定分析法主要包括酸碱滴定法、沉淀滴定法、配位滴定法和氧化还原滴定法等。

1. 酸碱滴定法

酸碱滴定法是以酸或碱作标准溶液，以质子传递反应为基础的一种滴定分析法。滴定反应的实质就是两个共轭酸碱对之间质子的传递。

2. 沉淀滴定法

沉淀滴定法是利用沉淀剂作标准溶液，基于沉淀反应进行滴定的方法。

3. 配位滴定法

配位滴定法是利用配位剂（常用 EDTA）作标准溶液，基于配位反应进行滴定的方法。

4. 氧化还原滴定法

氧化还原滴定法是利用氧化剂或还原剂作标准溶液，根据氧化还原进行滴定的方法（碘量法、高锰酸钾法、亚硝酸钠法等）。

7.4.5　滴定方式

在滴定分析中，常用的滴定方式有直接滴定法、返滴定法、置换滴定法和间接滴定法 4 种。

1. 直接滴定法

凡能符合上述滴定分析要求的化学反应，都可以用标准溶液与被测物质直接进行滴定，这种方式称为直接滴定法。例如，NaOH 与 HCl 的滴定：

$$NaOH + HCl = NaCl + H_2O$$

2. 返滴定法（剩余滴定法、回滴定法）

返滴定法是在滴定过程中先加入定量而且过量的标准溶液，使样品中的被测物质完全反应后，再加入另一种标准溶液滴定剩余的标准溶液。当被测物质与标准溶液反应速率很慢，或标准溶液检测固体试样，反应不能立即完成时，往往采用返滴定法而不能用直接滴定法进行滴定。例如，用 HCl 标准溶液检测难溶于水的 ZnO 含量时，往往加入定量、过量的 HCl 标准溶液使之完全反应，然后再用 NaOH 标准溶液返滴定剩余的 HCl 标准溶液：

$$ZnO + 2HCl = ZnCl_2 + H_2O$$
（定量、过量）
$$HCl + NaOH = NaCl + H_2O$$
（剩余）

3. 置换滴定法

有些物质不按确定的反应式进行反应时（伴有副反应），可以不直接滴定被测物质，而是先用适当的试剂与被测物质发生置换反应，再用标准溶液滴定被置换出来的物质。这种滴定方式称为置换滴定法。例如，在酸性溶液中，还原剂 $Na_2S_2O_3$ 与氧化剂 $K_2Cr_2O_7$ 反应有副反应，反应无确定的计量关系。但 $K_2Cr_2O_7$ 在酸性条件下氧化 KI，定量地生成 I_2，此时再用 $Na_2S_2O_3$ 标准溶液滴定生成的 I_2：

$$K_2Cr_2O_7 + KI \xrightarrow{H^+} I_2 \xrightarrow{Na_2SO_3}$$

4. 间接滴定法

有的物质不能与标准溶液直接反应，这时可将试样通过一定的化学反应后，再用适当的标准溶液滴定反应产物。这种滴定方式称为间接滴定法。例如，检测试样中 Ca^{2+}

的含量时，Ca^{2+} 不能与 $KMnO_4$ 标准溶液反应，可先加过量的 $(NH_4)_2C_2O_4$ 使 Ca^{2+} 定量沉淀为 CaC_2O_4，然后用 H_2SO_4 使之溶解，再用 $KMnO_4$ 标准溶液滴定与 Ca^{2+} 结合的 $C_2O_4^{2-}$，从而间接检测 Ca^{2+} 的含量。

7.4.6　基准物质与标准溶液的配制

1. 基准物质

化学分析实验常需要配制某种物质的已知浓度的标准溶液，并非所有试剂都可以用来直接配制标准溶液，可用于直接配制标准溶液的物质称为基准物质。作为基准物质必须具备以下条件。

（1）物质的组成恒定并与化学式相符。若含结晶水，如 $H_2C_2O_4 \cdot 2H_2O$、$Na_2B_4O_7 \cdot 10H_2O$ 等，其结晶水的实际含量也应与化学式严格相符。

（2）试剂纯度足够高，一般要求达 99.9% 以上，杂质含量应少到不至于影响分析方法要求的准确度。

（3）试剂在一般情况下性质稳定，不易吸收空气中的水分和 CO_2，不分解，不易被空气氧化。

（4）试剂最好有较高的摩尔质量，以减少称量时的相对误差。

（5）基准物质本身参加反应时，应严格按反应式定量进行，没有副反应。

常用的基准物质有邻苯二甲酸氢钾、$H_2C_2O_4 \cdot 2H_2O$、Na_2CO_3、$K_2Cr_2O_7$、$NaCl$、$CaCO_3$、金属锌等。基准物质在使用前必须以适宜方法进行干燥处理，并妥善保存。

2. 标准溶液的配制

标准溶液的配制方法有直接法和标定法两种。

（1）直接法。准确称量一定量的基准物质，经溶解后，定量转移于一定体积的容量瓶中，用规定纯度的水稀释至刻度。根据溶质的质量和容量瓶的体积即可计算出该标准溶液的准确浓度。然后用移液管和容量瓶分取、定容配制成所需的准确浓度。

（2）标定法。大多数物质是不能满足基准物质条件的，如 HCl、NaOH、$KMnO_4$、I_2、$Na_2S_2O_3$ 等试剂，它们不适合用直接法配制成标准溶液，需要采用标定法（又称间接法）。这种方法是：先大致配成所需浓度的溶液（其浓度值在所需浓度值的 5% 范围以内），然后用基准物质或另一种标准溶液来确定它的准确浓度。例如，欲配制 0.1mo/L NaOH 标准溶液，先用 NaOH 饱和溶液稀释成浓度大约是 0.1mol/L 的稀溶液，然后称量一定量的基准物质邻苯二甲酸氢钾进行标定，根据基准试剂的质量和待标定 NaOH 标准溶液消耗的体积，计算该标准溶液的准确浓度。

有时也可用另一种标准溶液标定，如 NaOH 标准溶液可用已知准确浓度的 HCl 标准溶液标定。方法是移取一定体积的已知准确浓度的 HCl 标准溶液滴定至终点，根据 HCl 标准溶液的浓度和体积以及待定的 NaOH 标准溶液消耗的体积计算 NaOH 溶液的准确浓度。这种方法的准确度不如用基准物质直接标定法高。

实际工作中，为消除共存元素对滴定的影响，有时也选用与被分析样品组成相似的

"标准样品"来标定标准溶液的浓度。另外，有的基准物质实际价格高，为降低分析成本，也可采用纯度较低的试剂，用标定法制备标准溶液。

7.5　滴定分析法的计算

7.5.1　滴定分析计算的依据和反应物之间的化学计量关系

在滴定分析中，要涉及一系列的计算，如标准溶液的配制和浓度标定的计算，标准溶液与被测物质间计量关系的计算以及测定结果的计算等。

在滴定反应中，物质 A 与物质 B 反应的方程式可表示为

$$aA + bB \Longrightarrow cC + dD$$

当滴定反应到达化学计量点时，A 物质的量 n_A 和 B 物质的量 n_B 与它们在化学反应式所表示的化学计量关系符合如下关系，即

$$n_A : n_B = a : b$$

$$n_A = \frac{a}{b} \times n_B \quad 或 \quad n_B = \frac{b}{a} \times n_A \tag{7-9}$$

式（7-9）中的 a/b 或 b/a，称之为换算因数。

从式（7-9）看出，要把 B 物质的量换算为 A 物质的量，需要将 n_B 乘上换算因数 a/b；而要把 A 物质的量换算为 B 物质的量，则需要将 n_A 乘上换算因数 b/a。据此，我们可以得出如下规律：在滴定分析计算中，求哪一方（浓度、含量或滴定度），则这一方的系数（a 或 b）在换算因数中为分子，另一方的系数为分母。掌握了这一规律，在滴定分析计算中就方便很多。

7.5.2　滴定分析计算实例

1. 标准溶液浓度的计算

1）利用基准物质标定待测溶液的浓度

根据式

$$c_A V_A = \frac{a}{b} \times \frac{m_B}{M_B} \times 10^3$$

有

$$c_A = \frac{a}{b} \cdot \frac{m_B 10^3}{M_B V_A} \tag{7-10}$$

【例 7.6】　精密称取无水 Na_2CO_3 0.1240g 于锥形瓶中，加适量水溶解，以甲基橙为指示剂，用 HCl 溶液滴定至溶液呈橙色，消耗 HCl 溶液 23.12mL。求 HCl 溶液的浓度（$M_{Na_2CO_3} = 106.0g/mol$）。

解　滴定反应为

$$2HCl + Na_2CO_3 \Longrightarrow 2NaCl + CO_2 \uparrow + H_2O$$

反应摩尔比为 2：1

根据式（7-10）有

$$c_{HCl} = \frac{2}{1} \times \frac{m_{Na_2CO_3} \times 10^3}{M_{Na_2CO_3} \times V_{HCl}}$$

$$= \frac{2}{1} \times \frac{0.1240 \times 10^3}{106.0 \times 23.12}$$

$$= 0.1012 (mol/L)$$

2）利用标准溶液标定待测溶液的浓度

根据式

$$c_A V_A = \frac{a}{b} c_B V_B$$

有

$$c_A = \frac{a}{b} \cdot \frac{c_B V_B}{V_A} \tag{7-11}$$

【例 7.7】　准确吸取 HCl 溶液 25.00mL，用 0.1000mol/L NaOH 标准溶液滴定，消耗 25.35mL，求 HCl 溶液的浓度。

解　滴定反应为

$$HCl + NaOH = NaCl + H_2O$$

反应摩尔比为 1∶1

根据式（7-11）有

$$c_{HCl} = \frac{c_{NaOH} V_{NaOH}}{V_{HCl}}$$

$$= \frac{0.1000 \times 25.35}{25.00}$$

$$= 0.1014 (mol/L)$$

2. 被测组分百分含量的计算

设试样的质量为 m_sg，则被检测组分 B 在试样中的百分含量为

$$w_B = \frac{m_B}{m_s} \times 100\% \tag{7-12}$$

根据式

$$c_A V_A = \frac{a}{b} \times \frac{m_B}{M_B} \times 10^3$$

有

$$m_B = \frac{b}{a} \times c_A V_A \times M_B \times 10^{-3} \tag{7-13}$$

由式（7-13）和式（7-12）得

$$w_B = \frac{b}{a} \times \frac{c_A V_A \times M_B \times 10^{-3}}{m_s} \times 100\% \tag{7-14}$$

【例 7.8】　准确称取药用 Na$_2$CO$_3$ 试样 0.1896g，用 0.1000mol/L HCl 标准溶液滴定，消耗 35.32mL，求试样中 Na$_2$CO$_3$ 的百分含量（$M_{Na_2CO_3} = 106.0$g/mol）。

解　滴定反应为

$$2HCl + Na_2CO_3 =\!=\!=\!= 2NaCl + CO_2 + H_2O$$

反应摩尔比为 2∶1

根据式（7-12）有

$$w_{NaCO_3} = \frac{1}{2} \times \frac{c_{HCl} V_{HCl} \times M_{Na_2CO_3} \times 10^{-3}}{m_s} \times 100\%$$

$$= \frac{1}{2} \times \frac{0.1000 \times 35.32 \times 106.0 \times 10^{-3}}{0.1896} \times 100\%$$

$$= 98.73\%$$

3. 利用滴定度计算被测物质的量

1）滴定度的概念

滴定度是指 1mL 标准溶液相当于被测物质的质量（g），以 $T_{A/B}$ 表示。A 代表标准溶液，B 代表被测物质。例如，$T_{HCl/NaOH} = 0.02358g/mL$，表示用 HCl 标准溶液滴定 NaOH 时，每消耗 1mL HCl 标准溶液可与 0.02358g NaOH 完全反应。又如，$T_{HCl} = 0.003582g/mL$，它表示 1mL HCl 标准溶液含 HCl 0.003582g。因此，只要知道消耗标准溶液的体积，就能很方便地求出被测物质的质量。

【例 7.9】 已知 $T_{HCl/NaOH} = 0.01235g/mL$，用该 HCl 标准溶液滴定 NaOH 样品时消耗 22.23mL，求 NaOH 的质量。

解
$$m_{NaOH} = T_{HCl/NaOH} \times V_{HCl}$$
$$= 0.01235 \times 22.23$$
$$= 0.2745(g)$$

2）滴定度与物质的量浓度的换算

从式（7-12）可知

$$m_B = \frac{b}{a} \times c_A V_A \times M_B \times 10^{-3}$$

当 $V_A = 1mL$ 时，则 $m_B = T_{A/B}$，即

$$T_{A/B} = \frac{b}{a} \times c_A \times M_B \times 10^{-3} \tag{7-15}$$

$$c_A = \frac{a}{b} \times \frac{T_{A/B}}{M_B} \times 10^3 \tag{7-16}$$

【例 7.10】 试计算浓度为 0.2356mol/L HCl 溶液对 Na_2CO_3 的滴定度（$M_{Na_2CO_3} = 106.0g/mol$）。

解　因为 HCl 与 Na_2CO_3 反应的摩尔比为 2∶1，所以

$$T_{HCl/Na_2CO_3} = \frac{1}{2} \times c_{HCl} \times M_{Na_2CO_3} \times 10^{-3}$$

$$= \frac{1}{2} \times 0.2356 \times 106.0 \times 10^{-3}$$

$$= 0.01248(g/mL)$$

3）根据滴定度求被测组分的百分含量

$$w_{\mathrm{B}} = \frac{b}{a} \times \frac{T_{\mathrm{A/B}} \times V_{\mathrm{A}}}{m_{\mathrm{s}}} \times 100\%　　　　　　　　　(7\text{-}17)$$

【例 7.11】　已知 $T_{\mathrm{H_2SO_4/Na_2CO_3}} = 0.01365\mathrm{g/L}$，用该 $\mathrm{H_2SO_4}$ 标准溶液滴定 $\mathrm{Na_2CO_3}$ 样品时消耗 22.23mL，称取 $\mathrm{Na_2CO_3}$ 样品 0.5287g。求样品中 $\mathrm{Na_2CO_3}$ 的百分含量。

解　因为 $\mathrm{H_2SO_4}$ 与 $\mathrm{Na_2CO_3}$ 反应的摩尔比为 1：1，所以

$$\begin{aligned}
w_{\mathrm{Na_2CO_3}} &= \frac{T_{\mathrm{H_2SO_4/Na_2CO_3}} \times V_{\mathrm{H_2SO_4}}}{m_{\mathrm{s}}} \times 100\% \\
&= \frac{0.01365 \times 22.23}{0.5287} \times 100\% \\
&= 57.39\%
\end{aligned}$$

 **学习资源**

电子天平

电子天平用于称量物体质量。电子天平一般采用应变式传感器、电容式传感器、电磁平衡式传感器。采用应变式传感器的电子天平结构简单、造价低，但精度有限，目前不能做到很高精度；采用电容式传感器的电子天平称量速率快、性价比较高，但也不能达到很高精度；采用电磁平衡传感器的电子天平称量准确可靠、显示快速清晰，并且具有自动检测系统、简便的自动校准装置以及超载保护等装置。电子天平及其分类按电子天平的精度可分为以下几类：

（1）超微量电子天平。超微量电子天平的最大称量是 2～5g，其标尺分度值最小为 10^{-6}，如 Mettler 的 UMT2 型电子天平等属于超微量电子天平。

（2）微量电子天平。微量电子天平的称量范围一般为 3～50g，其分度值最小为 10^{-5}，如 Mettler 的 AT21 型电子天平及 Sartoruis 的 S4 型电子天平。

（3）半微量电子天平。半微量电子天平的称量范围一般为 20～100g，其分度值最小为 10^{-4}，如 Mettler 的 AE50 型电子天平和 Sartoruis 的 M25D 型电子天平等。

（4）常量电子天平。此种天平的最大称量范围一般为 100～200g，其分度值最小为 10^{-4}，如 Mettler 的 AE200 型电子天平和 Sartoruis 的 A120S、A200S 型电子天平。

（5）电子分析天平。其实电子分析天平，是常量电子天平、半微量电子天平、微量电子天平和超微量电子天平的总称。

（6）精密电子天平。这类电子天平是准确度级别为 Ⅱ 级的电子天平的统称。

如何选择电子天平？选择电子天平应该从电子天平的绝对精度（分度值 e）上去考虑是否符合称量的精度要求，如选 0.1mg 精度的电子天平或 0.01mg 精度的电子天平，切忌不可笼统地说要万分之一或十万分之一精度的电子天平，因为国外有些厂家是用相对精度来衡量电子天平的，否则买来的电子天平无法满足用户的需要。例如，在实际工作中遇到这样一个情况，用一台实际标尺分度值 d 为 1mg，检定标尺分度值 e 为 10mg，

最大称量范围为 200g 的 Mettler 电子天平称量 7mg 的物体，这样是不能得出准确结果的；在《非自动天平（试行）》（JJG 98—2019）中规定，最大允许误差与检定标尺分度值 "e" 为同一数量级，此台天平的最大允许误差为 $1e$，显然不能称量 7mg 的物体。称量 15mg 的物体用此类天平也不是最佳选择，因为其测试结果的相对误差会很大，应选择测量精度更高的电子天平，有的厂家在出厂时已规定了最小称量的数值。因此我们在选购及使用电子天平时必须考虑精度等级。对称量范围的要求：选择电子天平除了看其精度，还应看最大称量范围是否满足量程的需要。通常取最大载荷加少许保险系数即可，也就是常用载荷再放宽一些即可，不是越大越好。

 复习与思考

一、填空题

1. 准确度的高低用 ＿＿＿＿＿＿ 表示；精密度的高低用 ＿＿＿＿＿＿ 表示。

2. 系统误差具有 ＿＿＿＿ 性。消除系统误差的方法：＿＿＿＿＿＿。

3. 在定量分析运算中，有效数字的修约应遵照 ＿＿＿＿＿＿ 的原则。

4. 滴定管的读数有 ± 0.01mL 的误差，则在一次滴定中的绝对误差可能为 ＿＿＿＿＿＿ mL。常量滴定分析的相对误差一般要求小于等于 0.2%，为此，滴定时消耗滴定剂的体积必须控制在 ＿＿＿＿＿＿ mL 以上。

5. 滴定分析法主要包括 ＿＿＿＿＿＿、＿＿＿＿＿＿、＿＿＿＿＿＿ 和 ＿＿＿＿＿＿ 4 种滴定方法。

6. 适用于滴定分析的化学反应必须符合如下要求：＿＿＿＿＿＿。

7. 常见的滴定方式有 ＿＿＿＿＿＿。

8. 标定 HCl 溶液的基准物质是 ＿＿＿＿＿＿；标定 NaOH 溶液的基准物质是 ＿＿＿＿＿＿。

二、计算题

1. 根据有效数字运算规则，计算下列各式。

（1）$213.64 + 0.3244 + 4.4$

（2）$(3.10 \times 21.14 \times 5.10)/0.001120$

（3）$(5.10 \times 4.03 \times 10^{-4})/(2.512 \times 0.0002034)$

2. 试将下列数据修约成 4 位有效数字：28.7456、26.635、10.0654、0.386550、2.3451×10^{-3}、108.445、328.45、9.9864。

3. 测定 NaCl 纯品中 Cl^- 的质量分数时结果分别为 59.82%、60.06%、60.46%、59.86% 和 60.24%，求 5 次测定结果的平均值、平均偏差、标准偏差和相对标准偏差。

4. 标定 HCl 溶液时，如果消耗 0.1mol/L HCl 标准溶液 20.02mL，称取无水 Na_2CO_3 基准物质的重量为 0.1124g，则 HCl 溶液的准确浓度为多少？（Na_2CO_3 的摩尔质量为 106.0g/mol）

5. 称取不纯 $H_2C_2O_4$ 试样 0.1587g，用 0.1008mol/L NaOH 标准溶液进行滴定，终点时消耗 22.78mL，求试样中 $H_2C_2O_4$ 的百分含量（$H_2C_2O_4$ 的摩尔质量为 90.04g/mol）。

第8章 酸碱平衡与酸碱滴定法

☞ **能力要求**

（1）能正确运用酸碱理论。

（2）能正确配制和使用缓冲溶液。

（3）能正确选择酸碱指示剂。

（4）能快速、灵活地进行酸碱滴定。

（5）能配制和标定 HCl 标准溶液和 NaOH 标准溶液。

☞ **知识要求**

（1）掌握酸碱质子理论。

（2）理解缓冲溶液的原理。

（3）了解酸碱指示剂的作用原理。

（4）掌握酸碱滴定法。

酸碱平衡与酸碱滴定法

☞ **教学活动建议**

查阅国家食品检测标准，了解食品总酸的测定方法。

8.1 酸 碱 平 衡

8.1.1 酸碱质子理论

酸碱质子理论是丹麦化学家布朗斯特和英国化学家汤马士·马丁·劳里于 1923 年各自独立提出的一种酸碱理论。他们认为，凡是给出质子（H^+）的任何物质（分子或离子）都是酸；凡是接受质子（H^+）的任何物质都是碱。简单地说，酸是质子的给予体，而碱是质子的接受体。

$$HAc \Longrightarrow H^+ + Ac^-$$

$$H_3PO_4 \Longrightarrow H^+ + H_2PO_4^-$$

$$NH_4^+ \Longrightarrow H^+ + NH_3$$

$$酸 \qquad\qquad 碱$$

酸给出质子生成相应的碱，而碱结合质子后又生成相应的酸，酸与碱之间的这种依赖关系称共轭关系。相应的一对酸碱被称为共轭酸碱对。

例如，HAc 的共轭碱是 Ac^-，Ac^- 的共轭酸是 HAc，HAc 和 Ac^- 是一对共轭酸碱

对，通式表示为

$$酸 \Longrightarrow 质子（H^+）＋共轭碱$$

既能给出质子，也能接受质子的物质为两性物质，例如 HPO_4^{2-}、$H_2PO_4^-$、H_2O 等。

根据酸碱质子理论，酸碱解离反应是质子转移反应。

例如，HF 在水溶液中的解离反应是由给出的质子的半反应和接受质子的半反应组成的。

$$
+\begin{array}{l}
HF(aq) \Longrightarrow H^+(aq)+F^-(aq) \\
H^+(aq)+H_2O(I) \Longrightarrow H_3^+O(aq)
\end{array}
$$

$$\overline{HF(aq)+H_2O(I) \Longrightarrow H_3^+O(aq)+F^-(aq)}$$

水是两性物质，它的自身解离反应也是质子转移反应

$$
\underset{酸1}{H_2O(I)}+\underset{碱2}{H_2O(I)} \Longrightarrow \underset{碱1}{OH^-(aq)}+\underset{酸2}{H_3^+O(aq)}
$$

8.1.2　水的解离平衡

水是一种既能释放质子也能接受质子的两性物质。水在一定程度上也微弱地解离，质子从一个水分子转移给另一个水分子，形成 OH^- 和 H_3O^+。按照酸碱质子理论，水的自身解离平衡可表示为

$$H_2O+H_2O \Longrightarrow H_3O^++OH^-$$

或

$$H_2O \Longrightarrow H^++OH^-$$

标准平衡常数表达式为

$$K_w=c_{H^+} \cdot c_{OH^-}$$

式中，　K_w——水的离子积常数，简称水的离子积，又叫水的自电离常数；

c_{H^+} 和 c_{OH^-}——整个溶液中 H^+ 和 OH^- 的物质的量浓度。

K_w 不仅适用于纯水，也适用于所有的稀水溶液。K_w 只受温度的影响，是温度常数。温度升高，K_w 增大。例如，25℃时，$c_{H^+}=c_{OH^-}=1 \times 10^{-7} mol/L$，$K_w=1 \times 10^{-14}$；100℃时，$K_w=1 \times 10^{-12}$。

8.1.3　溶液的 pH 值

H^+ 或 OH^- 浓度的改变能引起水的解离平衡的移动。溶液中 H^+ 浓度或 OH^- 浓度的大小反映了溶液的酸碱性的强弱。一般稀溶液中，c_{H^+} 的范围在 $10^{-14} \sim 10^{-1} mol/L$。通常习惯于以 c_{H^+} 的负对数来表示其很小的数量级，即

$$pH=-lg c_{H^+}$$

【例 8.1】　0.1mol/LHCl 溶液，pH 值为多少？

解　　　　　　　　$c_{H^+}=c_{HCl}=0.1$（mol/L）

$$pH=-lg c_{H^+}=1$$

与 pH 值对应的还有 pOH 值，即

$$pOH = -\lg c_{OH^-}$$

【例 8.2】 0.1mol/L NaOH 溶液，pH 值为多少？

解
$$c_{OH^-} = c_{NaOH} = 0.1 \ (\text{mol/L})$$
$$pOH = -\lg c_{OH^-} = 1$$
$$pH = 14 - pOH = 14 - 1 = 13$$

25℃时
$$K_w = c_{H^+} \cdot c_{OH^-} = 1.0 \times 10^{-14}$$
$$-\lg K_w = -\lg \ (c_{H^+} \cdot c_{OH^-}) = 14.00$$
$$pK_w = -\lg K_w$$
$$pK_w = pH + pOH = 14.00$$

酸性溶液　　$c_{H^+} > c_{OH^-}$，$c_{H^+} > 1.0 \times 10^{-7}$mol/L，pH$<7<$pOH

中性溶液　　$c_{H^+} = c_{OH^-} = 1.0 \times 10^{-7}$mol/L，pH$=7=$pOH

碱性溶液　　$c_{H^+} < c_{OH^-}$，$c_{H^+} < 10^{-7}$mol/L，pH$>$7$>$pOH

pH 值是用来表示水溶液酸碱性的一种标度。pH 值越小，c_{H^+} 越大，溶液的酸性越强，碱性越弱。

pH 值仅适用于 c_{H^+} 或 c_{OH^-} 在 1mol/L 以下溶液的酸碱性。

如果 $c_{H^+} > 1$mol/L，则 pH$<$0；$c_{OH^-} > 1$mol/L，则 pH$>$14。

在这种情况下，就直接写出浓度，而不用 pH 值表示这类溶液的酸碱性。

8.1.4　一元弱酸、弱碱的解离平衡

通常所说的弱酸和弱碱是指酸、碱的基本存在形式为中性分子，它们大部分以分子形式存在于溶液中，只有少部分与水发生质子转移反应，解离为阳离子、阴离子。通常所说的盐多数为强电解质，在水中完全解离为阳离子、阴离子，其中有些阳离子或阴离子与水能发生质子转移反应，或者给出质子或接受质子，称它们为离子酸或离子碱。另外，从每个酸（和碱）分子或离子能否给出（和接受）多个质子来划分：只给出一个质子的称为一元弱酸，能给出多个质子的为多元弱酸；只接受一个质子的为一元弱碱，能接受多个质子的为多元弱碱。

1. 一元弱酸的解离平衡

一元弱酸 HA 如醋酸 CH_3COOH（经常简写为 HAc）溶液中存在着平衡：
$$HAc + H_2O \Longrightarrow H_3O^+ + Ac^-$$
$$HAc \Longrightarrow H^+ + Ac^-$$

其平衡常数：

$$K_a = \frac{c_{H^+} \cdot c_{AC^-}}{c_{HAc}}$$

K_a 表示弱酸的解离平衡常数，c_{H^+}、c_{AC^-}、c_{HAc} 分别表示 H^+、Ac^- 和 HAc 的平衡浓度。

2. 一元弱碱溶液的解离平衡

一元弱碱的解离平衡组成计算与一元弱酸的解离平衡组成的计算没有本质的差别。

作为弱碱，如氨水（$NH_3 \cdot H_2O$），也发生部分解离，存在下列平衡：

$$NH_3 \cdot H_2O \Longleftrightarrow NH_4^+ + OH^-$$

其平衡常数为

$$K_b = \frac{c_{NH_4^+} \cdot c_{OH^-}}{c_{NH_3 \cdot H_2O}}$$

K_b 表示弱碱的解离平衡常数，$c_{NH_4^+}$、c_{OH^-}、$c_{NH_3 \cdot H_2O}$ 分别表示 NH_4^+、OH^- 和 $NH_3 \cdot H_2O$ 的平衡浓度。

K_a 和 K_b 的数值表明了酸和碱的相对强弱，值越大，表示弱酸、弱碱解离出离子的趋势越大。与温度有关，但由于弱电解质解离过程的热效应不大，所以温度变化对二者影响较小。解离常数可用 pH 计测定溶液的 pH 值来确定。

通过计算一定浓度的弱酸溶液的平衡组成，计算弱酸的 c_{H^+}，通常情况下 $K_a \gg K_w$，只要 c_{HA} 不是很小，c_{H^+} 主要由 HA 解离产生，可以不考虑水的解离平衡。弱碱也同理。

8.1.5　一元弱酸、弱碱的 pH 值计算

设有一种一元弱酸 HA 溶液，起始浓度为 c，则

$$HA \Longleftrightarrow H^+ + A^-$$

起始浓度（mol/L）　　　　　　c　　　　0　　　0

平衡浓度（mol/L）　　　　$c - c_{H^+}$　　c_{H^+}　　c_{A^-}

$$K_a = \frac{c_{H^+} \cdot c_{A^-}}{c_{HA}} = \frac{c_{H^+} \cdot c_{A^-}}{c - c_{H^+}}$$

因为 $c_{H^+} = c_{A^-}$，所以

$$K_a = \frac{c_{H^+}^2}{c - c_{H^+}}$$

当电离平衡常数 K 很小，酸的起始浓度 c 较大时，则有 $c \gg c_{H^+}$，于是上式可简化成：

$$K_a = \frac{c_{H^+}^2}{c}$$

所以

$$c_{H^+} = \sqrt{c \cdot K_a} \qquad \text{（最简式）}$$

适用条件是：在一元弱酸体系中，$c > 400 K_a$。

同理可得，在一元弱碱体系中，当 $c/K_b \geqslant 400$ 或 $\alpha \leqslant 5\%$ 时，溶液 OH^- 浓度的计算可用最简式

$$c_{OH^-} = \sqrt{c \cdot K_b}$$

8.2　缓 冲 溶 液

8.2.1　缓冲溶液的缓冲作用和组成

缓冲溶液是一种酸度相对稳定的溶液，当溶液中加入少量强酸或强碱，或稍加稀释

时，溶液的 pH 值只引起很小的改变，这种对 pH 值稳定的作用称为缓冲作用。

缓冲溶液一般是由足够浓度的共轭酸碱对的两种物质组成的，例如 HAc-NaAc、NH₃-NH₄Cl、NaH₂PO₄-Na₂HPO₄ 等。在实际应用中，往往还可采用酸碱反应的生成物与剩余的反应物组成缓冲系，如 HAc（过量）＋NaOH、HCl＋NaAc（过量）组成缓冲溶液的共轭酸碱对的两种物质合称为缓冲系或缓冲对。在缓冲系中弱酸（如 HAc）起着抗碱作用，称为抗碱成分；弱酸的共轭碱（如 Ac⁻）起着抗酸作用，称为抗酸成分。

8.2.2　缓冲机制

缓冲溶液为什么具有缓冲作用呢？以 HAc-NaAc 缓冲系为例来说明缓冲溶液的缓冲机制。在缓冲溶液中的质子转移平衡及其大量 Ac⁻（来自 NaAc）存在而引起平衡移动的总结果可用下式表示为

$$HAc + H_2O \Longleftrightarrow H_3O^+ + Ac^-$$
$$NaAc \longrightarrow Na^+ + Ac^-$$

由上式可知，在 HAc-NaAc 缓冲溶液中，存在大量的 HAc 和 Ac⁻，且二者是以质子转移平衡互相联系存在于溶液中，当在该溶液中加入少量强酸时，Ac⁻（抗酸成分）与 H₃O⁺ 结合生成 HAc，使上述平衡向左移动。当在该溶液中加入少量强碱时，H₃O⁺（由抗碱成分 HAc 解离）与 OH⁻ 结合生成 H₂O，使上述平衡向右移动。当该溶液稍加稀释时，HAc 解离度增大，上述平衡向右移动。因此，缓冲溶液中的 pH 值不会因外加少量强酸、强碱，或稍加稀释而发生明显的改变。

8.2.3　缓冲溶液 pH 值的计算公式

由弱酸及其盐（HB-NaB）组成的缓冲溶液中，HB 和 B⁻ 建立的质子转移平衡用下式表示为

$$HB + H_2O \Longleftrightarrow H_3O^+ + B^-$$
$$NaB \longrightarrow Na^+ + B^-$$

由平衡可得

$$[H_3O^+] = K_a \times \frac{[HB]}{[B^-]}$$

$$pH = pK_a + \lg \frac{[B^-]}{[HB]} = pK_a + \lg \frac{[共轭碱]}{[共轭酸]} \tag{8-1}$$

此式就是计算缓冲溶液 pH 值的 Henderson-Hasselbach 方程式。$[HB]$ 和 $[B^-]$ 均为平衡浓度。$[B^-]$ 与 $[HB]$ 的比值称为缓冲比，$[B^-]$ 与 $[HB]$ 之和称为缓冲溶液的总浓度。

若用弱碱和弱碱盐（如 NH₃·H₂O 和 NH₄Cl）配成缓冲溶液，其公式则可写为

$$pOH = pK_b - \lg \frac{[共轭碱]}{[共轭酸]} \tag{8-2}$$

下列各式是式（8-1）的另外几种表示形式，并用于缓冲溶液 pH 值的有关计算。在式（8-3）中，c_{B^-} 和 c_{HB} 均为原始浓度。

酸碱溶液等体积混合　　$pH = pK_a + \lg \frac{[B^-]}{[HB]} = pK_a + \lg \frac{c_{B^-}}{c_{HB}} \tag{8-3}$

酸碱固体等体积混合　　$pH = pK_a + \lg \dfrac{n_{B^-}/V}{n_{HB}/V} = pK_a + \lg \dfrac{n_{B^-}}{n_{HB}}$ 　　　　　(8-4)

酸碱等浓度混合　　$pH = pK_a + \lg \dfrac{c_{B^-} \cdot V_{B^-}}{c_{HB} \cdot V_{HB}} = pK_a + \lg \dfrac{V_{B^-}}{V_{HB}}$ 　　　　　(8-5)

由上面各式可知：

（1）缓冲溶液的 pH 值首先取决于弱酸的解离常数 K_a，同时温度对缓冲溶液 pH 值也有影响。

（2）同一缓冲系的缓冲溶液，pK_a 值一定，其 pH 值随着缓冲比的改变而改变。当缓冲比等于 1 时，缓冲溶液的 pH 值等于 pK_a 值。

（3）缓冲溶液加水稀释时，c_{B^-} 与 c_{HB} 的比值不变，则由式（8-3）计算的 pH 值也不变，但因稀释而引起溶液离子强度的改变，因此缓冲溶液的 pH 值也随之有微小的改变。

8.2.4　缓冲溶液的配制

配制一定 pH 值且具有足够缓冲能力的缓冲溶液，一般应按下述原则和步骤进行：

（1）选择合适的缓冲系。选择缓冲系要考虑两个因素：一个是使所需配制的缓冲溶液的 pH 值在所选缓冲系的缓冲范围（$pK_a \pm 1$）之内，并尽量接近弱酸的 pK_a 值，这样所配制的缓冲溶液可有较大缓冲容量；另一个是所选缓冲系物质应稳定、无毒，不能与溶液中的反应物或生成物发生作用。

（2）配制的缓冲溶液的总浓度要适当。总浓度太低，缓冲容量过小；总浓度太高，一方面离子强度太大或渗透压力过高而不适用，另一方面造成试剂的浪费。因此，在实际工作中，一般选用总浓度在 0.05～0.2mol/L。

（3）计算所需缓冲系的量。选择好缓冲系之后，就可根据公式计算所需弱酸及其共轭碱的量或体积。一般为配制方便，常常使用相同浓度的弱酸及其共轭碱。

（4）校正按照计算结果，分别量取体积为 V_{HB} 的 HB 溶液和 V_{B^-} 的 B^- 溶液相混合，即得 V 体积的所需 pH 值的缓冲溶液。如果对 pH 值要求严格的实验，还需在 pH 计监控下对所配缓冲溶液的 pH 值加以校正。

8.3　酸碱指示剂

酸碱滴定法是以酸碱反应为基础的滴定分析方法，是滴定分析中的一种重要分析方法。

酸碱滴定分析中，确定滴定终点的方法有仪器法与指示剂法两类。

仪器法确定滴定终点主要是利用滴定体系或滴定产物的电化学性质的改变，用仪器（如 pH 计）检测终点，常见的方法有电位滴定法、电导滴定法等。

指示剂法是借助加入的指示剂在化学计量点附近颜色的变化来确定滴定终点的。这种方法简单、方便，是确定滴定终点的基本方法。不同的滴定分析法所使用的指示剂也不同。

8.3.1 酸碱指示剂的作用原理

酸碱指示剂是在某一特定 pH 值区间，随介质酸度条件的改变，颜色明显变化的物质。常用的酸碱指示剂一般是一些有机弱酸或弱碱，其酸式与共轭碱式具有不同的颜色。当溶液 pH 值改变时，酸碱指示剂获得质子转化为酸式，或失去质子转化为碱式，由于酸碱指示剂的酸式与碱式具有不同的结构因而具有不同的颜色。下面以最常用的甲基橙、酚酞为例说明。

甲基橙（methyl orange，MO）是一种有机弱碱，也是一种双色酸碱指示剂，它在溶液中的解离平衡可用下式表示为

$$(CH_3)_2N \!-\!\!\bigcirc\!\!-\!N\!=\!N\!-\!\!\bigcirc\!\!-\!SO_3^- \underset{OH^-}{\overset{H^+}{\rightleftharpoons}} (CH_3)_2\overset{+}{N}\!=\!\!\bigcirc\!\!=\!N\!-\!\overset{H}{\underset{}{N}}\!-\!\!\bigcirc\!\!-\!SO_3^-$$

　　　　　黄色（偶氮式）　　　　　　　　　　　　　　　　　红色（醌式）

由平衡关系式可以看出：当溶液中 $[H^+]$ 增大时，反应向右进行，此时甲基橙主要以醌式存在，溶液呈红色；当溶液中 $[H^+]$ 降低，而 $[OH^-]$ 增大时，反应向左进行，甲基橙主要以偶氮式存在，溶液呈黄色。

酚酞是一种有机弱酸，它在溶液中的解离平衡为

$$HO\!-\!\!\bigcirc\!\!-\!\!\overset{\bigcirc\!-\!OH}{\underset{\underset{COO^-}{\bigcirc}}{C}\!-\!OH} \underset{H^+}{\overset{OH^-}{\rightleftharpoons}} O\!=\!\!\bigcirc\!\!=\!\!\overset{\bigcirc\!-\!O}{\underset{\underset{COO^-}{\bigcirc}}{C}\!=\!OH}$$

　　　　　无色（羟式）　　　　　　　　　　　红色（醌式）

在酸性溶液中，平衡向左移动，酚酞主要以羟式存在，溶液呈无色；在碱性溶液中，平衡向右移动，酚酞则主要以醌式存在，因此溶液呈红色。

由此可见，当溶液的 pH 值发生变化时，由于酸碱指示剂结构的变化，颜色也随之发生变化，因而可通过酸碱指示剂颜色的变化来确定酸碱滴定的终点。

8.3.2 变色范围和变色点

若以 HIn 代表酸碱指示剂的酸式（其颜色称为指示剂的酸式色），其解离产物 In⁻ 就代表酸碱指示剂的碱式（其颜色称为指示剂的碱式色），则解离平衡可表示为

$$HIn \rightleftharpoons H^+ + In^-$$

当解离达到平衡时

$$K_{HIn} = \frac{[H^+][In^-]}{[HIn]}$$

则

$$\frac{[In^-]}{[HIn]} = \frac{K_{HIn}}{[H^+]} \tag{8-6}$$

或

$$pH = pK_{HIn} + lg \frac{[In^-]}{[HIn]} \tag{8-7}$$

溶液的颜色取决于酸碱指示剂碱式与酸式的浓度比值，即 $[In^-]/[HIn]$。对一定的指示剂而言，在指定条件下 K_{HIn} 是常数。因此，由式（8-6）可以看出，$[In^-]/[HIn]$ 只取决于 $[H^+]$，$[H^+]$ 不同时，$[In^-]/[HIn]$ 数值就不同，溶液将呈现不同的颜色。

一般说来，当一种形式的浓度大于另一种形式的浓度 10 倍时，人眼则通常只看到较浓形式物质的颜色，即 $[In^-]/[HIn] \leqslant 1/10$，看到的是 HIn 的颜色（即酸式色）。此时，由式（8-7）得

$$pH \leqslant pK_{HIn} + lg \frac{1}{10} = pK_{HIn} - 1$$

若 $[In^-]/[HIn] \geqslant 10$，看到的是 In^- 的颜色（即碱式色）。此时，由式（8-7）得

$$pH \geqslant pK_{HIn} + lg \frac{10}{1} = pK_{HIn} + 1$$

若 $[In^-]/[HIn]$ 在 1/10～10 时，看到的是酸式色与碱式色复合后的颜色。

因此，当溶液的 pH 值由 $pK_{HIn} - 1$ 向 $pK_{HIn} + 1$ 逐渐改变时，理论上人眼可以看到酸碱指示剂由酸式色逐渐过渡到碱式色。这种理论上可以看到的引起酸碱指示剂颜色变化的 pH 值间隔称为酸碱指示剂的理论变色范围。

当酸碱指示剂中酸式的浓度与碱式的浓度相同时（即 $[HIn]=[In^-]$），溶液便显示指示剂酸式与碱式的混合色。由式（8-7）可知，此时溶液的 $pH=pK_{HIn}$，该 pH 值称为酸碱指示剂的理论变色点。例如，甲基红 $pK_{HIn}=5.0$，其理论变色点的 pH 值为 5.0，其理论变色范围即 pH 值为 4.0～6.0。

理论上说，酸碱指示剂的变色范围都是 2 个 pH 值单位，但酸碱指示剂的变色范围不是根据 pK_{HIn} 值计算出来的，而是依据人眼观察出来的。由于人眼对各种颜色的敏感程度不同，加上两种颜色之间的相互影响，因此实际观察到的各种酸碱指示剂的变色范围（表 8-1）并不都是 2 个 pH 值单位，而是略有上下。

表 8-1　几种常用酸碱指示剂在室温下水溶液中的变色范围

酸碱指示剂	变色范围的 pH 值	颜色变化	pK_{HIn}值	质量浓度/(g/L)	用量/(滴/10mL)
百里酚蓝	1.2～2.8	红-黄	1.7	1g/L 的 20%乙醇溶液	1～2
甲基黄	2.9～4.0	红-黄	3.3	1g/L 的 90%乙醇溶液	1
甲基橙	3.1～4.4	红-黄	3.4	0.5g/L 的水溶液	1
溴酚蓝	3.0～4.6	黄-紫	4.1	1g/L 的 20%乙醇溶液或其钠盐水溶液	1
溴甲酚绿	4.0～5.6	黄-蓝	4.9	1g/L 的 20%乙醇溶液或其钠盐水溶液	1～3
甲基红	4.4～6.2	红-黄	5.0	1g/L 的 60%乙醇溶液或其钠盐水溶液	1
溴百里酚蓝	6.2～7.6	黄-蓝	7.3	1g/L 的 20%乙醇溶液或其钠盐水溶液	1

续表

酸碱指示剂	变色范围 的 pH 值	颜色变化	pK_{HIn}值	质量浓度/(g/L)	用量/(滴/10mL)
中性红	6.8～8.0	红-黄橙	7.4	1g/L 的 60%乙醇溶液	1
苯酚红	6.8～8.4	黄-红	8.0	1g/L 的 60%乙醇溶液或其钠盐水溶液	1
酚酞	8.0～10.0	无色-红	9.1	5g/L 的 90%乙醇溶液	1～3
百里酚酞	9.4～10.6	无色-蓝	10.0	1g/L 的 90%乙醇溶液	1～2

8.3.3　影响酸碱指示剂变色范围的因素

1. 温度

酸碱指示剂的变色范围和酸碱指示剂的解离常数 K_{HIn} 值有关，而 K_{HIn} 值与温度有关，因此当温度改变时，酸碱指示剂的变色范围也随之改变。表 8-2 列出了常见酸碱指示剂在 18℃与 100℃时的变色范围。

表 8-2　常见酸碱指示剂在 18℃与 100℃时的变色范围

酸碱指示剂	变色范围的 pH 值		酸碱指示剂	变色范围的 pH 值	
	18℃	100℃		18℃	100℃
百里酚蓝	1.2～2.8	1.2～2.6	甲基红	4.4～6.2	4.0～6.0
甲基橙	3.1～4.4	2.5～3.7	酚红	6.4～8.0	6.6～8.2
溴酚蓝	3.0～4.6	3.0～4.5	酚酞	8.0～10.0	8.0～9.2

由表 8-2 可以看出，温度上升对各种酸碱指示剂的影响是不一样的。因此，为了确保滴定结果的准确性，滴定分析操作宜在室温下进行，如果必须在加热时进行，也应当将标准溶液在同样条件下进行标定。

2. 酸碱指示剂用量

酸碱指示剂的用量（或浓度）是一个非常重要的因素。对于双色酸碱指示剂（如甲基红），在溶液中有如下解离平衡：

$$HIn \rightleftharpoons H^+ + In^-$$

如果溶液中酸碱指示剂的浓度较小，则在单位体积溶液中 HIn 的量也少，加入少量标准溶液即可使之完全变为 In$^-$，因此酸碱指示剂颜色变化灵敏；反之，若酸碱指示剂浓度较大时，则发生同样的颜色变化所需标准溶液的量也较多，从而导致滴定终点时颜色变化不敏锐。所以，双色酸碱指示剂的用量以少为宜。

同理，对于单色酸碱指示剂（如酚酞），也是酸碱指示剂的用量偏少时，滴定终点变色敏锐。但如用单色酸碱指示剂滴定至一定 pH 值，则必须严格控制酸碱指示剂的浓度。因为单色酸碱指示剂的颜色深度仅取决于有色离子的浓度（对酚酞来说就是碱式 [In$^-$]），即

$$[In^-] = \frac{K_{HIn}}{[H^+]}[HIn]$$

如果 $[H^+]$ 维持不变，在酸碱指示剂变色范围内，溶液颜色的深浅便随酸碱指示剂 HIn 浓度的增加而加深。因此，使用单色酸碱指示剂时必须严格控制酸碱指示剂的用量，使其在终点时的浓度等于对照溶液中的浓度。

此外，酸碱指示剂本身是弱酸或弱碱，也要消耗一定量的标准溶液。因此，酸碱指示剂用量以少为宜，但却不能太少，否则，由于人眼辨色能力的限制，无法观察到溶液颜色的变化。实际滴定过程中，通常都是使用酸碱指示剂浓度为 1g/L 的溶液，用量比例为每 10mL 试液滴加 1 滴左右的酸碱指示剂溶液（表 8-1）。

3. 离子强度

酸碱指示剂的 pK_{HIn} 值随溶液离子强度的不同而有少许变化，因而酸碱指示剂的变色范围也随之有稍许偏移。实验证明，溶液离子强度增加，对酸性指示剂而言其 pK_{HIn} 值减小；对碱性指示剂而言其 pK_{HIn} 值增大。表 8-3 列出了一些常用酸碱指示剂的 pK_{HIn} 值随溶液离子强度变化而变化的关系。

由于在离子强度较低（<0.5）时，酸碱指示剂的 pK_{HIn} 随溶液离子强度的不同而变化不大，因而实际滴定过程中一般可以忽略不计。

表 8-3　常用酸碱指示剂在不同离子强度时的 pK_{HIn} 值

酸碱指示剂	指示剂酸碱性	pK_{HIn} 值（20℃，水溶液）		
		离子强度		
		0	0.1	0.5
甲基黄	碱性	3.25（18℃）	3.24	3.40
甲基橙	碱性	3.46	3.46	3.46
甲基红	酸性	5.00	5.00	5.00
溴甲酚绿	酸性	4.90	4.66	4.50
溴甲酚紫	酸性	6.40	6.12	5.90
溴酚蓝	酸性	4.10（15℃）	3.85	3.75
溴百里酚蓝	酸性	7.30（15~30℃）	7.10	6.90
氯酚红	酸性	6.25	6.00	5.90
甲酚红	酸性	8.46（30℃）	8.25	—
酚红	酸性	8.00	7.81	7.60

4. 滴定程序

由于深色较浅色明显，所以当溶液由浅色变为深色时，人眼容易辨别。例如，以甲基橙作指示剂，用碱标准溶液滴定酸时，终点颜色的变化是由橙红变黄，它就不及用酸标准溶液滴定碱时终点颜色由黄变橙红明显。所以用酸标准溶液滴定碱时可用甲基橙作指示剂；而用碱标准溶液滴定酸时，一般采用酚酞作指示剂，因为终点从无色变为红色比较敏锐。

8.3.4　混合指示剂

由于酸碱指示剂具有一定的变色范围，因此只有当溶液 pH 值的改变超过一定数值，也就是说只有在酸碱滴定的化学计量点附近 pH 值发生突跃时，酸碱指示剂才能从一种颜色突然变为另一种颜色。但在某些酸碱滴定中，由于化学计量点附近 pH 值突跃小，使用单一指示剂确定终点无法达到所需要的准确度，这时可考虑采用混合指示剂。

混合指示剂是利用颜色之间的互补作用，使变色范围变窄，从而使终点时颜色变化敏锐。它的配制方法一般有两种：一种是由两种或多种酸碱指示剂混合而成。例如，溴甲酚绿（pK_{HIn}＝4.9）与甲基红（pK_{HIn}＝5.0），前者当 pH＜4.0 时呈黄色（酸式色），pH＞5.6 时呈蓝色（碱式色）；后者当 pH＜4.4 时呈红色（酸式色），pH＞6.2 时呈黄色（碱式色）。当它们按一定比例混合后，两种颜色混合在一起，酸式色便成为酒红色（即红稍带黄），碱式色便成为绿色。当 pH＝5.1，也就是溶液中酸式与碱式的浓度大致相同时，溴甲酚绿呈绿色而甲基红呈橙色，两种颜色互为互补色，从而使得溶液呈现浅灰色，因此变色十分敏锐。另一种是在某种酸碱指示剂中加入一种惰性染料（其颜色不随溶液 pH 值的变化而变化），由于颜色互补使变色敏锐，但变色范围不变。常用的混合指示剂见表 8-4。

表 8-4　常用的混合指示剂

混合指示剂溶液的组成	变色时 pH 值	颜色		备注
		酸式色	碱式色	
1 份 0.1% 甲基黄乙醇溶液 1 份 0.1% 次甲基蓝乙醇溶液	3.25	蓝紫	绿	pH 值 3.2，蓝紫色 pH 值 3.4，绿色
1 份 0.1% 甲基橙水溶液 1 份 0.25% 靛蓝二磺酸水溶液	4.1	紫	黄绿	
1 份 0.1% 溴甲酚绿钠盐水溶液 1 份 0.2% 甲基橙水溶液	4.3	橙	蓝绿	pH 值 3.5，黄色 pH 值 4.05，绿色 pH 值 4.3，浅绿
3 份 0.1% 溴甲酚绿乙醇溶液 1 份 0.2% 甲基红乙醇溶液	5.1	酒红	绿	
1 份 0.1% 溴甲酚绿钠盐水溶液 1 份 0.1% 氯酚红钠盐水溶液	6.1	黄绿	蓝绿	pH 值 5.4，蓝绿色 pH 值 5.8，蓝色 pH 值 6.0，蓝带紫 pH 值 6.2，蓝紫
1 份 0.1% 中性红乙醇溶液 1 份 0.1% 次甲基蓝乙醇溶液	7.0	紫蓝	绿	pH 值 7.0，紫蓝
1 份 0.1% 甲酚红钠盐水溶液 3 份 0.1% 百里酚蓝钠盐水溶液	8.3	黄	紫	pH 值 8.2，玫瑰红 pH 值 8.4，清晰的紫色
1 份 0.1% 百里酚蓝 50% 乙醇溶液 3 份 0.1% 酚酞 50% 乙醇溶液	9.0	黄	紫	从黄到绿，再到紫
1 份 0.1% 酚酞乙醇溶液 1 份 0.1% 百里酚酞乙醇溶液	9.9	无色	紫	pH 值 9.6，玫瑰红 pH 值 10，紫色
2 份 0.1% 百里酚酞乙醇溶液 1 份 0.1% 茜素黄 R 乙醇溶液	10.2	黄	紫	

8.4　滴定条件的选择

8.4.1　一元酸碱的滴定

1. 强碱滴定强酸

1）滴定过程中溶液 pH 值的变化

强碱滴定强酸的过程相当于

$$H^+ + OH^- \rightleftharpoons H_2O \qquad\qquad K_t = \frac{1}{K_w}$$

这种类型的酸碱滴定，其反应程度是最高的，也最容易得到准确的滴定结果。下面以 0.1000mol/L NaOH 标准溶液滴定 20.00mL 0.1000mol/L HCl 标准溶液为例来说明强碱滴定强酸过程中 pH 值的变化与滴定曲线的形状。该滴定过程可分为四个阶段：

（1）滴定开始前：溶液的 pH 值由此时 HCl 溶液的浓度决定。

即
$$[H^+] = 0.1000mol/L$$
$$pH = 1.00$$

（2）滴定开始至化学计量点前：溶液的 pH 值由剩余 HCl 溶液的浓度决定。

例如，当滴入 NaOH 溶液 18.00mL 时，溶液中剩余 HCl 溶液 2.00mL，则

$$[H^+] = \frac{0.1000 \times 2.00}{20.00 + 18.00} = 5.26 \times 10^{-3}(mol/L)$$

$$pH = 2.28$$

当滴入 NaOH 溶液 19.80mL 时，溶液中剩余 HCl 溶液 0.20mL，则

$$[H^+] = \frac{0.1000 \times 0.20}{20.00 + 19.80} = 5.03 \times 10^{-4}(mol/L)$$

$$pH = 3.30$$

当滴入 NaOH 溶液 19.98mL 时，溶液中剩余 HCl 0.02mL，则

$$[H^+] = \frac{0.1000 \times 0.02}{20.00 + 19.98} = 5.00 \times 10^{-5}(mol/L)$$

$$pH = 4.30$$

（3）化学计量点时：溶液的 pH 值由体系产物的解离决定。此时溶液中的 HCl 全部被 NaOH 中和，其产物为 NaCl 与 H_2O，因此溶液呈中性，即

$$[H^+] = [OH^-] = 1.00 \times 10^{-7}mol/L$$
$$pH = 7.00$$

（4）化学计量点后：溶液的 pH 值由过量的 NaOH 浓度决定。

例如，加入 NaOH 20.02mL 时，NaOH 过量 0.02mL，此时溶液中 $[OH^-]$ 为

$$[OH^-] = \frac{0.1000 \times 0.02}{20.00 + 20.02} = 5.00 \times 10^{-5}mol/L$$

$$pOH = 4.30; \qquad pH = 9.70$$

　　用完全类似的方法可以计算出整个滴定过程中加入任意体积 NaOH 时溶液的 pH 值，其结果如表 8-5 所示。

表 8-5　用 0.1000mol/L NaOH 滴定 20.00mL 0.1000mol/L HCl 的 pH 值变化

NaOH 的加入量/mL	剩余 HCl 的量/mL	过量的 NaOH/mL	pH 值
0.00	20.00	—	1.00
18.00	2.00	—	2.28
19.80	0.20	—	3.30
19.98	0.02	—	4.30 〉突
20.00	0.00	—	7.00 跃范围
20.02	—	0.02	9.70 〉
20.20	—	0.20	10.70
22.00	—	2.00	11.68
40.00	—	20.00	12.52

2）酸碱滴定曲线和滴定突跃

　　在滴定过程中，以标准滴定溶液的加入量为横坐标，以溶液的 pH 值为纵坐标，可绘制出酸碱滴定曲线，如图 8-1 所示。

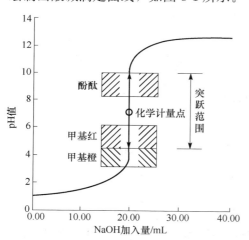

图 8-1　0.1000mol/L NaOH 滴定 20.00mL
0.1000mol/L HCl 的酸碱滴定曲线

　　由表 8-5 可以看出，从滴定开始到加入 19.80 mL NaOH 溶液，溶液的 pH 值仅从 1.00 变为 3.30。而在化学计量点附近，加入 1 滴 NaOH 溶液（约 0.04mL，即从溶液中剩余 0.02mL HCl 到过量 0.02mL NaOH）就使溶液的酸度发生很大的变化，其 pH 值由 4.30 急增至 9.70，溶液也由酸性突变到碱性，溶液的性质由量变引起了质变。从图 8-1 中也可看到，在化学计量点前后，酸碱滴定曲线出现了一段近似垂直线，表明溶液的 pH 值有一个突然的改变，这种 pH 值的突然改变便称为滴定突跃，而突跃所在的 pH 值范围也称之为滴定突跃范围。此后，再继续滴加 NaOH 溶液，溶液的 pH 值变化则越来越小。

　　从滴定过程 pH 值的计算中我们可以知道，滴定突跃范围与被滴定物质及标准溶液的浓度有关。一般来说，酸碱浓度增大，则滴定突跃范围也增大；反之，若酸碱浓度减小，则滴定突跃范围也减小。例如，用 1.0mol/L NaOH 滴定 1.0mol/L HCl 时，其滴定突跃范围就增大为 3.30～10.70；若用 0.01mol/L NaOH 滴定 0.01mol/L HCl 时，其滴定突跃范围就减小为 5.30～8.70。不同浓度的 NaOH 滴定不同浓度的 HCl 的酸碱滴定曲线如图 8-2 所示。滴定突跃范围具有非常重要的意义，它是选择酸碱指示剂的依据。

　　3）酸碱指示剂的选择

　　选择酸碱指示剂的原则：一是酸碱指示剂的变色范围全部或部分地落入滴定突跃范围内；二是酸碱指示剂的变色点尽量靠近化学计量点。

　　例如，用 0.1000mol/L NaOH 滴定 0.1000mol/L HCl，根据其滴定突跃范围，可选择酚酞、甲基红和甲基橙等作指示剂。如果选择甲基橙作指示剂，当溶液颜色由橙色变为黄色时，溶液的 pH 值为 4.4，滴定误差小于 0.1%，符合滴定分析的要求。如果用 0.01mol/L NaOH 滴定 0.01mol/L HCl，若仍用

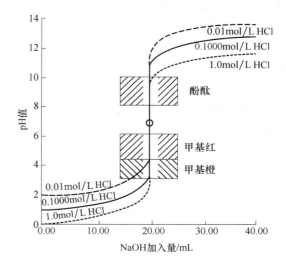

图 8-2　不同浓度的 NaOH 滴定不同浓度的
HCl 的酸碱滴定曲线

甲基橙作指示剂，滴定误差大于 0.1%，只能用酚酞、甲基红等作指示剂，才能符合滴定分析的要求。实际分析时，为了更好地判断终点，通常选用酚酞作指示剂，因其终点颜色由无色变成浅红色，人眼非常容易辨别。

2. 强酸滴定强碱

　　如果用 0.1000mol/L HCl 标准溶液滴定 20.00mL 0.1000mol/L NaOH 标准溶液，其 pH 值由大变小，滴定突跃范围为 9.70～4.30，可选择酚酞或甲基红作为指示剂。若选择甲基橙作指示剂，当溶液颜色由黄色转变成橙色时，其 pH 值为 4.0，滴定误差将有 +0.2%。实际滴定分析时，为了进一步提高滴定终点的准确性，以及更好地判断终点（如用甲基红时终点颜色由黄色变橙色，人眼不易把握，若用酚酞则由红色褪至无色，人眼也不易判断），通常选用混合指示剂溴甲酚绿-甲基红，终点时溶液由绿色经浅灰色变为暗红色，人眼容易观察。

3. 强碱滴定弱酸

　　1）滴定过程中溶液 pH 值的变化
　　强碱滴定一元弱酸的滴定反应相当于

$$OH^- + HA \Longrightarrow H_2O + A^- \qquad K_t = \frac{[A^-]}{[HA][OH^-]} = \frac{K_a}{K_w}$$

　　下面以 0.1000mol/L NaOH 标准溶液滴定 20.00mL 0.1000mol/L HAc 标准溶液为例，说明这一类滴定过程中 pH 值的变化。

（1）滴定开始前：溶液的 pH 值由此时 0.1000mol/L HAc 标准溶液的浓度决定。根据弱酸 pH 值计算的最简式

$$[H^+] = \sqrt{cK_a}$$

因此　　　　　　$[H^+] = \sqrt{0.1000 \times 1.76 \times 10^{-5}} = 1.33 \times 10^{-3}(mol/L)$

$$pH = 2.88$$

（2）滴定开始至化学计量点前：这一阶段的溶液是由未反应的 HAc 与反应产物 NaAc 组成的，其 pH 值由 HAc-NaAc 缓冲体系决定，即

$$[H^+] = K_{a(HAc)} \frac{[HAc]}{[Ac^-]}$$

当滴入 NaOH 19.98mL（剩余 HAc 0.02mL）时，

$$[HAc] = \frac{0.1000 \times 0.02}{20.00 + 19.98} = 5.00 \times 10^{-5}(mol/L)$$

$$[Ac^-] = \frac{0.1000 \times 19.98}{20.00 + 19.98} = 5.00 \times 10^{-2}(mol/L)$$

因此　　　　　$[H^+] = 1.76 \times 10^{-5} \times \frac{5.0 \times 10^{-5}}{5.0 \times 10^{-2}} = 1.76 \times 10^{-8}(mol/L)$

$$pH = 7.75$$

（3）化学计量点时：此时体系产物是 NaAc 与 H_2O，Ac^- 是一种弱碱。根据弱碱 pH 值计算的最简式

$$[OH] = \sqrt{cK_{b(Ac^-)}}$$

由于　　　　　$K_{b(Ac^-)} = \frac{K_w}{K_{a(HAc)}} = \frac{1.0 \times 10^{-14}}{1.76 \times 10^{-5}} = 5.68 \times 10^{-10}$

$$[Ac^-] = \frac{20.00}{20.00 + 20.00} \times 0.1000 = 5.0 \times 10^{-2}(mol/L)$$

所以　　　　$[OH^-] = \sqrt{5.0 \times 10^{-2} \times 5.68 \times 10^{-10}} = 5.33 \times 10^{-6}(mol/L)$

$$pOH = 5.27; \qquad pH = 8.73$$

（4）化学计量点后：此时溶液的组成是过量 NaOH 和滴定产物 NaAc。由于过量 NaOH 的存在，抑制了 Ac^- 的水解。因此，溶液的 pH 值仅由过量 NaOH 的浓度决定。若滴入 20.02mL NaOH 溶液（过量的 NaOH 为 0.02mL），则

$$[OH^-] = \frac{0.02 \times 0.1000}{20.00 + 20.02} = 5.00 \times 10^{-5}(mol/L)$$

$$pOH = 4.30; \qquad pH = 9.70$$

按上述方法，依次计算出滴定过程中溶液的 pH 值，其计算结果如表 8-6 所示。

表 8-6　用 0.1000mol/L NaOH 滴定 20.00mL 0.1000mol/L HAc 的 pH 值变化

NaOH 的加入量/mL	过量的 NaOH/mL	溶液组成	pH 值
0.00	—	HAc	2.88
10.00	—		4.76
18.00	—	HAc-NaAc	5.71
19.80	—		6.76
19.98	—		7.75 突
20.00	—	NaAc	8.73 跃范
20.02	0.02		9.70 围
20.20	0.20	NaAc-NaOH	10.70
22.00	2.00		11.70

2）酸碱滴定曲线和滴定突跃

酸碱滴定曲线如图 8-3 所示。对比表 8-5 与表 8-6 可以看出，在相同浓度的前提下，强碱滴定弱酸的滴定突跃范围比强碱滴定强酸的小，且主要集中在弱碱性区域，其化学计量点时，溶液也不是呈中性而呈弱碱性（pH＞7）。

3）酸碱指示剂的选择

在强碱滴定一元弱酸中，由于滴定突跃范围变小，因此酸碱指示剂的选择便受到一定的限制，但其选择原则与强碱滴定强酸时一样。对于用 0.1000mol/L NaOH 滴定 0.1000mol/L HAc 而言，其滴定突跃范围 pH 值为 7.75～

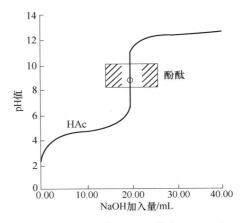

图 8-3　0.1000mol/L NaOH 滴定 20.00mL 0.1000mol/L HAc 的酸碱滴定曲线

9.70（化学计量点时 pH 值为 8.73），因此，在酸性区域变色的酸碱指示剂如甲基红、甲基橙等均不能使用，而只能选择酚酞、百里酚蓝等在碱性区域变色的酸碱指示剂。

4）滴定可行性判断

由上例的计算过程可知，强碱滴定一元弱酸突跃范围与弱酸的浓度及其解离平衡常数 K_a 有关。酸的解离平衡常数越小（即酸的酸性越弱），酸的浓度越低，则滴定突跃范围也就越小。如果要求滴定终点误差≤±0.1%，必须使滴定突跃范围的 pH 值之差大于 0.3。因此，只有当酸的浓度 c_a 与其解离平衡常数 K_a 的乘积 $c_a K_a \geqslant 10^{-8}$ 时，该弱酸溶液才可被强碱直接准确滴定。例如，弱酸 HA 的浓度为 0.1mol/L，则其被强碱（如 NaOH）准确滴定的条件是它的解离常数 $K_a \geqslant 10^{-7}$。

4. 强酸滴定弱碱

以 HCl 滴定 NH₃ 溶液为例，随着 HCl 的加入，溶液组成经历 NH₃、到 NH₄Cl-NH₃、

再到 NH_4Cl、最后到 NH_4Cl-HCl 的变化过程，pH 值由高向低变化。这类滴定与用 NaOH 滴定 HAc 相似。表 8-7 列出了用 0.1000 mol/L HCl 滴定 20.00 mL 0.1000mol/L NH_3 时溶液的 pH 值变化，其酸碱滴定曲线如图 8-4 所示。由于其滴定突跃范围为 6.25～4.30（化学计量点时 pH 值为 5.28），因此必须选择在酸性区域变色的酸碱指示剂，如甲基红或溴甲酚绿等。

表 8-7　用 0.1000mol/L HCl 滴定 20.00mL 0.1000mol/L NH_3 的 pH 值变化

HCl 的加入量/mL	过量的 HCl/mL	溶液组成	pH 值
0.00	—	NH_3	11.12
10.00	—		9.25
18.00	—	NH_3-NH_4Cl	8.30
19.80	—		7.25
19.98	—		6.25 ⎫突
20.00		NH_4Cl	5.28 ⎬跃范围
20.02	0.02		4.30 ⎭
20.20	0.20	NH_4Cl-HCl	3.30
22.00	2.00		2.32

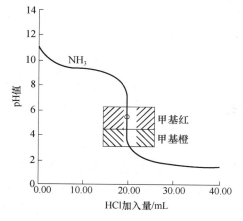

图 8-4　0.1000mol/L HCl 滴定 20.00mL 0.1000mol/L NH_3 的酸碱滴定曲线

强酸滴定一元弱碱时，当碱的浓度一定时，其解离平衡常数 K_b 越大（即碱性越强），滴定突跃范围越大，反之滴定突跃范围越小；与强碱滴定弱酸的情况相似。因此，只有当 $c_b K_b \geqslant 10^{-8}$ 时，该弱碱溶液才可被强酸直接准确滴定。

对于一些极弱的酸（或碱），有时可利用化学反应使其转变为较强的酸（或碱）再进行滴定，一般称为强化法。常用的强化措施有：

（1）利用生成配合物。利用生成稳定的配合物的方法，可以使弱酸强化，从而可以较准确地进行滴定。例如，在硼酸中加入甘油或甘露醇，由于它们能与硼酸形成稳定的配合物，故大大增强了硼酸在水溶液中的酸式解离，从而可用酚酞作指示剂，用 NaOH 标准溶液进行滴定。

（2）利用生成沉淀。利用沉淀反应，有时也可以使弱酸强化。例如，H_3PO_4 由于 K_{a_3} 很小（$K_{a_3}=4.4\times10^{-13}$），通常只能按二元酸被滴定。但若加入钙盐，由于生成 $Ca_3(PO_4)_2$ 沉淀，故可继续滴定 HPO_4^{2-}。

（3）利用氧化还原反应。利用氧化还原反应使弱酸转变成为强酸再进行滴定。例如，用 I_2、H_2O_2 或溴水，可将 H_2SO_3 氧化为 H_2SO_4，然后再用碱标准溶液滴定，这样可提高滴定的准确度。

（4）使用离子交换剂。利用离子交换剂与溶液中离子的交换作用，可以强化一些极弱的酸或碱，然后用酸碱滴定法进行测定。例如测定 NH_4Cl 时，在溶液中加入离子交换剂，则发生如下反应：

$$NH_4Cl + R—SO_3H \Longrightarrow R—SO_3^- —NH_4^+ + HCl$$

置换出的 HCl 可用碱标准溶液滴定。

（5）在非水介质滴定。在某些酸性比水更弱的非水介质中进行滴定。

8.4.2 多元酸碱的滴定

1. 强碱滴定多元酸

1）滴定可行性判断和滴定突跃

大量的实验证明，多元酸的滴定可按下述原则判断：

（1）当 $c_aK_{a_1} \geqslant 10^{-8}$ 时，这一级解离的 H^+ 可以被直接滴定。

（2）当相邻的 2 个 K_a 的比值等于或大于 10^5 时，较强的那一级解离的 H^+ 先被滴定，出现第一个滴定突跃，较弱的那一级解离的 H^+ 后被滴定。但能否出现第二个滴定突跃，则取决于酸的第二级解离常数值是否满足

$$c_aK_{a_2} \geqslant 10^{-8}$$

（3）如果相邻的 2 个 K_a 的比值小于 10^5 时，滴定时 2 个滴定突跃将混在一起，这时只出现一个滴定突跃。

2）H_3PO_4 的滴定

H_3PO_4 是弱酸，在水溶液中分步解离：

$$H_3PO_4 \Longrightarrow H^+ + H_2PO_4^- \qquad pK_{a_1} = 2.16$$

$$H_2PO_4^- \Longrightarrow H^+ + HPO_4^{2-} \qquad pK_{a_2} = 7.21$$

$$HPO_4^{2-} \Longrightarrow H^+ + PO_4^{3-} \qquad pK_{a_3} = 12.32$$

如果用 NaOH 滴定 H_3PO_4，那么 H_3PO_4 首先被滴定成 $H_2PO_4^-$，即

$$H_3PO_4 + NaOH \Longrightarrow NaH_2PO_4 + H_2O$$

但当反应进行到大约 99.4% 的 H_3PO_4 被中和之时（pH 值为 4.7），已经有大约 0.3% 的 $H_2PO_4^-$ 被进一步中和成 HPO_4^{2-} 了，即

$$NaH_2PO_4 + NaOH \Longrightarrow Na_2HPO_4 + H_2O$$

这表明前面两步中和反应并不是分步进行的，而是稍有交叉地进行的，所以，严格来说，对 H_3PO_4 而言，实际上并不真正存在 2 个化学计量点。由于对多元酸的滴定准确度要求不太高（通常分步滴定允许误差为 $\pm0.5\%$），因此在满足一般分析的要求下，我们认为 H_3PO_4 还是能够进行分步滴定的，其第一化学计量点时溶液的 pH=4.68，第二化学计量点时溶液的 pH=9.76。其第三化学计量点因 $pK_{a_3}=12.32$，说明 HPO_4^{2-} 已太弱，故无法用 NaOH 直接滴定，如果此时在溶液中加入 $CaCl_2$ 溶液，则会发生如下反应：

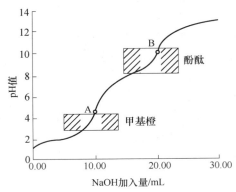

图 8-5　0.1000mol/L NaOH 滴定 20.00mL
0.1000mol/L H_3PO_4 的酸碱滴定曲线

$$2HPO_4^{2-} + 3Ca^{2+} \Longrightarrow Ca_3(PO_4)_2 \downarrow + 2H^+$$

则弱酸转化成强酸，就可以用 NaOH 直接滴定了。

NaOH 滴定 H_3PO_4 的酸碱滴定曲线一般采用仪器法（电位滴定法）来绘制。图 8-5 所示的是 0.1000mol/L NaOH 标准溶液滴定 20.00mL 0.1000mol/L H_3PO_4 的酸碱滴定曲线。从图 8-5 中可以看出，该酸碱滴定曲线较为平坦，这是由于在滴定过程中溶液先后形成 H_3PO_4-NaH_2PO_4 和 NaH_2PO_4-Na_2HPO_4 两个缓冲体系。

为了选择合适的酸碱指示剂，需要计算化学计量点的 pH 值。NaOH 滴定 H_3PO_4 至第一化学计量点 A 时，溶液组成主要为两性物质 NaH_2PO_4，用最简式计算 H^+ 的浓度

$$[H^+]_1 = \sqrt{K_{a_1} K_{a_2}} = \sqrt{10^{-2.16} \times 10^{-7.21}} = 10^{-4.68}(mol/L)$$
$$pH_1 = 4.68$$

此时若选择甲基橙（橙色变黄色的变色点 pH=4.0）作指示剂，会使终点出现偏早，最好选用溴甲酚绿和甲基橙混合指示剂（其变色点 pH=4.3）。

第二化学计量点 B 时，溶液组成主要为两性物质 Na_2HPO_4，同样用最简式计算 H^+ 的浓度

$$[H^+]_2 = \sqrt{K_{a_2} K_{a_3}} = \sqrt{10^{-7.21} \times 10^{-12.32}} = 10^{-9.76}(mol/L)$$
$$pH_2 = 9.76$$

此时若选择酚酞作指示剂，则终点将出现过早；可选用酚酞和百里酚酞混合指示剂（其变色点 pH=9.9）。

2. 强酸滴定多元碱

1）滴定可行性判断和滴定突跃

与多元酸类似，多元碱的滴定可按下述原则判断：

(1) 当 $c_b K_{b_1} \geqslant 10^{-8}$ 时，这一级解离的 OH^- 可以被直接滴定。

(2) 当相邻的 2 个 K_b 比值等于或大于 10^5 时，较强的那一级解离的 OH^- 先被滴定，出现第一个滴定突跃，较弱的那一级解离的 OH^- 后被滴定。但能否出现第二个滴定突跃，则取决于碱的第二级解离常数值是否满足

$$c_b K_{b_2} \geqslant 10^{-8}$$

(3) 如果相邻的 K_b 比值小于 10^5 时，滴定时 2 个滴定突跃将混在一起，这时只出现一个滴定突跃。

2）Na_2CO_3 的滴定

Na_2CO_3 是二元碱，在水溶液中存在如下解离平衡：

$$CO_3^{2-} + H_2O \Longrightarrow HCO_3^- + OH^- \qquad pK_{b_1} = 3.75$$

$$HCO_3^- + H_2O \Longrightarrow H_2CO_3 + OH^- \qquad pK_{b_2} = 7.62$$

在满足一般分析的要求下，Na_2CO_3 还是能够进行分步滴定的，只是滴定突跃范围较小。如果用 HCl 滴定，则第一步生成 $NaHCO_3$。反应式为

$$HCl + Na_2CO_3 \Longrightarrow NaHCO_3 + NaCl$$

继续用 HCl 滴定，则生成的 $NaHCO_3$ 被进一步反应生成碱性更弱的 H_2CO_3。H_2CO_3 本身不稳定，很容易分解生成 CO_2 与 H_2O，反应式为

$$HCl + NaHCO_3 \Longrightarrow H_2CO_3 + NaCl$$
$$\qquad\qquad\qquad\quad \downarrow CO_2 \uparrow + H_2O$$

图 8-6 所示的是 0.1000mol/L HCl 滴定 20.00mL 0.1000mol/L Na_2CO_3 的酸碱滴定曲线。

第一化学计量点 A 时，HCl 与 Na_2CO_3 反应生成 $NaHCO_3$。$NaHCO_3$ 为两性物质，根据 H^+ 浓度计算的最简式

$$[H^+]_1 = \sqrt{K_{a_1}K_{a_2}} \qquad (H_2CO_3 \text{ 的 } pK_{a_1} = 6.38, \ pK_{a_2} = 10.25)$$
$$= \sqrt{10^{-6.38} \times 10^{-10.25}}$$
$$= 10^{-8.32} \ (mol/L)$$
$$pH_1 = 8.32$$

此时若选用酚酞作为指示剂，终点误差较大，滴定准确度不高。可采用酚红与百里酚蓝混合指示剂，并用同浓度 $NaHCO_3$ 溶液作参比时，终点误差约为 0.5%。

第二化学计量点 B 时，HCl 进一步与 $NaHCO_3$ 反应，生成 H_2CO_3（$H_2O + CO_2$），其在水溶液中的饱和浓度约为 0.040mol/L，按计算二元弱酸 pH 值的最简式计算，则

$$[H^+]_2 = \sqrt{cK_{a_1}}$$
$$= \sqrt{0.040 \times 10^{-6.38}}$$
$$= 1.3 \times 10^{-4} (mol/L)$$
$$pH_2 = 3.89$$

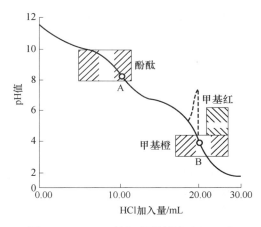

图 8-6　0.1000mol/L HCl 滴定 20.00mL 0.1000mol/L Na_2CO_3 的酸碱滴定曲线

在室温下滴定时，可选择甲基橙作为指示剂，但终点变化不敏锐。为提高滴定准确度，可采用为 CO_2 所饱和并含有相同浓度 NaCl 和指示剂的溶液作对比。也可选择甲基红（变色点 pH=5.0）为指示剂，不过滴定时需加热除去 CO_2。实际操作是：当滴到溶液变红（pH<4.4），暂时中断滴定，加热除去 CO_2，则溶液又变回黄色（pH>6.2），继续滴定到红色（溶液 pH 值变化如图 8-6 虚线所示）。重复此操作2~3次，至加热驱赶 CO_2 并将溶液冷至室温后，溶液颜色不发生变化为止。此种方式滴定终点变化敏锐，准确度高。

8.5 酸碱标准滴定溶液的配制和标定

8.5.1 HCl 标准滴定溶液的配制和标定

1. 配制

HCl 标准滴定溶液一般用间接法配制，即先用市售的 HCl 试剂（分析纯）配制成接近所需浓度的溶液（其浓度值与所需配制浓度值的误差不得大于 5%），然后再用基准物质标定其准确浓度。由于浓 HCl 具有挥发性，配制时所取 HCl 的量可稍多些。

2. 标定

用于标定 HCl 标准溶液的基准物质有无水碳酸钠（Na_2CO_3）和硼砂（$Na_2B_4O_7 \cdot 10H_2O$）等。

1）Na_2CO_3

Na_2CO_3 容易吸收空气中的水分，使用前必须在 $270\sim300℃$ 高温炉中灼热至恒重（见 GB/T 601—2016），然后密封于称量瓶内，保存在干燥器中备用。称量时要求动作迅速，以免吸收空气中水分而产生测定误差。

用 Na_2CO_3 标定 HCl 溶液的反应为

$$2HCl + Na_2CO_3 \Longrightarrow H_2CO_3 + 2NaCl$$
$${\llcorner\!\longrightarrow CO_2 + H_2O}$$

滴定时用溴甲酚绿-甲基红混合指示剂指示终点。近终点时要煮沸溶液，赶除 CO_2 后继续滴定至暗红色，以避免由于溶液中 CO_2 过饱和而造成假终点。

2）$Na_2B_4O_7 \cdot 10H_2O$

$Na_2B_4O_7 \cdot 10H_2O$ 容易提纯，且不易吸水，由于其摩尔质量大（$M=381.4g/mol$），因此直接称量单份基准物质作标定时，称量误差相当小。但 $Na_2B_4O_7 \cdot 10H_2O$ 在空气中相对湿度小于 39% 时容易风化失去部分结晶水，因此应把它保存在相对湿度为 60% 的恒湿器中。

用 $Na_2B_4O_7 \cdot 10H_2O$ 标定 HCl 溶液的反应为

$$Na_2B_4O_7 + 2HCl + 5H_2O \Longrightarrow 4H_3BO_3 + 2NaCl$$

滴定时选用甲基红作指示剂，终点时溶液颜色由黄变红，变色较为明显。

8.5.2 NaOH 标准滴定溶液的配制和标定

1. 配制

由于 NaOH 具有很强的吸湿性，也容易吸收空气中的水分及 CO_2，因此 NaOH 标准滴定溶液也不能用直接法配制，须先配制成接近所需浓度的溶液，然后再用基准物质标定其准确浓度。

NaOH 溶液吸收空气中的 CO_2 生成 CO_3^{2-}。而 CO_3^{2-} 的存在，在滴定弱酸时会带入较大的误差，因此必须配制和使用不含 CO_3^{2-} 的 NaOH 标准滴定溶液。

由于 Na_2CO_3 在浓的 NaOH 溶液中溶解度很小，因此配制无 CO_3^{2-} 的 NaOH 标准滴定溶液最常用的方法是先配制 NaOH 的饱和溶液（取分析纯 NaOH 约 110g，溶于 100mL 无 CO_2 的蒸馏水中），密闭静置数日，待其中的 Na_2CO_3 沉降后取上层清液作储备液（由于浓碱腐蚀玻璃，因此饱和 NaOH 溶液应当保存在塑料瓶或内壁涂有石蜡的瓶中），其浓度约为 20mol/L。配制时，根据所需浓度，移取一定体积的 NaOH 饱和溶液，再用无 CO_2 的蒸馏水稀释至所需的体积。

配制成的 NaOH 标准滴定溶液应保存在装有虹吸管及碱石灰管的瓶中，防止吸收空气中的 CO_2。放置过久的 NaOH 溶液，其浓度会发生变化，使用时需重新标定。

2. 标定

常用于标定 NaOH 标准滴定溶液浓度的基准物质有邻苯二甲酸氢钾与草酸。

1）邻苯二甲酸氢钾（$C_6H_4CO_2HCO_2K$，缩写"KHP"）

邻苯二甲酸氢钾容易用重结晶法制得纯品，不含结晶水，在空气中不吸水，容易保存，且摩尔质量大 [$M_{KHP}=204.2g/mol$]，单份标定时称量误差小，所以它是标定碱标准溶液较好的基准物质。标定前，邻苯二甲酸氢钾应于 $100\sim125℃$ 时干燥后备用。干燥温度不宜过高，否则邻苯二甲酸氢钾会脱水而成为邻苯二甲酸酐。

用 KHP 标定 NaOH 溶液的反应为

由于滴定产物邻苯二甲酸钾钠盐呈弱碱性，故滴定时采用酚酞作指示剂，终点时溶液由无色变至浅红。

【例 8.3】 在 0.1mol/L NaOH 溶液标定实验中，称量邻苯二甲酸氢钾 3 份，质量分别为 0.3524、0.3520、0.3530（g），对应消耗 NaOH 溶液的体积分别是 17.93、17.91、18.05（mL），空白实验消耗 NaOH 溶液体积是 0.05mL。计算 NaOH 溶液平均浓度，以及实验数据极差与平均值之比（室温 28℃，邻苯二甲酸氢钾的摩尔质量 M 为 204.2g/mol）。

解　邻苯二甲酸氢钾实际消耗 NaOH 溶液的体积是
$$V_1 = 17.93 - 0.05 = 17.88(\text{mL})$$
$$V_2 = 17.91 - 0.05 = 17.86(\text{mL})$$
$$V_3 = 18.05 - 0.05 = 18.00(\text{mL})$$

温度校正体积为
$$V_1 = 17.88[1 + (-2.0/1000)] = 17.84(\text{mL})$$
$$V_2 = 17.86[1 + (-2.0/1000)] = 17.82(\text{mL})$$
$$V_3 = 18.00[1 + (-2.0/1000)] = 17.96(\text{mL})$$

将校正后的体积代入浓度公式
$$c_{NaOH} = \frac{m \cdot 1000}{M \cdot V}$$

计算得

$$c_1 = \frac{0.3524 \times 1000}{204.2 \times 17.84} = 0.0967(\text{mol/L})$$

$$c_2 = \frac{0.3520 \times 1000}{204.2 \times 17.82} = 0.0967(\text{mol/L})$$

$$c_3 = \frac{0.3530 \times 1000}{204.2 \times 17.96} = 0.0963(\text{mol/L})$$

$$\bar{c} = \frac{0.0967 + 0.0967 + 0.0963}{3} = 0.0966(\text{mol/L})$$

极差 / 平均值 $= (\,0.0967 - 0.0963)/0.0966 \times 100\% = 0.4\%$

2）草酸（$H_2C_2O_4 \cdot 2H_2O$）

草酸是二元酸（$pK_{a_1} = 1.25$，$pK_{a_2} = 4.29$），由于 $K_{a_1}/K_{a_2} < 10^5$，故与强碱作用时只能按二元酸一次被滴定到 $C_2O_4^{2-}$，其标定反应为

$$H_2C_2O_4 + 2NaOH \Longrightarrow Na_2C_2O_4 + 2H_2O$$

由于草酸的摩尔质量较小 $[M_{H_2C_2O_4 \cdot 2H_2O} = 126.07\text{g/mol}]$，因此为了减小称量误差，标定时宜采用"称大样法"标定。用草酸标定 NaOH 溶液可选用酚酞作指示剂，终点时溶液变色敏锐。

8.5.3　酸碱滴定中 CO_2 的影响

在酸碱滴定中，CO_2 的影响有时是不能忽略的。CO_2 的来源很多，如蒸馏水中溶有一定量的 CO_2，标准碱溶液和配制标准溶液的 NaOH 本身吸收 CO_2（成为碳酸盐），在滴定过程中溶液不断地吸收 CO_2 等。

在酸碱滴定中，CO_2 的影响是多方面的。当用碱溶液滴定酸溶液时，溶液中的 CO_2 会被碱溶液滴定，至于滴定多少则取决于终点时溶液的 pH 值。在不同的 pH 值结束滴定，CO_2 带来的误差不同（可由 H_2CO_3 的分布系数得知）。同样，当含有 CO_3^{2-} 的碱标准溶液用于滴定酸时，由于终点 pH 值的不同，碱标准溶液中的 CO_3^{2-} 被酸中和的情况也不一样。显然，终点时溶液的 pH 值越低，CO_2 的影响越小。一般地说，如果终点时溶液的 pH$<$5，则 CO_2 的影响是可以忽略的。

例如，浓度同为 0.1mol/L 的酸碱进行相互滴定，在使用酚酞为指示剂时，滴定终点 pH$=$9.0，此时溶液中的 CO_2 所形成 H_2CO_3，基本上以 HCO_3^- 形式存在，H_2CO_3 作为一元酸被滴定。与此同时，碱标准溶液吸收 CO_2 所产生的 CO_3^{2-} 也被滴定生成 HCO_3^-。在这种情况下由于 CO_2 的影响所造成的误差约为 $\pm2\%$，是不可忽视的。

若以甲基橙为指示剂，滴定终点时 pH$=$4.0，此时以各种方式溶于水中的 CO_2 主要以 CO_2 气体分子（室温下 CO_2 饱和溶液的浓度约为 0.04mol/L）或 H_2CO_3 形式存在，只有约 4% 作为一元酸参与滴定，因此所造成的误差可以忽略。在这种情况下，即使碱标准溶液吸收 CO_2 产生了 CO_3^{2-}，也基本上被中和为 CO_2 逸出，对滴定结果不产生影响。所以，滴定分析时，在保证终点误差在允许范围之内的前提下，应当尽量选用在酸性范围内变色的酸碱指示剂。

当强酸强碱的浓度变得更稀时，滴定突跃变小，若再用甲基橙作指示剂，也将产生

较大的终点误差（若改用终点时 pH＞5 的酸碱指示剂，只会增大溶液中 H_2CO_3 参加反应的比率，增大滴定误差）。此时，为了消除 CO_2 对酸碱滴定的影响，必要时可采用加热至沸的办法，除去 CO_2 后再进行滴定。

由于 CO_2 在水中的溶解速率相当快，所以 CO_2 的存在也影响一些酸碱指示剂终点颜色的稳定性。如以酚酞作指示剂时，当滴至终点时，溶液已呈浅红色，但稍放置 $0.5\sim1min$ 后，由于 CO_2 的进入，消耗了部分过量的 OH^-，溶液 pH 值降低，溶液又褪至无色。因此，当使用酚酞、溴百里酚蓝、酚红等酸碱指示剂时，滴定至溶液变色后，若 30s 内溶液颜色不褪，表明此时已达终点。

此外，在滴定分析过程，为进一步减少 CO_2 的进入，还应做到以下几点：

（1）使用加热煮沸后冷却至室温的蒸馏水。

（2）使用不含 CO_3^{2-} 的标准碱溶液。

（3）滴定时不要剧烈振荡锥形瓶。

8.6　酸碱滴定法的应用示例

酸碱滴定法在生产实际中应用极为广泛，许多酸、碱物质包括一些有机酸（或碱）物质均可用酸碱滴定法进行测定。对于一些极弱酸或极弱碱，部分也可在非水溶液中进行测定，也可用线性滴定法进行测定，有些非酸（碱）性物质，还可以用间接酸碱滴定法进行测定。

实际上，酸碱滴定法除广泛应用于大量化工产品主成分含量的测定外，还广泛应用于钢铁及某些原材料中 C、S、P、Si 与 N 等元素的测定，以及有机合成工业与医药工业中的原料、中间产品和成品等的分析测定，甚至现行国家标准（GB）中，如化学试剂、化工产品、食品添加剂、水质标准、石油产品等凡涉及酸度、碱度项目测定的，多数采用酸碱滴定法。

下面列举几个实例，简要叙述酸碱滴定法在相关方面的应用。

8.6.1　工业 H_2SO_4 的测定

工业 H_2SO_4 是一种重要的化工产品，也是一种基本的工业原料，广泛应用于化工、轻工、制药及国防科研等部门中，在国民经济中占有非常重要的地位。

纯 H_2SO_4 是一种无色透明的油状黏稠液体，密度约为 $1.84g/mL$，其纯度的大小常用 H_2SO_4 的质量分数来表示。

H_2SO_4 是一种强酸，可用 NaOH 标准溶液滴定，滴定反应为
$$H_2SO_4 + 2NaOH \Longrightarrow Na_2SO_4 + 2H_2O$$

滴定 H_2SO_4 一般可选用甲基橙、甲基红等指示剂，GB/T 534—2014 中规定使用甲基红-亚甲基蓝混合指示剂。其质量分数 $w_{H_2SO_4}$ 的计算公式为

$$w_{H_2SO_4} = \frac{c_{NaOH}V_{NaOH} \times M_{\frac{1}{2}H_2SO_4}}{m_s \times 1000} \times 100\%$$

式中，c_{NaOH}——NaOH 标准滴定溶液的浓度，mol/L；

V_{NaOH}——消耗 NaOH 标准溶液的体积，mL；

$M_{\frac{1}{2}H_2SO_4}$——$\frac{1}{2}$H$_2$SO$_4$ 摩尔质量，49.04g/mol；

m_s——称取试样的质量，g。

在滴定分析时，由于 H$_2$SO$_4$ 具有强腐蚀性，因此使用和称取 H$_2$SO$_4$ 试样时严禁溅出；H$_2$SO$_4$ 稀释时会放出大量的热，使得试样溶液温度变高，需冷却后才能转移至容量瓶中稀释或进行滴定分析；H$_2$SO$_4$ 试样的称取量由 H$_2$SO$_4$ 的密度和大致含量及 NaOH 标准滴定溶液的浓度来决定。

8.6.2　混合碱的测定

混合碱的组分主要有 NaOH、Na$_2$CO$_3$、NaHCO$_3$，由于 NaOH 与 NaHCO$_3$ 不可能共存，因此混合碱的组成或者为三种组分中任意一种，或者为 NaOH 与 Na$_2$CO$_3$ 的混合物，或者为 Na$_2$CO$_3$ 与 NaHCO$_3$ 的混合物。若是单一组分的化合物，用 HCl 标准溶液直接滴定即可；若是两种组分的混合物，则一般可用氯化钡法与双指示剂法进行测定。下面详细讨论这两种方法。

1. 氯化钡法

1）NaOH 与 Na$_2$CO$_3$ 混合物的测定

准确称量一定量的试样，溶解后稀释至一定体积，移取 2 等份相同体积的试液分别做如下测定。

第一份试液用甲基橙作指示剂。HCl 标准溶液滴定至溶液变为红色时，溶液中的 NaOH 与 Na$_2$CO$_3$ 完全被中和，所消耗 HCl 标准溶液的体积记为 V_1（mL）。

第二份试液中先加入稍过量的 BaCl$_2$，使 Na$_2$CO$_3$ 完全转化成 BaCO$_3$ 沉淀。在沉淀存在的情况下，用酚酞作指示剂。HCl 标准滴定溶液滴定至溶液变为无色时，溶液中的 NaOH 完全被中和，所消耗 HCl 标准滴定溶液的体积记为 V_2（mL）。

显然，与溶液中 NaOH 反应的 HCl 标准滴定溶液的体积为 V_2（mL），因此

$$w_{NaOH} = \frac{c_{HCl} V_2 \times 40.00}{m_s \times 1000} \times 100\%$$

而与溶液中 Na$_2$CO$_3$ 反应的 HCl 标准滴定溶液的体积为 $V_1 - V_2$（mL），因此

$$w_{Na_2CO_3} = \frac{\frac{1}{2} c_{HCl} \times (V_1 - V_2) \times 106.0}{m_s \times 1000} \times 100\%$$

式中，　　m_s——称取试样的质量，g；

　　40.00——NaOH 的摩尔质量，g/mol；

　　106.0——Na$_2$CO$_3$ 的摩尔质量，g/mol；

w_{NaOH}、$w_{Na_2CO_3}$——试样中 NaOH、Na$_2$CO$_3$ 的质量分数，%。

2）Na$_2$CO$_3$ 与 NaHCO$_3$ 混合物的测定

对于这一种情况来说，同样准确称量一定量的试样，溶解后稀释至一定体积，移取

2 份相同体积的试液分别做如下测定。

第一份试样溶液仍以甲基橙作指示剂，用 HCl 标准滴定溶液滴定至溶液变为红色时，溶液中的 Na_2CO_3 与 $NaHCO_3$ 全部被中和，所消耗 HCl 标准滴定溶液的体积仍记为 V_1（mL）。

第二份试样溶液中先准确加入过量的已知准确浓度 NaOH 标准溶液 V（mL），使溶液中的 $NaHCO_3$ 全部转化成 Na_2CO_3，然后再加入稍过量的 $BaCl_2$ 将溶液中的 CO_3^{2-} 沉淀为 $BaCO_3$。同样在沉淀存在的情况下，以酚酞为指示剂，用 HCl 标准滴定溶液返滴定过量的 NaOH 溶液。待溶液变为无色时，表明溶液中过量的 NaOH 全部被中和，所消耗的 HCl 标准滴定溶液的体积记为 V_2（mL）。

显然，使溶液中 $NaHCO_3$ 转化成 Na_2CO_3 所消耗的 NaOH 物质的量即为溶液中 $NaHCO_3$ 的物质的量，因此

$$w_{NaHCO_3} = \frac{(c_{NaOH}V - c_{HCl}V_2) \times 84.01}{m_s \times 1000} \times 100\% \tag{8-8}$$

同样，与溶液中的 Na_2CO_3 反应的 HCl 标准滴定溶液的体积则为总体积 V_1 减去 $NaHCO_3$ 所消耗之体积，因此

$$w_{Na_2CO_3} = \frac{[c_{HCl}V_1 - (c_{NaOH}V - c_{HCl}V_2)] \times \frac{1}{2} \times 106.0}{m_s \times 1000} \times 100\%$$

式中，　　　m_s——称取试样的质量，g；

　　　84.01——$NaHCO_3$ 的摩尔质量，g/mol；

　　　106.0——Na_2CO_3 的摩尔质量，g/mol；

w_{NaHCO_3}、$w_{Na_2CO_3}$——试样中 $NaHCO_3$、Na_2CO_3 的质量分数，%。

2. 双指示剂法

双指示剂法测定混合碱时，无论其组成如何，其方法均是相同的，具体操作如下：准确称量一定量的试样，用蒸馏水溶解后先以酚酞为指示剂，用 HCl 标准滴定溶液滴定至溶液粉红色消失，记下 HCl 标准滴定溶液所消耗的体积 V_1（mL）。此时，存在于溶液中的 NaOH 全部被中和，而 Na_2CO_3 则被中和为 $NaHCO_3$。然后在溶液中加入甲基橙指示剂，继续用 HCl 标准溶液滴定至溶液由黄色变为橙红色，记下又用去的 HCl 标准滴定溶液的体积 V_2（mL）。显然，V_2 是滴定溶液中 $NaHCO_3$（包括溶液中原本存在的 $NaHCO_3$ 与 Na_2CO_3 被中和所生成的 $NaHCO_3$）所消耗的体积。由于 Na_2CO_3 被中和到 $NaHCO_3$ 与 $NaHCO_3$ 被中和到 H_2CO_3 所消耗的 HCl 标准滴定溶液的体积是相等的，因此有如下判别式：

1）$V_1 > V_2$

这表明溶液中有 NaOH 存在，因此混合碱由 NaOH 与 Na_2CO_3 组成，且将溶液中的 Na_2CO_3 中和到 $NaHCO_3$ 所消耗的 HCl 标准滴定溶液的体积记为 V_2（mL），所以

$$w_{Na_2CO_3} = \frac{\frac{1}{2}c_{HCl}V_2 \times 106.0}{m_s \times 1000} \times 100\%$$

将溶液中的 NaOH 中和成 NaCl 所消耗的 HCl 标准滴定溶液的体积记为 $V_1 - V_2$（mL），所以

$$w_{NaOH} = \frac{c_{HCl}(V_1 - V_2) \times 40.00}{m_s \times 1000} \times 100\%$$

式中，　　m_s——试样的质量，g；

　　　　106.0——Na_2CO_3 的摩尔质量，g/mol；

　　　　40.00——NaOH 的摩尔质量，g/mol；

$w_{Na_2CO_3}$、w_{NaOH}——试样中 Na_2CO_3、NaOH 的质量分数，%。

2）$V_1 < V_2$

这表明溶液中有 $NaHCO_3$ 存在，因此，混合碱由 Na_2CO_3 与 $NaHCO_3$ 组成，且将溶液中的 Na_2CO_3 中和到 $NaHCO_3$ 所消耗的 HCl 标准滴定溶液的体积记为 V_1（mL），所以

$$w_{Na_2CO_3} = \frac{\frac{1}{2}c_{HCl}V_1 \times 106.0}{m_s \times 1000} \times 100\%$$

将溶液中的 $NaHCO_3$ 中和成 H_2CO_3 所消耗的 HCl 标准滴定溶液的体积记为 $V_2 - V_1$（mL），所以

$$w_{NaHCO_3} = \frac{c_{HCl}(V_2 - V_1) \times 84.01}{m_s \times 1000} \times 100\%$$

式中，　　m_s——试样的质量，g；

　　　　106.0——Na_2CO_3 的摩尔质量，g/mol；

　　　　84.01——$NaHCO_3$ 的摩尔质量，g/mol；

$w_{Na_2CO_3}$、w_{NaHCO_3}——试样中 Na_2CO_3、$NaHCO_3$ 的质量分数，%。

氯化钡法与双指示剂法相比，前者操作上虽然稍烦琐，但由于测定时 CO_3^{2-} 被沉淀，所以最后的滴定实际上是强酸滴定强碱，因此实验结果数据反而比双指示剂法准确。

 学习资源

人体血液的缓冲溶液

正常人血液的 pH 值能恒定在 7.35～7.45，是由于血液中各种缓冲对作用和肺、肾调节作用的结果。人体血液中的缓冲对主要有：

血浆中：H_2CO_3-$NaHCO_3$（CO_2-$NaHCO_3$）、　NaH_2PO_4-Na_2HPO_4、HPr-NaPr　　　（Pr 代表血浆蛋白）

红细胞中：H_2CO_3-$KHCO_3$、KH_2PO_4-K_2HPO_4、HHb-KHb（Hb 代表氧合血红　　　　蛋白）

其中，H_2CO_3-HCO_3^- 缓冲对在血液中浓度最高，缓冲容量最大，维持血液正常 pH 值的作用也最重要。在血液中，H_2CO_3 主要以 CO_2 形式存在，与 HCO_3^- 之间存在以下

平衡：

$$H_2CO_3 \rightleftharpoons H^+ + HCO_3^-$$

人体代谢过程中会产生一些酸性物质，使 H_2CO_3 的解离平衡向左移动，形成较多的 H_2CO_3，同时消耗部分 HCO_3^-。由于 H_2CO_3 不稳定，分解为 CO_2 和 H_2O：

$$H_2CO_3 \rightleftharpoons CO_2\uparrow + H_2O$$

形成的 CO_2 由肺部呼出，而消耗的 HCO_3^- 则由肾脏调节得到补充，使得 $[HCO_3^-]/[H_2CO_3]$ 值恢复正常。这样就能抑制酸度的变化，而使血液的 pH 值保持在正常范围。肺气肿引起的肺部换气不足、患糖尿病以及食用低碳水化物和高脂肪食物等常引起血液中 H^+ 浓度增加，但通过血浆内的缓冲体系和机体补偿功能的作用，可使血液中的 pH 值保持基本恒定。在严重腹泻时，由于丧失 HCO_3^- 过多或因肾衰竭引起 H^+ 排泄减少，缓冲体系和机体的补偿功能往往不能有效地发挥作用而使溶液的 pH 值下降，则易引起酸中毒。

发高烧、摄入过多的碱性物质、严重呕吐等，都会引起血液里的碱性物质增加。此时，由 H_2CO_3 起抗碱作用，H_2CO_3 的解离平衡向右移动，碱与 H^+ 结合，消耗的 H^+ 由 H_2CO_3 解离补充，H_2CO_3 则由代谢产生的 CO_2 来提供。过量的 HCO_3^- 由肾脏进行生理调节，使得血液中 $[HCO_3^-]/[H_2CO_3]$ 仍能恢复正常，从而使 pH 值保持在正常范围。若通过缓冲体系和补偿机制仍不能阻止血液中的 pH 值的升高，则易引起碱中毒。

缓冲溶液的缓冲比一般在 $(10:1) \sim (1:10)$，而 $H_2CO_3\text{-}HCO_3^-$ 缓冲对的缓冲比为 $20:1$ 仍然有缓冲能力，这是由于血液在不停流动，可以不断地把过量的 CO_2 和 HCO_3^- 由肺脏和肾脏排出，缺少的 H_2CO_3 由代谢产生的 CO_2 补充，缺少的 HCO_3^- 也可由肾脏补充。正是由于肺、肾的生理调节作用，才使得血液的 pH 值可以保持恒定。

 复习与思考

一、填空题

1. 0.0500mol/L 的 HCl 溶液的 pH 值_____。

2. 某酸碱指示剂的 $K_{HIn} = 1.0 \times 10^{-6}$，其理论变色范围为_____。

3. 0.0500mol/L 的 NaOH 溶液 pH 值_____。

4. 标定 HCl 溶液的浓度，常用_____为基准物质。

5. 酸碱指示剂的理论变色范围为_____。

二、计算题

用邻苯二甲酸氢钾作基准物质标定 NaOH 溶液的浓度。称量基准物质 0.3524g，滴定消耗 NaOH 溶液 25.49mL，求 NaOH 溶液的浓度。

第 9 章　氧化还原平衡与氧化还原滴定法

☞ **能力要求**

（1）能使用高锰酸钾法进行滴定分析。

（2）能使用碘量法进行滴定分析。

☞ **知识要求**

（1）熟悉氧化值和氧化还原反应。

（2）了解氧化还原滴定法的原理。

（3）掌握高锰酸钾法。

（4）掌握碘量法。

氧化还原平衡与
氧化还原滴定法

☞ **教学活动建议**

了解食用油过氧化值的检测方法。

9.1　氧化还原反应

氧化还原反应是一类非常重要的反应，燃烧、光合作用、金属冶炼、电池等都涉及氧化还原反应。人们最初把物质与氧化合的反应称为氧化反应，把含氧物质失去氧的反应称为还原反应。随着研究的深入，人们发现氧化反应实质上是失去电子的过程，而还原反应实质上是得到电子的过程，并且氧化反应与还原反应是同时进行的。反应物之间有电子转移（或得失）的反应，被称为氧化还原反应。

9.1.1　氧化值（氧化数）

为表示各元素在化合物中所处的化合状态，提出了氧化值（氧化数）的概念。1970年，国际纯粹与应用化学联合会（IUPAC）给出的定义是：氧化值是某元素一个原子的表观荷电数，这种荷电数是假设把每一个化学键中的电子指定给电负性更大的原子而求得。例如，NH_3 中，N 的氧化值是 -3，H 的氧化值是 $+1$。为确定元素氧化值，制定出如下规则：

（1）在单质中，元素的氧化值为零。

（2）在单原子离子中，元素的氧化值等于离子所带的电荷数，如 Na^+ 中 Na 的氧化值为 $+1$。

（3）氧的氧化值在大多数化合物中为 -2，但在过氧化物中为 -1，如在 H_2O_2、Na_2O_2 中；在超氧化物中为 $-1/2$，如在 KO_2 中；在氟化物中为 $+1$（如 O_2F_2）或 $+2$（如 OF_2）。

（4）氢的氧化值在大多数化合物中为 $+1$，但在金属氢化物中为 -1，如在 CaH_2 中。

（5）氟的氧化值在所有化合物中为 -1。其他卤族元素的氧化值在二元化合物中为 -1，但在卤族的二元化合物中，列在周期表中靠前的卤原子的氧化数为 -1，如 Cl 在 BrCl 中；在含氧化合物中按氧化物决定，如 ClO_2 中 Cl 的氧化值为 $+4$。

（6）碱金属和碱土金属在化合物中的氧化值分别为 $+1$ 和 $+2$。

（7）电中性的化合物中，各元素氧化值的代数和为零。多原子离子中，各元素氧化值的代数和等于离子所带电荷数。

按照以上 7 条规则，就能确定化合物中各元素的氧化值。例如，$KMnO_4$ 先确定 K 的氧化值为 $+1$；再确定 O 的氧化值为 -2；最后确定 Mn 的氧化值为 $+7$。值得注意的是，氧化值可为整数，也可为分数或小数。例如 Fe_3O_4 中，Fe 的氧化值为 $+8/3$；$S_4O_6^{2-}$ 中，S 的氧化值为 $+5/2$。

元素氧化值的改变与反应中转移（或得失）电子相关联，故氧化还原反应还可定义为：元素的氧化值发生了变化的化学反应。其中，元素氧化值升高的反应称为氧化反应，元素氧化值降低的反应称为还原反应。在反应中失去电子的物质是还原剂，还原剂是电子的供体，被氧化；得到电子的物质是氧化剂，氧化剂是电子的受体，被还原。例如金属锌与硫酸铜溶液之间的反应：

$$Zn + Cu^{2+} \Longrightarrow Cu + Zn^{2+}$$

在该反应中，Zn 的氧化值升高，发生氧化反应；Cu^{2+} 的氧化值降低，发生还原反应。Zn 失去电子，称为还原剂；Cu^{2+} 得到电子，称为氧化剂。

9.1.2　氧化还原半反应和氧化还原电对

根据电子的转移，氧化还原反应可以分解为两个氧化还原半反应。

例如，$Zn + Cu^{2+} \Longrightarrow Cu + Zn^{2+}$ 的一个半反应是氧化反应：$Zn - 2e^- \longrightarrow Zn^{2+}$；另一个半反应为还原反应：$Cu^{2+} + 2e^- \longrightarrow Cu$。氧化反应和还原反应同时存在，在反应过程中得失电子的数目相等。在半反应中，同一元素的两个不同氧化值的物质组成了电对。电对中氧化值相对较高的物质为氧化型物质，用 Ox 表示；氧化值相对较低的物质为还原型物质，用 Red 表示。氧化型物质及对应的还原型物质称为氧化还原电对，通常表示为：氧化型/还原型（Ox/Red）。例如，由 Zn^{2+} 和 Zn 组成的电对可表示为 Zn^{2+}/Zn；由 Cu^{2+} 和 Cu 组成的电对可表示为 Cu^{2+}/Cu。

氧化还原半反应的通式为

$$氧化型 + ne^- \Longrightarrow 还原型$$

或

$$Ox + ne^- \Longrightarrow Red$$

式中，n——半反应中电子转移的数目。

如果溶液中的介质参与半反应，虽然它们在反应中未得失电子，也应写入半反应中。例如，半反应 $MnO_4^- + 8H^+ + 5e^- \rightleftharpoons Mn^{2+} + 4H_2O$ 中，氧化型包括 MnO_4^- 和 H^+，还原型为 Mn^{2+} 和 H_2O。

9.1.3　氧化还原反应方程式的配平

配平氧化还原反应的方法有氧化值法和离子-电子半反应法（简称离子-电子法）。配平时首先要确定反应物和生成物，并遵循如下配平原则：一是质量守恒，即反应前后各元素的原子总数必须相等；二是电荷守恒，即反应中氧化剂所得到的电子数必须等于还原剂所失去的电子数。

1. 氧化值法

氧化还原反应方程式配平步骤如下：
（1）写出反应物和生成物的化学式。
（2）标出氧化值发生变化的元素的氧化值，计算出氧化值升高和降低的数值。
（3）利用最小公倍数确定氧化剂和还原剂的化学计量数。
（4）配平氧化值没有变化的元素原子，将箭号改成等号。

【例 9.1】　用氧化值法配平下列氧化还原反应：
$$K_2Cr_2O_7 + KI + H_2SO_4 \longrightarrow K_2SO_4 + Cr_2(SO_4)_3 + I_2 + H_2O$$

解　标出氧化值发生变化的组成元素的氧化值，计算氧化值升高和降低的数值。

$$\overset{+6}{K_2Cr_2O_7} + \overset{-1}{2KI} + H_2SO_4 \longrightarrow K_2SO_4 + \overset{+3}{Cr_2}(SO_4)_3 + \overset{0}{I_2} + H_2O$$

上：$2 \times [+3 - (+6)] = -6$
下：$2 \times [0 - (-1)] = +2$

利用最小公倍数确定氧化剂和还原剂的化学计量数。
$$K_2Cr_2O_7 + 6KI + H_2SO_4 \longrightarrow K_2SO_4 + Cr_2(SO_4)_3 + 3I_2 + H_2O$$
配平其他氧化值没有变化的元素的原子。
$$K_2Cr_2O_7 + 6KI + 7H_2SO_4 \rightleftharpoons 4K_2SO_4 + Cr_2(SO_4)_3 + 3I_2 + H_2O$$

氧化值法简单、快速，适用范围广，不仅可用于在水溶液中发生的氧化还原反应，还可用于在非水体系中发生的氧化还原反应。

2. 离子-电子法

先将两个半反应配平，再将两个半反应合并为氧化还原反应的方法称为离子-电子法。配平步骤如下：
（1）写出氧化还原反应的离子方程式。
（2）将氧化还原反应分为两个半反应。
（3）分别配平两个半反应，使半反应式两边各原子的数目相等且电荷平衡。
（4）将两个半反应分别乘以相应系数，使其得、失电子数相等，再将两个半反应合并为一个配平的氧化还原反应的离子方程式。
（5）在配平的离子方程式中添加不参与反应的阳离子和阴离子，写出相应的化学式。

【例 9.2】　用离子-电子法配平下列氧化还原反应：

$$KMnO_4 + HCl \longrightarrow MnCl_2 + Cl_2 + H_2O$$

解　写出离子方程式

$$MnO_4^- + Cl^- \longrightarrow Mn^{2+} + Cl_2 + HO$$

根据氧化还原电对，拆成两个半反应：

还原反应　　　　　　　　$MnO_4^- + H^+ \longrightarrow Mn^{2+} + H_2O$

氧化反应　　　　　　　　　　　　　$Cl^- \longrightarrow Cl_2$

使半反应式两边各原子的数目相等。如果 O 原子数目不等，可选择适当的介质（如 H^+ 和 H_2O，或 OH^- 和 H_2O 来配平）。

$$MnO_4^- + 8H^+ \longrightarrow Mn^{2+} + 4H_2O$$

$$2Cl^- \longrightarrow Cl_2$$

用加、减电子数方法使两边电荷数相等。

$$MnO_4^- + 8H^+ + 5e^- \Longrightarrow Mn^{2+} + 4H_2O \qquad\qquad ①$$

$$2Cl^- - 2e^- \Longrightarrow Cl_2 \qquad\qquad ②$$

根据得、失电子数相等的原则，将两个半反应方程式乘以适当系数，再相加合并，得到配平的离子方程式。

①×2：$2MnO_4^- + 16H^+ + 10e^- \Longrightarrow 2Mn^{2+} + 8H_2O$

②×5：　　　　　$10Cl^- - 10e^- \Longrightarrow 5Cl_2$

$$2MnO_4^- + 16H^+ + 10Cl^- \Longrightarrow 2Mn^{2+} + 5Cl_2 + 8H_2O$$

最后写出配平的氧化还原反应方程式。

$$2KMnO_4 + 16HCl \Longrightarrow 2MnCl_2 + 5Cl_2\uparrow + 8H_2O + 2KCl$$

离子-电子法配平氧化还原反应方程式时，不需要进行氧化值升降的计算，适用于在水溶液中进行的较复杂的氧化还原反应。该方法仅能用于水溶液中的氧化还原反应的配平，对于固相、气相及其他非水体系中的氧化还原反应不适用。

9.2　氧化还原滴定法概述

氧化还原滴定法是以氧化还原反应为基础的滴定分析方法，能直接或间接测定很多无机物和有机物，应用范围广，是滴定分析中应用最为广泛的方法之一。氧化还原反应是基于电子转移的反应，其特点是：反应机理比较复杂，常分步进行；有些反应虽可进行得很完全但反应速率却很慢（氧化还原反应的速率与物质的结构有关：一般来说，仅涉及电子转移的反应是快的，如 $Fe^{3+} + e \Longrightarrow Fe^{2+}$，而涉及打开共价键的体系反应常常较慢，如 $KMnO_4$，对某一元素而言，氧化数越高，反应越慢）；有时由于副反应的发生使反应物间没有确定的计量关系；等等。因此在氧化还原滴定中要注意创造和控制适当的反应条件，防止副反应的发生；加快反应速率，以满足滴定反应的要求。

9.2.1　氧化还原滴定法应具备的条件

并非所有的氧化还原反应都适用于滴定分析，氧化还原滴定法必须具备如下条件：

(1) 反应必须能够进行完全。
(2) 反应必须按一定的化学计量关系进行。
(3) 反应速率要快，不能有副反应。
(4) 必须有适当的方法指示化学计量点。

9.2.2　氧化还原滴定法的分类

能用于滴定分析的氧化还原反应很多，习惯上根据配制标准溶液所用氧化剂名称的不同，常将氧化还原滴定法分为高锰酸钾法、碘量法、亚硝酸钠法、重铬酸钾法、硫酸铈法、溴酸钾法和碘酸钾法等。

9.2.3　氧化还原滴定中的指示剂

氧化还原滴定法中常用的指示剂有以下几类。

1. 自身指示剂

自身指示剂是指利用滴定剂或被测物质本身的颜色变化来指示滴定终点，且无需另加指示剂。例如，用 $KMnO_4$ 溶液滴定 $H_2C_2O_4$ 溶液，滴定至化学计量点后只要有很少过量的 $KMnO_4$ 就能使溶液呈现浅紫红色，指示终点的到达。

2. 特殊指示剂

有些物质本身并不具有氧化还原性，但它能与滴定剂或被测物产生特殊的颜色以指示终点。例如，碘量法中利用可溶性淀粉与 I_3^- 生成深蓝色的吸附化合物，以蓝色的出现或消失指示终点。

3. 氧化还原指示剂

这类指示剂具有氧化还原性质，其氧化态和还原态具有不同的颜色。在滴定过程中，因被氧化或还原而发生颜色变化以指示终点。表 9-1 列出常用的氧化还原指示剂。

表 9-1　常用的氧化还原指示剂

氧化还原指示剂	颜色变化		配制方法
	还原态	氧化态	
次甲基蓝	无色	蓝色	质量分数为 0.05% 的水溶液
二苯胺	无色	紫色	0.25g 指示剂与 3mL 水混合溶于 100mL 浓 H_2SO_4 或 H_3PO_4 中
二苯胺磺酸钠	无色	紫红色	0.8g 指示剂加 2g Na_2CO_3，用水溶解并稀释至 100mL
邻苯氨基苯甲酸	无色	紫红色	0.1g 指示剂溶于 30mL 质量分数为 0.6% 的 Na_2CO_3 溶液中，用水稀释至 100mL 过滤，保存在暗处
邻二氮菲-亚铁	红色	淡蓝色	1.49g 邻二氮菲加 0.7g $FeSO_4 \cdot 7H_2O$ 溶于水，稀释至 100mL

9.3 氧化还原滴定法的分类及应用示例

9.3.1 高锰酸钾法

$KMnO_4$ 是一种强氧化剂。高锰酸钾法的优点是氧化能力强，可直接、间接测定多种无机物和有机物；本身可作指示剂。缺点是 $KMnO_4$ 标准溶液不够稳定；滴定的选择性较差。

1. $KMnO_4$ 标准溶液的配制和标定

市售的 $KMnO_4$ 试剂常含有少量 MnO_2 和其他杂质及蒸馏水中常含有微量的还原性物质等，因此 $KMnO_4$ 标准溶液不能直接配制。

其配制方法为：称取略多于理论计算量的固体 $KMnO_4$，溶解于一定体积的蒸馏水中，加热煮沸，保持微沸约 1h，或在暗处放置 $7\sim10d$，使还原性物质完全氧化。冷却后用微孔玻璃漏斗过滤除去 $MnO(OH)_2$ 沉淀。过滤后的 $KMnO_4$ 溶液储存于棕色瓶中，置于暗处，避光保存。

标定 $KMnO_4$ 溶液的基准物质有 $H_2C_2O_4 \cdot 2H_2O$、$Na_2C_2O_4$、As_2O_3、$(NH_4)_2Fe(SO_4)_2 \cdot 6H_2O$ 等。

常用的是 $Na_2C_2O_4$，它易提纯、稳定，不含结晶水。在酸性溶液中，$KMnO_4$ 与 $Na_2C_2O_4$ 的反应式为

$$2MnO_4^- + 5C_2O_4^{2-} + 16H^+ = 2Mn^{2+} + 10CO_2\uparrow + 8H_2O$$

为使反应定量进行，需注意以下滴定条件：

1）温度

此反应在室温下速率缓慢，需加热至 $70\sim80℃$，但高于 $90℃$，$H_2C_2O_4$ 会分解：

$$H_2C_2O_4 = CO_2\uparrow + CO\uparrow + H_2O$$

2）酸度

酸度过低，MnO_4^- 会部分被还原成 MnO_2；酸度过高，会促使 $H_2C_2O_4$ 分解。一般滴定开始的最宜酸度为 $1mol/L$。为防止诱导氧化 Cl^- 的反应发生，应在 H_2SO_4 介质中进行。

3）滴定速率

若开始滴定速率太快，使滴入的 $KMnO_4$ 来不及和 $C_2O_4^{2-}$ 反应，而发生分解反应：$4MnO_4^- + 12H^+ = 4Mn^{2+} + 5O_2\uparrow + 6H_2O$。有时也可加入少量 Mn^{2+} 作催化剂以加速反应。

2. 高锰酸钾法应用示例

1）直接滴定法测定 H_2O_2

在酸性溶液中 H_2O_2 被 $KMnO_4$ 定量氧化，其反应式为

$$2MnO_4^- + 5H_2O_2 + 6H^+ = 2Mn^{2+} + 5O_2\uparrow + 8H_2O$$

可加入少量 Mn^{2+} 加速反应。

2）间接滴定法测定 Ca^{2+}

先用 $C_2O_4^{2-}$ 将 Ca^{2+} 全部沉淀为 CaC_2O_4，沉淀经过滤、洗涤后溶于稀 H_2SO_4，然后用 $KMnO_4$ 标准溶液滴定，间接测得 Ca^{2+} 的含量。

3）返滴定法测定 MnO_2 和有机物

在含 MnO_2 试液中加入过量、计量的 $C_2O_4^{2-}$，在酸性介质中发生反应：

$$MnO_2 + C_2O_4^{2-} + 4H^+ \Longrightarrow Mn^{2+} + 2CO_2\uparrow + 2H_2O$$

待反应完全后，用 $KMnO_4$ 标准溶液返滴定剩余的 $C_2O_4^{2-}$，可求得 MnO_2 含量。该法也可用于测定 PbO_2 的含量。

在碱性溶液中高锰酸钾法可以测定某些具有还原性的有机物，如甘油、甲酸、甲醇、甲醛、酒石酸、柠檬酸、苯酚、葡萄糖等。以测定甘油为例，将一定过量的碱性（2mol/L NaOH）$KMnO_4$ 标准溶液于含有甘油的试液中，发生如下反应：

$$C_3H_8O_3 + 14MnO_4^- + 20OH^- \Longrightarrow 3CO_3^{2-} + 14MnO_4^{2-} + 14H_2O$$

待反应完全后，将溶液酸化 MnO_4^{2-} 歧化成 MnO_4^- 和 MnO_2，加入一定过量的还原剂 $FeSO_4$ 标准溶液使所有高价锰还原为 Mn^{2+}，再用 $KMnO_4$ 标准溶液滴定剩余的还原剂 $FeSO_4$。最后通过一系列计量关系（由 2 次加入 $KMnO_4$ 的量和 $FeSO_4$ 的量），求得甘油的含量。

9.3.2 重铬酸钾法

1）重铬酸钾法的特点

$K_2Cr_2O_7$ 是一种常用的氧化剂，在酸性介质中的半反应为

$$Cr_2O_7^{2-} + 14H^+ + 6e \Longrightarrow 2Cr^{3+} + 7H_2O \qquad \varphi^\theta = 1.33V$$

重铬酸钾法
测定铁的过程

重铬酸钾法与高锰酸钾法相比有如下特点：

（1）$K_2Cr_2O_7$ 易提纯、较稳定，在 $140\sim150℃$ 干燥后，可作为基准物质直接配制标准溶液。

（2）$K_2Cr_2O_7$ 标准溶液非常稳定，可以长期保存在密闭容器内，溶液浓度不变。

（3）在室温下，$K_2Cr_2O_7$ 不与 Cl^- 反应，故可以在 HCl 介质中作滴定剂。

（4）$K_2Cr_2O_7$ 法需用指示剂。

2）应用示例——铁的测定

将含铁试样用 HCl 溶解后，先用 $SnCl_2$ 将大部分 Fe^{3+} 还原至 Fe^{2+}，然后在 Na_2WO_3 存在下，以 $TiCl_3$ 还原剩余的 Fe^{3+} 至 Fe^{2+}，而稍过量的 $TiCl_3$ 使 Na_2WO_3 被还原为钨蓝，使溶液呈现蓝色，以指示 Fe^{3+} 被还原完毕。然后以 Cu^{2+} 作催化剂，利用空气氧化或滴加稀 $K_2Cr_2O_7$ 溶液使钨蓝恰好褪色。再于 H_3PO_4 介质中（也可以用 H_2SO_4-H_3PO_4 介质），以二苯胺磺酸钠为指示剂，用 $K_2Cr_2O_7$ 标准溶液滴定 Fe^{2+}。加 H_3PO_4 的作用是：

（1）提供必要的酸度。

（2）与 Fe^{3+} 形成稳定的且无色的 $Fe(HPO_4)_2^-$，既使电极电势降低，使二苯胺磺酸钠变色点的电极电势落在滴定的电极电势突跃范围内，又掩蔽了 Fe^{3+} 的黄色，有利于终点的观察。

9.3.3　碘量法

1. 直接碘量法和间接碘量法

I_2 是较弱的氧化剂，只能与较强的还原剂作用；而 I^- 是中等强度的还原剂，能与许多氧化剂作用。因此，碘量法可用直接和间接的两种方式进行。

1）直接碘量法

直接碘量法又称碘滴定法，它是用 I_2 标准溶液直接滴定电极电势比 $\varphi^\circ_{I_2/I^-}$ 低的还原性物质，如维生素 C、A_2O_3、Sn^{2+}、Sb^{3+}、SO_3^{2-} 等。

（1）基本反应：

$$I_2 + 2e \Longleftrightarrow 2I^-$$

（2）酸碱度。

直接碘量法应在酸性、中性或弱碱性条件下进行。如果溶液的 pH>9，则会发生如下的副反应：

$$4I_2 + 6OH^- \Longrightarrow 5I^- + 3IO^- + 3H_2O$$

（3）指示剂。

直接碘量法常用淀粉溶液为指示剂，在滴定前加入，终点颜色为蓝色。

（4）应用示例——维生素 C 含量测定。

维生素 C 又称为抗坏血酸，分子式为 $C_6H_8O_6$，相对分子量为 176.12，属于水溶性维生素，在医药上和化学上应用十分广泛。

维生素 C 具有较强的还原性（$\varphi^\circ_{C_6H_6O_6/C_6H_8O_6} = 0.18V$），维生素 C 分子中的烯二醇基被 I_2 氧化成二酮，反应式为

反应是等物质的量的定量反应。用直接碘量法可测定某些药片、注射液及水果中维生素 C 的含量。

【例 9.3】　称取维生素 C 0.2210g，加入 100mL 新煮沸过的冷蒸馏水和 10mL 稀 HAc 的混合液使之溶解，加淀粉指示剂 1mL，立即用 0.0500mol/L I_2 标准溶液滴定至溶液显持续蓝色，消耗 23.26mL。计算维生素 C 的质量分数。

解　因为 I_2 和维生素 C（物质的量比为 1∶1），因此

$$w_{维生素C} = \frac{cV \times M_{维生素C} \times 10^{-3}}{m_s} \times 100\%$$

$$= \frac{0.0500 \times 23.26 \times 176.12 \times 10^{-3}}{0.2210} \times 100\%$$

$$= 92.67\%$$

2) 间接碘量法

间接碘量法又称滴定碘法，它是利用 I^- 作为还原剂，在一定的条件下与电极电势高的氧化性物质（如漂白粉、葡萄糖酸锑钠等）作用，定量析出 I_2，然后用 $Na_2S_2O_3$ 标准溶液滴定置换出 I_2（置换滴定法）；它也可以用过量的 I_2 标准溶液与电极电势低的还原性物质（如焦亚硫酸钠、葡萄糖、咖啡因等）反应，再用 $Na_2S_2O_3$ 标准溶液返滴定剩余的 I_2（返滴定法），从而间接地测定物质的含量。

（1）基本反应：

$$2I^- - 2e \Longleftrightarrow I_2$$
$$I_2 + 2S_2O_3^{2-} \Longrightarrow 2I^- + S_4O_6^{2-}$$

（2）酸碱度。

间接碘量法必须在中性或弱酸性条件下进行。因为在碱性溶液中，I_2 与 $Na_2S_2O_3$ 会发生下列副反应：

$$S_2O_3^{2-} + 4I_2 + 10OH^- \Longrightarrow 2SO_4^{2-} + 8I^- + 5H_2O$$

若在强酸性溶液中，$Na_2S_2O_3$ 容易发生分解：

$$S_2O_3^{2-} + 2H^+ \Longrightarrow S\downarrow + SO_2 + H_2O$$

同时，I^- 在酸性溶液中容易被空气中的 O_2 氧化：

$$4I^- + 4H^+ + O_2 \Longrightarrow 2I_2 + 2H_2O$$

（3）指示剂。

间接碘量法同样使用淀粉溶液为指示剂，但应在临近终点时（溶液呈浅黄色）才加入，以免较多的 I_2 被淀粉吸附，终点推迟，导致结果偏低。另外，淀粉指示剂应新鲜配制使用，若放置时间过久，则与 I_2 形成加合物呈紫色或红色，在用 $Na_2S_2O_3$ 标准溶液滴定时褪色较慢，终点变化不敏锐。

2. 标准溶液的配制与标定

碘量法中使用的标准溶液是 $Na_2S_2O_3$ 溶液和 I_2 溶液。

由于 $Na_2S_2O_3 \cdot 5H_2O$ 纯度不够高，易风化和潮解，因此 $Na_2S_2O_3$ 不能用直接法配制，配好的 $Na_2S_2O_3$ 溶液也不稳定，易分解，其原因是：

（1）遇酸分解，水中的 CO_2 使水呈弱酸性：

$$S_2O_3^{2-} + CO_2 + H_2O \xrightarrow{pH<4.6} HCO_3^- + HSO_3^- + S\downarrow$$

此分解作用一般在初制成溶液的最初 10d 内进行。

（2）受水中微生物的作用使

$$S_2O_3^{2-} \longrightarrow SO_3^{2-} + S\downarrow$$

（3）空气中氧的作用使

$$S_2O_3^{2-} + O_2 \longrightarrow SO_4^{2-} + S\downarrow$$

（4）见光分解。

另外，蒸馏水中可能含有的 Fe^{3+}、Cu^{2+} 等会催化 $Na_2S_2O_3$ 溶液的氧化分解。

$$2Cu^{2+} + 2S_2O_3^{2-} \Longrightarrow 2Cu^+ + S_4O_6^{2-}$$

$$2Cu^+ + \frac{1}{2}O_2 + H_2O = 2Cu^{2+} + 2OH^-$$

因此配制 $Na_2S_2O_3$ 溶液的方法是：称取比计算用量稍多的 $Na_2S_2O_3 \cdot 5H_2O$ 试剂，溶于新煮沸（除去水中的 CO_2 并灭菌）并已冷却的蒸馏水中，加入少量 Na_2CO_3 使溶液呈弱碱性，以抑制微生物的生长。溶液储于棕色瓶中置数天后进行标定。若发现溶液变浑浊，需过滤后再标定，严重时应弃去重新配制。

标定 $Na_2S_2O_3$ 溶液的基准物质有 $K_2Cr_2O_7$、$KBrO_3$、KIO_3 等，其中 $K_2Cr_2O_7$ 最常用。

标定实验的主要步骤是在酸性溶液中，$K_2Cr_2O_7$ 与过量 KI 反应，生成与 $K_2Cr_2O_7$ 计量相当的 I_2，在暗处放置 3～5min 使反应完全，然后加蒸馏水稀释以降低酸度，在弱酸性条件下用待标定的 $Na_2S_2O_3$ 溶液滴定析出的 I_2，近终点时溶液呈现稻草黄色（I_3^- 黄色与 Cr^{3+} 绿色）时，加入淀粉指示剂（若滴定前加入，由于 I_2-淀粉吸附化合物，不易与 $Na_2S_2O_3$ 反应，给滴定带来误差），继续滴定至蓝色消失即为终点。最后准确计算 $Na_2S_2O_3$ 溶液的浓度。

I_2 标准溶液虽然可以用纯 I_2 直接配制，但由于 I_2 的挥发性强，很难准确称量。一般先称取一定量的 I_2 溶于少量 KI 溶液中，KI 加入量一般 3 倍于 I_2 重，再加等重的水溶解后稀释至所需体积。如配制 0.05mol/L I_2 溶液时需称取 13g I_2、39g KI，加水 52mL 溶解后稀释至 1L，溶液中自由 KI 浓度约为 3%，配制好的溶液应保存于棕色磨口瓶中。I_2 溶液可以用基准物质 As_2O_3 标定，也可用已标定的 $Na_2S_2O_3$ 溶液标定。

 **学习资源**

日日相伴的化学品——食盐、碘化合物

我们知道食盐的主要成分就是 NaCl，这是人们生活中最常用的一种调味品。但是它的作用绝不仅是增加食物的味道，它是人体组织的一种基本成分，对保证体内正常的生理、生化活动和功能，起着重要作用。Na^+ 和 Cl^- 在体内的作用是与 K^+ 等元素相互联系在一起的，错综复杂。其最主要的作用是控制细胞、组织液和血液内的电解质平衡，以保持体液的正常流通和控制体内的酸碱平衡。Na^+ 与 K^+、Ca^{2+}、Mg^{2+} 还有助于保持神经和肌肉的适当应激水平；NaCl 和 KCl 对调节血液的适当黏度或稠度起作用；胃里开始消化某些食物的酸和其他胃液、胰液及胆汁里的助消化的化合物，也是由血液里的钠盐和钾盐形成的。此外，适当浓度的 Na^+、K^+ 和 Cl^- 对于视网膜对光反应的生理过程也起着重要作用。

KI、NaI、碘酸盐等含碘化合物，在实验室中是重要试剂；在食品和医疗上，它们又是重要的养分和药剂，对于维护人体健康起着重要的作用。碘是人体内的一种必需微量元素，是甲状腺激素的重要组成成分。正常人体内共含碘 15mg～20mg，其中 70%～80% 浓集在甲状腺内。人体内的碘以化合物的形式存在，其主要生理作用通过形成甲状腺激素而发生。因此，甲状腺素所具有的生理作用和重要机能，均与碘有直接关

系。人体缺乏碘可导致一系列生化紊乱及生理功能异常，如引起地方性甲状腺肿，导致婴幼儿生长发育停滞、智力低下等。

 复习与思考

一、填空题

1. 氧化还原滴定法应具备的条件是＿＿＿＿＿＿＿＿＿＿，＿＿＿＿＿＿＿＿＿＿，＿＿＿＿＿＿＿＿＿，＿＿＿＿＿＿＿＿＿。

2. 在氧化还原滴定法中，指示剂一般分为＿＿＿＿＿＿指示剂、＿＿＿＿＿＿指示剂和＿＿＿＿指示剂三类。

3. 用 $Na_2C_2O_4$ 标定 $KMnO_4$ 溶液浓度时，指示剂是＿＿＿＿＿＿。

4. 在高锰酸钾法中，调节酸度使用的酸是＿＿＿＿＿＿。

5. 间接碘量法中，应选择的指示剂和加入时间是＿＿＿＿＿＿。

二、计算题

1. 用 $K_2Cr_2O_7$ 标定 NaS_2O_3 溶液。称取 $K_2Cr_2O_7$ 1.1895g，溶解后转入 250.0mL 容量瓶中，稀释至刻度，移取 25.00mL，在酸性溶液中加入过量的 KI，析出的 I_2 立即用 $Na_2S_2O_3$ 溶液滴定至终点，消耗 23.98mL。计算 NaS_2O_3 溶液的浓度（$M_{K_2Cr_2O_7}$ ＝ 294.20g/mol）。

2. 称取基准物质 $Na_2C_2O_4$ 0.2372g，加水溶解并加浓 H_2SO_4 使溶液呈酸性。用 $KMnO_4$ 溶液滴定至终点，消耗 35.22mL。计算 $KMnO_4$ 溶液的浓度（$M_{Na_2C_2O_4}$ ＝ 134.00g/mol）。

第 10 章　沉淀溶解平衡与沉淀滴定法

☞ **能力要求**
　　（1）能正确进行沉淀滴定分析。
　　（2）能根据不同的离子选择不同的指示剂。

☞ **知识要求**
　　（1）了解沉淀滴定法的基本原理。
　　（2）掌握沉淀滴定法中不同的指示剂法。

☞ **教学活动建议**
　　通过简单实验，观察沉淀的产生与消除。

沉淀溶解平衡
与沉淀滴定法

与酸碱平衡体系不同，沉淀溶解平衡是一种两相化学平衡体系。溶液中离子间相互作用析出难溶性固态物质的反应称为沉淀反应。如果在含有 $CaCO_3$ 的溶液中加入过量的 HCl 溶液，则可使沉淀溶解，该反应称为溶解反应。这两种反应的特征是都有固体的生成和消失，存在固态难溶电解质与由它解离产生的离子之间的平衡，这种平衡称为沉淀溶解平衡。在化工生产和化学实验中，常利用沉淀反应来进行物质的分离、提纯或鉴定。以沉淀溶解平衡反应为基础，形成了沉淀滴定法。

10.1　沉淀溶解平衡

10.1.1　溶度积常数

　　一般来说，物质的溶解度是指物质在水中溶解的程度，在水中绝对不溶的物质是没有的。根据物质在水中溶解度的大小，将其分为：

易溶物　溶解度 $S>1g/100g$

可溶物　溶解度 $S=0.1\sim1g/100g$

微溶物　溶解度 $S=0.01\sim0.1g/100g$

难溶物　溶解度 $S<0.01g/100g$

（注：100g＝100g 水）

　　难溶电解质的溶解过程是一个可逆过程。例如，将难溶电解质 $BaSO_4$ 固体放入水中，在极性的水分子作用下，表面的 Ba^{2+} 和 SO_4^{2-} 进入溶液，成为水合离子，这就是

$BaSO_4$ 固体溶解的过程。同时，溶液中的 Ba^{2+} 和 $SO_4{}^{2-}$ 在无序的运动中，可能同时碰到 $BaSO_4$ 固体的表面而析出，这个过程称为沉淀过程。在一定温度下，当溶解的速率与沉淀的速率相等时，溶解与沉淀就会建立起动态平衡，这种状态称为难溶电解质的溶解－沉淀平衡。其平衡式可表示为

$$BaSO_4(s) \xrightarrow[\text{沉淀}]{\text{溶解}} Ba^{2+}(aq) + SO_4^{2-}(aq)$$

该反应的标准平衡常数为

$$K^{\theta} = \frac{c_{Ba^{2+}}}{c^{\theta}} \cdot \frac{c_{SO_4^{2-}}}{c^{\theta}}$$

对于一般的难溶电解质的溶解沉淀平衡可表示为

$$A_nB_m(s) \rightleftharpoons nA^{m+}(aq) + mB^{n-}(aq)$$

$$K_{sp}^{\theta} = \left[\frac{c_A^{m+}}{c^{\theta}}\right]^n \cdot \left[\frac{c_B^{n-}}{c^{\theta}}\right]^m \tag{10-1}$$

简写为 　　　　　　　　$K_{sp}^{\theta} = [A^{m+}]^n \cdot [B^{n-}]^m$

在一定温度时，难溶电解质的饱和溶液中，各离子浓度幂次方的乘积为常数，该常数称为溶度积常数，简称溶度积，用符号 K_{sp}^{θ} 表示。

K_{sp}^{θ} 是表征难溶物溶解能力的特征常数，其值与温度有关，与浓度无关，其数值可由实验测得或通过热力学数据计算得到。

10.1.2　溶度积和溶解度的关系

溶度积 K_{sp}^{θ} 和溶解度 S 的数值都可以表示物质的溶解能力，但溶度积 K_{sp}^{θ} 仅对难溶电解质而言。

1. AB 型难溶电解质

设其溶解度为 S，则在水中的沉淀溶解平衡为 $AB(s) \rightleftharpoons A^{n+}(aq) + B^{n-}(aq)$

$$K_{sp}^{\theta} = [A^{n+}] \cdot [B^{n-}] = S^2 \qquad S = \sqrt{K_{sp}^{\theta}} \tag{10-2}$$

2. A_2B 型难溶电解质

设其溶解度为 S，则在水中的沉淀溶解平衡为 $A_2B(s) \rightleftharpoons 2A^{n+}(aq) + B^{2n-}(aq)$

$$K_{sp}^{\theta} = [A^{n+}]^2 \cdot [B^{2n-}] = 4S^3 \qquad S = \sqrt[3]{\frac{K_{sp}^{\theta}}{4}} \tag{10-3}$$

【例 10.1】　试比较 $AgCl$ 和 Ag_2CrO_4 在纯水中溶解度的大小。已知 $K_{sp(AgCl)}^{\theta} = 1.8 \times 10^{-10}$，$K_{sp(Ag_2CrO_4)}^{\theta} = 1.1 \times 10^{-12}$。

解　由式(10-2) 和式(10-3) 可分别计算两种难溶物的溶解度：

$AgCl$ 的溶解度　$S = \sqrt{1.8 \times 10^{-10}} = 1.3 \times 10^{-5}$ （mol/L）

Ag_2CrO_4 的溶解度　$S=\sqrt[3]{\dfrac{K_{sp}^{\theta}}{4}}=\sqrt[3]{\dfrac{1.1\times10^{-12}}{4}}=6.5\times10^{-5}$（mol/L）

即 Ag_2CrO_4 的溶解度大于 $AgCl$ 的溶解度。

由以上计算可以看出，不同类型的难溶电解质不能直接利用 K_{sp}^{θ} 的大小来比较溶解能力。

10.2　影响沉淀溶解平衡的因素

沉淀溶解平衡与其他化学平衡类似，除温度影响以外，其他条件的改变也会导致平衡的破坏。

10.2.1　同离子效应

【例 10.2】　计算 $BaSO_4$ 在纯水和 0.01mol/L Na_2SO_4 溶液中的溶解度（已知 $K_{sp(BaSO_4)}^{\theta}=1.1\times10^{-10}$）。

解　$BaSO_4$ 在纯水中的溶解度
$$S=\sqrt{1.1\times10^{-10}}=1.0\times10^{-5}（mol/L）$$

设 $BaSO_4$ 在 0.01mol/L Na_2SO_4 溶液中的溶解度为 x，存在如下的平衡关系：
$$BaSO_4 \Longrightarrow Ba^{2+}+SO_4^{2-}$$
平衡浓度　　　　　　　　　　　　　x　　$x+0.01$

因为 $BaSO_4$ 的 K_{sp}^{θ} 很小，所以 x 相对 0.01mol/L 来说是很小的，所以 $K_{sp(BaSO_4)}^{\theta}=x(x+0.01)\approx0.01x$，即
$$x=K_{sp}^{\theta}/0.01=1.1\times10^{-10}/0.01=1.1\times10^{-8}$$

由以上计算结果可知，在平衡体系中加入 SO_4^{2-} 后，减小了 $BaSO_4$ 的溶解度。这种在难溶电解质的沉淀溶解平衡体系中，由于加入与体系含有相同离子的易溶电解质，而导致难溶电解质的溶解度降低的现象，称为同离子效应。

10.2.2　盐效应

与强电解质对弱酸、弱碱解离平衡的影响类似，在难溶电解质体系中加入其他易溶电解质，由于溶液中的离子强度增大，会使难溶电解质的溶解度增大，而且加入的电解质浓度越大，难溶物的溶解度也越大，这种现象称为盐效应（salt effect）。实验结果表明，当溶液中 KNO_3 的浓度由 0 增加到 0.01mol/L 时，$AgCl$ 的溶解度可增加 12%，而 $BaSO_4$ 的溶解度可增大 70%。

利用同离子效应降低沉淀的溶解度时，还应考虑盐效应的影响，即沉淀剂不能过量太多，否则可能会因为盐效应使沉淀的溶解度增加。

由表 10-1 可知，当 Na_2SO_4 的浓度不大时，由于同离子效应的影响，$PbSO_4$ 的溶解度逐渐减小，而当 Na_2SO_4 的浓度过量较多时，由于盐效应，又使 $PbSO_4$ 的溶解度逐渐增加。一般情况下，当沉淀剂过量不多时，我们一般不考虑盐效应的影响。

表 10-1　PbSO$_4$ 在不同浓度的 Na$_2$SO$_4$ 溶液中的溶解度

Na$_2$SO$_4$/(mol/L)	0	0.001	0.01	0.02	0.04	0.100	0.200
PbSO$_4$溶解度/(mg/L)	0.15	0.024	0.016	0.014	0.013	0.016	0.023

10.3　溶度积原理及其应用

10.3.1　溶度积原理

在一定温度下，难溶电解质的沉淀是否生成或溶解，可以根据溶度积原理来判断。在难溶电解质溶液中，其离子浓度幂的乘积称为离子积，用 Q_i 表示，对于 A$_n$B$_m$ 型难溶电解质，则

$$Q_i = [A^{m+}]^n [B^{n-}]^m \tag{10-4}$$

Q_i 和 K_{sp}^θ 的表达式相同，但其意义是有区别的，K_{sp}^θ 表示难溶电解质沉淀溶解平衡时饱和溶液中离子浓度的乘积，对某一难溶电解质来说，在一定温度下 K_{sp}^θ 为一常数。而 Q_i 则表示任一条件下离子浓度的乘积，其值不是一个常数。K_{sp}^θ 只是 Q_i 的一种特殊情况。

对于某一给定的溶液，溶度积 K_{sp}^θ 与离子积之间的关系可能有以下三种情况：

（1）$Q_i > K_{sp}^\theta$ 时，溶液为过饱和溶液，会有沉淀析出，直至 $Q_i = K_{sp}^\theta$，达到饱和状态为止。所以 $Q_i > K_{sp}^\theta$ 是沉淀生成的条件。

（2）$Q_i = K_{sp}^\theta$ 时，溶液为饱和溶液，处于平衡状态。

（3）$Q_i < K_{sp}^\theta$ 时，溶液为未饱和溶液。若溶液中有难溶电解质固体存在，就会继续溶解，直至 $Q_i = K_{sp}^\theta$，达到饱和状态为止。所以 $Q_i < K_{sp}^\theta$ 是沉淀溶解的条件。

以上规则称为溶度积原理，可以判断沉淀生成和溶解。

10.3.2　溶度积原理的应用

1. 沉淀的生成

根据溶度积原理，在难溶电解质溶液中，若 $Q_i > K_{sp}^\theta$，则溶液为过饱和溶液，会有沉淀析出。

【例 10.3】　将下列溶液混合，是否生成 CaSO$_4$ 沉淀：

（1）20mL 1mol/L Na$_2$SO$_4$ 溶液与 20mL 1mol/L CaCl$_2$ 溶液。

（2）20mL 0.002mol/L Na$_2$SO$_4$ 溶液与 20mL 0.002mol/L CaCl$_2$ 溶液。

解　当两种溶液等体积混合时，浓度缩为原来的一半：

（1）$[Ca^{2+}] = 0.5$mol/L，$[SO_4^{2-}] = 0.5$mol/L，

则 $Q_i = [Ca^{2+}][SO_4^{2-}] = 0.5 \times 0.5 = 0.25$mol/L $> K_{sp}^\theta = 9.1 \times 10^{-6}$，

所以有沉淀析出直至 $[Ca^{2+}][SO_4^{2-}] = K_{sp}^\theta$ 为止。

（2）$[Ca^{2+}] = 0.001$mol/L，$[SO_4^{2-}] = 0.001$mol/L，

则 $Q_i = [Ca^{2+}][SO_4^{2-}] = 0.001 \times 0.001 = 1 \times 10^{-6}$ (mol/L) $< K_{sp}^\theta = 9.1 \times 10^{-6}$，

所以没有沉淀析出。

2. 沉淀是否完全

在定性分析中，溶液中被沉淀的离子浓度小于 1.0×10^{-5}mol/L，就可以认为该离

子已被沉淀完全。

【例 10.4】　室温下往含 Zn^{2+} 0.01mol/L 的酸性溶液中通入 H_2S 达到饱和，如果 Zn^{2+} 能完全沉淀为 ZnS，则沉淀完全时溶液中 $[H^+]$ 应为多少？

解　Zn^{2+} 能完全沉淀为 ZnS，则溶液中 Zn^{2+} 的浓度小于 $1.0\times10^{-5}mol/L$

根据溶度积原理：$[S^{2-}]=\dfrac{K^{\theta}_{sp(ZnS)}}{[Zn^{2+}]}=\dfrac{1.6\times10^{-24}}{10^{-5}}=1.6\times10^{-19}(mol/L)$

所以 $[H^+]=\sqrt{\dfrac{K^{\theta}_{a_1}K^{\theta}_{a_2}c_{H_2S}}{1.6\times10^{-19}}}=\sqrt{\dfrac{1.4\times10^{-21}}{1.6\times10^{-19}}}=9.3\times10^{-2}(mol/L)$

即 $[H^+]$ 应为 $9.3\times10^{-2}mol/L$ 以下。

在实际工作中，为了使离子沉淀完全，需加入过量的沉淀剂。但是如果沉淀剂加入过多，有时会发生其他的副反应，因此沉淀剂的量要适当，一般可加过量 20%～25% 的沉淀剂。

3. 沉淀的溶解

根据溶度积原理，当 $Q_i<K^{\theta}_{sp}$ 时，若溶液中有难溶电解质固体存在，就会继续溶解，直到 $Q_i=K^{\theta}_{sp}$，建立新的平衡状态。通常用来使沉淀溶解的方法有下列几种。

1）酸碱溶解法

酸碱溶解法是利用酸或碱与难溶电解质的组分离子反应生成可溶性弱电解质，使沉淀平衡向溶解的方向移动，导致沉淀的溶解。

例如，在含有固体 $CaCO_3$ 的饱和溶液中加入 HCl 后，体系中存在着下列平衡的移动：

$$
\begin{array}{c}
CaCO_3(s)\Longleftrightarrow Ca^{2+}+CO_3^{2-}\\
+\\
HCl\longrightarrow Cl^-+\ \ H^+\\
\big\Updownarrow\\
HCO_3^-+H^+\Longleftrightarrow H_2CO_3\longrightarrow CO_2\uparrow+\ H_2O
\end{array}
$$

由于 H^+ 与 CO_3^{2-} 结合生成弱酸 H_2CO_3，后者又分解为 CO_2 和 H_2O，使 $CaCO_3$ 饱和溶液中的 CO_3^{2-} 浓度大大减小，使 $c_{Ca^{2+}}\cdot c_{CO_3^{2-}}<K^{\theta}_{sp}$，因而 $CaCO_3$ 溶解了。

金属硫化物和难溶的金属氢氧化物，加酸溶解时，因为生成 H_2S 分子和水，使 $Q_i<K^{\theta}_{sp}$，也可以使沉淀溶解。

例如，ZnS 的酸溶解可用下列的平衡表示：

$$
\begin{array}{c}
ZnS(s)\Longleftrightarrow Zn^{2+}+\ S^{2-}\\
+\\
HCl\longrightarrow Cl^-+\ H^+\\
\big\Updownarrow\\
HS^-+H^+\Longleftrightarrow H_2S
\end{array}
$$

金属氢氧化物溶于强酸的总反应式为

$$M(OH)_n + nH^+ \Longrightarrow M^{n+} + nH_2O$$

反应平衡常数为

$$K^\theta = \frac{c_{M^{n+}}}{c_{H^+}^n} = \frac{c_{M^{n+}} \cdot c_{OH}^n}{c_{H^+}^n \cdot c_{OH}^n} = \frac{K_{sp}^\theta}{(K_w^\theta)^n}$$

室温时，$K_w^\theta = 10^{-14}$，而一般 MOH 的 K_{sp}^θ 大于 10^{-14}（即 K_w^θ），$M(OH)_2$ 的 K_{sp}^θ 大于 10^{-28}（即 $K_w^{\theta 2}$），$M(OH)_3$ 的 K_{sp}^θ 大于 10^{-42}（即 $K_w^{\theta 3}$），所以反应平衡常数都大于 1，表明金属氢氧化物一般都能溶于强酸。

【例 10.5】　计算 ZnS 在 0.50mol/L HCl 中的溶解度，已知 $K_{sp,ZnS}^\theta = 1.6 \times 10^{-24}$

解　　　　　　　$ZnS + 2H^+ \Longrightarrow Zn^{2+} + H_2S$

该反应的平衡常数表达式为

$$K^\theta = \frac{[H_2S][Zn^{2+}]}{[H^+]^2} = \frac{[H_2S][Zn^{2+}][S^{2-}]}{[H^+]^2[S^{2-}]} = \frac{K_{sp,ZnS}^\theta}{K_{a_1}^\theta K_{a_2}^\theta} = 1.1 \times 10^{-4}$$

该平衡常数较小，设 ZnS 的溶解度为 $x(mol/L)$，则生成的 H_2S 也为 $x(mol/L)$

$$ZnS + 2HCl \Longrightarrow ZnCl_2 + H_2S$$

初始浓度　　　　　　　　　　0.5

平衡浓度　　　　　　　　　　$0.5-2x$　　　x　　　x

$$\frac{x^2}{(0.5-2x)^2} = 1.1 \times 10^{-4}$$

解得　　　　　　　　　　$x = 5.2 \times 10^{-3}(mol/L)$

2）氧化还原溶解法

有些金属硫化物的 K_{sp}^θ 特别小，因而不能用 HCl 溶解。如 CuS 的 K_{sp}^θ 为 6.3×10^{-36}，如要使其溶解，则 c_{H^+} 需达到 10^6 mol/L，这是根本不可能的。如果使用具有氧化性的 HNO_3，通过氧化还原反应，将 S^{2-} 氧化成单质 S，反应式如下：

$$3S^{2-} + 2NO_3^- + 8H^+ \Longrightarrow 3S\downarrow + 2NO\uparrow + 4H_2O$$

使金属硫化物饱和溶液中 S^{2-} 浓度大大降低，离子积小于溶度积，从而金属硫化物溶解。例如，CuS 溶于 HNO_3 的反应式如下：

$$CuS(s) \Longrightarrow Cu^{2+} + S^{2-}$$
$$+$$
$$HNO_3 \longrightarrow S\downarrow + NO\uparrow + H_2O$$

HgS 的溶度积更小，K_{sp}^θ 为 6.44×10^{-53}，则需用王水来溶解，即利用浓 HNO_3 的氧化作用使 S^{2-} 降低，同时利用浓 HCl Cl^- 的配位作用使 Hg^{2+} 的浓度也降低，反应式如下：

$$3HgS + 2HNO_3 + 12HCl \longrightarrow 3H_2[HgCl_4] + 3S\downarrow + 2NO\uparrow + 4H_2O$$

3）配位溶解法

利用配位反应，使难溶盐组分的离子形成可溶性的配离子，从而达到沉淀溶解的目的。例如，AgCl 不溶于酸，但可溶于 NH_3 溶液，由于 NH_3 和 Ag^+ 结合而生成稳定的配离子 $[Ag(NH_3)_2]^+$，降低了 Ag^+ 的浓度，使 $Q_i < K_{sp}^\theta$，则固体 AgCl 开始溶解。其反应式为

$$AgCl(s) \Longrightarrow Ag^+ + Cl^-$$
$$+$$
$$2NH_3$$
$$\Updownarrow$$
$$[Ag(NH_3)_2]^+$$

对一些特别难溶的硫化物如 HgS,只利用氧化还原反应使 S^{2-} 浓度降低的方法,不足以使其溶解,必须使用王水,因为除了 HNO_3 能氧化 S^{2-} 到单质 S,同时 HCl 能使 Hg^{2+} 生成 $[HgCl]_4^{2-}$ 降低 Hg^{2+} 的浓度,从而使 $Q_i < K_{sp}^\theta$,HgS 沉淀才能溶解。

难溶卤化物还可以与过量的卤素离子形成配离子而溶解。例如:

$$AgI + I^- \longrightarrow AgI_2^-$$
$$PbI_2 + 2I^- \longrightarrow PbI_4^{2-}$$
$$CuI + I^- \longrightarrow CuI_2^-$$

两性氢氧化物在强碱性溶液中也能生成羟合配离子而溶解,如 $Al(OH)_3$ 与 OH^- 反应,生成配离子 $[Al(OH)_4]^-$。

10.3.3 分步沉淀和沉淀转化

1. 分步沉淀

在实际工作中,体系中往往同时存在着几种离子。这些离子均能与加入的同一沉淀剂发生沉淀反应,生成难溶电解质。由于各种难溶电解质的溶度积不同,析出的先后次序也不同,这种现象称为分步沉淀。随着沉淀剂的加入,离子积首先达到溶度积的难溶电解质将会先析出。

例如,在浓度均为 0.010mol/L 的 I^- 和 Cl^- 溶液中,逐滴加入 $AgNO_3$ 试剂,开始只生成黄色的 AgI 沉淀,加入一定量的 $AgNO_3$ 时,才出现白色的 AgCl 沉淀。

在上述溶液中,开始生成 AgI 和 AgCl 沉淀时所需要的 Ag^+ 离子浓度分别为

$$AgI : c_{[Ag^+]} > \frac{K_{sp(AgI)}^\theta}{c_{[I^-]}} = \frac{8.3 \times 10^{-17}}{0.010} = 8.3 \times 10^{-15} (mol/L)$$

$$AgCl : c_{[Ag^+]} > \frac{K_{sp(AgCl)}^\theta}{c_{[Cl^-]}} = \frac{1.8 \times 10^{-10}}{0.01} = 1.8 \times 10^{-8} (mol/L)$$

计算结果表明,沉淀 I^- 所需 Ag^+ 浓度比沉淀 Cl^- 所需 Ag^+ 浓度小得多,所以 AgI 先沉淀。不断滴入 $AgNO_3$ 溶液,当 Ag^+ 浓度刚超过 1.8×10^{-8} mol/L 时,AgCl 开始沉淀,此时溶液中存在的 I^- 浓度为

$$c_{[I^-]} = \frac{K_{sp(AgI)}^\theta}{c_{[Ag^+]}} = \frac{8.3 \times 10^{-17}}{1.8 \times 10^{-8}} = 4.6 \times 10^{-9} (mol/L)$$

可以认为,当 AgCl 开始沉淀时,I^- 已经沉淀完全。总之,利用分步沉淀可以进行离子分离。对于等浓度的同类型难溶电解质,总是溶度积小的先沉淀,而且溶度积差别越大,分离的效果也越好。对不同类型的难溶电解质,则需要通过计算来判断沉淀的先后次序和分离效果,不能根据容度积的大小直接判断。

【例 10.6】　若溶液中含有 0.010mol/L 的 Fe^{3+} 和 0.010mol/L 的 Mg^{2+}，计算用形成氢氧化物的方法分离两种离子的 pH 值应控制在什么范围？

解　查附表 5 得：$K^{\theta}_{sp[Fe(OH)_3]}=4.0\times10^{-38}$，$K^{\theta}_{sp,Mg(OH)_2}=1.8\times10^{-11}$

因为 $K^{\theta}_{sp[Fe(OH)_3]}=4.0\times10^{-38}\ll K^{\theta}_{sp[Mg(OH)_2]}=1.8\times10^{-11}$，所以 Fe^{3+} 先生成沉淀

当 Fe^{3+} 沉淀完全时，$[Fe^{3+}]=1.0\times10^{-5}\text{mol/L}$，则有

$$[OH^-]=\sqrt[3]{\frac{K^{\theta}_{sp[Fe(OH)_3]}}{[Fe^{3+}]}}=\sqrt[3]{\frac{4.0\times10^{-38}}{1.0\times10^{-5}}}=1.6\times10^{-11}\,(\text{mol/L})$$

$$pH=3.20$$

欲使 Mg^{2+} 不生成 $Mg(OH)_2$ 沉淀，则

$$[OH^-]<\sqrt{\frac{K^{\theta}_{sp[Mg(OH)_2]}}{[Mg^{2+}]}}=\sqrt{\frac{1.8\times10^{-11}}{0.010}}=4.2\times10^{-5}$$

$$pH=9.62$$

因此只要将 pH 值控制在 $3.20\sim9.62$，就能使 Fe^{3+} 沉淀完全，而 Mg^{2+} 沉淀又没有产生。

2. 沉淀的转化

在实验中，有时需要将一种沉淀转化为另一种沉淀，这种过程叫沉淀的转化。沉淀的转化有许多实用的价值。例如，锅炉中的锅垢 $CaSO_4$ 不溶于酸，常用 Na_2CO_3 处理，使锅垢中的 $CaSO_4$ 转化为疏松的可溶于酸的 $CaCO_3$ 沉淀，这样就可以清除锅垢。该沉淀转化反应的平衡常数很大，反应能进行完全。

$$CaSO_4(s)+CO_3^{2-}\rightleftharpoons CaCO_3(s)+SO_4^{2-}$$

$$K^{\theta}=\frac{[SO_4^{2-}]}{[CO_3^{2-}]}=\frac{[SO_4^{2-}][Ca^{2+}]}{[CO_3^{2-}][Ca^{2+}]}=\frac{K^{\theta}_{sp(CaSO_4)}}{K^{\theta}_{sp(CaCO_3)}}=\frac{9.1\times10^{-6}}{2.8\times10^{-9}}=3.2\times10^3$$

沉淀能否转化及转化的程度取决于两种沉淀溶度积的相对大小，一般 K^{θ}_{sp} 大的沉淀容易转化成 K^{θ}_{sp} 小的沉淀，且差值越大，转化越完全。

10.4　沉淀滴定法

沉淀滴定法是利用沉淀反应进行滴定的方法。用于沉淀滴定的反应应具备以下条件：

(1) 生成的沉淀有固定的组成，而且溶解度要小。

(2) 沉淀反应要迅速，反应物之间有准确的计量关系。

(3) 有合适的指示终点的方法。

(4) 沉淀的吸附现象不至于引起显著的误差。

这些要求不易同时满足，所以能用于沉淀滴定的反应不多。目前在生产上应用较广的是生成难溶性银盐的反应，例如：

$$Ag^++Cl^-\!\!=\!\!=AgCl\downarrow$$
$$Ag^++SCN^-\!\!=\!\!=AgSCN\downarrow$$

利用生成难溶银盐的沉淀滴定法称为银量法（argentimetry）。银量法可以测定 Cl^-、Br^-、I^-、Ag^+、SCN^- 等。银量法对于海、湖、井、矿盐和卤水以及电解液的分析和含氯有机物的测定，都有实际意义。

银量法中主要是终点的判断，现将几种不同指示剂确定终点的方法分别介绍如下。

10.4.1　莫尔法（Mohr）

1. 莫尔法原理

以 K_2CrO_4 为指示剂，在中性或弱碱性溶液中，用 $AgNO_3$ 标准溶液直接滴定 Cl^-（或 Br^-），这种直接滴定的方法通常称为莫尔法。该方法利用的是分步沉淀的原理。由于 AgCl（或 AgBr）的溶解度小于 Ag_2CrO_4 的溶解度，所以在滴定过程中 AgCl（或 AgBr）首先沉淀出来，待 AgCl（或 AgBr）定量沉淀后，过量一滴 $AgNO_3$ 与 K_2CrO_4 反应，可形成砖红色的 Ag_2CrO_4 沉淀，从而指示滴定终点的到达。

该方法的关键在于：当 Cl^-（或 Br^-）沉淀完全后，稍微过量的 Ag^+ 就能与 K_2CrO_4 反应，形成砖红色的 Ag_2CrO_4 沉淀，变色要及时、明显，这样才能正确指示滴定终点。所以 K_2CrO_4 的用量对指示终点有较大的影响。指示剂 K_2CrO_4 用量若过多，则砖红色沉淀过早生成，即终点提前；用量若过少，则终点推迟，都将带来滴定分析误差。

2. 莫尔法的滴定条件

滴定应在中性或弱碱性（pH 值为 $6.5 \sim 10.5$）介质中进行。

在酸性溶液中，CrO_4^{2-} 与 H^+ 发生如下反应，从而影响 Ag_2CrO_4 沉淀的生成：
$$CrO_4^{2-} + 2H^+ \rightleftharpoons 2HCrO_4^- \rightleftharpoons Cr_2O_7^- + H_2O$$

如果溶液碱性太强，则析出 Ag_2O 沉淀：
$$2Ag^+ + 2OH^- \rightleftharpoons Ag_2O\downarrow + H_2O$$

如果试液为酸性，应该先用 $Na_2B_4O_7 \cdot 10H_2O$、$NaHCO_3$、$CaCO_3$ 或 MgO 中和。若显强碱性，可先用稀 HNO_3 中和至酚酞的红色刚好褪去。

3. 莫尔法应用时的注意事项

（1）滴定时必须剧烈摇动。因为在化学计量点前，Cl^- 还没有反应完，这一部分的 Cl^- 容易被 AgCl 沉淀吸附，使 Ag_2CrO_4 沉淀过早出现，终点提早到达。

（2）当 Cl^-（或 Br^-）共存时，测得的是它们的总量。

（3）不能测定 I^- 和 SCN^-，因为 AgI 或 AgSCN 沉淀强烈吸附 I^- 或 SCN^-，致使终点过早出现。

（4）莫尔法的选择性较差，凡能与 CrO_4^{2-} 或 Ag^+ 生成沉淀的阳、阴离子均干扰滴定。例如，Ba^{2+}、pb^{2+}、Hg^{2+} 等及 PO_4^{2-}、AsO_4^{3-}、S^{2-}、$C_2O_4^{2-}$ 等均干扰测定。

（5）莫尔法是 Ag^+ 滴定 Cl^-，而不能用 Cl^- 滴定 Ag^+，因为 Ag_2CrO_4 转化成 AgCl 很慢。如要用莫尔法测 Ag^+ 可利用返滴定法，即先加入过量的 NaCl 溶液，待 AgCl 沉淀后，再用 $AgNO_3$ 滴定溶液中剩余的 Cl^-。

10.4.2 福尔哈德法 (Volhard)

以铁铵矾 $[NH_4Fe(SO_4)_2 \cdot 12H_2O]$ 作指示剂的银量法称为福尔哈德法，它包括直接滴定法和返滴定法两种。

1. 直接滴定法测 Ag^+

在 HNO_3 介质中，以铁铵矾 $[NH_4Fe(SO_4)_2 \cdot 12H_2O]$ 为指示剂，用 NH_4SCN(或 $KSCN$) 标准溶液滴定 Ag^+。滴定过程中首先生成白色的 $AgSCN$ 沉淀。

$$Ag^+ + SCN^- \Longrightarrow AgSCN\downarrow$$
待测　　标准溶液　　（白色）

在化学计量点附近时，Ag^+ 的浓度迅速降低，而 SCN^- 浓度迅速增大，当过量的 SCN^- 与铁铵矾中 Fe^{3+} 生成红色的 $[Fe(SCN)]^{2+}$，从而指示终点的到达。

$$Fe^{3+} + SCN^- \Longrightarrow [Fe(SCN)]^{2+}$$
指示剂　　　　　　（红色）

由于 $AgSCN$ 沉淀易吸附溶液中的 Ag^+，可使终点提前出现，所以在滴定时必须剧烈摇动，使吸附的 Ag^+ 释放出来。

2. 返滴定法测定卤素离子

在含有卤素离子或 SCN^- 的溶液中，加入一定过量的 $AgNO_3$ 标准溶液，使卤素离子或 SCN^- 生成银盐沉淀，然后以铁铵矾为指示剂，用 NH_4SCN 标准溶液滴定过量的 $AgNO_3$。由于滴定是在 HNO_3 介质中进行，许多弱酸盐如 PO_4^{3-}、AsO_4^{3-}、S^{2-} 等不干扰卤素滴定，因此这个方法的选择性较高。例如，测定 Cl^- 时，其反应式为

$$Cl^- + Ag^+ \Longrightarrow AgCl\downarrow$$
待测　　　　　已知过量
$$Ag^+ + SCN^- \Longrightarrow AgSCN\downarrow$$
剩余
$$Fe^{3+} + SCN^- \Longrightarrow [Fe(SCN)]^{2+}$$
指示剂　　　　　　（红色）

应该注意的是：

（1）用此法测 Cl^- 时，由于 $AgCl$ 沉淀的溶解度比 $AgSCN$ 的大。在临近化学计量点时，加入的 NH_4SCN 将和 $AgCl$ 发生沉淀的转化反应：$AgCl\downarrow + SCN^- \Longrightarrow AgSCN\downarrow + Cl^-$，如果剧烈摇动溶液，反应将不断向右进行，直至达到平衡。显然，到达终点时，将多消耗一部分 NH_4SCN 标准溶液。为了避免以上误差，通常采取以下两种措施：①试液中加入过量的 $AgNO_3$ 标准溶液后，将溶液煮沸使 $AgCl$ 凝聚。滤去沉淀并以稀 HNO_3 洗涤沉淀，再把洗涤液并入滤液中，然后用 NH_4SCN 返滴滤液中的 $AgNO_3$。②可在滴加 NH_4SCN 标准溶液前加入硝基苯并不断摇动，使 $AgCl$ 进入硝基苯层中而不与滴定液接触。

（2）用返滴定法测定溴化物或碘化物时，由于 $AgBr$ 和 AgI 的溶解度都比 $AgSCN$

小，不必把沉淀事先滤去或加硝基苯。但需指出，在测定碘化物时，指示剂应在加入过量 $AgNO_3$ 后才能加入，否则将发生下列反应，产生误差。

$$2Fe^{3+} + 2I^- \Longrightarrow 2Fe^{2+} + I_2$$

（3）反应当在酸性介质中进行。一般用 HNO_3 来控制酸度，使 $c_{H^+} = 0.2 \sim 1.0 mol/L$，在中性或碱性介质中，$Fe^{3+}$ 将水解形成 $Fe(OH)^{2+}$ 等深色配合物，影响终点观察。在碱性介质中，Ag^+ 会生成 Ag_2O 沉淀。

（4）该方法在 HNO_3 介质中，许多阴离子 PO_4^{2-}、AsO_4^{3-} 等都不会与 Ag^+ 生成沉淀，所以此法比莫尔法的选择性高，可用来测定 Cl^-、Br^-、I^-、SCN^- 等。

（5）强氧化剂、氮的低价氧化物、汞盐等能与 SCN^- 起反应，干扰测定，必须预先除去。

10.4.3　法扬斯法（Fajans）

法扬斯法采用吸附指示剂来确定终点。吸附指示剂是一些有机染料，它们的阴离子在溶液中容易被带正电荷的胶状沉淀所吸附，吸附后其结构发生变化而引起颜色变化，从而指示滴定终点的到达。几种常用吸附指示剂列于表 10-2。

表 10-2　常用吸附指示剂

吸附指示剂	被测离子	滴定剂	滴定条件（pH 值）
荧光黄	Cl^-、Br^-、I^-	$AgNO_3$	7～10
二氯荧光黄	Cl^-、Br^-、I^-	$AgNO_3$	4～10
曙红	SCN^-、Br^-、I^-	$AgNO_3$	2～10
溴甲酚绿	SCN^-	$AgNO_3$	4～5

例如，用 $AgNO_3$ 标准溶液滴定 Cl^- 时，常用荧光黄作吸附指示剂，荧光黄是一种有机弱酸，可用 HFIn 表示。它的解离式如下：

$$HFIn \Longrightarrow FIn^- + H^+$$

荧光黄阴离子 FIn^- 呈黄绿色。在化学计量点前，溶液中 Cl^- 过量，此时 AgCl 沉淀胶粒吸附 Cl^- 而带负电荷，形成 $AgCl \cdot Cl^-$，FIn^- 受排斥而不被吸附，溶液呈黄绿色。而在化学计量点时，稍微过量的 $AgNO_3$ 可使 AgCl 沉淀胶粒吸附 Ag^+ 而带正电荷，形成 $AgCl \cdot Ag^+$。这时溶液中的 FIn^- 被异电荷粒子所吸附，结构发生了变化，溶液由黄绿色变为粉红色，指示终点的到达。此过程可示意为

Cl^- 过量时　　　$AgCl \cdot Cl^- + FIn^-$（黄绿色）

Ag^+ 过量时　　　$AgCl \cdot Ag^+ + FIn^- \xrightarrow{\text{吸附}} AgCl \cdot Ag^+ FIn^-$（粉红色）

如果用 NaCl 标准溶液滴定 Ag^+ 时，则颜色的变化刚好相反。为了使终点颜色变化明显，使用吸附指示剂时要注意以下几点：

（1）由于颜色的变化发生在沉淀的表面，为此应尽量使沉淀的比表面大一些。所以在滴定过程中，应尽量使沉淀保持胶体状态，因此要加入一些糊精或淀粉溶液保护胶体，以阻止卤化银凝聚。同样道理，溶液中不能有大量电解质存在。

（2）溶液的酸度要适当。常用的吸附指示剂大多是有机弱酸，其 K_a^θ 值各不相同。例如，荧光黄（$pK_a^\theta = 7$），只能在中性或弱碱性（pH 为 7～10）溶液中使用。若 pH 值较低，则主要以 HFIn 形式存在，不被沉淀吸附，因而无法指示终点。

（3）溶液的浓度不能太稀，否则沉淀很少。观察终点比较困难。例如，用荧光黄作指示剂测氯化物时，其浓度 c_{Cl^-} 不能低于 5×10^{-3} mol/L。

（4）滴定不能在直接阳光照射下进行。卤化银沉淀对光敏感，易分解出金属银使沉淀变为灰黑色，影响终点观察。

（5）指示剂的吸附能力要适当，不要过大或过小，否则终点会提前或推迟。卤化银对卤化物和几种吸附指示剂的吸附的次序为 $I^- > SCN^- > Br^- >$ 曙光红 $> Cl^- >$ 荧光黄。因此，滴定 Cl^- 不能选曙光红，而应选荧光黄。

 **学习资源**

人体微量元素

人体是由 60 多种元素所组成。根据元素在人体内的含量不同，可分为宏量元素和微量元素两大类。凡是占人体总重量的 0.01％ 以上的元素，如碳、氢、氧、氮、钙、磷、镁、钠等，称为宏量元素；凡是占人体总重量的 0.01％ 以下的元素，如铁、锌、铜、锰、铬、硒、钼、钴、氟等，称为微量元素。微量元素在人体内的含量真是微乎其微，如锌只占人体总重量的 0.0033％，铁也只有 0.006％。微量元素虽然在人体内的含量不多，但与人的生存和健康息息相关。它们的摄入过量、不足或缺乏都会不同程度地引起人体生理的异常或发生疾病。微量元素最突出的作用是与生命活力密切相关，仅仅像火柴头那样大小或更少的量就能发挥巨大的生理作用。值得注意的是，这些微量元素必须直接或间接由土壤供给。根据科学研究，到目前为止，已被确认与人体健康和生命有关的必需微量元素有 18 种，即铁、铜、锌、钴、锰、铬、硒、碘、镍、氟、钼、钒、锡、硅、锶、硼、钶、砷。每种微量元素都有其特殊的生理功能。尽管它们在人体内含量极小，但它们对维持人体中的一些决定性的新陈代谢却是十分必要的。一旦缺少了这些必需的微量元素，人体就会出现疾病，甚至危及生命。例如，缺锌可引起口、眼、肛门或外阴部发红、丘疹、湿疹。又如，铁是构成血红蛋白的主要成分之一，缺铁可引起缺铁性贫血。国外曾有报道：机体内含铁、铜、锌总量减少，均可减弱免疫机制（抵抗疾病力量），降低抗病能力，助长细菌感染，而且感染后的死亡率亦较高。微量元素在抗病、防癌、延年益寿等方面都还起着不可忽视的作用。

 复习与思考

一、填空题

1. 银量法可以测定 _____、_____、_____、_____、_____ 和 _____ 等离子的含量。

2. 银量法按照指示滴定终点的方法不同而分为_____、_____、_____法。

3. 福尔哈德法按滴定方法分为_____和_____。

4. $AgNO_3$ 标准溶液见光易分解，应储于_____瓶中，存放一段时间后需_____。

二、计算题

1. 取尿样 5.00mL，加入 0.1016mol/L $AgNO_3$ 的溶液 20.00mL，过量的 $AgNO_3$ 消耗 0.1096mol/L NH_4SCN 标准溶液 8.60mL ，计算 1L 尿液中含 NaCl 多少克？

2. 称取 NaCl 基准物质 0.1173g，溶解后加入 30.00ml $AgNO_3$ 标准溶液，过量的 Ag^+ 需要 20mL NH_4SCN 标准溶液滴定至终点。已知 20.00mL $AgNO_3$ 标准溶液与 21.00mL NH_4SCN 标准溶液能完全作用，计算 $AgNO_3$ 和 NH_4SCN 溶液的浓度各为多少（已知 $M_{NaCl}=58.44g/mol$）？

第 11 章 配位平衡与配位滴定法

11.1 配位化合物

配位化合物简称配合物,也称络合物,是一类组成比较复杂、品种繁多、用途极为广泛的化合物。配合物不仅在化学领域里得到广泛的应用,并且对生命现象和医学也具有重要的意义。在生命活动过程中起着十分重要作用的微量元素——铁、铜、锌、锰、钴、铬和钼等,在体内与生物配体氨基酸、蛋白质、核苷酸等可形成配合物;在植物生长中起光合作用的叶绿素,是一种含镁的配合物;人和动物血液中起着输送氧作用的血红素,是一种含有亚铁的配合物;人体内各种酶(生物催化剂)几乎都含有以配合状态存在的金属元素;有些药物本身就是配合物,如维生素 B_{12} 是钴的配合物;而有些药物在体内可以形成配合物,从而起到预防或治疗疾病的作用,如二巯基丙醇、酒石酸锑钾、胰岛素等。

11.1.1 配合物的组成

配合物一般由内界和外界两部分组成。结合紧密且能稳定存在的配离子部分(如 $[Cu(NH_3)_4]^{2+}$、$[Cr(NH_3)_4Cl_2]^+$)称为内界,又叫配位个体。配位个体是配合物的特征部分,书写化学式时,用方括号括起来。配位个体以外的其他离子,如

$[Cu(NH_3)_4]SO_4$ 中的 SO_4^{2-}，$Na_3[Fe(CN)_6]$ 中的 Na^+，它们距中心离子较远，构成配合物的外界，写在方括号的外面。外界与内界之间以离子键结合。也有些配位化合物只有内界，没有外界，如 $[Co(NH_3)_3Cl_3]$。

现以配位化合物 $[Cu(NH_3)_4]SO_4$ 为例，其组成表示为

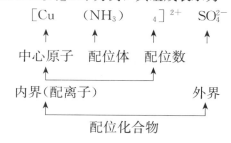

1. 中心离子（或原子）

中心离子是配合物的核心部分，它位于配合物的中心，一般为带正电荷的金属离子或原子。中心离子多为过渡元素的离子，如 Cu^{2+}、Ag^+、Zn^{2+}、Fe^{2+}、Co^{2+} 等，而一些具有高氧化态的非金属元素如 SiF_6^{2-} 中的 Si^{4+}、PF_6^- 中的 P^{5+} 等，也是较常见的中心离子。还有少数配合物如 $Ni(CO)_4$、$Fe(CO)_5$ 等，其"中心"或形成体不是离子而是中性原子。

2. 配位体和配位原子

在配合物中，与中心离子直接结合的阴离子或分子称为配位体，简称配体。配体可以是阴离子，如 X^-（卤素离子）、OH^-、SCN^-、CN^-、$RCOO^-$（羧酸根）、$C_2O_4^{2-}$、PO_4^{3-} 等，也可以是中性分子，如 NH_3、H_2O、CO、RCH_2OH（醇）、RCH_2NH_2（胺）、ROR（醚）等。配体中直接与中心离子（或原子）形成配位键的原子称为配位原子，如 F^-、NH_3、OH^-、H_2O 等配体中的 F、N、O 原子均是配位原子，其结构特点是外围电子层中有能提供给中心离子（或原子）的孤对电子。因此，配位原子主要是电负性较大的非金属元素，如 P、N、O、C、S 和卤素原子等。

按配体中配位原子的多少，可将配体分为单齿配体和多齿配体两类。有一个配位原子同中心离子（或原子）相结合的配体，称为单齿配体，如 X^-（卤素离子）、OH^-、SCN^-、CN^- 等。由单齿配体与中心离子直接配位形成的配合物，称为单齿配合物，例如 $[Cu(NH_3)_4]SO_4$、$H_2[SiF_6]$、$[Ni(CO)_4]$。有些配体中有两个或两个以上配位原子同时与中心离子（或原子）相结合的配体，称为多齿配体，如草酸根 $C_2O_4^{2-}$、乙二胺 $NH_2—CH_2—CH_2—NH_2(en)$ 均为双齿配体，乙二胺四乙酸（EDTA）为六齿配体。

3. 配位数

在配合物中，直接与中心离子（或原子）形成配位键的配位原子的总数称为该中心离子（或原子）的配位数。中心原子的配位数一般为 2、4、6、8，最常见的

是 4 和 6。

在计算中心离子的配位数时，一般是先在配合物中确定中心离子和配位体，接着找出配位原子的数目。如果配位体是单齿的，配位体的数目就是该中心离子的配位数。例如，$[Pt(NH_3)_4]Cl_2$ 和 $[Pt(NH_3)_2Cl_2]$ 中的中心离子都是 Pt^{2+}，而配位体前者是 NH_3，后者是 NH_3 和 Cl^-，这些配位体都是单齿的，因此它们的配位数都是 4；对于多齿配体，计算配位数要考虑配体的齿数，如 $[CoCl_2(en)_2]^+$ 中的配体数是 4，Cl^- 为单齿配体，en 为二齿配体，因此 Co^{3+} 的配位数是 $2×1+2×2=6$。

大多数中心原子在不同的配合物中可以表现出不同的配位数。例如，$[Cu(CN)_2]^-$ 中 Cu^{2+} 的配位数是 2，而 $[Cu(NH_3)_4]^{2+}$ 中 Cu^{2+} 的配位数是 4。

11.1.2　配合物的命名

配合物的种类繁多，有些组成较复杂，因此命名也较复杂。这里仅简单介绍配合物命名的基本原则。

（1）内界和外界：与一般无机化合物中的酸、碱、盐一样命名。阴离子在前，阳离子在后。阴阳离子之间如果配合物中的酸根是一个简单的阴离子，则称为某化某；如果酸根是一个复杂的阴离子，则称为某酸某。

（2）配离子及中性配位分子的命名顺序：配位体数—配位体名称—合—中心离子（或原子）（氧化数），其中配位数用中文数字一、二、三…表示，"一"常省略；中心离子（或原子）的氧化数用带括号的罗马数字Ⅰ、Ⅱ、Ⅲ……标出。

（3）配位体的命名顺序：先无机配位体，后有机配位体；先阴离子，后中性分子；先简单配位体，后复杂配位体。若配位体均为阴离子或均为中性分子，可按配位原子元素符号的英文字母顺序排列。不同配位体之间以圆点"·"隔开，复杂配位体均加括号，以免混淆。

下面是一些配合物命名的实例：

$K_2[PtCl_6]$：六氯合铂（Ⅳ）酸钾

$[Co(NH_3)_6]Cl_3$：三氯化六氨合钴（Ⅲ）

$[Pt(en)_2]Cl_2$：二氯化二（乙二胺）合铂（Ⅱ）

$[Cr(H_2O)_4Cl_2]Cl·2H_2O$：二水一氯化二氯·四水合铬（Ⅲ）

$[Co(NH_3)_5H_2O]Cl_3$：三氯化五氨·一水合钴（Ⅲ）

$[PtNH_2NO_2(NH_3)_2]$：氨基·硝基·二氨合铂（Ⅱ）

$[PtCl_4(NH_3)_2]$：四氯·二氨合铂（Ⅳ）

11.1.3　螯合物

1. 螯合物的概念

螯合物又称内配合物，是由配合物的中心离子和多齿配位体键合而成的具有环状结构的配合物。"螯合"即成环的意思，犹如螃蟹的两个螯把中心离子钳住，故叫螯合物。如 Cu^{2+} 与 2 分子乙二胺 $NH_2—CH_2—CH_2—NH_2$（简写为 en）形成两个五元环的螯合物〔Cu(en)₂〕²⁺，结构如图 11-1 所示。

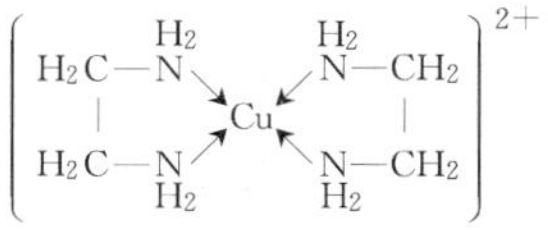

图 11-1　〔Cu(en)₂〕²⁺结构

　　形成螯合物必须具备两个条件：第一，螯合剂必须有两个或两个以上都能给出电子对的配位原子（主要是 N、O、S 等原子）；第二，每两个能给出电子对的配位原子，必须隔着两个或三个其他原子，因为只有这样，才可以形成稳定的五原子环或六原子环。例如，在氨基乙酸根离子（$H_2N-CH_2-COO^-$）中，给出电子的羧氧和氨基氮之间，隔着两个碳原子，因此它可以形成稳定的具有五原子环的化合物。四原子环在螯合物中是不常见的，六原子以上的环也是比较少的。

　　2. 螯合物的稳定性

　　由于螯环的存在，使得在相同配位数下，螯合物比单基配体形成的配合物有特殊的稳定性，这种稳定性称为螯合效应。螯合物的稳定性与螯环的大小、多少有关。大多数螯合物中具有五元环或六元环的稳定结构，五元环的螯合物最稳定，六元环次之。一种螯合剂与中心离子形成的螯环越多，配位体脱离中心离子的概率越小，螯合物越稳定。

11.2　配位滴定法

　　配位滴定法是以配位反应为基础的滴定分析方法。能够生成配位化合物的反应很多，但是并非全部适合于配位滴定。可用于配位滴定的反应必须具备下述条件：
　　（1）配位反应生成的配位化合物必须足够稳定且可溶。
　　（2）配位反应必须按一定的计量关系进行反应，这是定量计算的基础。
　　（3）配位反应速率必须要快。
　　（4）要有适当的方法指示滴定终点。
　　由于大多数无机配合物的稳定性不高，并存在逐级配位现象，因此能用于滴定分析的无机配位剂并不多。目前应用广泛的是一些有机配位剂，主要是氨羧配位剂（分子中大多数都含有氨基二乙酸基〔$-N(CH_2COOH)_2$〕），它含有配位能力很强的氨氮和羧氧两种配位原子，能与多数金属离子形成稳定的可溶性配位化合物。氨羧配位剂的种类很多，其中应用最为广泛的是乙二胺四乙酸（ethylene diamine tetraacetic acid，EDTA）。

　　以 EDTA 为滴定剂的配位滴定法简称为 EDTA 滴定法。通常配位滴定法主要是指 EDTA 滴定法。

11. 2. 1　EDTA 与金属离子配位反应及其稳定性

1. EDTA 的性质

乙二胺四乙酸，其结构式为

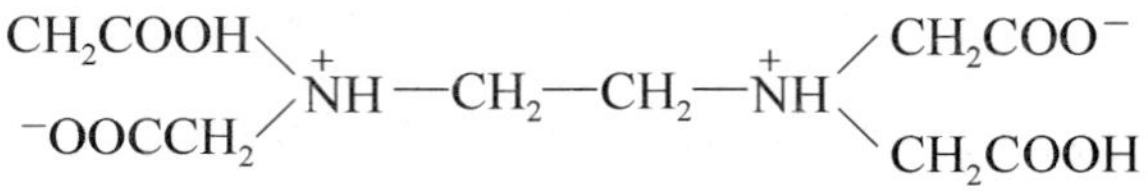

$$\underset{^-OOCCH_2}{\overset{CH_2COOH}{\diagdown}} \overset{+}{NH}-CH_2-CH_2-\overset{+}{NH} \underset{CH_2COOH}{\overset{CH_2COO^-}{\diagup}}$$

EDTA 是四元酸，如果用 Y 表示它的酸根，则可以简写成 H_4Y。两个羧基上的 H^+ 转移到氨基氮上，形成双偶极离子。当溶液的酸度较大时，两个羧酸根可以再接受两个 H^+。这时的 EDTA 就相当于六元酸，用 H_6Y^{2+} 表示。

EDTA 在水中的溶解度比较小，而其二钠盐在水中的溶解度却比较大，因此在实际应用中，人们常采用 EDTA 二钠盐，即 Na_2EDTA，用 Na_2H_4Y 表示，习惯上也直接叫 EDTA。除碱金属离子外，EDTA 几乎能与所有的金属离子形成稳定的金属螯合物，并且在一般情况下，不论金属离子是几价，金属离子都能与一个 EDTA 酸根（Y^{4-}）形成可溶性的稳定螯合物。

EDTA 在配位滴定中有广泛的应用，有以下几个特点：

（1）普遍性。由于在 EDTA 分子中存在 6 个配位原子，几乎能与所有的金属离子形成稳定的螯合物。

（2）组成恒定。在与大多数金属离子形成螯合物时，金属离子与 EDTA 以 1 : 1 配位。

（3）可溶性。EDTA 与金属离子形成的螯合物易溶于水。

（4）稳定性高。EDTA 与金属离子形成的螯合物很稳定，稳定常数都较大。

（5）配合物的颜色。与无色金属离子形成的配合物也是无色的，而与有色金属离子形成配合物的颜色一般加深。

一些常见金属离子与 EDTA 形成配合物的稳定常数见表 11-1。

表 11-1　常见的金属离子与 EDTA 形成配合物的稳定常数（$\lg K_{MY}$）（298. 15K）

金属离子	$\lg K_{MY}$	金属离子	$\lg K_{MY}$	金属离子	$\lg K_{MY}$	金属离子	$\lg K_{MY}$
Na^+	1.66	Sr^{2+}	8.73	Co^{2+}	16.31	Hg^{2+}	21.80
Li^+	2.79	Ca^{2+}	10.69	Zn^{2+}	16.50	Sn^{2+}	22.11
Ag^+	7.32	Mn^{2+}	13.87	Pb^{2+}	18.04	Fe^{3+}	25.1
Ba^{2+}	7.86	Fe^{2+}	14.32	Ni^{2+}	18.62	Sn^{4+}	34.5
Mg^{2+}	8.69	Al^{3+}	16.11	Cu^{2+}	18.80	Co^{3+}	36.0

2. EDTA 的解离平衡

在酸度很高的水溶液中，EDTA 有六级解离平衡：

$$H_6Y^{2+} \rightleftharpoons H^+ + H_5Y^+ \qquad K_{a_1}^{\theta} = \frac{c_{H^+} \cdot c_{H_5Y^+}}{c_{H_6Y^{2+}}} = 10^{-0.9}$$

$$H_5Y^+ \rightleftharpoons H^+ + H_4Y \qquad K_{a_2}^{\theta} = \frac{c_{H^+} \cdot c_{H_4Y}}{c_{H_5Y^+}} = 10^{-1.6}$$

$$H_4Y \rightleftharpoons H^+ + H_3Y^- \qquad K_{a_3}^{\theta} = \frac{c_{H^+} \cdot c_{H_3Y^-}}{c_{H_4Y}} = 10^{-2.0}$$

$$H_3Y^- \rightleftharpoons H^+ + H_2Y^{2-} \qquad K_{a_4}^{\theta} = \frac{c_{H^+} \cdot c_{H_2Y^{2-}}}{c_{H_3Y^-}} = 10^{-2.67}$$

$$H_2Y^{2-} \rightleftharpoons H^+ + HY^{3-} \qquad K_{a_5}^{\theta} = \frac{c_{H^+} \cdot c_{H_2Y^{3-}}}{c_{H_2Y^{2-}}} = 10^{-6.16}$$

$$HY^{3-} \rightleftharpoons H^+ + Y^{4-} \qquad K_{a_6}^{\theta} = \frac{c_{H^+} \cdot c_{Y^{4-}}}{c_{HY^{3-}}} = 10^{-10.26}$$

从以上解离方程式可以看出，EDTA 在水溶液中存在着 H_6Y^{2+}、H_5Y^+、H_4Y、H_3Y^-、H_2Y^{2-}、HY^{3-} 和 Y^{4-} 7 种型体，各种型体所占的分布分数 δ 随溶液中 pH 值的

变化而变化。它们的分布分数与溶液 pH 值的关系如图 11-2 所示。在 pH<0.90 的强酸性溶液中，EDTA 主要以 H_6Y^{2+} 型体存在；在 pH 值为 0.90~1.60 的溶液中，主要以 H_5Y^+ 型体存在；在 pH 值为 1.60~2.00 溶液中，主要以 H_4Y 型体存在；在 pH 值为 2.00~2.67 的溶液中，主要以 H_3Y^- 型体存在；在 pH 值为 2.67~6.16 的溶液中，主要以 H_2Y^{2-} 型体存在；在 pH 值为 6.16~10.26 的溶液中，主要以 HY^{3-} 型体存在；在 pH≥10.26 的溶液中，才主要以 Y^{4-} 型体存在。在这 7 种型体中，

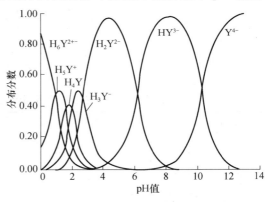

图 11-2　EDTA 各种型体的分布分数
与溶液 pH 值的关系

只有 Y^{4-} 才能直接与金属离子生成稳定的配合物，所以 Y^{4-} 也成为最佳配位型体。

11.2.2　影响 EDTA 配合物稳定性的主要因素

以 EDTA 作为滴定剂，在测定金属离子的反应中，由于大多数金属离子与其生成的配合物具有较大的稳定常数，因此反应可以定量完成。但在实际反应中，不同的滴定条件下，除了被测金属离子与 EDTA 的主反应外，还存在许多副反应，使形成的配合物不稳定，它们之间的平衡关系可用下式表示为

主反应 　　　　　　　M 　　　+　　　Y 　　⇌ 　　　MY
　　　　　OH⁻↗↖L 　　　　　H⁺↗↖N 　　　　H⁺↗↖OH⁻

副反应 　　M（OH） ML 　　　HY 　　NY 　　MHY 　MOHY
　　　　　　　↓↑ 　↓↑ 　　　　↓↑
　　　　M（OH）$_n$ ML$_n$ 　　　H$_6$Y

在一般情况下，如果体系中没有干扰离子，且没有其他配位剂，则影响主反应的因素主要是 EDTA 的酸效应及金属离子的水解；若存在其他配位剂，则除了考虑金属离子的水解，还应考虑金属离子的辅助配位效应。

1. EDTA 酸效应及酸效应系数

在 EDTA 的多种型体中，只有 Y^{4-} 可以与金属离子进行配位。由 EDTA 各种型体的分布分数与溶液 pH 值的关系图可知，随着酸度的增加，Y^{4-} 的分布分数减小。这种由于 H^+ 的存在使 EDTA 参加主反应的能力下降的现象称为酸效应。

酸效应的大小用酸效应系数 $\alpha_{Y(H)}$ 来衡量，它是指未参加配位反应的 EDTA 各种存在型体的总浓度 $c_{Y'}$ 与能直接参与主反应的 Y^{4-} 的平衡浓度 $c_{Y^{4-}}$ 之比，即酸效应系数只与溶液的酸度有关，溶液的酸度越高，$\alpha_{Y(H)}$ 就越大，Y^{4-} 的浓度越小（表 11-2）。

$$\alpha_{Y(H)} = \frac{c_{Y'}}{c_{Y^{4-}}} = \frac{c_{Y^{4-}} + c_{HY^{3-}} + c_{H_2Y^{2-}} + \cdots + c_{H_6Y^{2+}}}{c_{Y^{4-}}}$$

$$= 1 + \frac{c_{HY^{3-}}}{c_{Y^{4-}}} + \frac{c_{H_2Y^{2-}}}{c_{Y^{4-}}} + \cdots + \frac{c_{H_6Y^{2+}}}{c_{Y^{4-}}}$$

$$= 1 + \frac{c_{H^+}}{K_{a_6}^{\theta}} + \frac{c_{H^{+2}}}{K_{a_6}^{\theta} K_{a_5}^{\theta}} + \cdots + \frac{c_{H^{+6}}}{K_{a_6}^{\theta} K_{a_5}^{\theta} \cdots K_{a_1}^{\theta}} \qquad (11\text{-}1)$$

表 11-2　EDTA 在不同 pH 值条件时的酸效应系数（$\lg\alpha_{Y(H)}$）

pH 值	$\lg\alpha_{Y(H)}$	pH 值	$\lg\alpha_{Y(H)}$	pH 值	$\lg\alpha_{Y(H)}$	pH 值	$\lg\alpha_{Y(H)}$
0.0	23.64	3.8	8.85	7.4	2.88	11.0	0.07
0.4	21.32	4.0	8.44	7.8	2.47	11.5	0.02
0.8	19.08	4.4	7.64	8.0	2.27	11.6	0.02
1.0	18.01	4.8	6.84	8.4	1.87	11.7	0.02
1.4	16.02	5.0	6.45	8.8	1.48	11.8	0.01
1.8	14.27	5.4	5.69	9.0	1.28	11.9	0.01
2.0	13.51	5.8	4.98	9.4	0.92	12.0	0.01
2.4	12.19	6.0	4.65	9.8	0.59	12.1	0.01
2.8	11.09	6.4	4.06	10.0	0.45	12.2	0.005
3.0	10.60	6.8	3.55	10.4	0.24	13.0	0.0008
3.4	9.70	7.0	3.32	10.8	0.11	13.9	0.0001

2. 金属离子的辅助配位效应及配位效应系数

如果滴定体系中存在其他的配位剂（L），由于其他配位剂 L 与金属离子的配位反应而使金属离子参加主反应能力降低，这种现象叫金属离子的辅助配位效应（complex effect）。辅助配位效应的大小用配位效应系数 $\alpha_{M(L)}$ 来表示，它是指未与滴定剂 Y^{4-} 配位的金属离子 M 的各种存在型体的总浓度 $c_{M'}$ 与游离金属离子浓度 c_M 之

比，即

$$\alpha_{M(L)} = \frac{c_{M'}}{c_M}$$

$$= \frac{c_M + c_{ML_1} + c_{ML_2} + \cdots + c_{ML_n}}{c_M}$$

$$= 1 + \frac{c_{ML_1}}{c_M} + \frac{c_{ML_2}}{c_M} + \cdots + \frac{c_{ML_n}}{c_M}$$

$$= 1 + c_L\beta_1 + c_L^2\beta_2 + \cdots + c_L^n\beta_n \tag{11-2}$$

3. EDTA 配合物的条件稳定常数

EDTA 与金属离子形成配离子的稳定性用绝对稳定常数来衡量。但在实际反应中，由于 EDTA 或金属离子可能存在一定的副反应，所以配合物的平衡常数 K_{MY} 不能真实反映主反应进行的程度，应该用未与滴定剂 Y^{4-} 配位的金属离子 M 的各种存在型体的总浓度 $c_{M'}$ 来代替 c_M，用未参与配位反应的 EDTA 各种存在型体的总浓度 $c_{Y'}$ 代替 c_Y，这样配合物的稳定性可表示为

$$K_{MY}^{\theta'} = \frac{c_{MY}}{c_{M'}c_{Y'}} = \frac{c_{MY}}{\alpha_{M(L)}c_M \cdot \alpha_{Y(H)}c_Y} = \frac{K_{MY}^{\theta}}{\alpha_{M(L)}\alpha_{Y(H)}}$$

即

$$\lg K_{MY}^{\theta'} = \lg K_{MY}^{\theta} - \lg\alpha_{M(L)} - \lg\alpha_{Y(H)} \tag{11-3}$$

$K_{MY}^{\theta'}$ 称为配合物的条件稳定常数（conditional stability constant），它反映了实际反应中配合物的稳定性。

【例 11.1】 计算在 pH＝1.0 和 pH＝5.0 时，PbY 的条件稳定常数。

解 已知 $\lg K_{MY}^{\theta}$＝18.04

查表 11-2 可知，pH＝1.0 时，$\lg\alpha_{Y(H)}$＝18.01，所以

$$\lg K_{MY}^{\theta'} = \lg K_{MY}^{\theta} - \lg\alpha_{Y(H)} = 18.04 - 18.01 = 0.03$$

pH＝5.0 时，$\lg\alpha_{Y(H)}$＝6.45，所以

$$\lg K_{MY}^{\theta'} = \lg K_{MY}^{\theta} - \lg\alpha_{Y(H)} = 18.01 - 6.45 = 11.59$$

11.2.3 准确滴定某一金属的条件

根据终点误差理论可推断，要想用 EDTA 成功滴定 M（即误差≤0.1%），则必须 $c_M \cdot K_{MY}^{\theta'} \geqslant 10^6$，当金属离子浓度 c_M＝0.01mol/L 时，此配合物的条件稳定常数必须等于或大于 10^8，即

$$\lg K_{MY}^{\theta'} \geqslant 8 \tag{11-4}$$

EDTA 参与配位反应的主要型体 Y^{4-} 的浓度随溶液中酸度的不同有很大的影响。即酸度对配位滴定的影响非常大。根据 $\lg K_{MY}^{\theta'} = \lg K_{MY}^{\theta} - \lg\alpha_{Y(H)}$（只考虑酸效应）和准确滴定的条件 $\lg K_{MY}^{\theta'} \geqslant 8$，所以当用 EDTA 滴定不同的金属离子时，对稳定性高的配合物，溶液酸度稍高一点也能准确地进行滴定，但对稳定性稍差的配合物，酸度若高于某一数值时，就不能准确地滴定。因此，滴定不同的金属离子，有不同的最高酸度（最低

pH 值），小于这一最低 pH 值，就不能进行准确滴定。

由例 11.1 可知，对于 Pb^{2+} 的滴定，当 pH=1.0 时，$\lg K_{MY(PbY)}^{\theta'}=0.03<8$；当 pH=5.0 时，$\lg K_{MY(PbY)}^{\theta'}=11.59>8$。也就是说，pH=1.0 时不能用 EDTA 准确滴定 Pb^{2+}，而在 pH=5.0 时可以准确滴定。

所以由 $\lg K_{MY}^{\theta}=\lg K_{MY}^{\theta'}-\lg \alpha_{Y(H)}$ 和 $\lg K_{MY}^{\theta'} \geqslant 8$ 得各种金属离子的 $\lg \alpha_{Y(H)}$ 值：

$$\lg K_{MY}^{\theta}-\lg \alpha_{Y(H)} \geqslant 8$$

即

$$\lg \alpha_{Y(H)} \leqslant \lg K_{MY}^{\theta}-8 \tag{11-5}$$

再查表 11-2，即可查出其相应 pH 值，这个 pH 值即滴定某一金属离子所允许的最低 pH 值。

11.3　金属指示剂

11.3.1　金属指示剂的变色原理

金属指示剂是一种能与金属离子形成有色配合物的一类有机配位剂，与金属离子形成的配合物与其本身颜色有显著不同，从而指示溶液中金属离子的浓度变化，确定滴定的终点。作为金属指示剂应该具备以下条件：

（1）金属离子与指示剂形成配合物的颜色与指示剂的颜色有明显的区别，这样终点变化才明显，便于眼睛观察。

（2）金属离子与指示剂生成的配合物应有足够的稳定性，这样才能测定低浓度的金属离子。但其稳定性应小于 Y^{4-} 与金属离子所生成配合物的稳定性，一般条件稳定值要小于个数量级，这样在接近化学计量点时，Y^{4-} 才能较迅速夺取与指示剂结合的金属离子，而使指示剂游离出来，溶液显示出指示剂的颜色。

（3）指示剂与金属离子的显色反应要灵敏、迅速、有一定的选择性。在一定条件下，只对某一种（或某几种）离子发生显色反应。

此外，指示剂与金属离子配合物应易溶于水，指示剂比较稳定，便于储藏和使用。

下面以铬黑 T 在滴定反应中的颜色变化来说明金属指示剂的变色原理。

铬黑 T 是弱酸性偶氮染料，其化学名称是 1-(1-羟基-2-萘偶氮)-6-硝基-2-萘酚-4-磺酸钠。铬黑 T 的钠盐为黑褐色粉末，带有金属光泽。在不同的 pH 值溶液中存在不同的解离平衡。当 pH<6 时，指示剂显红色，而它与金属离子所形成的配合物也是红色，终点无法判断；在 pH 值为 7～11 的溶液里指示剂显蓝色，与红色有极明显的色差，所以用铬黑 T 作指示剂应控制 pH 值在此范围内；当 pH>12 时，则显橙色，与红色的色差也不够明显。实验证明，以铬黑 T 作指示剂，用 EDTA 进行直接滴定时 pH 值在 9～10.5 最合适。

$$H_2In^- \underset{+H^+}{\overset{-H^+}{\rightleftharpoons}} HIn^{2-} \underset{+H^+}{\overset{-H^+}{\rightleftharpoons}} In^{3-}$$

$$\text{红色} \qquad \text{蓝色} \qquad \text{橙色}$$
$$pH<6 \qquad pH\ 7\sim11 \qquad pH>12$$

　　铬黑 T 可作 Zn^{2+}、Cd^{2+}、Mg^{2+}、Hg^{2+} 等的指示剂，它与金属离子以 1∶1 配位。例如，以铬黑 T 为指示剂，用 EDTA 滴定 Mg^{2+}（pH 值为 10 时），滴定前溶液显酒红色，

$$Mg^{2+} + HIn^{2-} \rightleftharpoons MgIn^- + H^+$$
　　　　　　　　蓝色　　　　　酒红色

滴定开始后，EDTA 先与游离的 Mg^{2+} 配位，

$$Mg^{2+} + HY^{3-} \rightleftharpoons MgY^{2-} + H^+$$

在滴定终点前，溶液中一直显示 $MgIn^-$ 的酒红色，直到化学计量点时，EDTA 夺取 $MgIn^-$ 中的 Mg^{2+}，由 $MgIn^-$ 的酒红色转变为 HIn^{2-} 的蓝色，

$$MgIn^- + HY^{3-} \rightleftharpoons MgY^{2-} + HIn^{2-}$$
　　酒红色　　　　　　　　　　　　　　蓝色

在整个滴定过程中，颜色变化为酒红色→紫色→蓝色。

　　因铬黑 T 水溶液不稳定，很易聚合，一般与固体 NaCl 以 1∶100 比例相混，配成固体混合物使用，也可配成三乙醇胺溶液使用。

11.3.2　金属指示剂在使用中应注意的问题

1. 金属指示剂的封闭

　　金属指示剂在化学计量点时能从 MIn 配合物中释放出来，从而显示与 MIn 配合物不同的颜色来指示终点。在实际滴定中，如果 MIn 配合物的稳定性大于 MY 的稳定性，或存在其他干扰离子，且干扰离子 N 与 In 形成的配合物稳定性大于 MY 的稳定性，则在化学计量点时，Y 就不能夺取 MIn 中的 M，因而一直显示 MIn 的颜色，这种现象称为金属指示剂的封闭。

　　金属指示剂封闭现象通常采用加入掩蔽剂或分离干扰离子的方法消除。例如，在 pH 值为 10 时以铬黑 T 为指示剂滴定 Ca^{2+}、Mg^{2+} 总量时，Al^{3+}、Fe^{3+}、Cu^{2+}、Co^{2+}、Ni^{2+} 会封闭铬黑 T，使终点无法确定。这时就必须将它们分离或加入少量三乙醇胺（掩蔽 Al^{3+}、Fe^{3+}）和 KCN（掩蔽 Cu^{2+}、Co^{2+}、Ni^{2+}）以消除干扰。

2. 金属指示剂的僵化现象

　　在化学计量点附近，由于 Y 夺取 MIn 中的 M 时非常缓慢，因而金属指示剂的变色非常缓慢，导致终点拖长，这种现象称为金属指示剂的僵化。金属指示剂的僵化是由于有些金属指示剂本身或金属离子与金属指示剂形成的配合物在水中的溶解度太小，解决办法是加入有机溶剂或加热以增大其溶解度，从而加快反应速率，使终点变色明显。

3. 金属指示剂的氧化变质现象

　　金属指示剂大多为含有双键的有色化合物，易被日光、氧化剂、空气所氧化，在水溶液中多不稳定，日久会变质。例如，铬黑 T 在 Mn(Ⅳ)、Ce(Ⅳ) 存在下，会很快被分解褪色。为了克服这一缺点，常配成固体混合物，加入还原性物质如抗坏血酸、羟胺等，或临用时配制。

11.4　标准溶液的配制与标定

11.4.1　EDTA 标准溶液的配制和标定

1. EDTA 标准溶液的配制

乙二胺四乙酸在水中溶解度小，所以常用其二钠盐配制 EDTA 标准溶液。配制 EDTA 标准溶液通常采用间接法，浓度为 0.01～0.05mol/L，并应储存于聚乙烯瓶或硬质玻璃瓶中，待标定。

2. EDTA 标准溶液的标定

标定 EDTA 标准溶液的基准物质很多，如纯锌、Cu、Bi、$CaCO_3$、ZnO、$MgSO_4$·$7H_2O$ 等。如以纯锌标定时，将锌粒用 1∶1 HCl 洗去金属表面的氧化物，然后用蒸馏水洗去 HCl，再用丙酮或无水乙醇漂洗，沥干后于 110℃ 烘 5min 备用，精密称取一定量纯锌，用 1∶1 HCl 完全溶解后，加甲基红指示剂 1 滴，滴加氨试液至溶液呈黄色，在 pH 值为 10 的 NH_3-NH_4Cl 的缓冲溶液中以铬黑 T 为指示剂，用 EDTA 标准溶液滴定至溶液由红色转变为纯蓝色，即为终点。根据滴定消耗的 EDTA 标准溶液的体积和称取基准物质的质量，计算出 EDTA 标准溶液的准确浓度。必要时用空白实验校正。

标定条件与测定条件应尽可能一致，这样可以基本消除系统误差。

11.4.2　锌标准溶液的配制和标定

1. 直接配制法

精密称取一定量新制备并灼烧至恒重的纯锌，加适量稀 HCl，置水浴上加热使溶解，冷却后，加纯化水稀释至刻度，充分摇匀，即得。

2. 间接配制法及标定

若用 $ZnSO_4$·$7H_2O$ 配制标准溶液，因其易失去结晶水，常用间接法配制。

精密移取待标定的锌溶液 25.00mL，加甲基红指示剂 1 滴，滴加氨试液至溶液呈黄色，再加纯化水 25mL，在 pH 值为 10 的 NH_3-NH_4Cl 的缓冲溶液中以铬黑 T 为指示剂，用 EDTA 标准溶液滴定至溶液由红色转变为纯蓝色，即为终点。根据滴定时消耗的 EDTA 标准溶液和锌溶液的体积，计算出锌标准溶液的准确浓度。

11.5　配位滴定方式及应用

1. 直接滴定法

直接滴定法是配位滴定中最基本的方法，只要金属离子与 EDTA 的配位反应能满足滴定要求，并能有合适的指示剂，就可以用 EDTA 标准溶液直接滴定。

【例 11.2】　应用示例——水的硬度的测定。

水的硬度是指水中除碱金属以外的全部金属离子的浓度的总和。由于 Ca^{2+}、Mg^{2+} 含量远比其他金属离子高，所以通常以水中 Ca^{2+}、Mg^{2+} 总量表示水的硬度。测定水的总硬度，通常是测定水中 Ca^{2+}、Mg^{2+} 的总量。水中钙盐含量用硬度表示为钙硬度，镁盐含量用硬度表示为镁硬度。

（1）总硬度测定。以氨-氯化铵缓冲溶液控制水试样 pH 值为 10，以铬黑 T 为指示剂，这时水中 Mg^{2+} 与指示剂生成红色配合物

$$Mg^{2+} + HIn^{2-} \Longrightarrow MgIn^- + H^+$$

用 EDTA 滴定时，由于 $lgK_{CaY} > lgK_{MgY}$，EDTA 首先和溶液中 Ca^{2+} 配合，然后再与 Mg^{2+} 配合，到达计量点时，由于 $lgK_{MgY} > lgK_{MgIn}$，稍过量的 EDTA 夺取 $MgIn^-$ 中的 Mg^{2+}，使指示剂释放出来，显指示剂的纯蓝色，从而指示滴定终点。反应式为

$$MgIn^- + H_2Y^{2-} \Longrightarrow MgY^{2-} + HIn^{2-} + H^+$$

测定水中 Ca^{2+}、Mg^{2+} 含量时，因当 Mg^{2+} 与 EDTA 定量配合时，Ca^{2+} 已先与 EDTA 定量配合完全，因此可选用对 Mg^{2+} 较灵敏的指示剂来指示终点。

（2）钙硬度的测定。用 NaOH 调节水试样 pH 值为 12.5，使 Mg^{2+} 形成 $Mg(OH)_2$ 沉淀，以钙指示剂（N·N）确定终点，用 EDTA 标准溶液滴定，终点时溶液由红色变为蓝色。

水的总硬度（以每升水中含 $CaCO_3$ 的毫克数表示）：

$$\rho_{CaCO_3}(mg/L) = \frac{c_{EDTA} \cdot V_1 \cdot M_{CaCO_3}}{V} \times 1000$$

钙硬度：

$$\rho_{CaCO_3}(mg/L) = \frac{c_{EDTA} \cdot V_2 \cdot M_{CaCO_3}}{V} \times 1000$$

式中，V_1——测定总硬度时所消耗的 EDTA 的体积，mL；

　　　V_2——测定钙硬度时所消耗的 EDTA 的体积，mL；

　　　V——水样的体积，mL。

2. 返滴定法

如果待测离子与 EDTA 的配位速率缓慢，在滴定条件下待测离子发生副反应，采用直接滴定法时缺乏符合要求的指示剂，待测离子对指示剂有封闭作用等，通常采用返滴定法进行测定。

【例 11.3】　应用示例——镍盐含量的测定。

Ni^{2+} 与 EDTA 的配合反应进行缓慢，不能用直接滴定法进行测定。一般先在 Ni^{2+} 溶液中加入过量的 EDTA 标准溶液，调节 pH 值，加热煮沸，使 Ni^{2+} 与 EDTA 完全配合，剩余的 EDTA 再用 $CuSO_4$ 标准溶液返滴定。

3. 置换滴定法

置换滴定法是利用置换反应，从配合物中置换出一定物质的量的金属离子或EDTA，

然后用标准溶液进行滴定的方法。置换滴定法的方式灵活多样，不仅能扩大配位滴定的应用范围，同时还可以提高配位滴定的选择性。

【例 11.4】 应用示例——铝盐含量的测定。

Al^{3+} 与 EDTA 的配合反应进行缓慢，且对指示剂有封闭作用，不能用直接滴定法进行测定。测定时，首先调节 Al^{3+} 试液的 pH 值，加入过量的 EDTA 标准溶液，加热煮沸，使 Al^{3+} 与 EDTA 完全配合，将剩余的 EDTA 用锌标准溶液中和。然后加入一种选择性较高的配位剂，通常用 NH_4F，加热煮沸，将 AlY^- 中的 Y^{4-} 定量置换出来，再以锌标准溶液滴定置换出来的 EDTA，即可测出铝的含量。

 **学习资源**

大气臭氧层

臭氧层是指大气层的平流层中臭氧浓度相对较高的部分，其主要作用是吸收短波紫外线。大气层的臭氧主要以紫外线打击双原子的氧气，把它分为 2 个原子，然后每个原子和没有分裂的氧合并成臭氧。臭氧分子不稳定，紫外线照射之后又分为氧气分子和氧原子，形成臭氧氧气循环而产生臭氧层。自然界中的臭氧层大多分布在 20～50km 的高空。大气臭氧层主要有三个作用。其一为保护作用，臭氧层能够吸收太阳光中波长 306.3nm 以下的紫外线，主要是一部分 UV-B（波长 290～300nm）和全部的 UV-C（波长＜290nm），保护地球上的人类和动植物免遭短波紫外线的伤害。只有长波紫外线 UV-A 和少量的中波紫外线 UV-B 能够辐射到地面，长波紫外线对生物细胞的伤害要比中波紫外线轻微得多。所以臭氧层犹如一件保护伞保护地球上的生物得以生存繁衍。其二为加热作用，臭氧吸收太阳光中的紫外线并将其转换为热能加热大气，由于这种作用，大气温度结构在高度 50km 左右有一个峰，地球上空 15～50km 存在着升温层。正是由于存在着臭氧，才有平流层的存在。而地球以外的星球因不存在臭氧和氧气，所以也就不存在平流层。大气的温度结构对于大气的循环具有重要的影响，这一现象的起因也来自臭氧的高度分布。其三为温室气体的作用，在对流层上部和平流层底部，即在气温很低的这一高度，臭氧的作用同样非常重要。如果这一高度的臭氧减少，则会产生使地面气温下降的动力。因此，臭氧的高度分布及变化是极其重要的。

 复习与思考

一、填空题

1. EDTA 在水溶液中是＿＿＿＿＿＿＿＿＿元酸，在酸性溶液中相当于＿＿＿＿＿＿＿＿＿元酸，共存在＿＿＿＿＿＿＿＿＿级解离平衡，共有＿＿＿＿＿＿＿＿＿种型体，其中最佳配位型体为＿＿＿＿＿＿＿＿＿。

2. 以铬黑 T 为指示剂测定金属时，应选用的 pH 值范围是＿＿＿＿＿＿＿＿＿＿＿＿＿，常选用作缓冲溶液。终点时由＿＿＿＿＿＿＿＿＿色变为＿＿＿＿＿＿＿＿＿色。

3. EDTA 滴定 Zn^{2+} 时，以铬黑 T 作指示剂，终点的颜色是＿＿＿＿＿＿。

二、计算题

1. 精密量取水样 50.00mL，以铬黑 T 为指示剂，用 EDTA 滴定液（0.01028mol/L）滴定，终点时消耗 5.90mL，计算水的总硬度（以 $CaCO_3$ mg/L 表示）。

2. 取 100.00mL 水样，在 pH 值为 10 左右以铬黑 T 为指示剂，用 0.01048mol/L EDTA 标准溶液滴定至终点时，共消耗 14.20mL 标准溶液；另取 100.00mL 该水样，用 NaOH 调节 pH 值为 12，滴加 5 滴钙指示剂，仍以上述 EDTA 标准溶液滴定至终点，消耗 EDTA 标准溶液 10.54mL，计算水中 Ca^{2+}、Mg^{2+} 的硬度。

第 12 章　分析化学中常用的分离和富集方法

☞ **能力要求**

了解有机物质的分离方法。

☞ **知识要求**

（1）了解分析检测中分离和富集的必要性。

（2）掌握萃取和色谱分离的基本原理和应用。

（3）掌握分离方法的选择。

☞ **教学活动建议**

播放一些物质分离方法的视频、动画。

分析化学中常用的
分离和富集方法

12.1　概　　述

分离和富集是定量分析化学的重要组成部分。当分析对象中的共存物质对测定物有干扰时，如果采用控制反应条件、掩蔽等方法仍不能消除其干扰时，就要将其分离，然后检测；当待测组分含量低、检测方法灵敏度不足够高时，就要先将微量待测组分富集，然后检测。分离过程往往也是富集过程。

对分离的要求是分离必须完全，即干扰组分减少到不再干扰的程度；而被测组分在分离过程中的损失要小至可忽略不计的程度。被测组分在分离过程中的损失，可用回收率来衡量。

1. 回收率（R）

$$R = \frac{\text{分离后待测组分的质量}}{\text{分离前待测组分的质量}} \times 100\%$$

对质量分数为 1% 以上的待测组分，一般要求 $R > 99.9\%$；对质量分数为 0.01% ～ 1% 的待测组分，要求 $R > 99\%$；质量分数小于 0.01% 的痕量组分要求 R 为 90% ～ 95%。

【例 12.1】　含有钴与镍离子的混合溶液中，钴与镍的质量均为 20.0mg，用离子交换法分离钴镍后，溶液中余下的钴为 0.20mg，而镍为 19.0mg，钴镍的回收率分别为多少？

解　　　　　$R_{Ni} = \dfrac{19.0}{20.0} = 95.0\%, \quad R_{Co} = \dfrac{0.20}{20.0} = 1.0\%$

2. 分离因子

分离因子 $S_{B/A}$ 等于干扰组分 B 的回收率与待测组分 A 的回收率的比，可用来表示干扰组分 B 与待测组分 A 的分离程度。

$$S_{B/A} = \frac{R_B}{R_A} \times 100\%$$

B 的回收率越低，A 的回收率越高，分离因子越小，则 A 与 B 之间的分离就越完全，干扰消除越彻底。

12.2　沉淀分离法

沉淀分离法是一种经典的分离方法，它是利用沉淀反应选择性地沉淀某些离子，而与可溶性的离子分离。沉淀分离法的主要依据是溶度积原理。

12.2.1　常量组分的沉淀分离

1. 氢氧化物沉淀分离

大多数金属离子都能生成氢氧化物沉淀，各种氢氧化物沉淀的溶解度有很大的差别。因此可以通过控制酸度，改变溶液中的 [OH^-]，以达到选择沉淀分离的目的。

（1）以 NaOH 作沉淀剂，将两性元素与非两性氢氧化物分离。表 12-1 中列举了多种金属离子的氢氧化物开始沉淀与沉淀完全时的 pH 值，可控制酸度使物质分离。

表 12-1　多种金属离子氢氧化物开始沉淀和沉淀完全时的 pH 值

氢氧化物	溶度积 K_{sp}	开始沉淀时 pH[M^+]= 0.01mol/L	沉淀完全时 pH[M^+]= 0.01mol/L
$Sn(OH)_4$	1×10^{-57}	0.5	1.3
$TiO(OH)_2$	1×10^{-29}	0.5	2.0
$Sn(OH)_2$	1×10^{-27}	1.7	3.7
$Fe(OH)_3$	1×10^{-38}	2.2	3.5
$AL(OH)_3$	1×10^{-32}	4.1	5.4
$Cr(OH)_3$	1×10^{-31}	4.6	5.9
$Zn(OH)_2$	1×10^{-17}	6.5	8.5
$Fe(OH)_2$	1×10^{-15}	7.5	9.5
$Ni(OH)_2$	1×10^{-18}	6.4	8.4
$Mn(OH)_2$	1×10^{-13}	8.8	10.8
$Mg(OH)_2$	1×10^{-11}	9.6	11.6

（2）氨水法：在铵盐存在条件下，以 NH_3 作沉淀剂，利用生成氨络合物与氢氧化物沉淀分离。例如，Ag^+、Cd^{2+}、Cu^{2+}、Co^{2+}、Zn^{2+}、Ni^{2+} 等生成络合物，与 Fe^{3+}、

Al^{3+} 和 Ti(Ⅳ) 定量分离。

加 NH_4^+ 的作用：可控制溶液的 pH 值为 13～9，防止 $Mg(OH)_2$ 沉淀生成；NH_4^+ 作为抗衡离子，可减少氢氧化物对其他金属离子的吸附；促进胶状沉淀的凝聚。

（3）有机碱法：六次甲基四胺、吡啶、苯胺、苯肼等有机碱与其共轭酸组成缓冲溶液，可控制溶液的 pH 值，利用氢氧化物分级沉淀的方法达到分离的目的。

（4）ZnO 悬浮液法：在酸性溶液中加入 ZnO 悬浮液，使溶液 pH 值提高，可控制 pH 值为 6 左右，使部分氢氧化物沉淀。此外，$BaCO_3$、$CaCO_3$、$PbCO_3$ 及 MgO 的悬浮液也有同样的作用，但所控制的 pH 值各不相同。

在使用氢氧化物沉淀分离法时，可以加入掩蔽剂提高分离选择性。

2. 硫化物沉淀分离

40 余种金属离子可生成难溶硫化物沉淀，各种金属硫化物沉淀的溶解度相差较大，为硫化物分离提供了基础。

（1）硫化物的溶度积相差比较大，可通过控制溶液的酸度来控制 S^{2-} 浓度，而使金属离子相互分离。

（2）硫化物沉淀多是胶体，共同沉淀现象严重；而且 H_2S 是有毒气体，为了避免使用 H_2S 带来的污染，可以采用硫代乙酰胺在酸性或碱性溶液中水解进行均相沉淀。

在酸性溶液中的反应：
$$CH_3CSNH_2 + 2H_2O + H^+ \Longrightarrow CH_3COOH + H_2S + NH_4^+$$
在碱性溶液中的反应：
$$CH_3CSNH_2 + 3OH^- \Longrightarrow CH_3COO^- + S^{2-} + NH_3 + H_2O$$

（3）硫化物沉淀分离的选择性不高，主要适用于沉淀分离除去重金属离子。

3. 其他无机沉淀剂分离

（1）H_2SO_4：可使钙、锶、钡、铅、镭等离子为硫酸盐沉淀而与金属离子分离。

（2）HF 或 NH_4F：可用于钙、锶、镁、钍、稀土金属离子与金属离子的分离。

（3）H_3PO_4：利用 Zr(Ⅳ)、Hf(Ⅳ)、Th(Ⅳ)、Bi^{3+} 等金属离子能生成磷酸盐沉淀而与其他离子分离。

4. 有机沉淀剂分离

有机沉淀剂分离法具有吸附作用小、高选择性与高灵敏度的特点，而且灼烧时共沉淀剂易除去，因而此方法应用普遍。

有机沉淀剂与金属离子生成的沉淀主要有以下三种类型。

（1）螯合物沉淀。例如，丁二酮肟在氨性溶液中，与 Ni^{2+} 的反应几乎是特效的。

又如，8-羟基喹啉与 Al^{3+}、Zn^{2+} 均生成沉淀，若在 8-羟基喹啉芳环上引入一个甲基，形成 2-甲基-8-羟基喹啉可选择沉淀 Zn^{2+}，而 Al^{3+} 不沉淀，达到 Al^{3+} 与 Zn^{2+} 的分离。

铜铁试剂可使 Fe^{3+}、$Th(IV)$、$V(V)$ 等形成沉淀而与 Al^{3+}、Cr^{3+}、Co^{2+}、Ni^{2+} 等分离。

（2）缔合物沉淀。四苯基硼化物与 K^{+} 的反应产物为离子缔合物，其溶度积很小，为 2.25×10^{-13}。

（3）利用胶体的凝聚作用进行沉淀，如辛可宁、单宁、动物胶等。

12.2.2　痕量组分的共沉淀分离和富集

当沉淀从溶液中析出时，溶液中的某些原本可溶的组分被沉淀剂沉淀下来，共同存在于沉淀物中的现象即为共沉淀现象。共沉淀分离法就是加入某种离子同沉淀剂生成沉淀作为载体（共沉淀剂），将痕量组分定量沉淀下来，然后将沉淀分离，以达到分离和富集目的的一种分离方法。常用的共沉淀剂分为无机共沉淀剂和有机共沉淀剂两类。

1. 无机共沉淀剂

（1）痕量组分通过吸附作用进行共沉淀。常用的共沉淀剂有 $Fe(OH)_3$、$Al(OH)_3$ 等，它们是比表面积大、吸附能力强的胶体沉淀，有利于痕量组分的共沉淀。这种共沉淀方法选择性不高。

（2）痕量组分与共沉淀剂生成混晶。混晶中一种是被测物，另一种是共沉淀剂。如痕量 Ra，可用 $BaSO_4$ 作载体，生成 $RaSO_4$-$BaSO_4$。本法选择性比吸附共沉淀法高。

（3）痕量组分与共沉淀剂形成晶核。有些痕量组分由于含量太少，即使转化为难溶物质也无法沉淀出来，可以把它作为晶核，使另一种物质聚集其上，使晶核长大形成沉淀。

无机共沉淀剂有强烈的吸附性，但选择性较差，而且仅有极少数（汞化合物）可经灼烧挥发除去，大多数情况还需要进一步与载体元素分离，因此，有时选择有机共沉淀剂富集的方法更为有利。

2. 有机共沉淀剂

（1）生成分子胶体。加入有机共沉淀剂使难凝聚的胶体溶液凝聚析出的方法称为胶体凝聚法。常用的共沉淀剂有辛可宁、单宁、动物胶等。

（2）生成离子缔合物。阳离子和阴离子通过静电吸引力结合形成的电中性化合物，称为离子缔合物。在共沉淀分离富集痕量组分时，有机沉淀剂和某种配体形成的沉淀作为载体，被富集的痕量离子与载体中的配体络合而与带有相反电荷的有机沉淀剂缔合成难溶性的离子缔合物，载体与离子缔合物具有相似的结构，两者生成共溶体一起沉淀下来。

（3）生成螯合物。许多痕量组分能与螯合剂形成螯合物，进入载体形成固溶体而被载带下来。生成的螯合物可以是水溶性的，也可以是不溶于水的。

12.3　挥发分离法

挥发分离法是指利用物质挥发性的差异分离共存组分的方法。它是将组分从液体或固体样品中转变为气相的过程，包括蒸发、蒸馏、升华、挥发和汽化等。

有机分析中，常用挥发和蒸馏分离法，如 C、H、O、N 和 S 等元素的检测。例如 N 的检测，可将化合物中的 N 经处理转化为 NH_4^+，然后在碱性条件下将 NH_3 蒸出，用酸吸收测定。

适于气态分离的无机物（不包括金属螯合物和有机金属化合物）如表 12-2 所示。

表 12-2　适于气态分离的无机物

存在形式	组成元素
单质	H、N、卤素、Hg 等
氢化物	As、Sb、Bi、Te、Sn、Pb、Ge、F、Cl、S、N、O
氟化物	B、Mo、Nb、Si、Ta、Ti、V、W
溴化物	Al、As、Cd、Cr、Ga、Ge、Hg、Mo、Sb、Sn、Ta、Ti、V、W、Zn、Zr
氯化物	As、Bi、Hg、Sb、Se、Sn
碘化物	As、Sb、Sn、Te
氧化物	As、C、H、Os、Re、Ru、S、Se、Te

12.4　液-液萃取分离法

液-液萃取分离法又称溶剂萃取分离法。该方法是以物质在不同的溶剂中具有不同的溶解度为基础的。在含有被分离组分的水溶液中，加入与水不相混溶的有机溶剂，振荡，使其达到溶解平衡，一些组分进入有机相中，另一些组分仍留在水相，从而达到分离的目的。

12.4.1　萃取分离的基本原理

（1）萃取过程的实质。物质对水的亲疏性是可以改变的，为了将待分离组分从水相萃取到有机相，萃取过程通常也是将物质由亲水性转化为疏水性的过程。所以说，萃取过程的实质是完成由水相到有机相的变化，使亲水性的物质变成疏水性的物质。反之，由有机相到水相的转化，称为反萃取。

（2）分配系数 K_D。设水相中有某 A，加入有机溶剂并使两相充分接触后，A 在两相中进行分配，并在一段时间后达到动态平衡。当温度和离子强度一定时，A 在两相中的平衡浓度之比为常数，称为分配系数 K_D。

$$K_D = [A]_o / [A]_w$$

式中，$[A]_o$、$[A]_w$——有机相和水相中 A 的平衡浓度。

（3）分配比 D。水相和有机相中溶质常有多种存在形式，通常将溶质在有机相中的各种存在形式的总浓度与水相中各种存在形式的总浓度之比，称为分配比 D。

$$D = \frac{c_o}{c_w}$$

式中，c_o、c_w——A 在有机相和水相中的总浓度。

（4）萃取率 E。物质被萃取到有机相中的比率，称为萃取率，它是衡量萃取效果的一个重要指标。

$$E = \frac{被萃物在有机相中的总量}{被萃物在两相中的总量} = \frac{c_o V_o}{c_w V_w + c_o V_o}$$

式中，V_o、V_w——有机相和水相的体积。

12.4.2　重要萃取体系

1. 螯合物萃取体系

螯合物萃取是指螯合剂与金属离子形成疏水性中性螯合物后，被有机溶剂所萃取。例如，用 8-羟基喹啉—$CHCl_3$ 可以将 Al^{3+} 萃取到有机相。

2. 离子缔合萃取体系

大体积的阳离子与阴离子通过静电引力相结合而形成电中性的化合物而被有机溶剂萃取，称为离子缔合萃取。例如，Cu^+ 与双喹啉形成络阳离子后，可与阴离子 Cl^-、ClO_4^- 形成缔合物，被异戊醇萃取。

$$Cu(Bq)_2^+ Cl = [Cu(Bq)_2^+ \cdot Cl^-]$$

3. 溶剂配合萃取体系

某些溶剂分子通过其配位原子与无机化合物中的金属离子相键合，可形成溶剂化合物，从而溶于该有机溶剂中，这种萃取体系称为溶剂配合萃取体系。例如，磷酸三丁酯（TBP）对硝酸盐的萃取，对 $FeCl_3$ 或 $HFeCl_4$ 的萃取等。杂多酸的萃取体系一般也属于溶剂配合萃取体系。

4. 简单分子萃取体系

被萃物在水相和有机相中都以中性分子形式存在，溶剂与被萃物之间无化学结合，不需外加萃取剂，如 TBP 在水相与煤油间的分配。I_2、Cl_2、Br_2、AsI_3、SnI_4、$GeCl_4$ 和 OsO_4 等稳定的共价化合物，在水溶液中都以分子形式存在，不带电荷，利用 CCl_4、$CHCl_3$ 和苯等惰性溶剂，可将它们萃取出来。

12.4.3　萃取条件的选择

不同的萃取体系对萃取条件的要求也不同。以螯合萃取体系为例，讨论以下条件对萃取的影响。

设金属离子 M^{n+} 与螯合剂 HR 作用生成螯合物 MR_n 被有机溶剂所萃取。如果 HR 易溶于有机相而难溶于水相，则总的萃取反应为

$$(M^{n+})_w + n(HR)_o \Longrightarrow (MR_n)_o + n(H^+)_w$$

此反应的平衡常数称为萃取平衡常数 K_{ex}。

$$K_{ex} = \frac{[MR_n]_o[H^+]_w^n}{[M]_w[HR]_o^n}$$

将各平衡常数代入此式，可得

$$K_{ex} = K_{d(MR_n)} \cdot K_f \times \left(\frac{K_a}{K_{d(HR)}}\right)^n$$

式中，$K_{d(MR_n)}$——螯合物的分配系数；

　　　K_a——HR 在水相中的解离常数；

　　　K_f——螯合物的形成常数；

　　$K_{d(HR)}$——HR 的分配系数。

因为 $D = \dfrac{[MR_n]_o}{[M]_w}$，所以可推导得到

$$D = K_{ex} \frac{[HR]_o^n}{[H^+]_w^n}$$

可见，此萃取体系的分配比与 K_{ex} 有关，即与 $K_{d(MR_n)}$、K_a、K_f 和 $K_{d(HR)}$ 有关；与水相中 pH 值有关；与螯合剂在有机相中的浓度有关。

（1）螯合剂的选择。螯合剂与金属离子生成的螯合物越稳定，K_f 越大，萃取效率越高；螯合剂的疏水性越强，$K_{d(HR)}$ 越小，萃取效率越高。

（2）溶液的酸度。溶液的酸度越低，D 越大，越有利于萃取。

（3）萃取溶剂的选择。金属螯合物的 $K_{d(MR_n)}$ 越大，越有利于萃取。根据螯合物的结构，按结构相似的原则，选择合适的萃取剂。例如，含烷基的螯合物用卤代烷烃（如 CCl_4、$CHCl_3$）作萃取溶剂，含芳香基的螯合物用芳香烃（如苯、甲苯等）作萃取溶剂较合适。

此外还要考虑溶剂的其他性质，如密度与水溶液的密度的差别要大，黏度要小，最好无毒性等。

（4）干扰的消除。通过控制酸度或掩蔽作用可减少干扰组分的影响。

12.5　离子交换分离法

离子交换分离法是指利用离子交换剂与溶液中的离子发生交换反应而进行分离的方法。此法可用于：①分离；②富集微量物质；③除去杂质，高纯物质的制备。天然的离子交换剂有黏土、沸石、淀粉、纤维素、蛋白质等，但实际应用中最主要的类别是离子交换树脂、离子交换膜等，这里主要介绍离子交换树脂。

12.5.1　离子交换树脂的种类和性质

1. 离子交换树脂的种类

离子交换树脂是一种具有网状结构的高分子聚合物，在水、酸和碱中难溶，对有机

溶剂、氧化剂、还原剂和其他化学试剂具有一定的稳定性。在网状结构的骨架上，有许多可以与溶液中的离子发生交换作用的活性基团。根据树脂的功能，可分为以下几大类型。

（1）阳离子交换树脂：树脂的活性基团为酸性，可与溶液中的阳离子发生交换。

① 强酸型阳离子交换树脂，活性基团为磺酸基（—SO_3H），在酸性、中性和碱性溶液中都能使用。

② 弱酸型阳离子交换树脂：活性基团为羧基（—COOH）、羟基（—OH），在中性、碱性中使用。

（2）阴离子交换树脂：树脂的活性基团为碱性，可与溶液中的阴离子发生交换。

① 强碱型阴离子交换树脂：活性基团为季铵基 $[$—$N(CH_3)_3OH^-]$，在酸性、中性和碱性溶液中都能使用。

② 弱碱型：活性基团为伯、仲、叔胺基，在中性和酸性中使用。

（3）特殊功能树脂。

① 螯合树脂：含有特殊的活性基团，可与某些金属离子形成螯合物。在交换过程中能选择性地交换某些离子。例如，氨羧基螯合树脂如含有 $[$—$N(CH_2COOH)_2]$ 的螯合基团。这类树脂的特点是选择性高。

② 大孔树脂：这类树脂比一般树脂有更多、更大的孔道，比表面积大，离子容易迁移扩散，富集速度快。

③ 氧化还原树脂：含有可逆的氧化还原基团，可与溶液中离子发生电子转移。

④ 萃淋树脂：也称萃取树脂，是一种含有液态萃取剂的树脂，是以苯乙烯-二乙烯苯为骨架的大孔结构和有机萃取剂的共聚物，兼有离子交换法和萃取法的优点。

⑤ 纤维交换剂：天然纤维素上的羟基进行酯化、磷酸化、羧基化后，可制成阳离子交换剂；经胺化后可制成阴离子交换剂。可用于提纯分离蛋白质、酶、激素等物质，也可用于无机离子的分离。

2. 离子交换树脂的结构

离子交换树脂为具有网状结构的高分子聚合物。例如，常用的聚苯乙烯磺酸型阳离子交换树脂，就是以苯乙烯和二乙烯苯聚合后经磺化制得的聚合物。

在离子交换树脂的庞大结构中碳链和苯环组成了树脂的骨架，它具有可伸缩性的网状结构，其上的磺酸基是活性基团。当这种树脂浸泡在溶液中时，—SO_3H 的 H^+ 与溶液中阳离子进行交换。在苯乙烯和二乙烯苯聚合成具有网状骨架结构树脂小球中，二乙烯苯在苯乙烯长链之间起到“交联”作用。因此，二乙烯苯称为交联剂。通过磺化，在树脂的网状结构上引入许多活性离子交换基团，如磺酸基团。磺酸根固定在树脂的骨架上，称为固定离子，而 H^+ 可被交换，称为交换离子。

3. 离子交换树脂的性能参数

（1）交联度。交联度是树脂聚合反应中交联剂所占的质量百分数，是表征离子交换树脂骨架结构的重要性质参数，是衡量离子交换树脂孔隙度的一个指标。

交联度小：网眼大，对水膨胀性好，交换速率快，选择性差，机械性能差。

交联度大：网眼小，对水膨胀性差，交换速率慢，选择性好，机械性能高。

离子交换树脂的交联度一般以 4%～14% 为宜。

（2）交换容量。交换容量是指每克干树脂所能交换的物质的量（mmol），是表征离子交换树脂活性基团的重要性质参数。它决定于网状结构中活性基团的数目。一般树脂的交换容量为 3～6mmol/g。

12.5.2　离子交换树脂的亲和力

离子交换树脂对离子的亲和力大小决定交换树脂对离子的交换能力。亲和力的大小与水合离子半径、电荷及离子极化程度有关。

1. 强酸型阳离子交换树脂

（1）不同价态的离子，电荷越高，亲和力越大，如以下离子的亲和力大小顺序是 $Na^+ < Ca^{2+} < Al^{3+} < Th^{4+}$。

（2）当离子价态相同时，亲和力随水合离子半径减小而增大，如以下离子的亲和力大小顺序是 $Li^+ < H^+ < Na^+ < NH_4^+ < K^+ < Rb^+ < Cs^+ < Tl^+ < Ag^+$ ；$Mg^{2+} < Zn^{2+} < Co^{2+} < Cu^{2+} < Cd^{2+} < Ni^{2+} < Ca^{2+} < Sr^{2+} < Pb^{2+} < Ba^{2+}$。

（3）稀土元素的亲和力随原子序数增大而减小，主是由于镧系收缩现象所致。

2. 弱酸型阳离子交换树脂

H^+ 的亲和力比其他阳离子大，此外亲和力大小顺序与强酸型阳离子交换树脂相同。

3. 强碱型阴离子交换树脂

常见阴离子的亲和力顺序为 $F^- < OH^- < CH_3COO^- < HCOO^- < Cl^- < NO_2^- < CN^- < Br^- < C_2O_4^{2-} < NO_3^- < HSO_4^- < I^- < CrO_4^{2-} < SO_4^{2-} < 柠檬酸根$。

4. 弱碱型阴离子交换树脂

常见阴离子的亲和力顺序为 $F^- < Cl^- < Br^- < I^- < CH_3COO^- < MoO_4^{2-} < PO_4^{3-} < AsO_4^{3-} < NO_3^- < 酒石酸根 < CrO_4^{2-} < SO_4^{2-} < CrO_4^{2-} < OH^-$。

12.5.3　离子交换分离操作

离子交换分离法包括静态法和柱交换分离法。

静态法是将处理好的交换树脂放于样品溶液中，或搅拌，或静止，反应一段时间后分离。该法非常简便，但分离效率低。常用于离子交换现象的研究。在分析上用于简单组富集或大部分干扰物的去除。

柱色谱分离装置与过程

柱交换分离法是将交换树脂颗粒装填在交换柱上，让试液和洗脱液分别流过交换柱进行分离，如图 12-1所示。以下介绍的是柱交换分离法。

1. 树脂的选择和预处理

选择：根据待分离试样的性质与分离的要求，选择合适型号和粒度的离子交换树脂。

浸泡：让干树脂充分溶胀，除去树脂内部杂质。例如，强酸型阳离子交换树

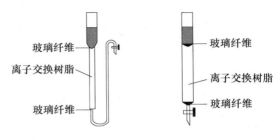

图 12-1　交换柱结构图

脂，先用乙醇洗去有机杂质，再用 2～4mol/L HCl 浸泡 1～2d；然后用水和去离子水洗净离子交换树脂。

转型：根据分离需要进一步转型，如强酸型阳离子交换树脂，可用 NH_4Cl 溶液转化为铵型阳离子交换树脂；强碱型阴离子交换树脂可分别用 NaCl 溶液转化为氯型阴离子交换树脂。

2. 装柱

交换柱的选择：交换柱的直径与长度主要由所需交换的物质的量和分离的难易程度所决定，较难分离的物质一般需要较长的柱子。

装柱：用处理好的离子交换树脂装柱，在柱管底部装填少量玻璃丝，柱管注满水，倒入一定量的湿树脂，让其自然沉降到一定高度。装柱时应防止树脂层中夹有气泡，要保证树脂颗粒浸泡在水中。

3. 交换

将试液按适当的流速流经交换柱，试液中那些能与离子交换树脂发生交换的相同电荷的离子将保留在柱上，而那些带异性电荷的离子或中性分子不发生交换作用，随着液相继续向下流动。当试液不断地倒入交换柱，在交换层的上面一段树脂已全部被交换（已交换层），下面一段树脂完全还没有交换（未交换层），中间一段部分交换（交界层）。在不断的交换过程中，交界层逐渐向下移动。当交界层底部到达交换柱底部时，在流出液开始出现未被交换的样品离子，交换过程达到"始漏点"。此时，对应交换柱的有效交换容量称为"始漏量"。

4. 淋洗（洗脱）

用适当的淋洗剂，以适当的流速，将交换上去的离子洗脱并分离。因此洗脱过程是交换过程的逆过程。当洗脱液不断地注入交换柱时，已交换在柱上的样品离子就不断地被置换下来。置换下来的离子在下行过程中又与新鲜的离子交换树脂上的可交换离子发生交换，重新被柱保留。在淋洗过程中，待分离的离子在下行过程中反复地进行着"置换—交换—置换"的过程。

根据离子交换树脂对不同离子亲和力的差异，洗脱时，亲和力大的离子更容易被柱

保留而难以置换。亲和力大的离子向下移动的速率慢，亲和力小的离子向下移动的速率快，因此可以将它们逐个洗脱下来。亲和力最小的离子最先被洗脱下来。因此，淋洗过程也就是分离过程。

5. 再生

再生是指使交换树脂上的可交换离子回复为交换前的离子，以便再次使用。有时洗脱过程就是再生过程。

12.6　色谱分离法

色谱分离法又称层析法，是利用各组分的物理化学性质的差异，使各组分不同程度地分配在两相中。一相是固定相，另一相是流动相。由于各组分受到两相的作用力不同，从而使各组分以不同的速率移动，达到分离的目的。

根据流动相的状态，色谱法又可分为液相色谱法和气相色谱法。这里只简单介绍属于经典的液相色谱法的纸色谱分离法、薄层色谱分离法。

12.6.1　纸色谱分离法

1. 方法原理

纸色谱分离法是根据不同物质在固定相和流动相间的分配比不同而进行分离的，是以层析滤纸为载体，滤纸纤维素吸附的水分构成纸色谱的固定相，由有机溶剂等组成的展开剂为流动相，样品组分在两相中做反复多次分配达到分离。

2. 操作过程

取一大小适宜的滤纸条，在下端点上标准和样品，放在色谱筒中展开，取出后，标记前沿，晾干，着色，计算比移值。

比移值（R_f）等于展开后组分斑点中心到原点的距离与溶剂前沿到原点距离之比。如图 12-2 所示，组分 1 的比移值为 $R_{f_1} = h_1/h$，组分 2 的比移值为 $R_{f_2} = h_2/h$，组分 3 的比移值为 $R_{f_3} = h_3/h$。式中 h 为展开后溶剂前沿到原点的距离，h_1、h_2、h_3 分别为组分 1、2、3 展开后斑点中心到原点的距离。比移值相差越大的组分，分离效果越好。

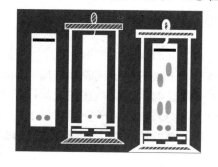
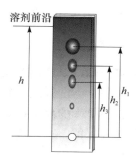

图 12-2　比移值测量结果图

3. 应用

纸色谱的展开方式有以下几种：

（1）上行法，即展开剂从层析纸的下方因毛细管作用而向上运动。

（2）下行法，即试液点在层析纸的上端，滤纸倒悬，展开液因重力而向下展开。

（3）双向展开法，若一种展开剂不能将待分离组分分开，可用此方法。先用一种展开剂按一个方向展开后，再用另一种展开剂垂直于第一种方向进行展开。

因纸色谱分离法具有简单、分离效能较高、所需仪器设备价廉、应用范围广泛等特点，因而在有机化学、分析化学、生物化学等方面得到应用。例如，用丁酮、甲基异丁酮、硝酸和水作展开剂，可分离铀、钍、钪及稀土，用甲基异丁酮、丁酮、氢氟酸和水作展开剂可分离铌和钽，还可用于性质相近的多种氨基酸的分离及产品中微量杂质的鉴定等方面。

12.6.2　薄层色谱分离法

1. 方法原理

薄层层析展开过程

薄层色谱分离法是把吸附剂铺在支撑体上，制成薄层作为固定相，以一定组成的溶剂作为流动相，进行色谱分离的方法。其吸附剂常为纤维素、硅胶、活性氧化铝等，支撑体常为铝板、塑料板、玻璃板等。它利用吸附剂对不同组分的吸附力的差异，试样沿着吸附层不断地发生"溶解—吸附—再溶解—再吸附……"的过程，造成它们在薄层上迁移速率的差别，从而得到分离，各组分比移值的计算同纸色谱分离法。

2. 应用

薄层色谱分离法是一种吸附层析，需利用各种不同极性的溶剂来配制适当的展开剂，常用溶剂按极性增强次序为石油醚、环己烷、CCl_4、苯、甲苯、$CHCl_3$、乙醚、乙酸、乙酯、正丁醇、1,2-二氯乙烷、丙酮、乙醇、甲醇、H_2O、吡啶、HAc。

展开的方式可采用上行下行的单向层析法，对于难分离组分，还可采用双向层析法。

根据一定条件下组分的比移值与标准进行对照，可进行定性分析。斑点显色后，观察色斑的深浅程度，参照标准可做半定量分析。

将该组分色斑连同吸附剂一块刮下，然后洗脱、测定，可进行定量分析。也可用薄层扫描仪，直接扫描斑点，得出峰高或积分值，自动记录进行定量分析。

学习资源

超临界流体萃取法

超临界流体是指某种气体（液体）或气体（液体）混合物在操作压力和温度均高于

临界点时，使其密度接近液体，而其扩散系数和黏度均接近气体，其性质介于气体和液体之间的流体。超临界流体萃取法技术就是利用超临界流体为溶剂，从固体或液体中萃取出某些有效组分，并进行分离的一种技术。

　　超临界流体萃取法的特点在于充分利用超临界流体兼有气、液两重性的特点，在临界点附近，超临界流体对组分的溶解能力随体系的压力和温度发生连续变化，从而可方便调节组分的溶解度和溶剂的选择性。超临界流体萃取法具有萃取和分离的双重作用，物料无相变过程因而节能明显，工艺流程简单，萃取效率高，无有机溶剂残留，产品质量好，无环境污染。

 复习与思考

一、填空题

1. 离子交换剂的种类很多，主要分为＿＿＿＿＿＿＿＿和＿＿＿＿＿＿＿＿。

2. ＿＿＿＿＿＿＿＿和＿＿＿＿＿＿＿＿是定量分析化学的重要组成部分。

3. 各种氢氧化物沉淀的溶解度有很大的差别，因此可以通过控制酸度，改变溶液中的＿＿＿＿＿＿＿＿，以达到选择沉淀分离的目的。

二、问答题

1. 常见的沉淀方法都有哪些？

2. 色谱分离法所利用的原理是什么？

第13章　有机化学基础知识

13.1　有机化合物概述

13.1.1　有机化合物的组成

1. 碳原子的成键方式

有机化合物的基本构架由碳原子（C）组成，因此，有机化合物的结构特点决定于 C 的结构。

C 的核外电子分布式为 $1s^2 2s^2 2p^2$，最外层有 4 个电子，根据原子结构理论，与其他原子成键时，不易得失电子，而以共用电子对的形式与其他原子相结合。因此，C 主要是以共价键的方式与其他原子相结合，表现为 4 价。

例如，最简单的有机物——甲烷（CH_4），就是由 C 最外层的 4 个电子分别与 4 个 H 形成 4 个共价键，其电子式和结构式可表达为

电子式   结构式

在有机化合物中，C 与 H 之间、C 与 C 之间均以共价键结合，且两个 C 之间可共用一对、两对或三对电子构成单键、双键或三键。结构式可表达为

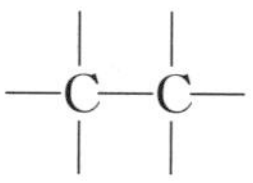
单键

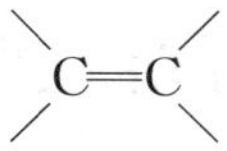
双键

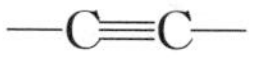
三键

2. 有机化合物结构的表示方法

由于有机化合物中普遍存在同分异构现象，即同一个分子式可能代表几种不同的物质，因此，不能用分子式表示一种确定的物质，而用体现分子结构的形式表示某种有机化合物的组成更为科学。

分子结构是指分子中各原子相互结合的次序、方式及空间排布状况等，它包括分子的构造、构型和构象。有机化合物的结构可用结构式、结构简式、键线式三种形式来表示。结构式是将分子中的每一个共价键都用一根短线（—）表示出来。结构简式则在结构式的基础上简化，不再写出 C 与 H 或其他原子间的短线，并将同一 C 上的相同原子或基团合并表达。键线式则更为简练、直观，只写出碳架的骨架和其他基团。例如：

丁烷 C_4H_{10}

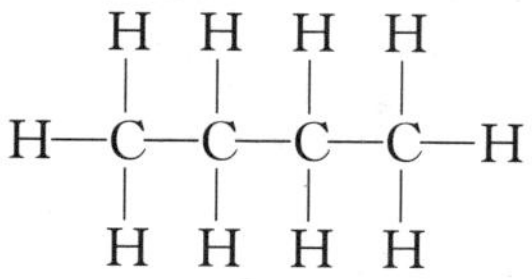
结构式

$CH_3CH_2CH_2CH_3$

结构简式

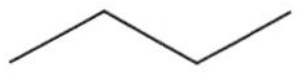
键线式

环己烷 C_6H_{12}

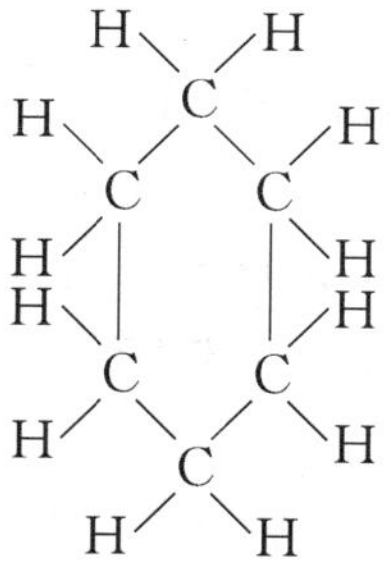
结构式

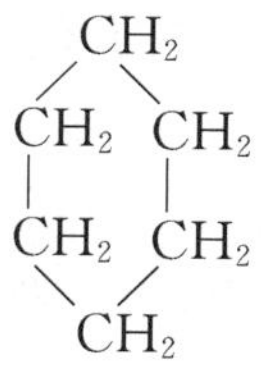
结构简式

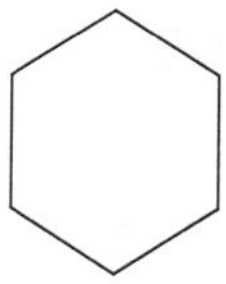
键线式

13.1.2　有机化合物的分类

只有 C 和 H 两种元素组成的有机化合物称为碳氢化合物，简称烃。烃是许多其他有机化合物的基体，可分为：

1. 按碳架结构分类

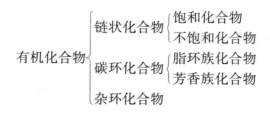

1）链状化合物

链状化合物中碳架可形成一条或长或短的链，有的长链上还带有支链。由于这类化合物最初是在脂肪中发现的，所以又称脂肪族化合物。根据 C 成键方式不同，链状化合物又分为饱和化合物和不饱和化合物。例如：

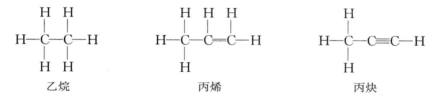

2）碳环化合物

碳环化合物分子中含有完全由 C 构成的环。根据碳环的结构特点，又分为脂环族化合物和芳香族化合物。

（1）脂环族化合物。这类化合物在结构上可视为由链状化合物首尾 C 互相连接而成环状化合物，由于其性质与脂肪族化合物相似，因此称脂环族化合物。例如：

（2）芳香族化合物。这类化合物分子中至少含有一个苯环（芳香环），性质上与链状化合物和脂环族化合物不同。例如：

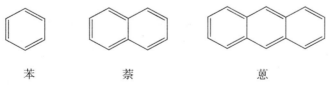

3）杂环化合物

杂环化合物分子中的环是由 C 原子和其他元素原子（如 O、S、N 等）组成的，例如：

2. 按官能团分类

决定化合物主要化学性质的原子或基团称为官能团。官能团是有机化合物分子中较活泼的部位，官能团相同的化合物性质相似。为了便于学习和研究，常以官能团对有机化合物进行分类，如表 13-1 所示。

表 13-1　常见官能团及有机化合物类别

官能团结构	官能团名称	类别	有机化合物举例	
$\diagdown C = C \diagdown$	双键	烯烃	$CH_2 = CH_2$	乙烯
$-C \equiv C-$	三键	炔烃	$HC \equiv CH$	乙炔
$-OH$	羟基	醇	CH_3OH	甲醇
		酚	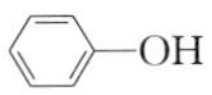 ⬡$-OH$	苯酚
$\diagdown C = O$	羰基	醛、酮	$CH_3-\overset{O}{\overset{\|}{C}}-H$	乙醛
			$CH_3-\overset{O}{\overset{\|}{C}}-CH_3$	丙酮
$-\overset{O}{\overset{\|}{C}}-OH$	羧基	羧酸	$CH_3-\overset{O}{\overset{\|}{C}}-OH$	乙酸
$-\overset{\|}{\underset{\|}{C}}-O-\overset{\|}{\underset{\|}{C}}-$	醚键	醚	$CH_3CH_2-O-CH_2CH_3$	乙醚
$-NH_2$	氨基	胺	CH_3-NH_2	甲胺
$-NO_2$	硝基	硝基化合物	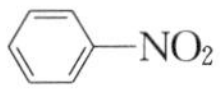 ⬡$-NO_2$	硝基苯
$-X$	卤素	卤代烃	CH_3Cl	氯甲烷
$-SH$	巯基	硫醇	C_2H_5SH	乙硫醇
$-SO_3H$	磺酸基	磺酸	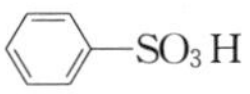 ⬡$-SO_3H$	苯磺酸
$-C \equiv N$	氰基	腈	$CH_3C \equiv N$	乙腈
$-N=N-$	偶氮基	偶氮化合物	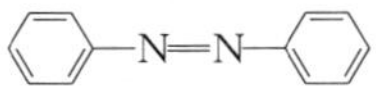 ⬡$-N=N-$⬡	偶氮苯

13.1.3　有机化合物的特性

有机化合物的主要元素是 C。由于 C 的特殊结构，使得有机化合物与无机化合物的性质存在明显的差异。一般而言，有机化合物具有以下特点。

（1）对热不稳定，易燃烧。除少数有机化合物外，绝大多数有机化合物均含有 C、H 两种元素，因此容易燃烧，如甲烷、酒精、汽油、木柴等。

（2）熔点、沸点低。有机化合物一般为共价化合物，通常以微弱的分子间作用力相结合，因此，常温、常压下多数以气体、液体或低熔点的固体存在。大多数有机化合物的熔点都较低，一般不超过 400℃，沸点也较低，如尿素的熔点为 133℃，而无机化合物的熔点、沸点较高，如 NaCl 的熔点为 800℃，沸点为 1440℃。

（3）难溶于水，易溶于有机溶剂，是非电解质。有机化合物通常以弱极性键或非极性键相结合，根据"相似相溶"原理，绝大多数有机物难溶于水，易溶于乙醚、丙酮、苯等非极性溶剂中。

有机化合物一般是非电解质，即使在熔融状态下也以分子形式存在而不导电，而多数无机化合物是电解质，在溶液中或熔融状态下以离子形式存在而具有导电性。

（4）反应速率慢、产率低、产物复杂。无机化合物间的反应往往是离子反应，反应速率较快，而有机化合物的反应主要在分子间进行，受分子结构和反应机制的影响，速率较慢，有些反应需要几十小时甚至几十天才能完成。由于有机分子结构比较复杂，反应时，往往不局限于分子的某一特定部位，因此，主要反应发生的过程中伴随着一些副反应而导致产率低、产物复杂，最终得到的是混合物，常常需进一步分离、提纯。

（5）同分异构现象普遍。分子式相同而结构不同的现象称为同分异构现象。这种情况在有机化合物中非常普遍。这也是组成有机物的元素较少，而有机物种类繁多的主要原因之一。例如，分子式为 C_2H_6O 的物质就有可能是乙醇和甲醚两个性质不同的化合物，它们互称同分异构体。

13.2　有机化合物的命名

有机化合物数目很多，且结构复杂，为区别每一种有机化合物，一般采用的命名方法有普通命名法和系统命名法。早期的有机化合物，常常根据它们的来源或性质命名。例如，乙酸最初发现于食醋中，所以叫醋酸，又因为在 16℃ 易结晶且像冰，故又称冰醋酸。

$$HCOOH \qquad CH_3OH \qquad CH_3COOH \qquad HOOCCOOH$$

蚁酸　　　　　　木醇　　　　　　冰醋酸　　　　　　　草酸
　　　　　　　　　　　　　　（16℃结晶像冰）

这种命名不能反映有机化合物的结构特征，但许多名词仍在使用，如青霉素、紫杉醇、氯仿等。

随着人们对有机化合物的认识增多，简单的命名法已经不能满足实际应用的需要。为了求得命名的统一，1892 年一些化学家在瑞士的日内瓦集会，拟定了一种有机化合物的系统命名法，叫作"日内瓦命名法"。此后，国际纯粹与应用化学联合会对其进行了多次修订，因此又称 IUPAC 命名法或系统命名法。该命名法目前被各个国家所采用。我国根据 1979 年公布的 IUPAC 命名法，结合我国文字的特点，自然科学名词审定委员会拟编了一套系统命名法，并于 1980 年颁布实施。

13.2.1　烷烃的普通命名法

（1）该命名法根据分子中所含 C 的数目，用天干（甲、乙、丙、丁、戊、己、庚、辛、壬、癸）和中文数字十一、十二、十三等数字命名为"某烷"，如表 13-2 所示。

表 13-2　部分烷烃的普通命名法

烷烃	分子式	烷烃	分子式
甲烷	CH_4	十一烷	$C_{11}H_{24}$
乙烷	C_2H_6	十二烷	$C_{12}H_{26}$
丙烷	C_3H_8	十三烷	$C_{13}H_{28}$
丁烷	C_4H_{10}	十四烷	$C_{14}H_{30}$
戊烷	C_5H_{12}	二十烷	$C_{20}H_{42}$
己烷	C_6H_{14}	三十烷	$C_{30}H_{62}$
庚烷	C_7H_{16}	五十烷	$C_{50}H_{102}$
辛烷	C_8H_{18}	一百烷	$C_{100}H_{202}$
壬烷	C_9H_{20}	⋮	⋮
癸烷	$C_{10}H_{22}$	烷烃通式	C_nH_{2n+2}

（2）有些烷烃碳链存在异构体，则用正、异、新、伯、仲、叔、季等冠词区分。例如：

$$CH_3-CH_2-CH_2-CH_2-CH_3$$

正戊烷（"正"代表直链的化合物）

$$CH_3-\underset{\underset{CH_3}{|}}{CH}-CH_2-CH_3$$

异戊烷 ["异"代表分子中碳链一端具有 $CH_3-\underset{\underset{H}{|}}{\overset{\overset{CH_3}{|}}{C}}-$ 的结构]

$$CH_3-\underset{\underset{CH_3}{|}}{\overset{\overset{CH_3}{|}}{C}}-CH_3$$

新戊烷 ["新"代表分子中碳链一端具有 $CH_3-\underset{\underset{CH_3}{|}}{\overset{\overset{CH_3}{|}}{C}}-$ 的结构]

其中，直接与一个 C 相连的 C 称为伯 C 或一级 C，用 1° 表示；与 2 个 C 直接相连的称为仲 C 或二级 C，用 $2°$ 表示；与 3 个 C 直接相连的称为叔 C 或三级 C，用 $3°$ 表示；与 4 个 C 相连的称为季 C 或四级 C，用 $4°$ 表示。例如：

$$
\begin{array}{ccccc}
& H & H & H & CH_3 \\
& | & | & | & | \\
H\!-\!\!&\!C\!\!-\!\!&\!C\!\!-\!\!&\!C\!\!-\!\!&\!C\!\!-\!CH_3 \\
& 1° & 2° & 3° & 4° \\
& | & | & | & | \\
& H & H & CH_3 & CH_3
\end{array}
$$

上述 4 种 C 中，除了季 C 外都连接有 H，分别称为伯 H、仲 H 和叔 H。不同类型的 H 反应活性不同。

有机化合物分子中去掉一个或几个 H 后剩下的部分称为"基"。

常见的烷基有

$$-CH_3 \qquad CH_3\!-\!CH_2\!- \qquad CH_3\!-\!CH_2\!-\!CH_2\!- \qquad CH_3\!-\!\underset{\underset{CH_3}{|}}{CH}\!-$$

　　甲基　　　　　乙基　　　　　　　　正丙基　　　　　　　　　异丙基

$$CH_3\!-\!CH_2\!-\!CH_2\!-\!CH_2\!- \qquad CH_3\!-\!CH_2\!-\!\underset{\underset{CH_3}{|}}{CH}\!-\!CH_3$$

　　　　　　正丁基　　　　　　　　　　　　　仲丁基

$$CH_3\!-\!\underset{\underset{}{}}{\overset{\overset{CH_3}{|}}{CH}}\!-\!CH_2\!- \qquad CH_3\!-\!\underset{\underset{CH_3}{|}}{\overset{\overset{CH_3}{|}}{C}}\!-$$

　　　　　异丁基　　　　　　　　　　　　　叔丁基

常见的烯基有

$$CH_2\!=\!CH\!- \qquad CH_3\!-\!CH\!=\!CH\!- \qquad CH_2\!=\!CH\!-\!CH_2\!- \qquad CH_3\!-\!\overset{\overset{|}{}}{C}\!=\!CH_2$$

　　乙烯基　　　　　　　　丙烯基　　　　　　　　　烯丙基　　　　　　　　异丙烯基

常见的芳基有：

（写为 C_6H_5— 或用 Ph— 表示）

苯基

CH_2—　（写为 $C_6H_5CH_2$— 或用 $PhCH_2$— 表示）

苯甲基（也叫苄基）

13.2.2　部分有机化合物的系统命名法

1. 烷烃的命名

烷烃的命名是所有开链烃及其衍生物命名的基础。

1）直链烷烃的命名

直链烷烃的命名与普通命名法基本相同，只是把"正"字去掉，称为"某烷"，如 $CH_3CH_2CH_2CH_3$（丁烷）。

2) 支链烷烃的命名

对于有支链的烷烃可以将其当作是直链烷烃的烷基衍生物命名。命名步骤及原则如下所述。

(1) 选主链，定母体。选择含 C 数最多的一条碳链作为主链，如果有几条含相同 C 的碳链时，应选择含取代基多的碳链为主链。例如：

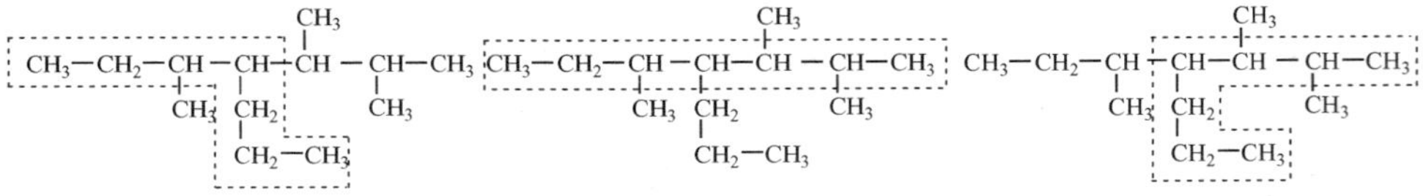

A　　　　　　　　　　　　B　　　　　　　　　　　　C

上式中最长碳链含 7 个 C，共有 3 条，A 式中取代基为 2 个，B 式中为 4 个，C 式中为 3 个，所以上式中应选 B 式虚线内的作为主链。

(2) 给主链 C 编号。从离取代基最近的一端开始，用阿拉伯数字 1、2、3……的次序对主链 C 编号。若有几种可能的情况，应使各取代基都有尽可能小的编号或取代基位次数之和最小。例如：

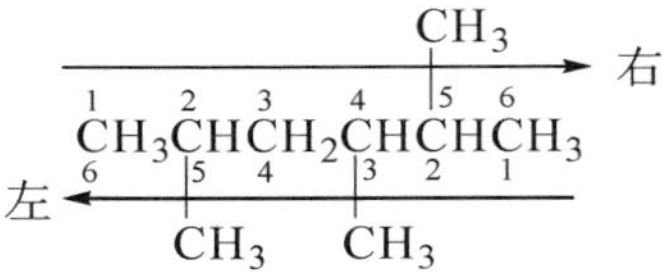

两种编号逐项比较，最先出现差别的是第二项，位次最小者为"3"，所以应选择式子下方的编号系列为取代基的位次，即 2、3、5。

(3) 书写烷烃的名称。先写取代基，再写烷烃的名称。在取代基名称前用阿拉伯数字标明取代基的位次，多个位次间的阿拉伯数字要用逗号隔开，位次和取代基名称之间用半字线"-"隔开，相同取代基可合并，其数目用汉字一、二、三等表达。基本格式为取代基的位次—数目及名称—某烷。例如：

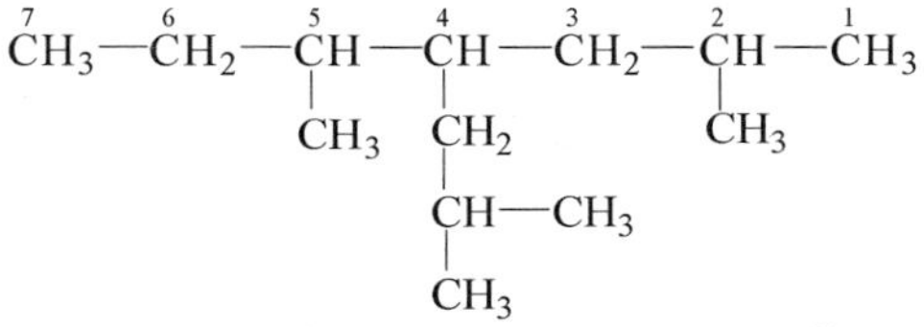

2,5-二甲基-4-异丁基庚烷（不是 2,6-二甲基-4-仲丁基庚烷）

当主链上有多个取代基时，命名时这些取代基列出顺序遵守"顺序规则"，较优基团后列出，通常用"＞"表示优于。

顺序规则内容：

(1) 比较各取代基或官能团的第一个原子的原子序数，原子序数大者为较优基团。例如，$I > Br > Cl > F > O > N > C > H$。

(2) 如果两个基团的第一个原子相同，则比较与之相连的第二个原子，以此类推。比较时，按原子序数排列，先比较各组中原子序数大者，若仍相同，再依次比较第二个、第三个，以此类推。

例如，—CH_2Cl（4 个原子分别为 C、H、H、Cl）与—CH_3（4 个原子分别为 C、

H、H、H），第一个原子相同，都为 C；比较与 C 相连的原子，先比较原子序数大者，Cl＞H，因此—CH₂Cl 为"较优"基团。

2. 烯烃的命名

烯烃的命名原则和烷烃的基本相同。首先选择包含双键的最长碳链为主链，从靠近双键的一端开始编号。命名时除了烷烃命名所遵循的原则外，还要标明双键（C＝C）的位置。基本格式为取代基的位次—数目及名称—双键位次—某烯。例如：

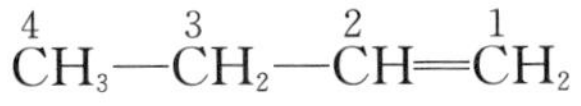

$$\overset{4}{CH_3}-\overset{3}{CH_2}-\overset{2}{CH}=\overset{1}{CH_2} \qquad \overset{3}{CH_3}-\overset{2}{C}=\overset{1}{CH_2} \qquad CH_3-C=C-CH_3$$

1-丁烯 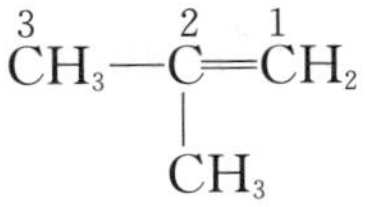　　　　　　　　2-甲基丙烯（异丁烯） 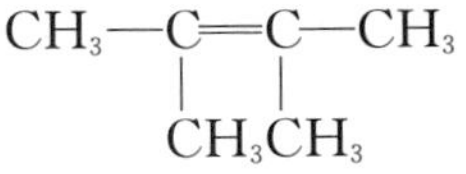　　2,3-二甲基-2-丁烯

对于含有 4 个或 4 个以上 C 的烯烃，存在碳链异构及顺反异构体，其命名有顺/反命名法和 Z/E 命名法两种方法。

对于简单的化合物既可以用顺/反命名法命名，也可以用 Z/E 命名法命名。用顺反命名法命名时，2 个相同的原子或基团在双键的 C 同侧的为顺式，反之为反式。例如：

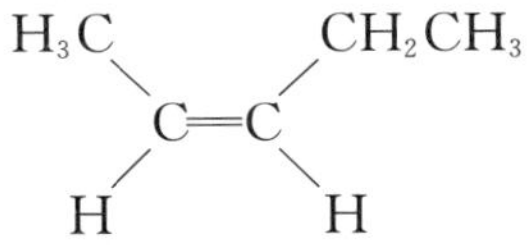

順-2-戊烯 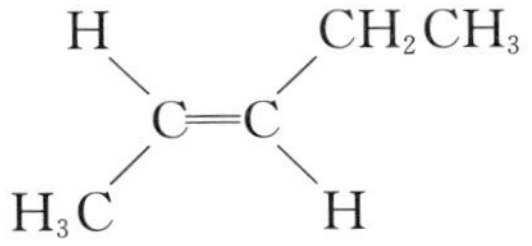　　　　　　　　　反-2-戊烯

如果双键的 C 上所连 4 个原子或基团都不相同时，则用 Z/E 命名。按照"次序规则"比较两对基团的优先顺序，2 个较优基团在双键的 C 同侧的为 Z（德文 zusammen）型，异侧的为 E（德文 entgegen）型。命名时将 Z 或 E 加括号放在烯烃名称的前面，中间用"-"相连。例如：

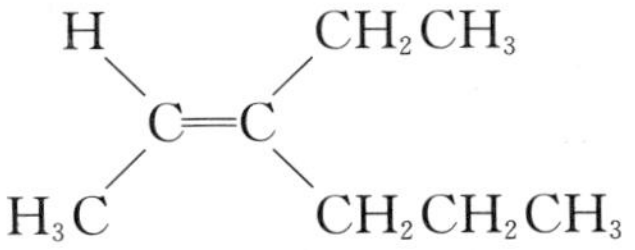

(Z)-3-乙基-2-己烯 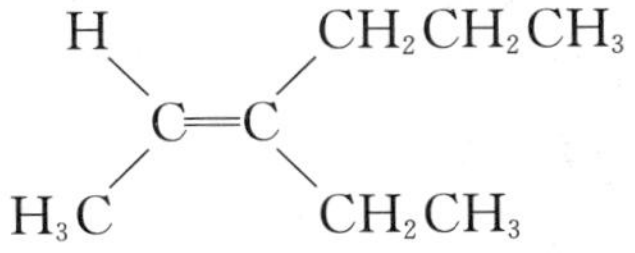　　　　　　　(E)-3-乙基-2-己烯

必须注意：顺、反和 Z、E 是两种不同的表示方法，不存在必然的内在联系。有的化合物可以用顺、反表示，也可以用 Z、E 表示，顺式的不一定是 Z 型，反式的不一定是 E 型。例如：

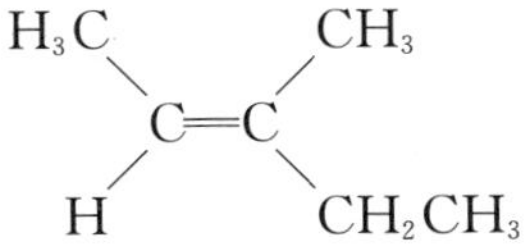

(E)-3-甲基-2-戊烯　　　　　　(Z)-1,2-二氯-1-溴-乙烯
顺-3-甲基-2-戊烯　　　　　　反-1,2-二氯-1-溴-乙烯

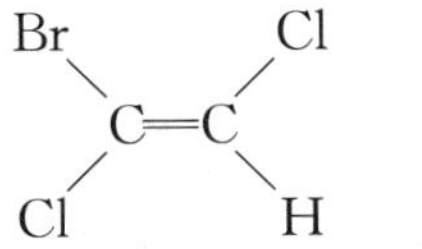

脂环族化合物也存在顺、反异构体，2 个相同取代基在环平面的同侧为顺式，反之为反式。

3. 炔烃的命名

炔烃的命名原则和烯烃相同，只是把"烯"字改为"炔"字。但是炔烃不存在顺、反异构。基本格式为取代基的位次—数目及名称—三键位次—某炔。例如：

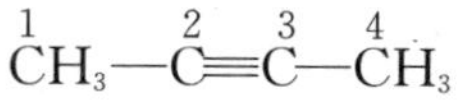

$$\overset{1}{C}H_3—\overset{2}{C}\equiv\overset{3}{C}—\overset{4}{C}H_3 \qquad \overset{4}{C}H_3—\overset{3}{C}H—\overset{2}{C}\equiv\overset{1}{C}H$$
$$\underset{CH_3}{\vert}$$

2-丁炔 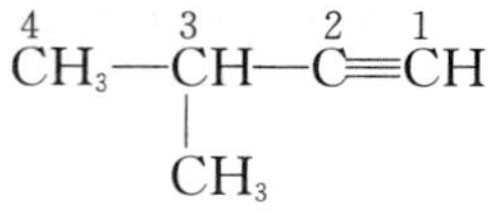　　　　　　　3-甲基-1-丁炔

4. 脂环烃的命名

简单环的命名与相应的脂肪烃基本相同，只在名称前加上"环"即可，称为"环某烷（烯或炔）"。例如：

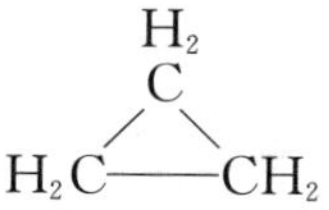

环丙烷 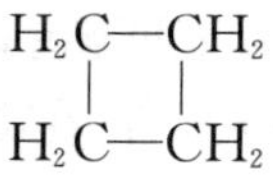　　　　　环丁烷 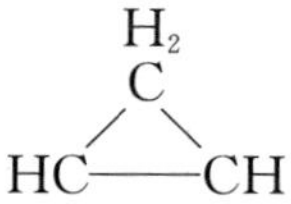　　　　　环丙烯

含有支链的脂环烃的命名原则为：如果环上的支链含 C 较环少时，则支链作为取代基，取代基的位次尽可能采用最小数字标出；如果环上的支链含 C 较环多时，以环作为取代基。例如：

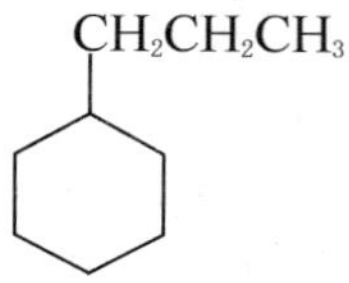

丙基环己烷 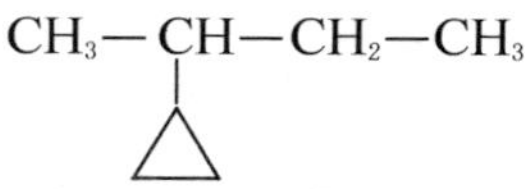　　　　　　2-环丙基丁烷

5. 单环芳香烃及其衍生物的命名

单环芳香烃及其衍生物通常是以苯环作为母体，对于只连一个取代基的称为"某（基）苯"；若取代基为官能团，如羟基(—OH)、氨基(—NH$_2$)、醛基(—CHO)、羧基(—COOH)、磺酸基(—SO$_3$H) 等，则把官能团作为母体命名，称为"苯某"。例如：

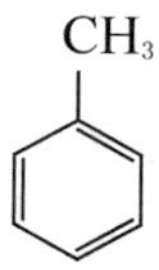

甲（基）苯 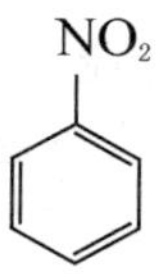　硝基苯 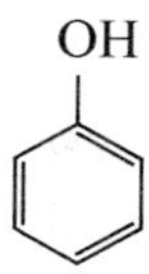　　苯酚 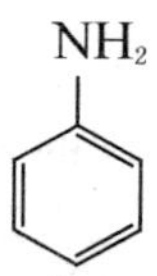　　苯胺 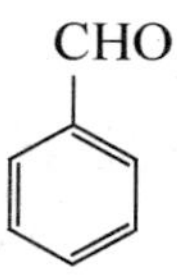　　苯甲醛 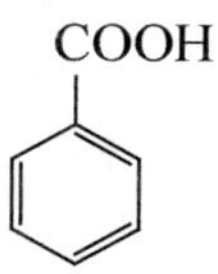　　苯甲酸 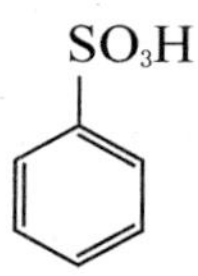　　苯磺酸

连有多于一个取代基时，用阿拉伯数字表示取代基位置，也习惯用邻、间、对表示2个取代基的相对位置。例如：

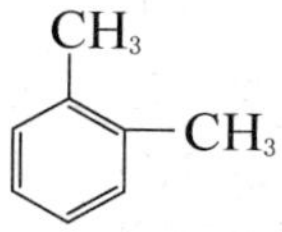

邻-二甲苯　　　间-二甲苯　　　对-二甲苯
（1,2-二甲苯）　（1,3-二甲苯）　（1,4-二甲苯）

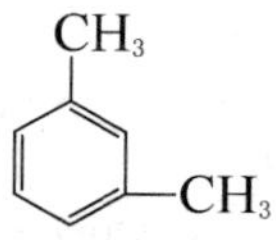

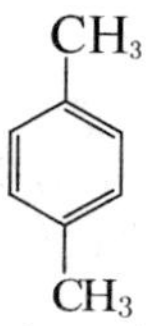

对于环上的取代基较为复杂时，将苯环作为取代基进行命名。例如：

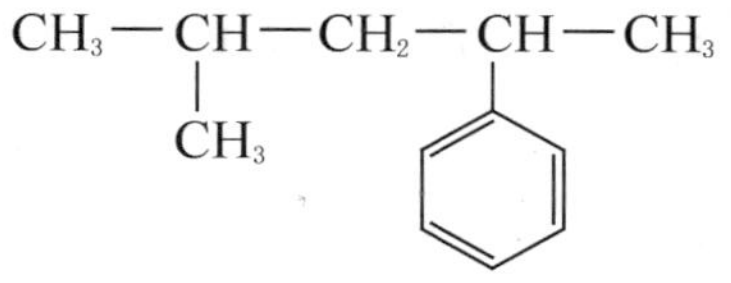

$$CH_3-CH-CH_2-CH-CH_3$$

2-甲基-4-苯基戊烷

当苯环上含有多种官能团，则首先选好母体，使母体编号最小。常见官能团优先顺序如下：羧基（—COOH）＞磺酸基（—SO$_3$H）＞醛基（—CHO）＞羟基（—OH）＞氨基（—NH$_2$）。例如：

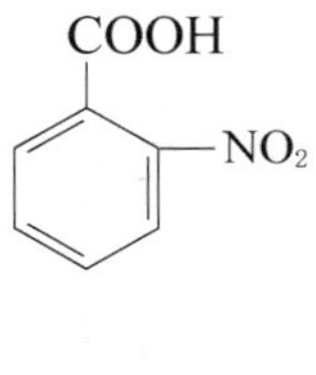

2-硝基苯甲酸 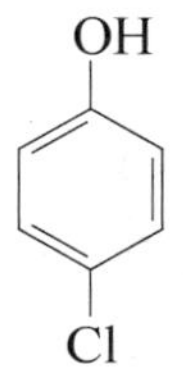　　　4-氯苯酚 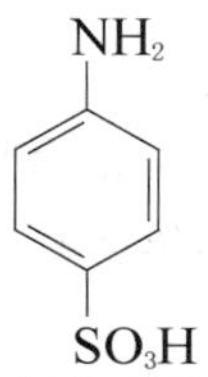　　　4-氨基苯磺酸

13. 2. 3　含氧有机化合物的命名

1. 醇的命名

结构简单的醇采用普通命名法命名。命名时可根据与羟基相连的烃基的普通名称来命名，称为"某（基）醇"，"基"字一般可以省去。例如：

$$CH_3-CH_2-OH \qquad -CH_2-OH$$

乙醇（酒精）　　　　　　　苄醇

$$CH_3-CH_2-CH_2-OH \qquad CH_3-CH-OH$$

正丙醇　　　　　　　　异丙醇

$$CH_3-\underset{CH_3}{\overset{CH_3}{C}}-OH \qquad CH_3-\underset{CH_3}{\overset{CH_3}{C}}-CH_2-OH$$

叔丁醇　　　　　　　　新戊醇

结构复杂的醇采用系统命名法。

1) 饱和一元醇

烃基为直链的醇，根据 C 数目称为"某醇"。例如：

$$CH_3-OH \qquad\qquad CH_3-CH_2-CH_2-OH$$

甲醇（木醇）　　　　　　丙醇

烃基带有支链的醇，选择连有羟基 C 最长的碳链为主链，根据主链 C 的数目称为某醇；从靠近羟基一端开始，用阿拉伯数字依次将主链 C 编号；命名时，将羟基的位次写在某醇之前，中间用短线隔开；将取代基的位次、数目、名称写在主链名称的前面。基本格式如下：取代基的位次—数目及名称—羟基的位次—某醇。例如：

$$CH_3—CH—CH_2—CH_2—OH$$
$$\underset{CH_3}{|}$$

$$CH_3—CH—CH_2—CH—CH_3$$
$$\underset{CH_3}{|}\qquad\underset{OH}{|}$$

3-甲基丁醇　　　　　　　　　　　　4-甲基-2-戊醇

$$CH_3—CH—CH_2—CH—CH—CH—CH_3$$

2,6-二甲基-5-乙基-4-辛醇

2）不饱和一元醇

选择连有羟基和不饱和键在内的最长碳链为主链，根据主链 C 数目称为某烯醇；从靠近羟基一端开始依次将主链碳原子编号。例如：

$$CH_3—CH—CH=CH_2$$
$$\underset{OH}{|}$$

$$CH_3—CH—CH—CH_2—C=CH—CH_3$$

3-丁烯-2-醇　　　　　　　　　　2-甲基-5-乙基-5-庚烯-3-醇

3）脂环醇

在脂环烃基的名称后加上"醇"（"基"字去掉）。若有取代基，则从连接羟基的 C 开始，给环上的 C 编号，并尽量使取代基的位次最小。例如：

环己醇　　　　　　　3-甲基环戊醇

4）芳香醇

将芳香环作为取代基，按照脂肪醇的命名方法命名。例如：

苯甲醇　　　　　　　　　4-苯基-2-戊醇

5）多元醇

选择带羟基尽可能多的最长碳链作为主链，羟基的数目写在"醇"字的前面。例如：

丙三醇（甘油）　　　　　2,3-二甲基-2,3-丁二醇

此外，常根据醇的来源使用其俗名，如木醇、乙醇、甘油等。

2. 醛、酮的命名

简单的醛、酮常用普通命名法命名。醛的普通命名与醇的相似，可在烃基的名称后面加一个醛字，称为"某醛"，有异构体的用"正""异""新"等字来区分。酮的普通命名是在羰基所连 2 个烃基名称后加上"酮"字，简单烃基在前，复杂烃基放在后面，"基"字可以省略。如有芳基，则将芳基写在前面。例如：

$$CH_3CH_2CH_2CH_2CHO \qquad CH_3\overset{\overset{\displaystyle CH_3}{|}}{C}HCH_2CHO \qquad CH_3\overset{\overset{\displaystyle CH_3}{|}}{\underset{\underset{\displaystyle CH_3}{|}}{C}}CHO$$

正戊醛　　　　　　　　　　异戊醛　　　　　　　　新戊醛

$$CH_3-\overset{\overset{\displaystyle O}{\|}}{C}-CH_2CH_3 \qquad \qquad \bigcirc\!\!-COCH_3$$

甲乙酮　　　　　　　　　　　　苯甲酮

复杂醛、酮的命名采用系统命名法。

1）脂肪醛酮

脂肪醛酮命名法选择包含羰基的最长碳链为主链，根据主链所含碳原子的数目称为"某醛"或"某酮"。主链 C 的编号从靠近羰基的一端开始，醛基总是位于链端，编号为 1，命名时不必标明它的位次。酮除丙酮、丁酮和苯乙酮外，其他酮分子中的羰基必须标明位次，取代基的位次和名称放在母体名称之前。基本格式如下：取代基的位次—数目及名称—羰基的位次（醛基不必标明）—某醛（酮）。例如：

$$\overset{4}{C}H_3\overset{3}{\overset{|}{\underset{CH_3}{C}}}H\overset{2}{C}H_2\overset{1}{C}HO \qquad \qquad \overset{1}{C}H_3-\overset{2}{\overset{\overset{\displaystyle O}{\|}}{C}}-\overset{3}{C}H_2\overset{4}{\overset{|}{\underset{CH_3}{C}}}H\overset{5}{C}H_3$$

3-甲基丁醛　　　　　　　　　4-甲基-2-戊酮

C 的编号有时也用希腊字母 α、β、γ 等表示，α 是指靠近羰基的 C，其次是 β、γ 等，若有 2 个 α-C，可以用 α、α′ 表示。例如：

$$\overset{\gamma}{C}H_3\overset{\beta}{\overset{|}{\underset{CH_3}{C}}}H\overset{\alpha}{C}H_2CHO \qquad \qquad \overset{\alpha'}{C}H_3-\overset{\overset{\displaystyle O}{\|}}{C}-\overset{\alpha}{C}H_2\overset{\beta}{\overset{|}{\underset{CH_3}{C}}}HCH_3$$

β-甲基丁醛　　　　　　　　　β-甲基-2-戊酮

2）芳香醛酮

芳香醛、酮命名时，常以脂肪醛或脂肪酮为母体，把芳香烃基作为取代基。例如：

$$CH_3-\bigcirc\!\!-CHO \qquad \qquad \bigcirc\!\!-\overset{\overset{\displaystyle O}{\|}}{C}-CH_2CH_3$$

对甲基苯甲醛　　　　　　　　1-苯基-1-丙酮

3）脂环醛、酮

脂环醛的命名与芳香醛的命名一致。脂环酮的命名，是根据构成碳环原子的总数命名为环“某”酮，若环上有取代基，编号时使羰基位次最小。例如：

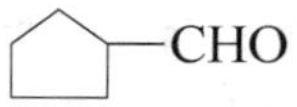
环戊基-甲醛

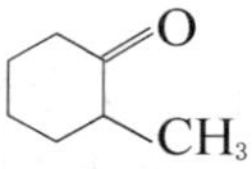
2-甲基环己酮

4）不饱和醛、酮

不饱和醛、酮命名时选择同时含有不饱和键及羰基在内的最长碳链为主链，编号从靠近羰基的一端开始，称为“某烯醛”或“某烯酮”，同时要标明不饱和键和酮羰基的位次。例如：

$$\begin{array}{c}\quad CH_2CH_3\\ \quad|\\ CH_2{=}CCH_2COCH_3\end{array}$$

4-乙基-4-戊烯-2-酮

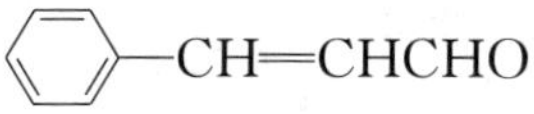
3-苯基-2-丙烯醛

$$\begin{array}{c}\qquad\qquad\qquad\quad CH_3\\ \overset{7}{H_2C}{=}\overset{6}{C}\overset{5}{C}H_2\overset{4}{C}H_2\overset{3}{C}H\overset{2}{C}H_2\overset{1}{C}HO\end{array}$$

3-甲基-6-庚烯醛

$$\begin{array}{c}\quad O\qquad\quad CH_3\\ \overset{1}{CH_3}{-}\overset{2}{\underset{}{C}}{-}\overset{3}{C}H_2\overset{4}{C}H\overset{5}{C}H_2\overset{6}{C}{\equiv}\overset{7}{C}H\end{array}$$

4-甲基-6-庚炔-2-酮

另外，醛和酮的命名有时也可根据其来源或性质采用俗名。例如：

$CH_3CH{=}CHCHO$

巴豆醛
（2-丁烯醛）

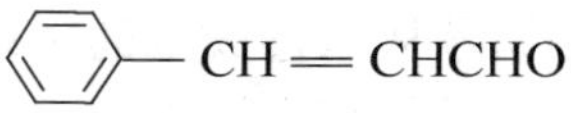
肉桂醛
（3-苯基丙烯醛）

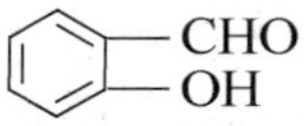
水杨醛
（邻羟基苯甲醛）

3. *羧酸的命名*

（1）饱和脂肪酸。饱和脂肪酸的命名与醛、酮的命名相似，即选择含有羧基最长的碳链为主链，从羧基开始给主链 C 编号，然后按照取代基的位次、数目名称及母体名称的顺序直接写出羧酸的名称。例如：

$$\overset{6}{CH_3}{-}\underset{CH_3}{\overset{5}{CH}}{-}\underset{CH_2CH_3}{\overset{4}{CH}}{-}\overset{3}{CH_2}{-}\overset{2}{CH_2}{-}\overset{1}{COOH}$$

5-甲基-4-乙基己酸

$$\overset{6}{CH_3}{-}\underset{CH_3}{\overset{5}{CH}}{-}\underset{CH_2CH_3}{\overset{4}{CH}}{-}\overset{3}{CH_2}{-}\underset{\underset{1}{COOH}}{\overset{2}{CH}}{-}CH_2{-}CH_2{-}CH_3$$

5-甲基-4-乙基-2-丙基己酸

（2）不饱和脂肪酸。不饱和脂肪酸命名时，选择含有羧基和不饱和键在内的最长碳链为主链，称为烯酸（或炔酸），并把不饱和键的位次写在“某烯酸”之前。如果主链上 C 数目大于 10 时，母体称为“碳烯酸”。例如：

$H_2C{=}CHCOOH$

丙烯酸

$H_3CCH{=}CHCOOH$

2-丁烯酸

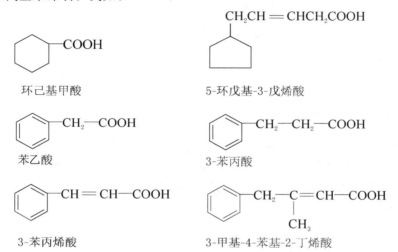

CH$_3$(CH$_2$)$_7$CH = (CH$_2$)$_7$COOH

9-十八碳烯酸

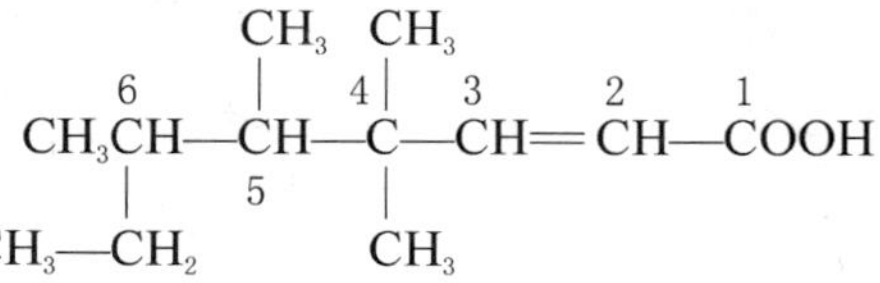

4,4,5,6-四甲基-2-辛烯酸

（3）脂环族羧酸和芳香族羧酸的命名与脂肪酸的命名相同，通常将脂环烃基与芳香烃基作为取代基来命名。例如：

环己基甲酸

5-环戊基-3-戊烯酸

苯乙酸

3-苯丙酸

3-苯丙烯酸

3-甲基-4-苯基-2-丁烯酸

（4）多元羧酸的命名，选择含有 2 个羧基的最长碳链为主链，称为"某二酸"，其余的侧链作为取代基，写在主链名称前面。例如：

HOOC—COOH

乙二酸

HOOC—CH$_2$—CH$_2$—COOH

丁二酸

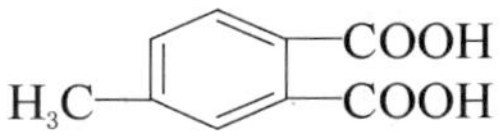

4-甲基-1,2-苯二甲酸

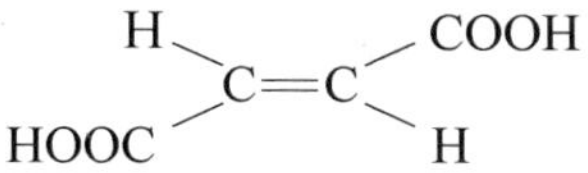

（反)-丁烯二酸

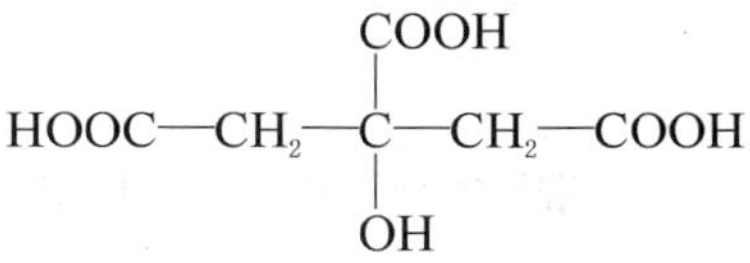

HOOC—CH$_2$—C—CH$_2$—COOH
（附 COOH、OH）

3-羟基-3-羧基戊二酸

有些羧酸还可根据来源和性质采用俗名命名。例如，甲酸俗称蚁酸，乙二酸俗称草酸，3-苯丙烯酸俗称肉桂酸，3-羟基-3-羧基戊二酸俗称柠檬酸，等等。

4. 酚的命名

酚的命名一般是在"酚"字前面加上芳环的名称作母体；若芳环上有取代基，则将取代基的位次、数目、名称写在母体名称前面；若有多个酚羟基，要用汉字在"酚"字前面写出酚羟基的数目（小写）并在母体名称前标出位次。位次的确定是从酚羟基所连的碳原子开始为芳环编号，并采取最小编号原则，也可用"邻""间""对""连""均""偏"等汉字表示。例如：

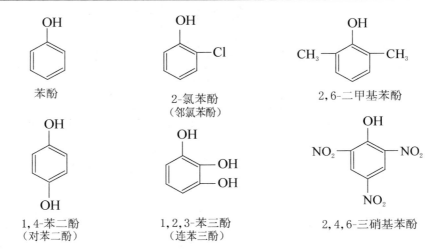

苯酚　　　2-氯苯酚（邻氯苯酚）　　　2,6-二甲基苯酚

1,4-苯二酚（对苯二酚）　　　1,2,3-苯三酚（连苯三酚）　　　2,4,6-三硝基苯酚

5. 醚的命名

结构简单的醚，根据与 O 相连接烃基来命名。单醚的名称是在烃基的名称前加"二"字，并把"基"字改成"醚"字（烃基是烷基时，"二"字可省略）；混醚的名称是在"醚"字前面加烃基名称，较小烃基在较大烃基之前，芳香烃基在脂肪烃基之前（"基"字可省略）。例如：

$$C_2H_5—O—C_2H_5 \qquad C_6H_5—O—C_6H_5 \qquad CH_3CH_2CH_2—O—苯$$

乙醚　　　　　　　　　　二苯醚　　　　　　　　　　苯丙醚

结构复杂的醚常采用系统命名法命名。将醚分子中简单的烃基和醚键组合成烃氧基作为取代基。例如：

$$CH_3—CH—CH_2—CH_3 \qquad\qquad CH_3—O—CH_2—CH_2—CH—CH_3$$
$$\quad\ |\qquad\qquad\qquad\qquad\qquad\qquad\qquad\qquad\qquad\qquad |$$
$$\quad\ O—CH_3\qquad\qquad\qquad\qquad\qquad\qquad\qquad\qquad OH$$

2-甲氧基丁烷　　　　　　　　　　　　4-甲氧基-2-丁醇

环醚一般称为环氧某烃。例如：

$$CH_2—CH_2 \qquad\qquad CH_2—CH_2$$
$$\ \backslash\quad /\qquad\qquad\quad |\qquad\quad\ |$$
$$\ \ O \qquad\qquad\quad\ CH_2\quad CH_2$$
$$\qquad\qquad\qquad\qquad\quad\ \backslash\quad /$$
$$\qquad\qquad\qquad\qquad\quad\ \ O$$

环氧乙烷　　　　　1,4-环氧丁烷

因此，有机化合物的系统命名遵循基本相同的步骤与原则，即根据主要官能团确定母体，排列取代基列出顺序，写出化合物全称。基本格式为取代基的位次—数目及名称—官能团的位次—母体名称。

当有机物含有 2 个或以上不同官能团时，命名按下列顺序：羧基—醛基—羟基—氨基—烷氧基—烷基—卤素—硝基。排在前面的为母体，排在后面的为取代基。例如：

$$\text{H—}\overset{\displaystyle O}{\overset{\|}{\text{C}}}\text{—CH}_2\text{—COOH} \qquad \text{CH}_3\text{—}\overset{\displaystyle O}{\overset{\|}{\text{C}}}\text{—CH}_2\text{—COOH}$$

3-羰基丙酸　　　　　　　　3-羰基丁酸

13.3　有机化合物的性质

13.3.1　烷烃

烷烃，即饱和烃，是只有 C—C 和 C—H 的链烃，是最简单的一类有机化合物。烷烃分子里的 C 之间以单键结合成链状（直链或含支链）外，其余化合价全部为 H 所饱和。

1. 烷烃的通式

通式是指一类物质共同的分子式，它能代表这类物质中的每一个分子。最简单的烷烃是甲烷，分子式为 CH_4，依次还有乙烷、丙烷、丁烷、戊烷等，它们的分子式分别为 C_2H_6、C_3H_8、C_4H_{10}、C_5H_{12}。从这些分子的组成可以推出，烷烃分子中，若含有 n 个 C，则必然含有 $2n+2$ 个 H，因此烷烃的通式为 C_nH_{2n+2}（$n \geqslant 1$）。利用这个通式，只要知道烷烃分子所含的 C 数，就可以写出此物质的分子式。例如，含 6 个 C 的烷烃分子式为 C_6H_{14}。

2. 烷烃的同系列

烷烃分子中，随着 C 的递增，分子形成一个系列，此系列中的化合物在组成上都相差一个或几个 CH_2。这种结构相似、组成上相差一个或几个"CH_2"的一系列化合物称为同系列，CH_2 称为同系差，同系列物质间互称为同系物。有机化合物中有很多同系列物质，各系列中的同系物之间由于结构相似，它们表现出来的理化性质也极为相似。

3. 烷烃的物理性质

（1）物质存在的状态。在常温常压下，$C_1 \sim C_4$ 的正烷烃为气体，$C_5 \sim C_{16}$ 的正烷烃为液体，C_{17} 以上的正烷烃为固体。

（2）熔点。直链烷烃的熔点基本上是随相对分子量的增加而逐渐升高的，但熔点的升高并非是简单的直线关系，这是由于偶数 C 的烷烃熔点增高的幅度比奇数 C 升高的幅度要大一些，从而形成一条锯齿形的上升折线。一般对称性较好的烷烃分子，晶格排列较紧密，破坏这种排列较紧密的晶格需要较多的能量，所以熔点较高；反之，不对称排列的烷烃的熔点则较低。

（3）沸点。正烷烃的沸点随着烷烃的 C 数目的增加而呈现出有规律地升高的现象，但低级烷烃的沸点升高的幅度较大，而高级碳烷烃的沸点升高幅度则较小。这是因为物质沸点的高低是取决于分子之间作用力的大小。烷烃的 C 数越多，分子间作用力越大，要使之沸腾就必须提供越多的能量，所以沸点越高。对于低级烷烃，随着 C 的增加，

分子量增加很多,因此沸点增加明显。而对于分子量较大的高级烷烃,随着 C 的增加
(每增加一个 CH_2),分子量和分子体积增加的比例不大,因此沸点增加不明显。

(4) 相对密度。所有烷烃的相对密度都小于 1。但随着分子量的增加,烷烃的相对
密度也逐渐增加。

4. 烷烃的化学性质

烷烃分子中的 C—C 和 C—H 是稳定的,一般不和其他物质发生反应,但在一定条
件下,烷烃也能参与某些化学反应。

1) 卤代反应

烷烃分子中的 H 被卤素原子取代的反应称为卤代反应,卤素分子与烷烃反应的活
泼顺序为 $F_2 > Cl_2 > Br_2 > I_2$。F_2 的取代反应非常激烈,很难控制,而 I_2 的反应却非常缓
慢,因此一般发生的卤代反应都是指氯代和溴代。

烷烃和 Cl_2 混合物在常温和黑暗环境中几乎不发生反应,但在光线照射或高温下则
发生反应。例如,甲烷在日光照射下,与 Cl_2 发生反应并放出大量的热。

$$CH_4 + Cl_2 \xrightarrow{光照} CH_3Cl + HCl$$
$$一氯甲烷$$

甲烷的卤代反应并不会自动停留在生成 CH_3Cl 这一步上,它会继续反应生成
CH_2Cl_2、$CHCl_3$、CCl_4 的混合物。

$$CH_3Cl + Cl_2 \xrightarrow{光照} CH_2Cl_2 + HCl$$
$$二氯甲烷$$

$$CH_2Cl + Cl_2 \xrightarrow{光照} CHCl_3 + HCl$$
$$三氯甲烷(氯仿)$$

$$CHCl_3 + Cl_2 \xrightarrow{光照} CCl_4 + HCl$$
$$四氯甲烷(四氯化碳)$$

对于同一烷烃,不同级别的 H 被取代的难易程度是不同的,如不同类型的 H 被 Cl
取代的活性顺序为 $3° > 2° > 1°$。

2) 氧化反应

(1) 燃烧。常温常压下,烷烃不与氧气反应,但却可以在空气中燃烧,生成 CO_2
和 H_2O,并放出热量。

$$CH_4 + 2O_2 \xrightarrow{燃烧} CO_2 \uparrow + 2H_2O \qquad \Delta H = -881kJ/mol$$

(2) 催化氧化。在一定条件下,烷烃也可以只氧化为含氧化合物,如在 $KMnO_4$、
MnO_2 等催化剂作用下,用高级烷烃氧化,可制得高级脂肪酸。

$$RCH_2CH_2R' \xrightarrow[120℃,压力]{O_2,锰盐} RCOOH + R'COOH$$

13.3.2　烯烃的性质

链烃分子中,含有 C=C 或 C≡C 的烃称为不饱和烃。其中分子中含有 C=C 的

不饱烃称为烯烃。烯烃分子中由于含有一个 C＝C，比相同 C 数的烷烃少了 2 个 H。因此，烯烃的通式为 C_nH_{2n}（$n \geqslant 2$），最简单的烯烃为乙烯（C_2H_4）。

在常温、常压下烯烃的状态以及沸点、熔点等都与烷烃相似，均为无色物质。常温下 $C_2 \sim C_4$ 的烯烃为气体，$C_5 \sim C_{18}$ 的烯烃为液体，C_{18} 以上的烯烃为固体。C＝C 位于链端的烯烃的异构体的沸点低于 C＝C 在碳链中间的异构体，直链烯烃的沸点略高于带支链的异构体。烯烃的相对密度均小于 1，但比相应烷烃的相对密度略高。烯烃一般难溶于水，易溶于有机溶剂，均溶于浓 H_2SO_4。

烯烃分子中 C＝C 的存在使烯烃具有很大的化学活性，易发生加成反应、卤代反应、氧化反应和聚合反应。

1. 加成反应

C＝C 中的 π 键断裂，2 个原子或原子团分别加到不饱和键两端的 C 上，得到饱和化合物，这类反应称为加成反应。

$$\diagdown \!\! C \!\!=\!\! C \!\! \diagup \ + \ Y\!-\!Z \longrightarrow \ -\overset{|}{\underset{Y}{C}}\!-\!\overset{|}{\underset{Z}{C}}\!-$$

1）催化加氢

烯烃在 Pt、Pd、Ni 等金属催化剂的存在下，可以与 H_2 加成生成烷烃。

$$CH_3CH\!=\!CH_2 + H_2 \xrightarrow{\text{催化剂}} CH_3CH_2CH_3$$

2）亲电加成

由于烯烃分子中 π 电子云均匀分布在 C＝C 平面的上、下方，这种结构使得它具有供电子能力，因此它易提供一对 π 电子而受到带正电的亲电性分子或离子进攻，从而接受 π 键的一对电子。这种在反应中可接受一对电子的试剂称为亲电试剂。由亲电试剂引起的加成反应叫亲电加成反应。

（1）加卤素。常温常压下，烯烃易与卤素（Cl_2、Br_2）发生加成反应。

$$CH_2\!=\!CH_2 + Br\!-\!Br \xrightarrow{CCl_4} \ \underset{Br}{\overset{|}{CH_2}}\!-\!\underset{Br}{\overset{|}{CH_2}}$$
1,2-二溴乙烷

烯烃与 F_2 反应太剧烈，难以控制，与 I_2 则反应太慢。烯烃与溴水或 Br_2 的 CCl_4 溶液反应时，Br_2 的红棕色迅速消失成为无色，常以此法鉴定不饱和烃。

（2）加卤化氢。烯烃与卤化氢加成，生成相应的卤代烷。

$$CH_2\!=\!CH_2 + HI \longrightarrow CH_3\!-\!CH_2I$$
碘乙烷

同一烯烃与不同卤化氢反应时，反应活性的顺序为 HI＞HBr＞HCl。

烯烃与 HX（卤化氢）、H_2SO_4、H_2O 这类的极性分子发生加成反应时，加在乙烯 C＝C 上的 2 个 C 上的基团是不一样的，这类极性分子称为不对称试剂。不对称试剂与乙烯（$CH_2\!=\!CH_2$）这样的对称烯烃反应时，产物只有一种；但与不对称烯烃反应时，加成产物却有两种。例如：

$$CH_3CH{=}CH_2+HCl \longrightarrow \underset{\underset{\underset{\text{2-氯丙烷}}{90\%}}{\overset{|}{Cl}}}{CH_3CHCH_3}+\underset{\underset{\text{1-氯丙烷}}{10\%}}{CH_3CH_2CH_2Cl}$$

俄国化学家马尔科夫尼科夫根据大量化学实验总结出经验规律：当不对称烯烃与不对称试剂发生加成反应时，不对称试剂中带正电部分总是加在 H 较多的双键碳原子上，而带负电部分则加到含 H 较少的双键 C 上，此规律称为马氏规则。

如果有过氧化物存在，氢溴酸（HBr）与不对称烯烃加成时，则反马氏规则进行。例如：

$$CH_3CH{=}CH_2+HBr \xrightarrow{\text{过氧化物}} CH_3CH_2CH_2Br$$

（3）加 H_2O。在酸的作用下，烯烃与 H_2O 可发生加成反应，生成醇。例如：

$$CH_3CH{=}CH_2+H_2O \xrightarrow[\triangle]{H_2SO_4} \underset{\underset{\text{异丙醇}}{\overset{|}{OH}}}{CH_3CHCH_3}$$

（4）加 H_2SO_4。烯烃与 H_2SO_4 加成符合马氏规则，加成产物硫酸氢酯，经水解后生成醇。

$$CH_3CH{=}CH_2+H_2SO_4 \longrightarrow \underset{\overset{|}{OSO_3H}}{CH_3CHCH_3}$$

$$\underset{\overset{|}{OSO_3H}}{CH_3CHCH_3}+H_2O \xrightarrow{\triangle} \underset{\overset{|}{OH}}{CH_3CHCH_3}+H_2SO_4$$

以上两步反应的总体反应结果可看成烯烃与 H_2O 加成生成醇，这是工业生产醇的一种常用方法，称为烯烃的间接水合法。

（5）加次卤酸。烯烃与次卤酸（HOX）加成，生成 β-卤代醇，一般反应是烯烃与 Br_2 或 Cl_2 的水溶液反应。例如：

$$CH_2{=}CH_2+Cl_2+H_2O \longrightarrow \underset{\text{2-氯乙醇}}{ClCH_2CH_2OH}$$

$$CH_3CH{=}CH_2+Cl_2+H_2O \longrightarrow \underset{\underset{\text{1-氯-2-丙醇}}{\overset{|}{OH}}}{CH_3CHCH_2Cl}$$

2. α-H 的卤代反应

烯烃中与 C=C 直接相连的 C 上的 H 称为 α-H，由于受 C=C 的影响，α-H 表现出较高的活性。在高温或光照条件下可与卤素发生卤代反应，生成相应的卤代烯烃。例如：

$$CH_3CH{=\!\!=}CH_2 + Cl_2 \xrightarrow{500\,^\circ C} \underset{\underset{Cl}{|}}{CH_2}CH{=\!\!=}CH_2 + HCl$$

3. 氧化反应

烯烃很容易发生氧化反应，根据氧化剂氧化能力的差异，$C{=\!\!=}C$ 的断裂方式不同，得到的氧化产物也不同。

在中性或碱性条件下，烯烃与冷、稀的 $KMnO_4$ 溶液发生反应时，双键中的 π 键被打开，生成邻二醇。例如：

$$RCH{=\!\!=}CH_2 + KMnO_4 + H_2O \longrightarrow \underset{\underset{OH}{|}}{RCH}{-}\underset{\underset{OH}{|}}{CH_2} + KOH + MnO_2\downarrow$$

当烯烃与酸性 $KMnO_4$ 反应时，以双键结合的每一个 C 被氧化成羰基$\left(\diagdown C{=}O\diagup\right)$，与双键 C 结合的 H 被氧化成羟基（—OH）。

$$RCH{=\!\!=}CH_2 \xrightarrow{KMnO_4/H^+} R{-}\overset{\displaystyle O}{\overset{\|}{C}}{-}OH \; + \; HO{-}\overset{\displaystyle O}{\overset{\|}{C}}{-}OH$$
$$\phantom{RCH{=\!\!=}CH_2} \longrightarrow CO_2\uparrow + H_2O$$

羧酸

$$\underset{\underset{R'}{|}}{\overset{\overset{R}{|}}{C}}{=}\underset{\underset{H}{|}}{\overset{\overset{R''}{|}}{C}} \xrightarrow{KM_nO_4/H^+} R{-}\overset{\displaystyle O}{\overset{\|}{C}}{-}R' + R''{-}\overset{\displaystyle O}{\overset{\|}{C}}{-}OH$$

酮　　　　　羧酸

4. 烯烃的聚合反应

在催化剂的作用下，烯烃 $C{=\!\!=}C$ 断裂，同时发生烯烃分子间的加成反应，得到长链的大分子或高分子化合物。这种由分子量较低的化合物结合成为分子量较高的化合物的反应称为聚合反应。聚合反应中参加反应的低分子量化合物称为单体，生成的高分子化合物称为聚合物。例如：

$$nCH_2{=\!\!=}CH_2 \xrightarrow[\text{温度, 压力}]{\text{少量 } O_2} \begin{bmatrix}CH_2{-}CH_2\end{bmatrix}_n$$

聚乙烯

$$n\underset{\underset{CH_3}{|}}{CH_2}{=\!\!=}CH_2 \xrightarrow[\text{温度, 压力}]{Al(C_2H_5)_3{-}TiCl_4} \begin{bmatrix}\underset{\underset{CH_3}{|}}{CH}{-}CH_2\end{bmatrix}_n$$

聚异丙烯

13.3.3　炔烃的性质

炔烃的物理性质与烷烃、烯烃相似，低级炔烃在常温、常压下是气体，但沸点比相应 C 数的烯烃略高。随着 C 数目的增多，它们的沸点也相应升高，炔烃的 $C\equiv C$ 在碳链中间时的熔点和沸点比在碳链末端时要高。

炔烃的化学性质主要表现在它的 $C\equiv C$ 的反应上。

1. 加成反应

1) 催化加氢

在催化剂（Pt、Ni、Pd）作用下，炔烃与 H_2 能发生加成反应生成烷烃。例如：

$$CH_3C\equiv CH \xrightarrow{H_2}[Pt] CH_3CH=CH_2 \xrightarrow{H_2}[Pt] CH_3CH_2CH_3$$

2) 亲电加成反应

（1）加卤素。炔烃与卤素的加成在常温下迅速发生。例如：

$$CH_3C\equiv CH \xrightarrow{Br_2} CH_3C=CH \xrightarrow{Br_2} CH_3C-CH$$

1,1,2,2-四溴丙烷

（2）加卤化氢。不对称炔烃加成时按马氏规则进行。例如：

$$RC\equiv CH + HBr \longrightarrow RC=CH_2 \xrightarrow{HBr} RC-CH_3$$

卤化氢与炔烃反应的活性顺序为 $HI > HBr > HCl$。

2. 氧化反应

炔烃与烯烃一样，也能被氧化剂 $KMnO_4$ 所氧化并能使其褪色，但褪色速率比烯烃慢。$KMnO_4$ 的氧化一般可使炔烃的三键断裂，最终得到羧酸或完全氧化为 CO_2。

$$RC\equiv CH \xrightarrow[H_2O]{KMnO_4} RCOOH + CO_2 \uparrow$$

$$RC\equiv CR' \xrightarrow[H_2O]{KMnO_4} RCOOH + R'COOH$$

当烯烃和炔烃的碳碳不饱和键在末端时，不饱和键断裂生成 CO_2，当不饱和键在中间位置时，则氧化产物为 2 分子的羧酸。因此，我们可根据氧化产物的种类分析确定烯烃和炔烃的结构及不饱和键的位置。

3. 生成金属炔化物的反应

炔烃分子与 $C\equiv C$ 相连的 H 活泼性加大，炔烃显示出弱酸性。因此，具有末端三键的炔烃（含 $-C\equiv CH$ 的结构）易被某些金属原子取代生成金属炔化物，如乙炔气体通过加热熔融的金属 Na 时，可生成乙炔钠和乙炔二钠。

$$HC\equiv CH \xrightarrow{Na} HC\equiv CNa \xrightarrow{Na} NaC\equiv CNa$$

　　　　　　　　　　　　乙炔钠　　　　　　乙炔二钠

具有末端三键的炔烃与氨基钠反应时，三键上的 H 可被 Na 取代。

$$RC\equiv CH + NaNH_2 \xrightarrow{液氨} RC\equiv CNa + NH_3$$

具有末端三键的炔烃与某些重金属取代反应，生成重金属炔化物，如将乙炔通入 $AgNO_3$ 或 CuCl 的氨溶液中，则分别生成白色的乙炔银和棕色的乙炔亚铜沉淀。

$$HC\equiv CH + 2[Ag(NH_3)_2]NO_3 \longrightarrow AgC\equiv CAg\downarrow + 2NH_3 + 2NH_4NO_3$$

　　　　　　　　　　　　　　乙炔银（白色）

$$HC\equiv CH + [Cu_2(NH_3)_4]Cl_2 \longrightarrow CuC\equiv CCu\downarrow + 2NH_3 + 2NH_4Cl$$

　　　　　　　　乙炔亚铜（棕色）

　　上述两反应极为灵敏，现象明显，常用此方法鉴别末端三键的炔烃（$RC\equiv CH$）结构特征。

$$RC\equiv CH \xrightarrow{[Ag(NH_3)_2]NO_3} RC\equiv CAg\downarrow$$

　　　　　　　　　　　　炔化银（白色）

$$RC\equiv CH \xrightarrow{[Cu_2(NH_3)_4]Cl_2} RC\equiv CCu\downarrow$$

　　　　　　　　　　　　炔化亚铜（棕色）

　　由于生成的重金属炔化物遇酸易分解为原来的炔烃，因此，可利用此法将末端叁键的炔烃从混合物中分离提纯出来。但必须注意的是，炔化银或炔化亚铜在溶液中较稳定，但在干燥时或受到撞击时会发生爆炸，因此，实验后要将生成的金属炔化物加入 HNO_3 使之分解。

13.3.4　环烷烃和单环芳香烃

1. 环烷烃的化学性质

　　环烷烃的化学性质与烷烃相似，具有饱和性，不活泼，但在一定条件下能发生取代反应和氧化反应；同时环烷烃的化学性质与烯烃也相似，由于环的张力作用，易开环发生加成反应。

1）卤代反应

在光照或高温下，环烷烃与烷烃一样，可以发生卤代反应生成卤代环烷烃。例如：

溴代环戊烷

1-甲基-1-氯环己烷

2）开环加成反应

环烷烃的碳环被打开，试剂加到打开处的 2 个 C 上，形成链状化合物，这种反应通常称为开环加成反应。

（1）催化加氢。在催化剂作用下，环烷烃与 1 分子 H_2 发生加成反应，生成烷烃。例如：

$$\triangle + H_2 \xrightarrow[80℃]{Ni} CH_3CH_2CH_3$$

$$\square + H_2 \xrightarrow[200℃]{Ni} CH_3CH_2CH_2CH_3$$

环戊烷在较高温度和加压才能反应，环己烷或更大环的环烷烃催化加氢非常困难。不难看出，环烷烃与 H_2 反应活性顺序为：环丙烷＞环丁烷＞环戊烷＞环己烷。

（2）加卤素。环丙烷与烯烃相似，在常温下可以与卤素发生加成反应，而环丁烷则较难发生。

$$\triangle + Br_2 \xrightarrow{CCl_4} \underset{\substack{| \\ Br}}{CH_2}\underset{}{CH_2}\underset{\substack{| \\ Br}}{CH_2}$$

1,3-二溴丙烷

$$\square + Br_2 \xrightarrow{\triangle} \underset{\substack{| \\ Br}}{CH_2}CH_2CH_2\underset{\substack{| \\ Br}}{CH_2}$$

1,4-二溴丁烷

环戊烷以上的环烷烃与卤素发生加成反应非常困难，高温时发生卤代反应。

（3）加卤化氢。环丙烷、环丁烷容易与卤化氢发生开环加成反应，产物为卤代烷。

$$\triangle + HBr \longrightarrow \underset{\substack{| \\ Br}}{CH_3CH_2CH_2}$$

1-溴丙烷

$$\square + HBr \xrightarrow{\triangle} \underset{\substack{| \\ Br}}{CH_3CH_2CH_2CH_2}$$

1-溴丁烷

环丙烷的衍生物与卤化氢发生开环加成反应时遵循马氏规则，卤原子加到含 H 最少的 C 上。例如：

$$\underset{CH_3}{\overset{CH_3}{\triangle}} \xrightarrow{HBr} \underset{\substack{| \\ Br}}{(CH_3)_2CCH_2CH_3}$$

2-甲基-2-溴丁烷

3）氧化反应

在常温下，环烷烃与氧化剂（如 $KMnO_4$、O_3 等）不发生反应，即使是环丙烷，常温下也不能使 $KMnO_4$ 溶液褪色，以此鉴别环烷烃和烯烃。但加热或有催化剂时，与强氧化剂如 HNO_3 或空气存在，环烷烃可以被氧化，环破裂生成二元酸。例如：

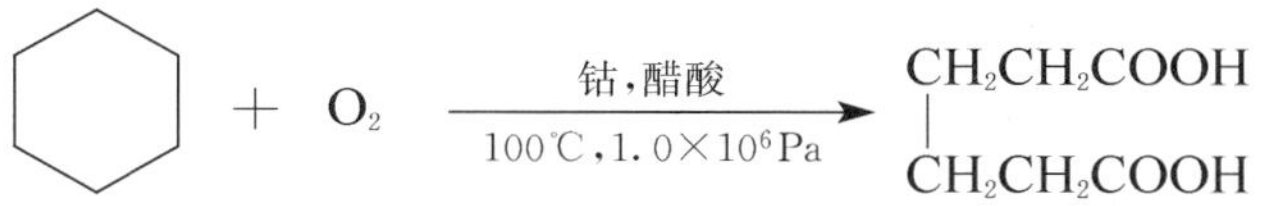

+ O₂
钴，醋酸
100℃，1.0×10⁶ Pa
CH₂CH₂COOH
CH₂CH₂COOH

己二酸

2. 单环芳香烃的性质

芳香烃简称芳烃，是芳香族化合物的母体。“芳香”二字来源于有机化学发展初期，是指从天然的树脂、香精油中提取得到的有芳香气味的一类物质，由于当初尚未搞清它们的结构，仅根据其中多数化合物有芳香气味这一特征，统称为芳香族化合物。显然，以气味来划分物质是不科学的。后来发现其在性质上与比较熟悉的脂肪族化合物有显著差异，如从组成上看是有高度的不饱和性，却不容易发生加成和氧化反应而较易发生取代反应，这种特性被称为芳香性。现在沿用的“芳香族化合物”一词，已失去原有的含义。随着有机化合物的增多和深入研究，证明它们基本上都是苯的同系物、多苯环化合物及其衍生物。

苯及其同系物一般为无色液体，易挥发，相对密度小于 1，一般为 0.8～0.9，不溶于水，是许多有机物的良好溶剂。它们的蒸气有毒，尤其是苯，对呼吸道、神经系统和造血器官产生损害，因此大量和长期接触时需要注意防护。

由于苯环特殊的稳定性，有芳香性。表现在化学性质上，苯环结构稳定，难发生加成和氧化反应，易发生卤代、硝化、磺化和傅克等取代反应。

1）取代反应

（1）卤代反应。在路易斯酸（如 $FeCl_3$、$AlCl_3$、$FeBr_3$ 等）催化下，苯环上的 H 被卤原子取代生成卤代苯的反应，称为卤代反应。不同卤素，反应活性也不同。F_2 最活泼，反应不易控制而无实际意义，I_2 过于稳定，不易发生反应，所以卤代反应通常是指苯与 Cl_2、Br_2 的反应。例如：

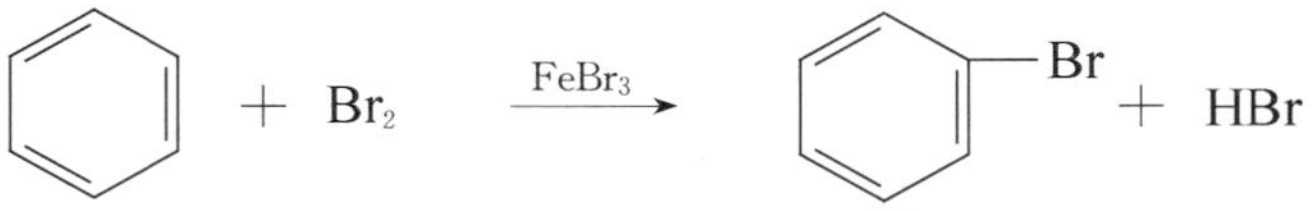

+ Br₂
FeBr₃
Br
+ HBr

溴苯

卤素与卤代苯继续作用，生成少量的二卤代苯，主要产物为邻位和对位。例如：

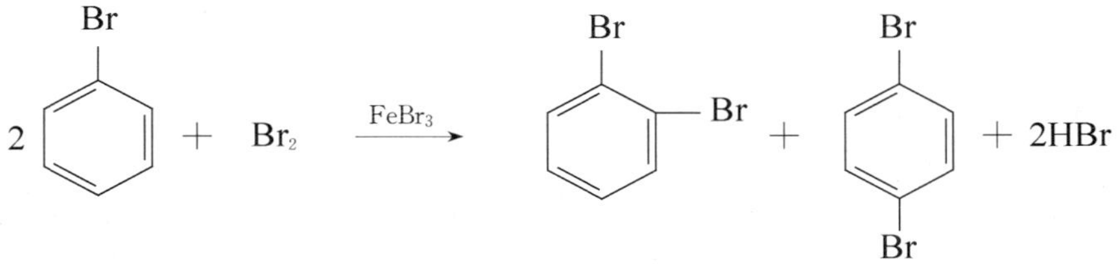

Br
2
+ Br₂
FeBr₃
Br
Br
+
Br
Br
+ 2HBr

邻二溴苯　　对二溴苯

烷基苯的卤代反应比苯容易进行，主要也生成邻、对位产物。但在光照或高温条件下，则卤代反应发生在侧链烷基 α-H 上。例如：

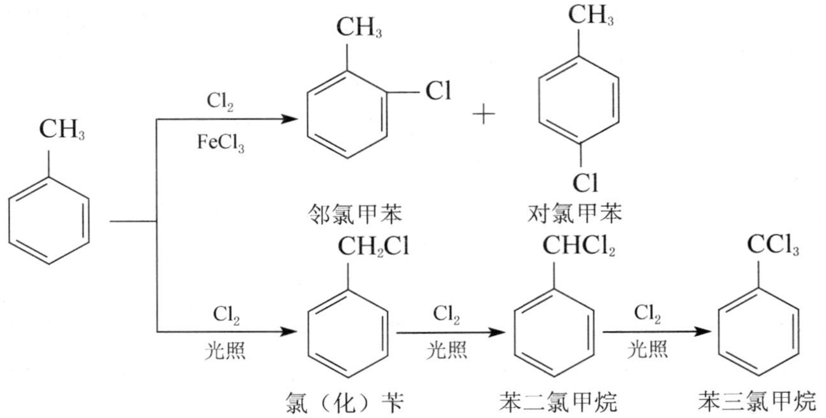

由此可见，反应条件不同，卤代反应的位置不同，产物也不同。这是因为两者反应机理不同，前者为离子型取代反应，而后者为自由基取代反应。

（2）硝化反应。苯与浓 HNO_3 和浓 H_2SO_4 的混合物（混酸）共热，苯环上的 H 被硝基（—NO_2）取代，生成硝基苯的反应，称为硝化反应。

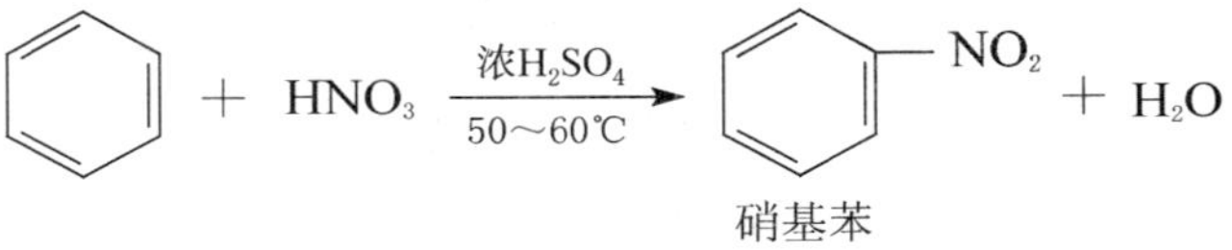

硝基苯为浅黄色油状液体，有苦杏仁味，其蒸气有毒。硝基苯的进一步硝化比苯难，需要更高温和发烟 HNO_3 作为硝化剂，主要生成间位产物。

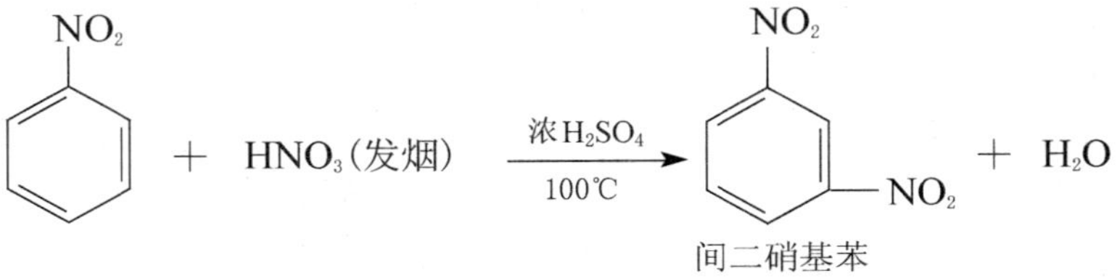

烷基苯发生硝化反应比苯容易，且主要生成邻、对位产物。例如：

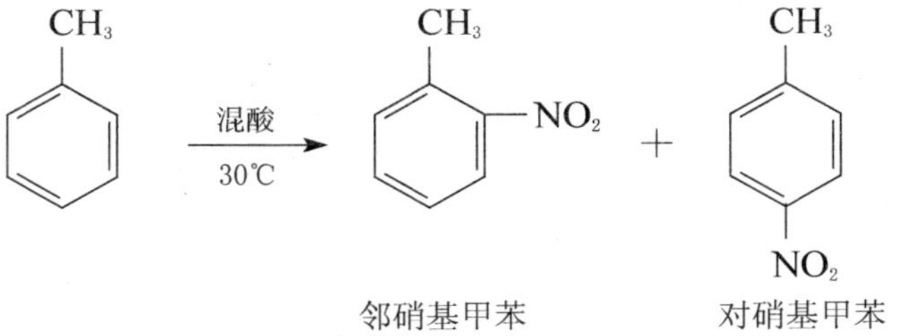

如果继续发生硝化反应，则 60℃时主要产物为 2,4-二硝基甲苯，100℃时主要产物为 2,4,6-三硝基甲苯（TNT）。

（3）磺化反应。苯和浓 H_2SO_4 或发烟 H_2SO_4 共热时，苯环上的 H 被磺酸基（—SO_3H）取代，生成苯磺酸的反应，称为磺化反应。

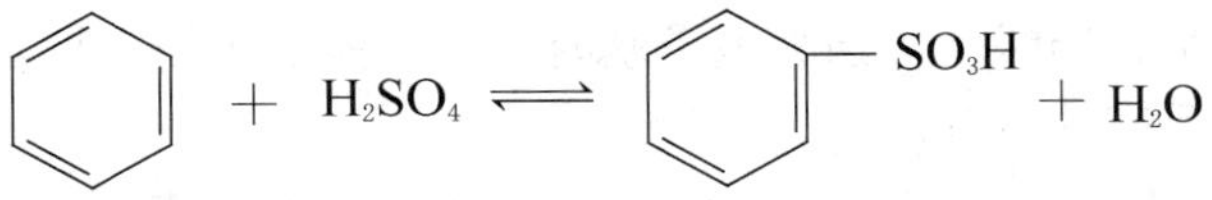

苯磺酸

磺化反应为可逆反应，为了使反应正向进行，常用发烟 H_2SO_4（其中的 SO_3 能结合水分子）作磺化剂。苯磺酸是一种强酸，易溶于水难溶于有机溶剂。在磺化反应的混合物中通入水蒸气或将苯磺酸与稀 H_2SO_4 一起加热，可以脱去磺酸基，故在有机合成上很重要。苯磺酸在高温下，磺化反应可以继续进行，生成间苯二磺酸。

烷基苯比苯更容易磺化，且在常温下主要生成对位产物和少量邻位产物。例如：

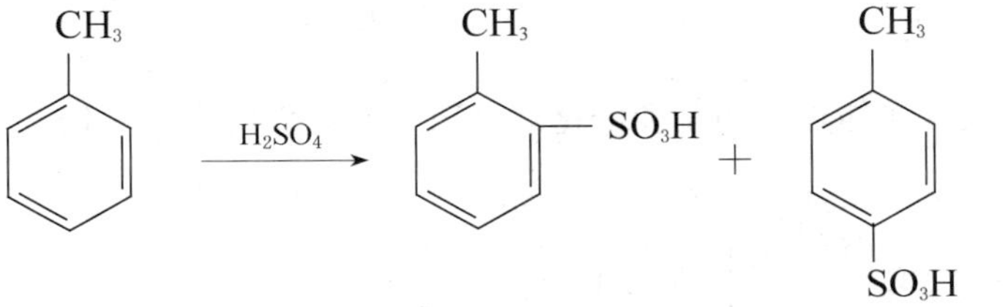

温度	邻甲基苯磺酸	对甲基苯磺酸
0℃	43%	53%
25℃	32%	62%
100℃	13%	79%

（4）傅克反应，又称傅列德尔-克拉夫茨反应，它包含烷基化和酰基化两类反应。

在无水 $AlCl_3$ 等催化剂存在下，苯与卤代烷（RX）反应，苯环上的 H 被烷基取代生成烷基苯，称为傅克烷基化反应。例如：

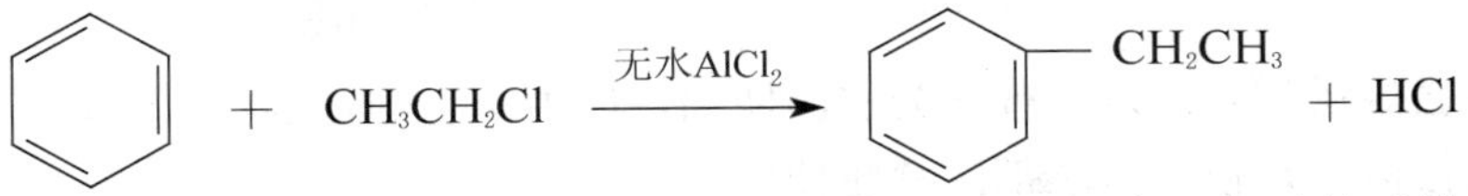

当烷基化试剂有 3 个或 3 个以上 C 的直链烷基时，由于碳正离子的重排，生成异构化产物为主要产物。例如：

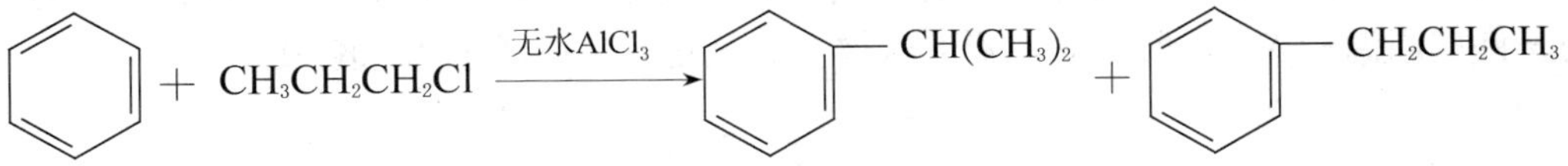

重排产物，65%　　　　　　　　35%

无水 $AlCl_3$ 是傅克烷基化反应常用的催化剂。此外，还可用 $FeCl_3$、BF_3、HF、H_2SO_4 等路易斯酸，除卤代烷外，烯烃或醇也可作为烷基化试剂。例如：

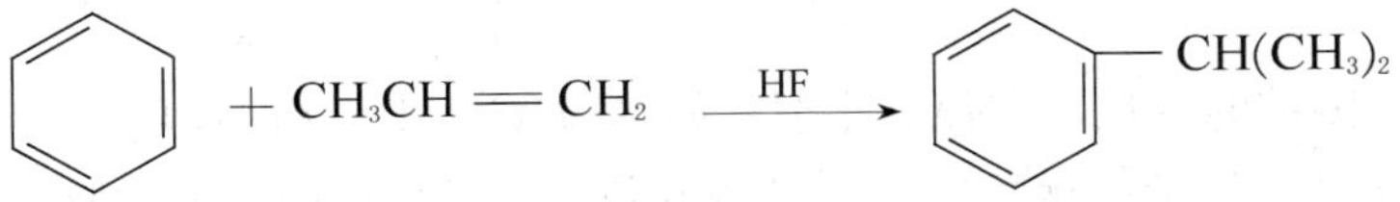

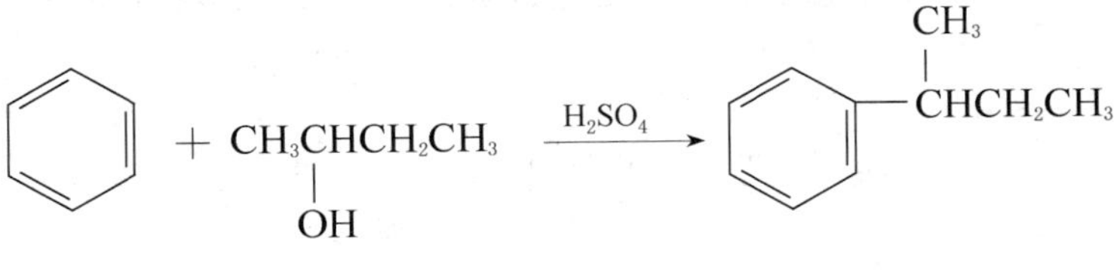

当苯环上有硝基、磺酸基等强吸电子基时，则不能发生傅克烷基化反应，所以常用硝基苯作为烷基化反应的溶剂。

在无水 $AlCl_3$ 等催化剂存在下，苯与酰氯（RCOX）或酸酐（RCOOCOR）反应，苯环上的 H 被酰基（RCO—）取代，生成酰基苯（或芳酮），称为傅克酰基化反应。例如：

2）加成反应

（1）催化加氢。在加热、加压和催化剂（Pt、Ni）作用下，苯能与 3 分子 H_2 加成生成环己烷。

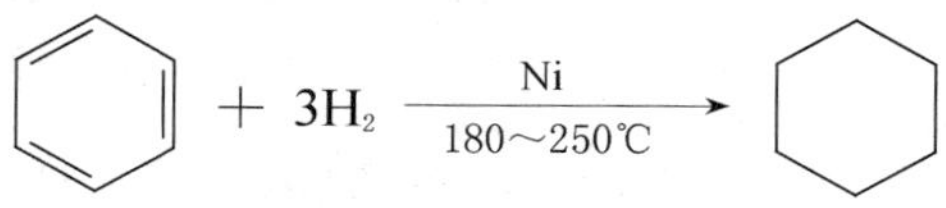

（2）加氯。在紫外线照射下，苯可以和 3 分子 Cl_2 发生加成反应生成六氯环己烷。

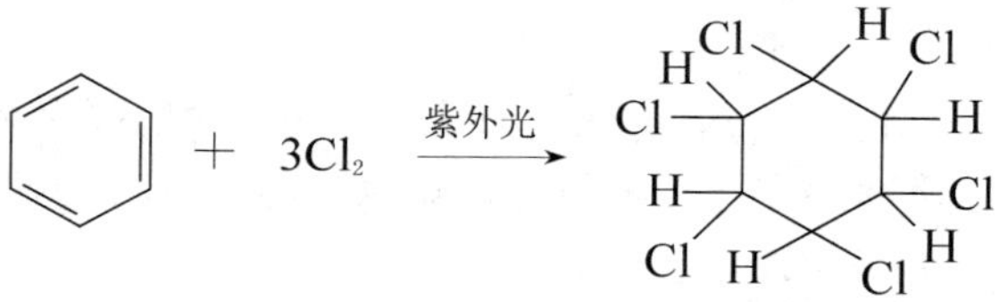

六氯环己烷

六氯环己烷俗称六六六，曾作为农药使用，但由于它的化学稳定性，不易分解，残毒性较大而被淘汰，很多国家都已禁止使用。

3）氧化反应

（1）苯环的氧化。苯环不易氧化，对一般氧化剂如 $KMnO_4$ 等是稳定的。但在强烈的条件如高温和 V_2O_5 催化下，苯可以被空气氧化，生成顺丁烯二酸酐。

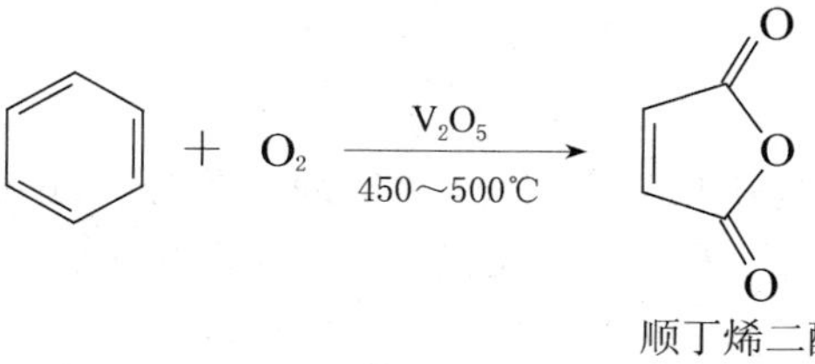

顺丁烯二酸酐

（2）苯环上侧链的氧化。在强氧化剂（如 $KMnO_4/H_2SO_4$、$K_2Cr_2O_7/H_2SO_4$）作用下，苯环上含 α-H 的侧链能被氧化，不论侧链多长，氧化产物均为苯甲酸。例如：

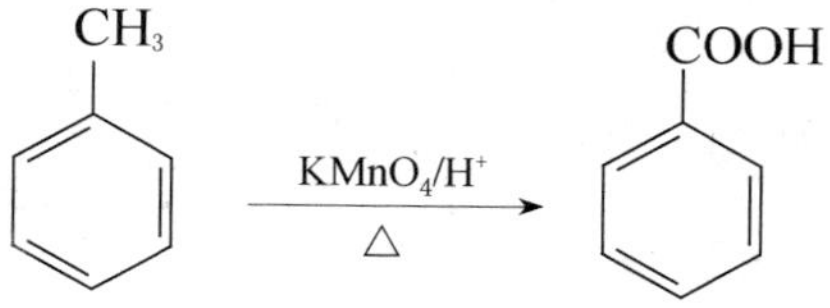

苯甲酸

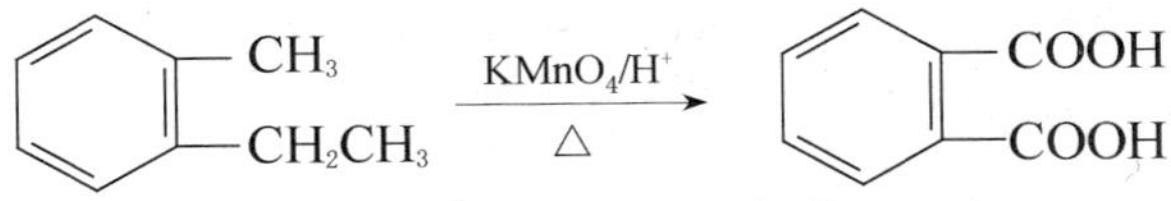

邻苯二甲酸

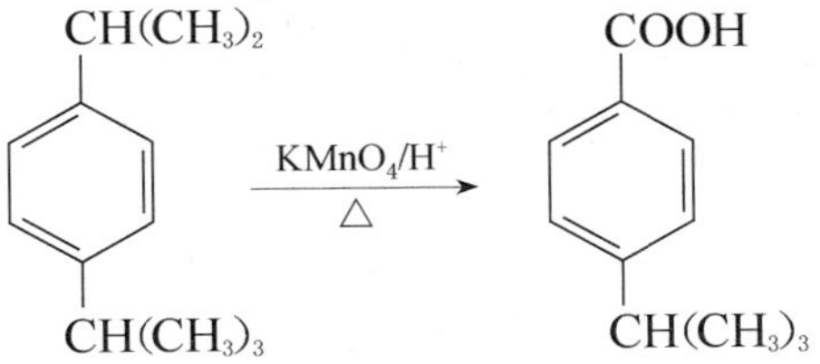

3. 苯环亲电取代反应的定位规律

苯环上原有取代基的底物，在进行亲电取代反应时，环上已存在的取代基对底物活性及第二个取代基进入苯环的位置产生不同的影响。

在一元取代苯的亲电取代反应中，新进入的取代基可以取代邻位、间位或对位上的氢原子，生成 3 种不同的取代物。一元取代苯有 2 个邻位、2 个间位和 1 个对位 H，如果新取代基取代这 5 个 H 的机会是均等的，生成的产物应当是 3 种取代物的混合物，其中邻位 40%、间位 40%、对位 20%，但实际上主要产物只有 1 种或 2 种。

在讨论苯环亲电取代反应时提到，甲苯的硝化反应主要生成邻硝基甲苯和对硝基甲苯 2 种产物，在甲苯的卤代、磺化、烷基化等反应的研究中，也得到相似的结果，而硝基苯的硝化反应情况就不同了，主要得到间二硝基苯 1 种产物。

第二个基团进入一元取代苯的位置和难易程度，主要取决于原有基团的结构。苯环上原有的基团称为定位基，定位基对苯环亲电取代反应有两种效应：①定位效应，即第二个基团主要进入定位基的邻、对位还是间位的效应；②活化或钝化效应，也就是更容易或更难发生亲电取代反应的效应。通过对大量实验结果的归纳，根据在亲电取代反应中的定位效应，可以把苯环上的定位基分为两类。

(1) 邻、对位定位基（又称第一类定位基），在亲电取代反应中使新引入的基团主要进入它的邻、对位（邻＋对＞60%），同时使苯环活化（卤素除外）。常见的邻、对位定位基有

$$\underbrace{-\ddot{N}R_2,\ -\ddot{N}HR,\ -\ddot{N}H_2}_{\text{氨基}},\ \underset{\text{羟基}}{-\ddot{O}H},\ \underbrace{-\ddot{O}R,\ -\ddot{N}HCOR}_{\text{烷氧基}},\ \underset{\text{烷基}}{-R(-CH_3)},\ \underset{\text{卤素}}{-\ddot{X}(-Cl,-Br)}$$

邻、对位定位基的结构特点是：与苯环直接相连的原子带有未共用电子对。

(2) 间位定位基（又称第二类定位基），在亲电取代反应中使新进入的基团主要进入它的间位（间位＞40%），同时使苯环钝化。常见的间位定位基有

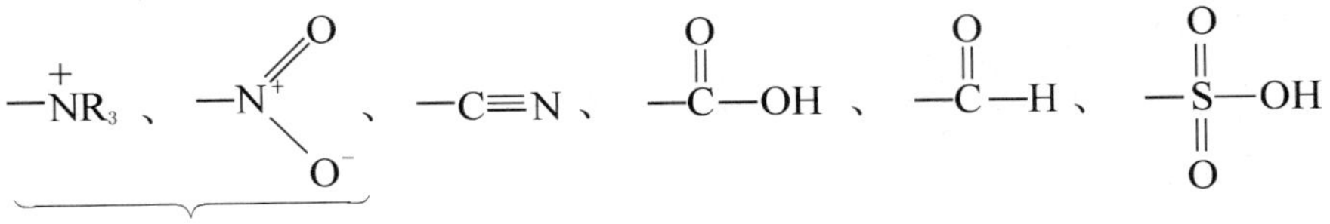

间位定位基的结构特点是：与苯环直接相连的原子带正电荷或有重键。

两类定位基的定位效应见表 13-3。

表 13-3 常见邻、对位定位基和间位定位基的定位效应

邻、对位定位基	定位效应	间位定位基
—NR$_2$、—NHR、—NH$_2$	强	—N$^+$R$_3$
—OH	↓	—NO$_2$
—OR		—CN
—NHCOR		—COOH
—R		—CHO
—X	弱	—SO$_3$H

13.3.5 卤代烃的性质

烃分子中一个或几个 H 被卤原子（F、Cl、Br、I）取代后生成的化合物，称为卤代烃，一般以 RX 或 ArX 表示，卤原子是其官能团。常见的卤代烃有氯代烃、溴代烃和碘代烃，而氟代烃因制法、性质和用途比较特殊，不在本书讨论之列。

在室温下，除氯甲烷、溴甲烷、氯乙烷、氯乙烯等为气体外，一般卤代烃均为液体，C$_{15}$ 以上的高级卤代烷为固体。

除一氯代烃外，多数卤代烃的相对密度都大于 1。具有相同烃基的卤代烃，它们的沸点和相对密度依氯代烃、溴代烃、碘代烃的次序而递增。在卤素相同的卤代烃中，它们的沸点随碳原子数的增加而增高，而相对密度则随碳原子数的增加而降低。在异构体中，支链越多，沸点越低，相对密度也越低。

卤代烃均不溶于水，而易溶于乙醇、乙醚、烃等有机溶剂。有些卤代烃本身也是常用的有机溶剂，如 CH$_2$Cl$_2$、CHCl$_3$、CCl$_4$ 等。

卤原子是卤代烃的官能团，卤代烃的许多化学性质都是由于卤原子的存在而引起的。由于卤素的电负性比 C 大，卤素产生吸电子的诱导效应，使得 α-C 和 β-H 成为卤代烃的两个反应活性中心。卤代烃的化学反应主要表现在亲核取代反应和消除反应。现以卤代烷为例，来讨论卤代烃的主要化学性质。

1. 亲核取代反应

由于 C—X 键是极性共价键，共用电子对偏向卤原子，使 C 带有部分正电荷，它容易受在反应中可提供一对电子的亲核试剂（简写为 Nu$^-$），如带有负电荷的 OH$^-$、OR$^-$ 等，或带有未共用电子对的 H—Ö—H、:NH$_3$ 等中性分子的进攻，然后卤素带走了碳卤键间的一对电子，以负离子的形式离开，而带正电荷的碳接受亲核试剂上的一对电子形成新的共价键。

$$R{-}\overset{|}{\underset{|}{C}}{\longrightarrow} X + Nu^- \longrightarrow R{-}\overset{|}{\underset{|}{C}}{-}Nu + X^-$$

底物　　　　　亲核试剂　　　　　产物　　　离去基团

反应是由于亲核试剂的进攻而发生的取代，所以称为亲核取代反应（简写为 SN 反应）。反应中被亲核试剂进攻的物质叫作底物；卤素被 Nu^- 取代后，以负离子形式离去，叫作离去基团。

（1）被羟基取代。卤代烷与 NaOH 或 KOH 水溶液共热，卤原子被羟基（—OH）取代生成醇，此反应称为卤代烃的水解反应。例如：

$$CH_3CH_2Cl + NaOH \xrightarrow[\triangle]{H_2O} CH_3CH_2OH + NaCl$$

（2）被烷氧基取代。卤代烷与醇钠作用，在相应的醇中，卤原子被烷氧基（—OR）取代生成醚，此反应称为卤代烃的醇解反应。例如：

$$CH_3CH_2CH_2CH_2Cl + NaOC_2H_5 \xrightarrow[\triangle]{C_2H_5OH} CH_3CH_2CH_2CH_2OC_2H_5 + NaCl$$
乙正丁醚

这是制备醚（特别是混合醚）最常用的方法，称为威廉姆逊（Williamson）合成法。

（3）被氰基取代。卤代烷与 NaCN 或 KCN 的醇溶液共热，则卤原子被氰基（—CN）取代生成腈，此反应称为卤代烃的氰解反应，腈水解即得羧酸。例如：

$$CH_3CH_2CH_2CH_2Br + NaCN \xrightarrow[\triangle]{C_2H_5OH} CH_3CH_2CH_2CH_2CN + NaBr$$
戊腈

$$CH_3CH_2CH_2CH_2CN \xrightarrow[H_2O]{H^+} CH_3CH_2CH_2CH_2COOH$$
戊酸

生成的腈和羧酸比原来卤代烷多一个碳，这是有机合成中增长碳链的方法之一。

（4）被氨基取代。卤代烷与氨作用，卤原子被氨基（—NH₂）取代生成胺，该反应称为卤代烃的氨解反应。例如：

$$CH_3CH_2CH_2CH_2Cl + 2NH_3（过量）\xrightarrow[\triangle]{C_2H_5OH} CH_3CH_2CH_2CH_2NH_2 + NH_4Cl$$
正丁胺

（5）与 AgNO₃ 反应。卤代烷与 AgNO₃ 醇溶液反应，生成卤化银沉淀，同时生成硝酸酯。例如：

$$CH_3CH_2Cl + AgNO_2 \xrightarrow[\triangle]{C_2H_5OH} CH_3CH_2ONO_2 + AgCl\downarrow$$
硝酸乙酯

不同卤代烷的反应的活性次序是：叔卤代烷＞仲卤代烷＞伯卤代烷。当烷基相同时，卤代烷的反应活性顺序是：R—I＞R—Br＞R—Cl。此反应在有机分析中常用来检测卤代烷。

2. 消除反应

如前所述，伯卤代烷与稀、强碱（如稀 NaOH）的水溶液共热时，主要发生取代反应生成醇，但与浓、强碱（如浓 KOH 或 NaOH）的乙醇溶液共热时，则主要发生消除反应（简写为 E 反应），消去 1 分子卤化氢生成烯烃。

$$R-CH-CH_2 \xrightarrow[\triangle]{KOH/C_2H_5OH} R-CH=CH_2 + KX + H_2O$$
$$\qquad\quad \underset{H\quad X}{\vphantom{|}}$$

由反应式可以看出，卤代烷分子中 β-C 上必须有 H 时，才有可能进行消除反应。

如果是 2-溴丁烷与浓 KOH 的乙醇溶液共热，消除 1 分子 HBr 时，可能生成两种产物，即 1-丁烯和 2-丁烯。

$$CH_3-CH-CH-CH_2 \xrightarrow[\triangle]{KOH/C_2H_5OH} CH_3CH=CHCH_3 + CH_3CH_2CH=CH_2$$
$$\qquad\quad \underset{H\quad Br\quad H}{\vphantom{|}} \qquad\qquad\quad \text{产率} \quad 81\% \qquad\qquad 19\%$$

实验表明，仲或叔卤代烃脱去卤化氢时，主要是含氢较少的 β-C 上脱去 H，换句话说，主要是生成双键碳原子上连有较多烃基的烯烃，这一经验规律称为札依采夫（Saytzeff）规则。

卤代烷消除的活性顺序是：叔卤代烷＞仲卤代烷＞伯卤代烷。

取代反应和消除反应是卤代烷与碱同时发生的相互竞争的反应。在稀碱的水溶液中，有利于取代反应；在浓碱的醇溶液中，有利于消除反应。此外，升高温度也有利于消除反应。

3. 与金属的反应

卤代烃能与多种金属如 Mg、Li、Al 等反应生成金属有机化合物（含有金属碳键的化合物）。例如，卤代烷与 Mg 在无水乙醚（或称干醚）中作用，生成格林尼亚试剂，简称为格氏试剂，一般用 RMgX 表示。

$$R-X + Mg \xrightarrow{\text{无水乙醚}} RMgX \qquad (X=Cl，Br，I)$$
$$\text{烷基卤化镁}$$

与金属 Mg 反应时，卤代烷的活性顺序是：碘代烷＞溴代烷＞氯代烷。其中氯代烷的活性最小，而碘代烷价格昂贵，实验室一般用溴代烷来制备格氏试剂。

格氏试剂中的金属碳键是极强的极性键，性质非常活泼，能与氨、水、卤化氢、醇、酸和末端炔等含有活泼氢的化合物反应，格氏试剂被分解，生成相应的烷烃。

$$RMgX + H-Y \longrightarrow RH + Mg\diagup^{X}_{\diagdown Y}$$

$$(Y=NH_2，OH，X，OR，C\equiv CR)$$

$$RMgX \xrightarrow{CO_2} R-\overset{\displaystyle O}{\underset{\displaystyle \|}{C}}-OMgX \xrightarrow[H_2O]{H^+} R-\overset{\displaystyle O}{\underset{\displaystyle \|}{C}}-OH$$
$$\qquad\qquad\qquad\qquad\qquad\qquad\qquad\qquad\qquad \text{羧酸}$$

格氏试剂与醛、酮、酯、酰卤、环氧乙烷、CO_2 等化合物反应生成醇或羧酸，在有机合成中具有重大应用价值。

13.3.6　醇、酚和醚

1. 醇的性质

H_2O 中去掉一个 H 所剩下的基团称为羟基（—OH）。脂肪烃、脂环烃或芳香烃侧连上的 H 被羟基取代而生成的化合物称为醇。例如：

$$CH_3\text{—}CH_2\text{—}OH \qquad \bigcirc\text{—}OH \qquad \bigcirc\text{—}CH_2\text{—}OH$$

醇分子中的羟基又称醇羟基，醇的主要化学特征是由醇羟基引起的，故醇羟基是醇的官能团。

含 4 个 C 以下的直链饱和一元醇，为有酒味的无色透明液体，含 $C_5 \sim C_{11}$ 为具有难闻气味的油状液体，12 个以上 C 的醇在室温下为无臭无味的蜡状固体。

低级醇分子间能形成氢键使分子缔合，因而其沸点比相应的烷烃高得多。随着碳链的增长，烃基的增大，阻碍氢键的形成，其沸点与相应烷烃沸点差距越来越小。C 数目相同的醇，所含支链越多，沸点则越低。

甲醇、乙醇、丙醇能与水任意混溶，从正丁醇起在水中的溶解度显著降低，到癸醇以上则几乎不溶于水。

低级醇还能和一些无机盐类如 $CaCl_2$、$MgCl_2$ 等形成结晶醇，如 $CaCl_2 \cdot 4CH_3OH$、$MgCl_2 \cdot 6CH_3OH$、$CaCl_2 \cdot 4C_2H_5OH$ 等。因此，不能用无水 $CaCl_2$ 作为醇类物质的干燥剂。结晶醇不溶于有机溶剂而溶于水，可利用这一性质将醇与其他有机化合物分开。

醇的化学反应主要是 O—H 键断裂，H 被取代，以及 C—O 键断裂，羟基被取代或脱去羟基的反应。

$$R\text{—}\overset{|}{\underset{|}{C}}\text{—}O\text{—}H$$

1）与活泼金属的反应

醇与某些活泼金属（Na、K、Mg、Al 等）反应，羟基中的 H 被取代生成醇的金属化合物和 H_2，并放出热量。

饱和一元醇的反应通式为

$$2R\text{—}OH + 2Na \longrightarrow 2R\text{—}ONa + H_2\uparrow$$
$$\text{醇} \qquad\qquad\qquad \text{醇钠}$$

例如：
$$2CH_3CH_2OH + 2Na \longrightarrow 2CH_3CH_2ONa + H_2\uparrow$$
$$\text{乙醇} \qquad\qquad\qquad\qquad \text{乙醇钠}$$

此反应比金属 Na 与水反应缓和得多，放出的热也不足以使 H_2 燃烧。故常利用醇与 Na 的反应销毁残余的金属 Na，而不发生燃烧和爆炸。

结构不同的醇，反应活性不同，一般顺序是：甲醇＞伯醇＞仲醇＞叔醇。

生成的醇钠是白色固体，能溶于醇，遇水分解生成 NaOH 和醇。

$$R—ONa + H_2O \longrightarrow R—OH + NaOH$$

2）与无机含氧酸反应

醇与无机含氧酸（如 HNO_2、HNO_3、H_3PO_4 等）反应，醇的碳氧键断裂，羟基被无机酸的负离子取代而生成无机酸酯。例如：

$$(CH_3)_2CHCH_2CH_2OH + HONO \longrightarrow (CH_3)_2CHCH_2CH_2OHO + H_2O$$

异戊醇　　　　　　　　　亚硝酸（HNO_2）　　　亚硝酸异戊酯（治疗心绞痛药物）

$$\begin{array}{l} CH_2OH \\ | \\ CHOH \\ | \\ CH_2OH \end{array} + HONO_2(HNO_3) \xrightarrow[10℃]{浓H_2SO_4} \begin{array}{l} CH_2ONO_2 \\ | \\ CHONO_2 \\ | \\ CH_2ONO_2 \end{array} + 3H_2O$$

三硝酸甘油酯　（硝化甘油）

$$\begin{array}{c} O \\ \| \\ R—O—P—OH \\ | \\ OH \end{array} \qquad \begin{array}{c} O \\ \| \\ R—O—P—OH \\ | \\ O—R \end{array} \qquad \begin{array}{c} O \\ \| \\ R—O—P—O—R \\ | \\ O—R \end{array}$$

磷酸一酯　　　　　　　　磷酸二酯　　　　　　　　磷酸三酯

磷酸酯广泛存在于有机体内，具有重要作用。例如，细胞的重要组成成分核酸、磷脂和供能物质三磷酸腺苷（ATP）中都有磷酸酯结构，体内的某些代谢过程是通过具有磷酸酯结构的中间体完成的。

3）氧化反应

有机化合物分子得到 O 或失去 H 的反应称为氧化反应，反之失去 O 或得到 H 的反应称为还原反应。由于羟基的影响，伯醇、仲醇分子中 α-C 上的 H 较活泼，容易发生氧化反应。

（1）加氧氧化。常用的氧化剂有 K_2MnO_4、$K_2Cr_2O_7$。

伯醇氧化生成醛，醛可以继续被氧化生成羧酸：

$$R—CH_2—OH \xrightarrow{[O]} R—CHO \xrightarrow{[O]} R—COOH$$
伯醇　　　　　　　　　醛　　　　　　　　　羧酸

例如：

$$CH_3—CH_2—OH \xrightarrow{[O]} CH_3—CHO \xrightarrow{[O]} CH_3—COOH$$
乙醇　　　　　　　　乙醛　　　　　　　　乙酸

用于检测司机是否酒后驾车的呼吸分析仪就是根据此原理设计的。在 100mL 血液中如含有超过 80mg 乙醇（最大允许量），呼出的气体所含的乙醇可使仪器得出正反应［橙红色 $K_2Cr_2O_7$ 变为绿色 $Cr_2(SO_4)_3$］。

仲醇氧化生成酮，酮一般不易再被氧化。

$$\begin{array}{c} OH \\ | \\ R_1—CH—R_2 \end{array} \xrightarrow{[O]} \begin{array}{c} O \\ \| \\ R_1—C—R_2 \end{array}$$
仲醇　　　　　　　　　酮

例如：

$$CH_3-\underset{\underset{2\text{-丙醇}}{}}{\overset{\overset{OH}{|}}{C}H}-CH_3 \xrightarrow{[O]} CH_3-\underset{\underset{\text{丙酮}}{}}{\overset{\overset{O}{\|}}{C}}-CH_3$$

（2）脱氢氧化。在催化剂（Pt、Ni 等）的作用下，伯醇和仲醇能发生脱氢氧化反应生成醛和酮。

$$R-\underset{\underset{\text{伯醇}}{}}{\overset{\overset{H}{|}}{\underset{|}{C}}}-O+H \xrightarrow[-2H]{Pt} R-\underset{\underset{\text{醛}}{}}{\overset{\overset{H}{|}}{C}}=O$$

$$R_1-\underset{\underset{\text{仲醇}}{}}{\overset{\overset{R_2}{|}}{\underset{|}{C}}}-O+H \xrightarrow[-2H]{Pt} R_1-\underset{\underset{\text{酮}}{}}{\overset{\overset{R_2}{|}}{C}}=O$$

叔醇分子中连有—OH 的 C 上没有 H，所以在同样条件下不易被氧化。

4）脱水反应

醇在催化剂（如 H_2SO_4、Al_2O_3 等）作用下受热可发生脱水反应，其脱水方式因反应温度不同而异。一般规律是：在较高温度下主要发生分子内脱水生成烯烃；在稍低温度下发生分子间脱水生成醚。例如：

分子内脱水

$$\underset{\underset{\text{乙醇}}{}}{\overset{\overset{CH_2-CH_2}{}}{\underset{\underline{H\quad\quad OH}}{}}} \xrightarrow[\text{或}Al_2O_3,360℃]{H_2SO_4,170℃} CH_2=CH_2+H_2O$$
（乙烯）

醇的分子内脱水反应属于消除反应。

分子间脱水

$$CH_3CH_2-\underline{OH+HO}-CH_2CH_3 \xrightarrow[\text{或}Al_2O_3,360℃]{H_2SO_4,140℃} CH_3CH_2-O-CH_2CH_3+H_2O$$
（乙醚）

醇分子去掉羟基上的 H 后剩下的基团称为烃氧基（R—O—）。例如：

$$CH_3O- \qquad\qquad\qquad CH_3CH_2O-$$
甲氧基 　　　　　　　　　　　乙氧基

醇的分子间脱水反应是取代反应。

从乙醇脱水反应的两种方式可以看出，在有机化学反应中，反应条件对生成的产物有很大的影响，条件不同，生成物往往不同。

2. 酚的性质

酚是羟基直接与芳环相连的化合物（羟基与芳环侧链相连的化合物为芳醇）。结构通式为 Ar—OH，酚的官能团也是羟基，称为酚羟基。

除少数烷基酚外，多数酚为固体，具有毒性。酚是无色物质，当把盛有酚类的瓶盖打开几次后就会发现，瓶中所盛的酚变成了有色的物质，这是因为酚在空气中易被氧气氧化。例如，苯酚是无色的针状结晶，但与空气接触后，就会被氧化成粉红色、红色或暗红色。

由于酚能形成分子间氢键，所以沸点高。酚能溶于乙醇、乙醚及苯等有机溶剂，在水中的溶解度不大，但随着酚中羟基的增多，水溶性增大。

1) 弱酸性

酚的结构决定了它具有弱酸性，酚羟基上的 H 不但能被碱金属取代，还能和 NaOH 作用生成酚的钠盐。

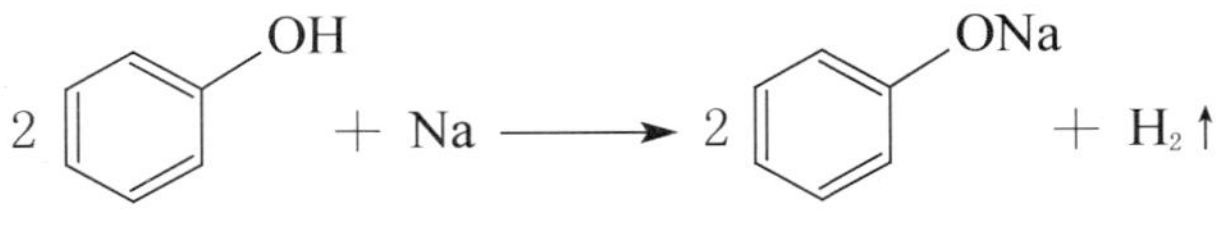

苯酚　　　　　　　　苯酚钠

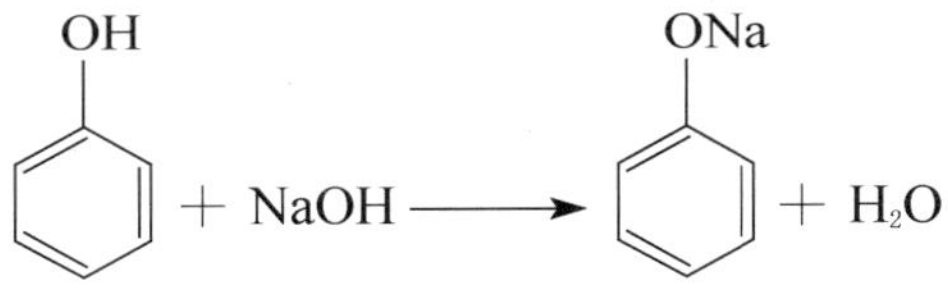

酚类物质的弱酸性不能使蓝色石蕊试纸变红色，这说明其酸性比 H_2CO_3 弱。苯酚的 pK_a 为 10，H_2CO_3 的 pK_a 为 6.4。由此可知，苯酚的酸性很弱，只能和强碱成盐，不能和 $NaHCO_3$ 作用，不溶于 Na_2HCO_3 溶液。若在苯酚钠溶液中通入 CO_2，则苯酚又游离出来，可利用酚的这一特性进行分离提纯。

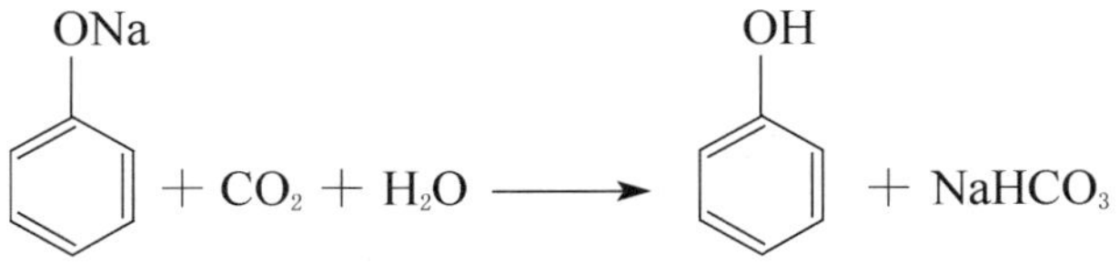

2) 与 $FeCl_3$ 的显色反应

多数的酚能与 $FeCl_3$ 的水溶液发生显色反应，如苯酚与 $FeCl_3$ 的反应式为

$$6C_6H_5OH + FeCl_3 \longrightarrow H_3[Fe(C_6H_5O)_6] + 3HCl$$
紫色

结构不同的酚与 $FeCl_3$ 反应后显示的颜色不同，如表 13-4 所示。常用这些显色反应来鉴别酚类的存在及判断酚的结构。

表 13-4　不同结构的酚和 FeCl₃ 反应后显示的颜色

酚	反应后显示的颜色	酚	反应后显示的颜色
苯酚	紫	间苯二酚	紫
邻甲苯酚	蓝	对苯二酚	暗绿色
间甲苯酚	蓝	1,2,3-苯三酚	淡棕红色
对甲苯酚	蓝	1,3,5-苯三酚	紫色
邻苯二酚	绿	α-萘酚	紫色

3）芳环的亲电取代反应

由于羟基是强的邻、对位定位基，可使芳环活化，所以苯酚比苯更容易发生亲电取代反应。

（1）卤代反应。在苯酚饱和溶液中滴加溴水，会立即有白色沉淀生成。

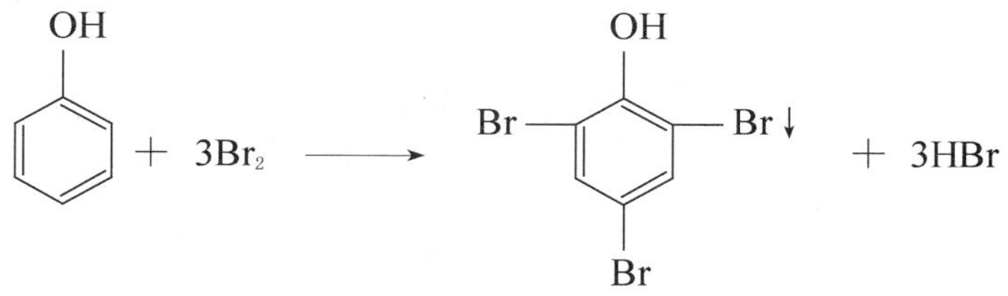

2,4,6-三溴苯酚

这一反应很灵敏，极稀的苯酚溶液就能产生明显的沉淀现象。因此，可用于苯酚的鉴别或定量分析。

若要得到一溴苯酚，反应要在 CS₂ 或 CCl₄ 非极性的条件下进行。

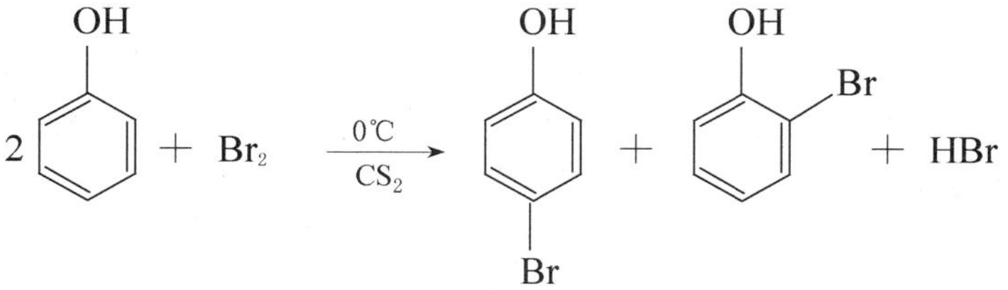

（2）硝化反应。苯酚在常温下与稀 HNO₃ 即可发生硝化反应，产物是邻硝基苯酚和对硝基苯酚。

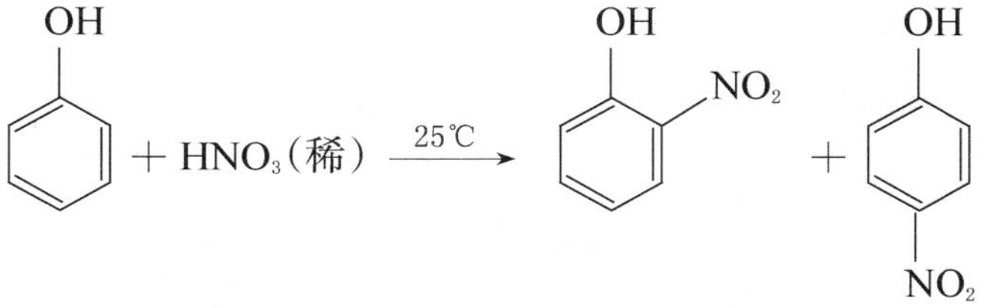

邻硝基苯酚和对硝基苯酚这两种异构体可用水蒸气蒸馏的方法分离。邻硝基苯酚能形成分子内氢键，对硝基苯酚则能形成分子间氢键。在水溶液中，前者不能与水形成氢键，后者与水可形成氢键。这种差异使得两者的沸点相差较大。当进行水蒸气蒸馏时，挥发性较大的邻硝基苯酚可随水蒸气一起蒸出，从而将两者分离。

苯酚与浓 HNO₃ 反应则生成 2,4,6-三硝基苯酚。

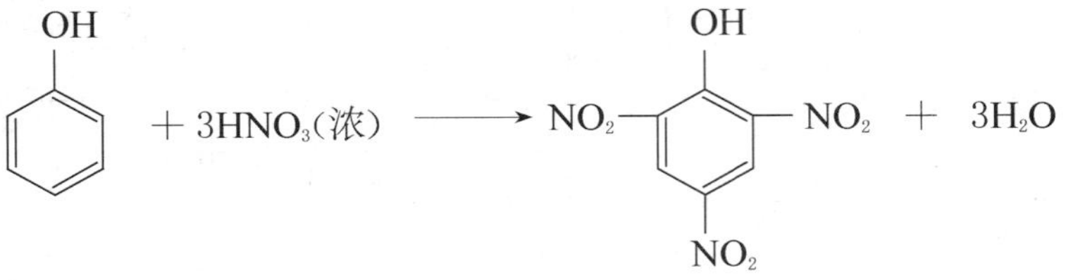

2,4,6-三硝基苯酚

2,4,6-三硝基苯酚俗称苦味酸。苦味酸的酸性比一般羧酸的酸性还强。苦味酸及其盐都极易爆炸，可用于制造炸药和染料。

（3）磺化反应。酚类化合物在室温下即可与浓 H₂SO₄ 反应，主要产物是邻羟基苯磺酸；在 100℃ 条件下反应时，主要产物是对羟基苯磺酸。

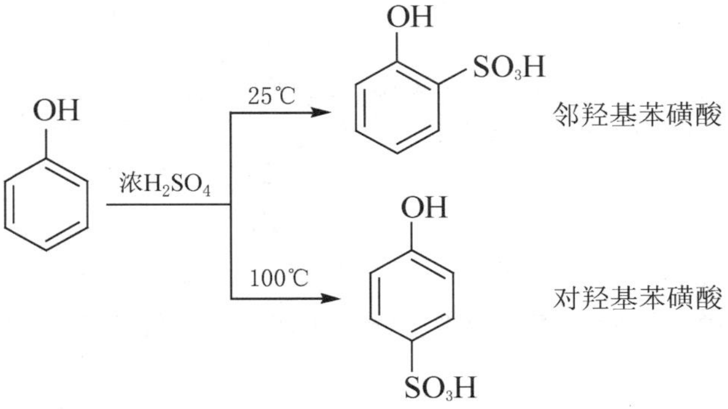

4）氧化反应

酚环上的高电子密度使其非常容易发生氧化反应。酚与强氧化剂作用时，随着反应条件的不同，产物不同，并且较复杂。在控制条件下酚的氧化有制备意义。苯酚在 H₂SO₄ 的作用下可被 K₂Cr₂O₇ 氧化生成对苯醌。

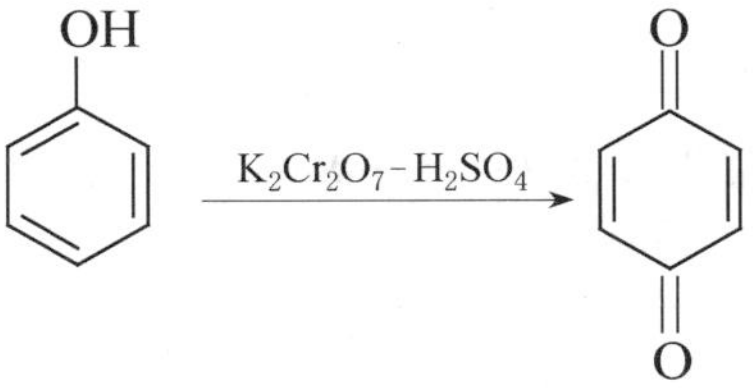

邻苯二酚在乙醚溶液中用新生的 Ag₂O 可以将其氧化成邻苯醌。

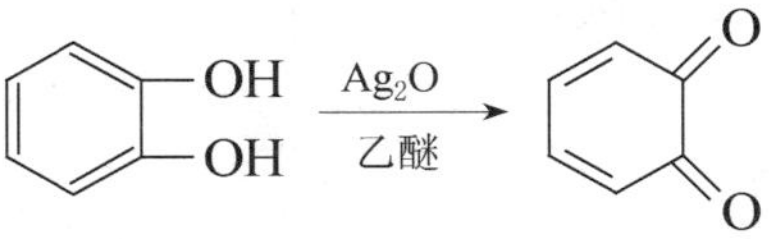

3. 醚的性质

H₂O 中的 2 个 H 被烃基取代后得到的产物称为醚，可用通式 R—O—R′（R—O—Ar 或 Ar—O—Ar′）表示。R 可以是饱和烃基、不饱和烃基、脂环烃基和芳香烃基。例如：

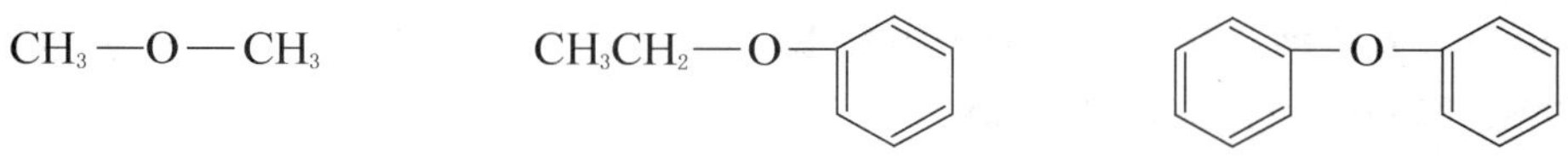

$$CH_3-O-CH_3$$

甲醚　　　　　　　　　苯乙醚　　　　　　　　　　二苯醚

醚中的 —C—O—C— 结构称为醚键，是醚的官能团。

除甲醚和甲乙醚是气体外，大多数醚在室温下为无色液体，有特殊气味，相对密度小于 1。由于醚分子中没有与 O 相连的 H，不能形成分子间氢键，所以醚的沸点比相对分子量相近的醇低。低级醚能与水形成氢键，因而在水中有一定的溶解度。醚易溶于有机溶剂，本身又能溶解很多有机物，是优良的有机溶剂。

（1）生成过氧化物。有 α-H 的醚若长期与空气接触，能被空气中的 O_2 氧化生成过氧化物。例如：

$$CH_3-CH_2-O-CH_2-CH_3 \xrightarrow{O_2} CH_3-CH_2-O-CH-CH_3$$

过氧化物不稳定，受热时容易分解而发生爆炸，所以醚类应尽量避免露置在空气中。储存过久的醚在使用前，特别是在蒸馏以前，应当检查是否有过氧化物存在。常用的检测方法是用淀粉-碘化钾试纸，若试纸显蓝色，表明有过氧化物存在。向醚中加入 $FeSO_4$ 或 Na_2SO_3 等还原剂，可除去过氧化物。

为了防止过氧化物的生成，醚类化合物常放在棕色试剂瓶中避光保存。

（2）醚键的断裂。在浓氢卤酸且加热条件下，醚键可发生断裂，生成卤代烃和醇（或酚）。

$$CH_3CH_2OCH_3 + HI \longrightarrow CH_3I + CH_3CH_2OH$$

醚　　　　氢卤酸　　　　卤代烃　　　　醇

$$\text{（苯）}-OCH_3 + HI \longrightarrow CH_3I + \text{（苯）}-OH$$

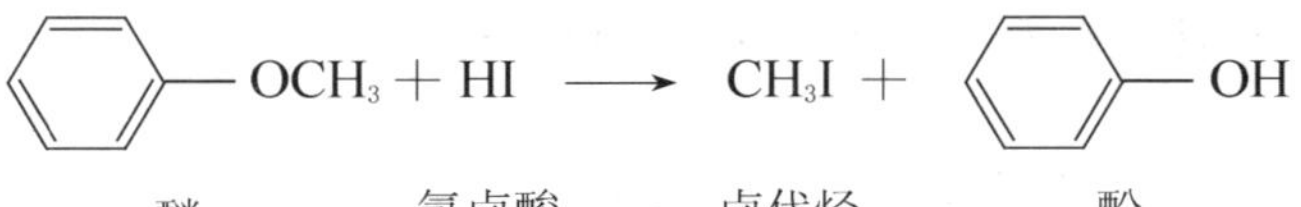

醚　　　　氢卤酸　　　　卤代烃　　　　酚

13. 3. 7　醛和酮

醛和酮分子中都含有相同的官能团——羰基（ $\diagdown C=O$ ），统称为羰基化合物。羰基是 C 和 O 通过双键结合在一起的极性键。羰基 C 上连有 2 个烃基的化合物为酮，连有 1 个或 2 个 H 的为醛，此时则把羰基与 H 合并称为醛基，即 $-\overset{O}{\overset{\|}{C}}-H$（或—CHO），醛基总是位于碳链的一端。醛和酮的结构通式分别为

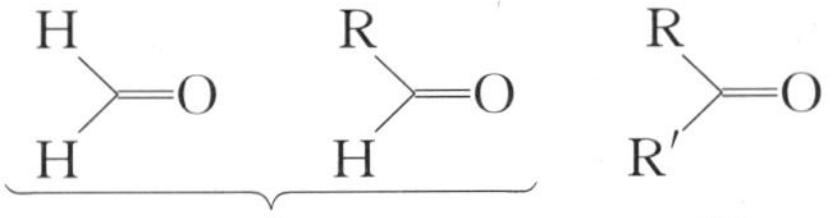

醛　　　　　　　　　酮

　　常温下，除甲醛是气体外，分子中含 12 个 C 以下的脂肪醛、酮均为无色液体，高级脂肪醛、脂肪酮和芳香酮多为固体。

　　低级醛具有刺激性臭味，而某些高级醛、酮则有香味，如香草醛具有香草气味，环十五酮有麝香的香味，可用于化妆品及食品香精等。

　　醛、酮分子中的羰基 O 能与 H$_2$O 中的 H 形成分子间氢键，因此低级醛酮易溶于水，含 5 个 C 以上的醛、酮难溶于水，醛、酮易溶于有机溶剂。醛、酮分子间不能形成氢键，它们的沸点比分子量相近的醇低。但由于羰基是极性基团，增加了分子间引力，故沸点比相应的烷烃高。

　　醛酮的化学性质主要是由羰基决定的。在羰基中，由于 O 的电负性比 C 大，使 π 电子云发生偏移形成一个极性不饱和建，O 带部分负电荷，羰基 C 带少量的正电荷。羰基比较活泼。醛、酮分子中羰基结构的共同特点，使两类化合物具有相似的化学性质。例如，都能发生亲核加成反应、还原反应、α-H 的取代反应等。但由于醛的羰基 C 上至少连有一个 H，而酮的羰基 C 上连有 2 个烃基，因此，醛和酮的化学性质也有差异。在一般反应中，醛比酮具有更高的反应活性，某些醛能发生的反应，酮则不能发生反应，如图 13-1 所示。

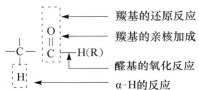

图 13-1　醛、酮发生化学反应的主要部位

1. 醛、酮的相似性

1）羰基上的加成反应

羰基上的加成反应为亲核加成反应，可用通式表示为

$$\underset{(R')H}{\overset{R}{\diagdown}}C\overset{\delta^+}{=}\overset{\delta^-}{O} + \overset{\delta^+}{H}\overset{\delta^-}{Nu} \rightleftharpoons (R')H-\underset{OH}{\overset{R}{\underset{|}{\overset{|}{C}}}}-Nu$$

亲核试剂

$$Nu:^- = CN^-,\ HSO_3^-,\ R^-,\ OR^-,\ NHY^-$$

不同的醛、酮进行亲核加成反应的活性也不同，其活性次序为

$$HCHO > RCHO > ArCHO > CH_3COCH_3 > CH_3COR > RCOR$$

（1）与 HCN 加成。醛、脂肪族甲基酮和分子中少于 8 个 C 的环酮都能与 HCN 发生加成反应，生成 α-羟基腈（或称 α-氰醇）。

$$\underset{(CH_3)H}{\overset{R}{\diagdown}}C=O + HCN \rightleftharpoons (CH_3)H-\underset{OH}{\overset{R}{\underset{|}{\overset{|}{C}}}}-CN$$

　（酮）或醛　　　　　　　　　　　α-羟基腈

α-羟基腈经水解反应可以得到比原来醛、酮多一个 C 的羟基酸。该反应在有机合成中常用来增长碳链。

$$CH_3CHO \xrightarrow{HCN} CH_3-\overset{\overset{\displaystyle H}{|}}{\underset{\underset{\displaystyle OH}{|}}{C}}-CN \xrightarrow{H_2O} CH_3-\overset{\overset{\displaystyle H}{|}}{\underset{\underset{\displaystyle OH}{|}}{C}}-COOH$$

丙酮与 HCN 作用生成 α-羟基腈，在 H_2SO_4 存在下与甲醇作用，生成 α-甲基丙烯酸甲酯，它是合成有机玻璃的单体。反应过程为

$$CH_3COCH_3 \xrightarrow{HCN} CH_3-\overset{\overset{\displaystyle CH_3}{|}}{\underset{\underset{\displaystyle OH}{|}}{C}}-CN \xrightarrow[CH_3OH,\triangle]{H_2SO_4} CH_2=\overset{\overset{\displaystyle CH_3}{|}}{C}COOCH_3$$

α-甲基丙烯酸甲酯

$$n CH_2=\overset{\overset{\displaystyle CH_3}{|}}{C}COOCH_3 \xrightarrow{聚合} -\!\!\!\Big[CH_2-\overset{\overset{\displaystyle CH_3}{|}}{\underset{\underset{\displaystyle COOCH_3}{|}}{C}}\Big]\!\!\!-_n$$

有机玻璃

（2）与 Na_2HSO_3 加成。醛、脂肪族甲基酮和分子中少于 8 个 C 的环酮都能与饱和 Na_2HSO_3 溶液发生加成反应，生成 α-羟基磺酸钠盐。

$$\overset{\displaystyle R}{\underset{\displaystyle (CH_3)H}{}}C=O + NaHSO_3 \rightleftharpoons (CH_3)H-\overset{\overset{\displaystyle R}{|}}{\underset{\underset{\displaystyle SO_3Na}{|}}{C}}-OH\downarrow$$

α-羟基磺酸钠

α-羟基磺酸钠不溶于 $NaHSO_3$ 的饱和溶液，以白色沉淀析出，利用此性质可以鉴别醛、酮。α-羟基磺酸钠遇稀酸或稀碱又可以分解生成原来的醛、酮，利用此性质可以从混合物中分离提纯醛或甲基酮。

$$(CH_3)H-\overset{\overset{\displaystyle R}{|}}{\underset{\underset{\displaystyle SO_3Na}{|}}{C}}-OH + HCl \longrightarrow R-\overset{\overset{\displaystyle O}{\|}}{C}-H(CH_3)+SO_2\uparrow+NaCl+H_2O$$

$$(CH_3)H-\overset{\overset{\displaystyle R}{|}}{\underset{\underset{\displaystyle SO_3Na}{|}}{C}}-OH + Na_2CO_3 \longrightarrow R-\overset{\overset{\displaystyle O}{\|}}{C}-H(CH_3)+CO_2\uparrow+Na_2SO_3+H_2O$$

此反应加成产物与 NaCN 作用可生成羟基腈。这避免使用挥发性的剧毒物 HCN，是合成羟基腈的好方法。

$$PhCHO \xrightarrow[\text{H}_2\text{O}]{\text{NaHSO}_3} PhCH\overset{\displaystyle OH}{|}SO_3Na \xrightarrow[\text{H}_2\text{O}]{\text{NaCN}} PhCH\overset{\displaystyle OH}{|}CN \xrightarrow[\text{回流}]{\text{HCl}} PhCH\overset{\displaystyle OH}{|}COOH$$

（3）与醇加成。在干燥 HCl 催化下，醛能与醇加成，生成半缩醛。半缩醛不稳定，很难分离出来，可以与另一分子的醇进一步缩合，生成缩醛。

$$\underset{(R'')H}{\overset{R}{}}C=O \underset{\text{R'OH}}{\overset{\text{干HCl}}{\rightleftharpoons}} \left[\underset{(R'')H}{\overset{R}{}}C\overset{OH}{\underset{OR'}{}}\right] \underset{\text{R'OH}}{\overset{\text{干HCl}}{\rightleftharpoons}} \left[\underset{(R'')H}{\overset{R}{}}C\overset{OR'}{\underset{OR'}{}}\right]$$

半缩醛　　　　　　　　　　缩醛

与醛相比，酮形成半缩酮和缩酮要困难些，在干燥 HCl 催化下，酮与过量的二元醇（如乙二醇）缩合，生成环状缩酮。

$$\underset{R'}{\overset{R}{}}C=O + \underset{HO-CH_2}{\overset{HO-CH_2}{}} \overset{\text{干HCl}}{\rightleftharpoons} \underset{R'}{\overset{R}{}}C\underset{O-CH_2}{\overset{O-CH_2}{}} + H_2O$$

（4）与格氏试剂加成。格氏试剂非常容易与醛、酮进行加成反应，加成产物不必分离经水解后生成相应的醇，是制备醇最重要的方法之一。

$$C=O + RMgX \xrightarrow{\text{无水乙醚}} \underset{R}{\overset{}{}}C\overset{OMgX}{} \xrightarrow[\text{H}^+]{\text{H}_2\text{O}} \underset{R}{\overset{}{}}C\overset{OH}{}$$

甲醛与格氏试剂作用可得伯醇，其他醛与格氏试剂作用可得仲醇，酮与格氏试剂作用则得到叔醇。

$$HCHO + RMgX \xrightarrow{\text{无水乙醚}} RCH_2OMgX \xrightarrow[\text{H}^+]{\text{H}_2\text{O}} RCH_2OH \quad （伯醇）$$

$$R'CHO + RMgX \xrightarrow{\text{无水乙醚}} R'CH\overset{R}{|}OMgX \xrightarrow[\text{H}^+]{\text{H}_2\text{O}} R'CH\overset{R}{|}OH \quad （仲醇）$$

$$R'COR'' + RMgX \xrightarrow{\text{无水乙醚}} R'C\overset{R''}{\underset{R}{|}}OMgX \xrightarrow[\text{H}^+]{\text{H}_2\text{O}} R'C\overset{R''}{\underset{R}{|}}OH \quad （叔醇）$$

（5）与氨的衍生物加成。醛、酮与氨的衍生物（如伯胺、羟胺、肼、苯肼、氨基脲等）发生加成反应，首先生成不稳定的加成产物随即从分子内消去 1 分子水，生成相应的含碳氮双键的化合物。例如：

$$\underset{CH_3}{\overset{CH_3}{}}C=O + H_2N-CH_3 \longrightarrow \underset{CH_3}{\overset{CH_3}{}}C\overset{}{\underset{\boxed{OH\ \ H}}{|}}NCH_3 \xrightarrow{-H_2O} \underset{CH_3}{\overset{CH_3}{}}C=N-CH_3$$

伯胺　　　　　　　　　　　　　　　　　　希夫碱

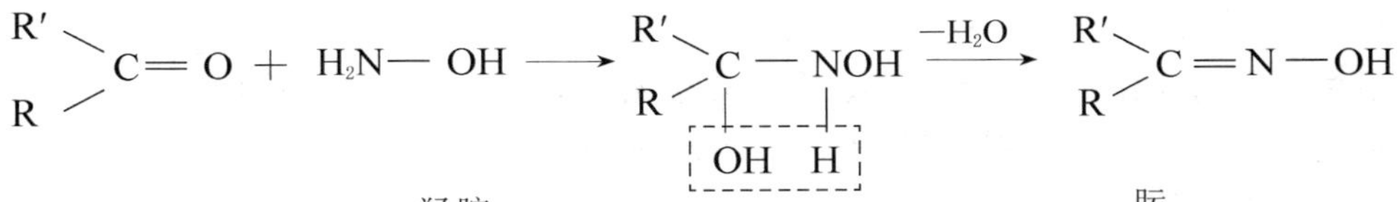

羟胺　　　　　　　　　　　　　　　　肟

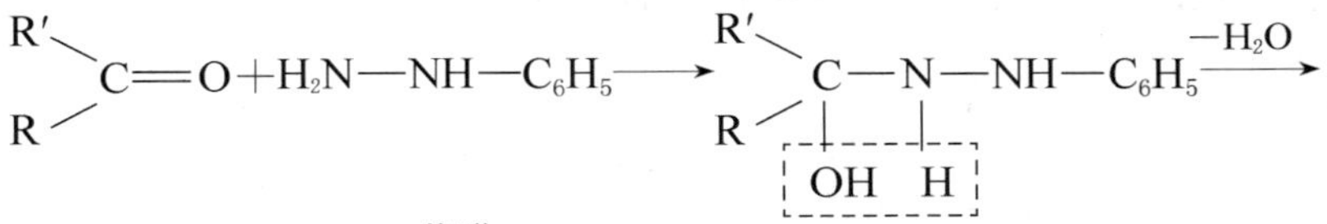

苯肼

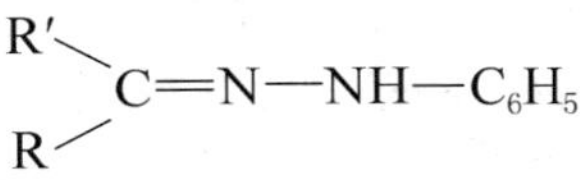

苯腙

可用通式表示为

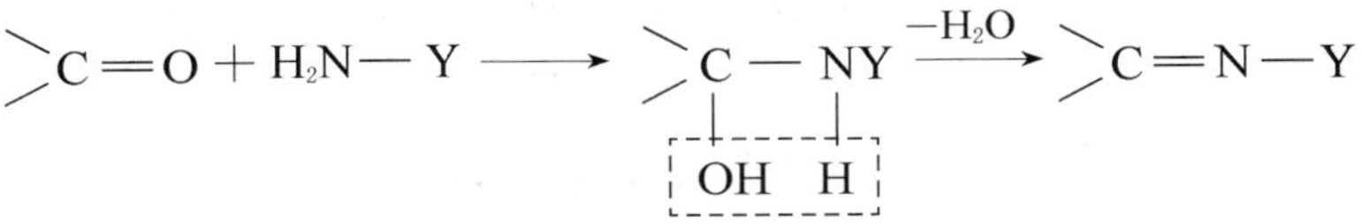

一些常见氨的衍生物及其与醛、酮反应产物的结构及名称见表 13-5。

表 13-5　氨的衍生物及其与醛、酮反应的产物

氨的衍生物		与醛、酮反应的产物	
名称	结构式	名称	结构式
伯胺	H_2N-R	希夫碱	R-C=N-R, H(R')
羟胺	H_2N-OH	肟	R-C=N-OH, H(R')
肼	H_2N-NH_2	腙	R-C=N-NH_2, H(R')
苯肼	$H_2N-NH-C_6H_5$	苯腙	R-C=N-NH-C_6H_5, H(R')
2,4-二硝基苯肼	$H_2N-NH-C_6H_3(NO_2)_2$	2,4-二硝基苯腙	R-C=N-NH-C_6H_3(NO_2)_2, H(R')
氨基脲	$H_2N-NH-CO-NH_2$	缩氨脲	R-C=N-NH-CO-NH_2, H(R')

　　肟、苯腙及缩氨脲大多数都是白色固体，具有固定的结晶形状和熔点。测定其熔点就可以知道它是由哪一个醛或者酮生成的，因此常用来鉴别醛、酮。肟、腙等在稀酸作用下，可水解得到原来的醛、酮，可利用这些反应来分离和精制醛、酮。

2）α-H 的反应

在醛、酮分子中，α-C 是指与羰基 C 直接相连的 C，在 α-C 上连接的 H 称为 α-H。羰基吸电子诱导效应的影响，使 α-C 上 C—H 键的极性增强，反应活性增强，H 较易离去，容易发生反应。

（1）卤仿反应。醛、酮分子中的 α-H 很容易被卤素所取代，生成 α-卤代醛、酮。例如：

$$\underset{}{\text{C}_6\text{H}_5}-\overset{\overset{\text{O}}{\|}}{\text{C}}-\text{CH}_3 + \text{Br}_2 \xrightarrow[0℃]{\text{乙醚}} \underset{}{\text{C}_6\text{H}_5}-\overset{\overset{\text{O}}{\|}}{\text{C}}-\text{CH}_2\text{Br}$$

在碱的催化下，反应速率很快，若醛、酮分子中有多个 α-H，一般较难停留在一元取代阶段，常常生成 α-三卤代物。α-三卤代物在碱性溶液中不稳定，C—C 断裂，最终产物为三卤甲烷（俗称卤仿）和羧酸盐，该反应称为卤仿反应。

$$(\text{H})\text{R}\overset{\overset{\text{O}}{\|}}{\text{C}}\text{CH}_3 + 3\text{NaOX} \longrightarrow (\text{H})\text{R}\overset{\overset{\text{O}}{\|}}{\text{C}}\text{CX}_3 + 3\text{NaOH}$$

$$(\text{H})\text{R}\overset{\overset{\text{O}}{\|}}{\text{C}}\text{CX}_3 \xrightarrow{\text{NaOH}} (\text{H})\text{R}\overset{\overset{\text{O}}{\|}}{\text{C}}\text{ONa} + \text{CHX}_3$$

从反应过程可以看出，只有 CH_3CO—结构才可以发生卤仿反应，而具有 $CH_3CH(OH)$—结构的醇能被次卤酸氧化为 CH_3CO—结构的醛或酮，所以乙醛、α-甲基酮和具有 $CH_3CH(OH)$—结构的醇都能发生卤仿反应。当卤素是碘时，称为碘仿反应，反应产生的碘仿为黄色晶体，水溶性极小，且有特殊气味，该反应常常被用来鉴别是否具有 CH_3CO—结构或 $CH_3CH(OH)$—结构的一种方法。

$$\text{CH}_3\text{CH}_2\text{OH} \xrightarrow{\text{NaOI}} \text{CH}_3\text{CHO} \xrightarrow{3\text{NaOI}} \text{HCOONa} + \text{CHI}_3 \downarrow$$

（2）羟醛缩合反应。在稀碱作用下，2 分子含 α-H 的醛相互作用，生成 β-羟基醛（醇醛），这个反应叫羟醛缩合反应。例如：

$$\text{CH}_3-\underset{\underset{\text{H}}{|}}{\text{C}}\text{=O} + \text{H}-\text{CH}_2\text{CHO} \xrightarrow{\text{稀碱}} \text{CH}_3-\underset{\underset{\text{OH}}{|}}{\text{CH}}-\text{CH}_2\text{CHO}$$

β-羟基丁醛

β-羟基醛在稍微受热或酸的作用下，即发生分子内脱水，生成 α,β-不饱和醛。总的结果是 2 个醛分子间脱去 1 分子水。

$$\text{CH}_3-\underset{\underset{\text{OH}}{|}}{\text{CH}}-\underset{\underset{\text{H}}{|}}{\text{CH}}\text{CHO} \xrightarrow[\triangle]{-\text{H}_2\text{O}} \text{CH}_3\text{CH}\text{=CHCHO}$$

　　　　β-羟基丁醛　　　　　　　　　　2-丁烯醛

羟醛缩合反应中，必须至少有一种醛具有 α-H。当两种不同的醛都含有 α-H 进行羟醛缩合反应时，生成 4 种不同的 β-羟基醛的混合物，没有实际应用价值。如果只有一

种醛含有 α-H 进行羟醛缩合反应，可得到收率较好的一种产物。例如：

$$\text{C}_6\text{H}_5\text{—CHO} + \text{CH}_3\text{CHO} \xrightarrow[10\,℃]{\text{稀碱}} \text{C}_6\text{H}_5\text{—CH}\text{=}\text{CHCHO}$$

含有 α-H 的酮也能发生类似的反应，生成 β-羟基酮，脱水后生成 α,β-不饱和酮。

$$\text{CH}_3\text{—C(=O)—CH}_3 + \text{CH}_2\text{—C(H)(=O)—CH}_3 \underset{}{\overset{\text{稀碱}}{\rightleftharpoons}} \text{CH}_3\text{—C(CH}_3\text{)(OH)—CH}_2\text{—C(=O)—CH}_3$$

4-甲基-4-羟基-2-戊酮

$$\text{CH}_3\text{—C(CH}_3\text{)(OH)—CH}_2\text{—C(=O)—CH}_3 \xrightarrow[\triangle]{-\text{H}_2\text{O}} \text{CH}_3\text{—C(CH}_3\text{)=CH—C(=O)—CH}_3$$

4-甲基-4-羟基-2-戊酮　　　　　　　　　4-甲基-3-戊烯-2-酮

其他酮分子中由于羰基 C 受诱导效应和空间效应的影响，使酮缩合反应比较困难，反应只能得到少量的 β-羟基酮。

3）还原反应

醛和酮都可以被还原，用不同的试剂进行还原可以得到不同的产物。

（1）羰基还原成醇羟基。醛、酮在 Ni、Pt、Pd 等金属催化剂作用下，可被 H$_2$ 还原成醇。例如：

$$\text{RCHO} + \text{H}_2 \xrightarrow{\text{Ni}} \text{RCH}_2\text{OH}$$
醛　　　　　　　　　伯醇

$$\text{R—C(=O)—R}' + \text{H}_2 \xrightarrow{\text{Ni}} \text{R—CH(OH)—R}'$$
酮　　　　　　　　　仲醇

这种催化加氢方法产率高，但催化剂价格昂贵。若醛、酮分子中含有不饱和键（C=C或C≡C 等）时，不饱和基团也同时被还原。例如：

$$\text{CH}_3\text{CH}\text{=}\text{CHCHO} + \text{H}_2 \xrightarrow{\text{Ni}} \text{CH}_3\text{CH}_2\text{CH}_2\text{CH}_2\text{OH}$$

如果用选择性高的金属氢化物，如硼氢化钠（NaBH$_4$）、氢化铝锂（LiAlH$_4$），只有羰基被还原，而 C=C 等不饱和键一般不被还原。因此，把不饱和醛、酮还原成不饱和醇时常用金属氢化物作还原剂。例如：

$$\text{CH}_3\text{CH}\text{=}\text{CHCHO} \xrightarrow[(2)\text{H}_2\text{O, H}^+]{(1)\text{LiAlH}_4,\ 无水乙醚} \text{CH}_3\text{CH}\text{=}\text{CHCH}_2\text{OH}$$

$$\text{C}_6\text{H}_5\text{—CH}\text{=}\text{CHCH}_2\text{—C(=O)—CH}_3 \xrightarrow[\text{C}_2\text{H}_5\text{OH}]{\text{NaBH}_4} \text{C}_6\text{H}_5\text{—CH}\text{=}\text{CHCH}_2\text{—CH(OH)—CH}_3$$

（2）羰基还原成亚甲基。

方法一：将醛或芳香酮与锌汞齐（Zn-Hg）和浓 HCl 一起加热回流，羰基被还原为亚甲基（—CH₂—）。这种特殊的反应称为克莱门森（Clemmensen）反应。

$$\underset{O}{\overset{\|}{-C-}} \xrightarrow[\triangle]{Zn-Hg,HCl} -CH_2-$$

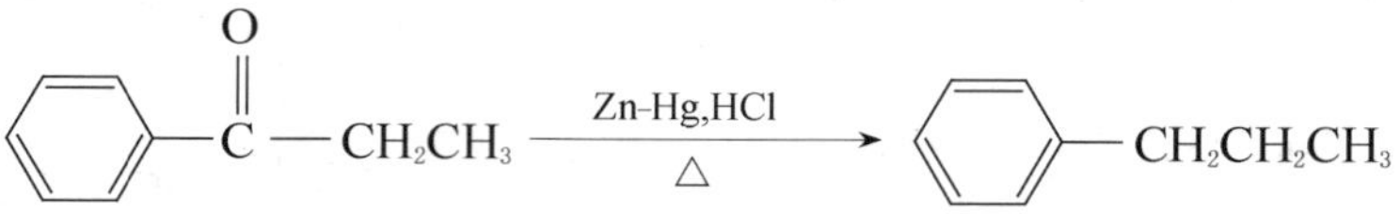

$$\underset{O}{\overset{\|}{C_6H_5-C-CH_2CH_3}} \xrightarrow[\triangle]{Zn-Hg,HCl} C_6H_5-CH_2CH_2CH_3$$

方法二：将饱和醛或酮与肼反应生成的腙，在强酸或碱存在的条件下羰基被还原为亚甲基。

$$\overset{}{>}C=O \xrightarrow[\text{加成，脱水}]{NH_2-NH_2} \overset{}{>}C=N-NH_2 \xrightarrow[\text{加压，加压}]{KOH或C_2H_5ONa} \overset{}{>}CH_2 + N_2\uparrow$$

此反应是吉日聂耳和沃尔夫分别于 1911 年、1912 年发现的，称为吉日聂耳-沃尔夫反应。

我国化学家黄鸣龙在 1946 年对此进行了改进，将醛、酮与 NaOH、肼的水溶液在高沸点溶剂如缩乙二醇（HOCH₂CH₂）₂O 中一起加热，羰基先与肼作用生成腙，腙在碱性条件下加热失去氮，结果是羰基被还原为亚甲基。

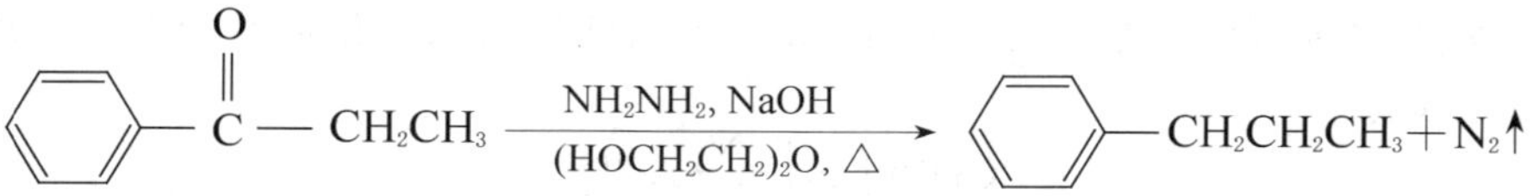

$$\underset{O}{\overset{\|}{C_6H_5-C-CH_2CH_3}} \xrightarrow[(HOCH_2CH_2)_2O, \triangle]{NH_2NH_2, NaOH} C_6H_5-CH_2CH_2CH_3 + N_2\uparrow$$

此反应称为基斯内尔-沃尔夫-黄鸣龙反应。

克莱门森还原法和基斯内尔-沃尔夫-黄鸣龙还原法都是把醛、酮的羰基还原成亚甲基。

2. 醛的特殊性

由于在醛分子中，羰基 C 上连有 H，使醛表现出某些特殊的化学性质。主要为氧化反应，如下所述：

（1）与托伦试剂反应。托伦试剂为 AgNO₃ 的氨溶液，有效成分为银氨络离子，它能把醛氧化成羧酸，同时 Ag^+ 被还原为 Ag，附着在器壁上形成光亮的银镜。这个反应称为银镜反应。

$$RCHO + 2Ag(NH_3)_2OH \xrightarrow{\triangle} RCOONH_4 + 3NH_3 + H_2O + 2Ag\downarrow$$

酮不发生上述反应，常利用银镜反应来鉴别醛和酮。

（2）与斐林试剂反应。斐林试剂是一种混合溶液，由 CuSO₄ 溶液与 NaOH 的酒石酸溶液等体积混合生成。氧化剂为铜络离子，与醛反应时，Cu^{2+} 被还原成砖红色的 Cu₂O 沉淀，甲醛则会有铜镜生成。

$$RCHO + 2Cu(OH)_2 + NaOH \longrightarrow RCOONa + 3H_2O + Cu_2O\downarrow$$

酮和芳香醛都不能发生上述反应，可用斐林试剂鉴别脂肪醛和酮或脂肪醛与芳香醛以及甲醛与其他醛。

13.3.8　羧酸的性质

羧酸是一类含有羧基（—COOH）的化合物，通式为 R(H)COOH。羧酸的官能团是羧基（—COOH），它由两部分组成，一部分是羰基（碳氧双键 C=O），另一部分是羟基（—OH），结构为

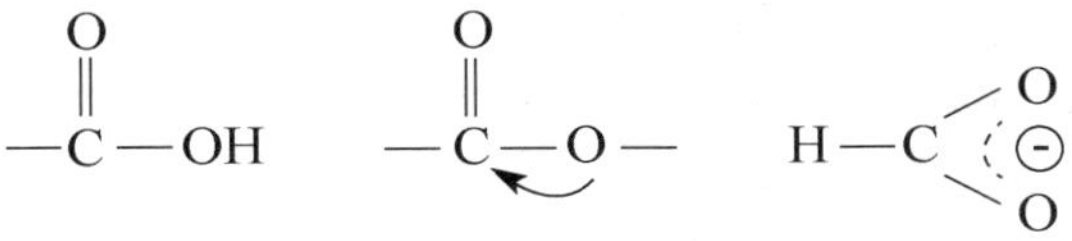

$$-\overset{\overset{O}{\parallel}}{C}-OH \qquad -\overset{\overset{O}{\parallel}}{C}-O- \qquad H-C\underset{O}{\overset{O}{\diagup}}{\ominus}$$

在羧基中，由于羟基 O 上的 p 电子与碳氧双键发生 p−π 共轭，使 O 的电子密度减小，氧氢键的极性增大，氢易于电离出 H^+，呈酸性。

甲酸、乙酸、丙酸是具有刺激性气味的液体，含有 4～9 个 C 的脂肪酸是有腐败臭味的油状液体，10 个 C 以上的脂肪酸是蜡状固体。脂肪族二元羧酸和芳香族羧酸为结晶形固体。

羧酸分子中羧基间能形成 2 个氢键，分子量相近的羧酸的沸点较醇的沸点高。例如，甲酸与乙醇的分子量相近，甲酸的沸点为 100.5℃，乙醇的沸点为 78.5℃。另外，羧基与水分子之间可形成氢键，使得低级羧酸能与水以任意比例混溶。但随着烃基增大，羧酸的溶解度明显降低，6 个 C 以上的羧酸就难溶于水，而易溶于有机溶剂。

羧酸的化学性质决定于羧酸的分子结构，它的主要反应如图 13-2 所示。

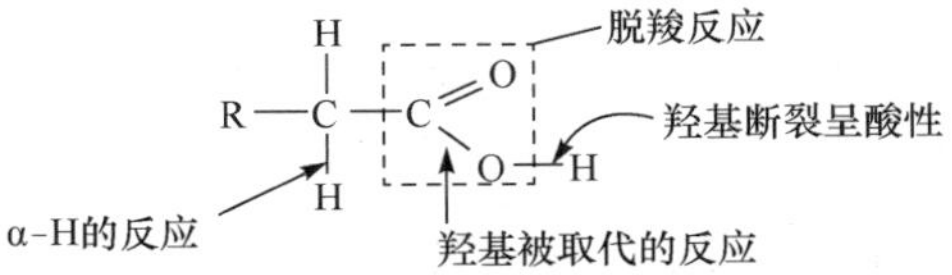

图 13-2　羧酸发生化学反应的主要部位

1. 酸性

羧酸在水溶液中能电离出 H^+ 而呈酸性，能使蓝色石蕊变红。羧酸为弱酸，但酸性比 H_2CO_3 和酚强。羧酸具有酸的通性，能与碱中和生成盐和 H_2O。

$$RCOOH+NaOH \Longrightarrow RCOONa+H_2O$$

$$RCOOH+NaHCO_3 \Longrightarrow RCOONa+CO_2\uparrow+H_2O$$

1）羧酸与其他类物质的酸性强弱次序的比较

$$RCOOH>ArOH>H_2O>ROH>HC\equiv CR>NH_3>RH$$

2）羧酸间酸性强弱次序的比较

烃基的大小对酸性的影响：

$$HCOOH>CH_3COOH>CH_3CH_2COOH>CH_3CH_2CH_2COOH$$

　　甲酸　　　　　乙酸　　　　　丙酸　　　　　　丁酸

　　烃基上有取代基时，羧酸的酸性强弱会发生变化。取代基为吸电子基时，羧酸酸性增强；若取代基为供电子基时，羧酸的酸性则会减弱。

　　相同取代基处于不同位置对酸性的影响：

$$CH_3CH_2CHClCOOH > CH_3CHClCH_2COOH > CH_2ClCH_2CH_2COOH$$

　　　α-氯代丁酸　　　　　　　　　β-氯代丁酸　　　　　　　　γ-氯代丁酸

$$> CH_3CH_2CH_2COOH$$

　　　　　　　丁酸

　　相同取代基数目不同时对酸性的影响：

$$Cl_3CCOOH > Cl_2CHCOOH > ClCH_2COOH > CH_3COOH$$

　　　三氯乙酸　　　二氯乙酸　　　　氯乙酸　　　　乙酸

　　不同取代基处于相同位置对酸性的影响：

$$FCH_2COOH > ClCH_2COOH > BrCH_2COOH > ICH_2COOH > CH_3COOH$$

　　氟乙酸　　　　氯乙酸　　　　溴乙酸　　　　碘乙酸　　　　乙酸

2. 羧基中羟基的取代反应

　　羧酸分子中去掉羧基中的羟基剩余的部分称为酰基（$R-\overset{O}{\underset{}{C}}-$）。羧酸分子中羧基上的羟基在一定条件下可以被取代，生成酰卤、酯、酸酐、酰胺等衍生物。

　　（1）酰卤的生成。例如，羧酸与 PCl_3、PCl_5、$SOCl_2$ 等反应生成酰氯。但 HCl 不能与羧酸反应生成酰氯。

$$R-\overset{O}{\underset{}{C}}-OH + PCl_3 \longrightarrow R-\overset{O}{\underset{}{C}}-Cl + H_3PO_3 + HCl$$

$$R-\overset{O}{\underset{}{C}}-OH + PCl_5 \longrightarrow R-\overset{O}{\underset{}{C}}-Cl + POCl_3 + HCl$$

$$R-\overset{O}{\underset{}{C}}-OH + SOCl_2 \longrightarrow R-\overset{O}{\underset{}{C}}-Cl + SO_2 + HCl$$

　　酰氯是很活泼的酰基化试剂，广泛用于药物合成中。

　　（2）酯的生成。酸与醇作用生成酯的反应称为酯化反应。酯化反应是可逆反应，为了提高产率，可以增加某种反应物的浓度或及时将产物酯蒸出。反应一般用浓 H_2SO_4 等强酸为催化剂。

$$R-\overset{O}{\underset{}{C}}-OH + HO-R_1 \underset{\triangle}{\overset{浓\ H_2SO_4}{\rightleftharpoons}} R-\overset{O}{\underset{}{C}}-O-R_1 + H_2O$$

$$H_3C-\overset{O}{\underset{}{C}}-OH + HO-CH_2CH_3 \underset{\triangle}{\overset{浓\ H_2SO_4}{\rightleftharpoons}} H_3C-\overset{O}{\underset{}{C}}-O-CH_2CH_3 + H_2O$$

　　（3）酸酐的生成。除甲酸外，两分子羧酸在 P_2O_5、乙酸酐等脱水剂作用下，2 个羧基间脱去 1 分子 H_2O 生成酸酐。常用乙酸酐作为制取其他酸酐的脱水剂。

$$\underset{\displaystyle R-\overset{O}{\overset{\|}{C}}-OH}{} + \underset{\displaystyle HO-\overset{O}{\overset{\|}{C}}-R}{} \xrightarrow[\triangle]{P_2O_5} \underset{\displaystyle R-\overset{O}{\overset{\|}{C}}-O-\overset{O}{\overset{\|}{C}}-R}{} + H_2O$$

二元羧酸不需要脱水剂，加热即可发生分子内脱水，一般生成五员环或六员环的酸酐。例如：

$$\xrightarrow{150℃} \quad +H_2O$$

（4）酰胺的生成。羧酸与氨反应生成铵盐，加热使铵盐分子内脱水即得酰胺。酰胺是一类重要化合物，许多药物分子中含有酰胺的结构。

$$R-\overset{O}{\overset{\|}{C}}-OH+NH_3 \rightleftharpoons R-\overset{O}{\overset{\|}{C}}-ONH_4 \underset{\triangle}{\rightleftharpoons} R-\overset{O}{\overset{\|}{C}}-NH_2+H_2O$$

$$H_3C-\overset{O}{\overset{\|}{C}}-OH+NH_3 \rightleftharpoons H_3C-\overset{O}{\overset{\|}{C}}-ONH_4 \underset{}{\overset{150℃}{\rightleftharpoons}} H_3C-\overset{O}{\overset{\|}{C}}-NH_2+H_2O$$

3. 脱羧反应

脂肪族一元羧酸不能直接加热脱羧，羧酸盐或羧酸 α-C 上连有强的吸电子基团时，脱羧反应较易发生。例如：

$$CH_3COONa+NaOH \xrightarrow[\triangle]{CaO} CH_4+Na_2CO_3$$

$$CCl_3COOH \xrightarrow{100\sim150℃} CHCl_3+CO_2$$

二元羧酸加热时，由于 2 个羧基的相对位置不同，发生不同的反应。庚二酸以上的二元羧酸高温加热时，发生分子间脱水形成酸酐。乙二酸和丙二酸加热可发生脱羧反应，丁二酸和戊二酸加热发生分子内脱水形成酸酐，而不脱羧。

$$HOOCCOOH \xrightarrow{\triangle} CO_2+HCOOH$$

$$HOOCCH_2COOH \xrightarrow{\triangle} CO_2+CH_3COOH$$

$$\xrightarrow[300℃]{乙酸酐} \quad +H_2O$$

己二酸和庚二酸加热时既脱羧又失水，生成环戊酮和环己酮。

$$H_2C-CH_2-C\overset{\displaystyle O}{-}OH$$

$$\begin{array}{c} H_2C-CH_2-\overset{\displaystyle O}{\underset{\displaystyle\ }{C}}-OH \\ | \qquad\qquad | \\ H_2C-CH_2-\underset{\displaystyle O}{C}-OH \end{array} \xrightarrow{300℃} \begin{array}{c} H_2C-CH_2 \\ | \qquad\quad\ \ \diagdown \\ \qquad\qquad\quad C{=}O+H_2O+CO_2 \\ | \qquad\quad\ \ \diagup \\ H_2C-CH_2 \end{array}$$

$$H_2C\diagup\begin{array}{c}CH_2-CH_2-\overset{\displaystyle O}{C}-OH\\ \\ CH_2-CH_2-\underset{\displaystyle O}{C}-OH\end{array} \xrightarrow{300℃} H_2C\diagup\begin{array}{c}CH_2-CH_2\\ \qquad\qquad\ \diagdown\\ \qquad\qquad\qquad C{=}O+H_2O+CO_2\\ \qquad\qquad\ \diagup\\ CH_2-CH_2\end{array}$$

4. α-H 的取代反应

羧酸中的 α-H 也能发生卤代反应，但没有醛酮中的 α-H 活泼，反应需要红磷为催化剂。

$$H_3C-\overset{\displaystyle O}{C}-OH\ +Cl_2\xrightarrow{P}CH_2Cl-\overset{\displaystyle O}{C}-OH$$

5. 还原反应

羧基较难还原，只有用较强的还原剂 LiAlH₄ 才能将羧酸还原为醇。反应中如果有双键不受影响。

$$H_3C-CH{=}CH-CH_2-\overset{\displaystyle O}{C}-OH\xrightarrow{LiAlH_4}H_3C-CH{=}CH-CH_2-CH_2-OH$$

 **学习资源**

柠　檬　酸

柠檬酸（$HOOC-CH_2-\overset{\displaystyle OH}{\underset{\displaystyle COOH}{C}}-CH_2-COOH$）又称枸橼酸，最初是自柠檬中提取而来的。除了柠檬，这种酸还广泛存在于柚子、柑橘等果实中，在动物组织和乳汁中也含有。柠檬酸为半透明结晶或白色颗粒，尝起来则具有强酸味，味道柔和爽快，入口即达到最高酸感，但味道持续时间不长。

柠檬酸是世界上用量最大的酸味剂，是目前食品中最常用的酸味剂。但如果只使用柠檬酸（除柠檬汁外）一种酸味剂，产品口感显得比较单薄，这是由于柠檬酸的刺激性较强，酸味消失快，回味性差，所以常与其他酸味剂（如苹果酸、酒石酸）同用，以使产品味道浑厚丰满。

　　柠檬酸在食品中除作酸味剂外，还可以改善食品的风味。柠檬酸的酸味可以掩蔽或减少某些不希望的异味，对香味有增味的效果。未加柠檬酸的糖果和果汁等味道平淡，加入适量的柠檬酸可使食品的风味显著改善，使产品更加适口。

　　柠檬酸可以调整酸味，使其达到适当的标准来稳定产品的质量。柠檬酸还可以和其他酸味剂共同使用来模拟天然水果、蔬菜的酸味。在糖果中使用柠檬酸可提高糖的水果味，提供适度的酸味，防止糖分结晶及各种成分的氧化。在果冻、果酱中可改善风味、防腐和促进蔗糖转化，防止蔗糖结晶析出，影响口感。

　　柠檬酸还具有抑制细菌增殖，增强抗氧化作用，能够延缓油脂酸败。保护油炸食品用油和油炸食品，防止被氧化。例如，在油炸花生米中或各种植物油（如芥末油、菜籽油）中加入一定量的柠檬酸，能有效防止变质。未经过加热杀菌的食品，加入一定量的柠檬酸，可起防腐作用而延长储存期。

　　饮料是柠檬酸的主要消费市场，用量占柠檬酸总耗量的 $75\%\sim80\%$。柠檬酸能使饮料产生特定的风味，并且通过刺激产生的唾液，加强饮料的解渴效果。而且在一般清凉饮料中添加 $0.01\%\sim0.3\%$ 的柠檬酸，细菌便难以生长，起到防腐作用。

　　柠檬酸应用在蔬菜、水果原料及罐头中，可调节酸度，使其尽可能保持原味，并且有一定防腐作用；应用在面制品中，柠檬酸与小苏打同时使用，可降低面制品的碱度，改善口味；对焙烤食品有膨松和发酵的作用。

 复习与思考

　　一、用系统命名法命名下列有机化合物

1. $CH_3CHCHC_2CH_3$
　　　　$|$
　　　C_2H_5

2. $CH_3CH_2CH_2CHCH_2CH_2CH_3$
　　　　　　　$|$
　　　　　$CH(CH_3)_2$

3. H_3C　　　CH_3
　　　　$\diagdown\quad\diagup$
　　　　　$C=C$
　　　　$\diagup\quad\diagdown$
　　　H　　　$CH(CH_3)_2$

4. $CH_3CH_2CH_2C=CH_2$
　　　　　　　$|$
　　　　　CH_2CH_3

5. $(CH_3)_3CCH_2C\equiv CH$

6. $CH_3CH_2C=C-CHC_2H_5$
　　　　　　　　$|$
　　　　　　　C_2H_5

7. $CH_3-CH_2-CH-CH-CH_3$
　　　　　　　　$|$　　$|$
　　　　　　　（苯基）　OH

8. （苯环，OH，CH_3，NO_2）

9. （苯环）$-O-CH_2-CH_3$

二、写出下列有机化合物的结构式

1. 5-甲基-3-乙基辛烷　　　　　　　2. 2,2-二甲基-4-异丙基庚烷

3. 2,3-二甲基-2-丁烯　　　　　　　4. 2,2,5-三甲基-3-己烯

5. 4-甲基-2-庚炔　　　　　　　　　6. 对氯苯酚

7. 1,3-二甲基环戊烷　　　　　　　　8. 3-甲基戊醇

9. α-甲基-3-戊酮　　　　　　　　　10. 4-氯-2-硝基甲苯

11. 3-氯丁酸　　　　　　　　　　　　12. 3-甲基丁醛

三、完成下列反应式

1.

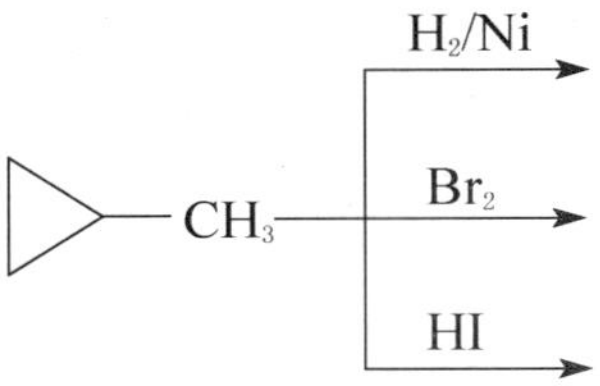

2.

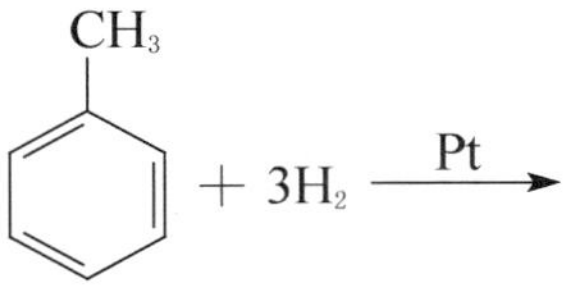

3. $CH_2=CHCH_3$ $\xrightarrow{(\quad)}$ $CH_2=CHCH_2$ $\underset{Cl}{|}$ $\xrightarrow{Cl_2+H_2O}$

4. $CH_3CH_2\underset{\underset{Br}{|}}{C}HCH_3$ $+KOH$ $\xrightarrow[\triangle]{C_2H_5OH}$

5. $CH_3CH_2CH_2Br+NaOH$ $\xrightarrow[\triangle]{H_2O}$

6. $CH_3-CH_2-OH+Na$ $\longrightarrow$

7. CH_3-CH_2-OH $\xrightarrow[140℃]{浓\ H_2SO_4}$

8.

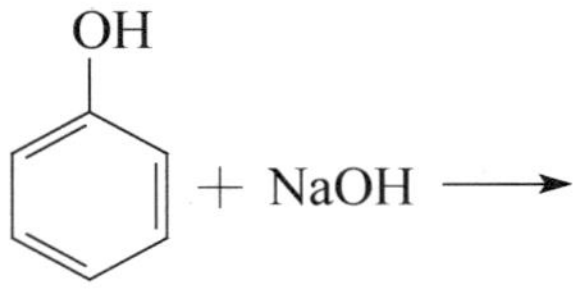

9.

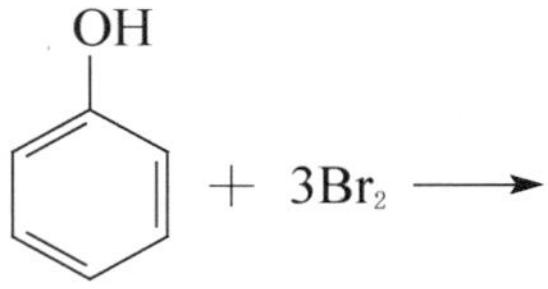

10. 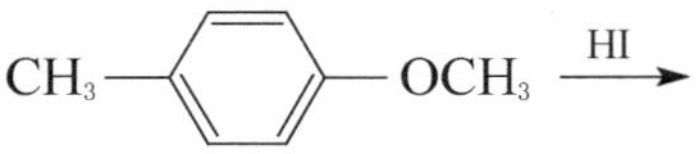 CH_3- $-OCH_3$ $\xrightarrow{HI}$

11. CH_3CH_2CHO $\xrightarrow{CH_3MgBr}$ $\xrightarrow{H_3O^+}$

12. $CH_3COCH_3 \xrightarrow{HCN}$

13. 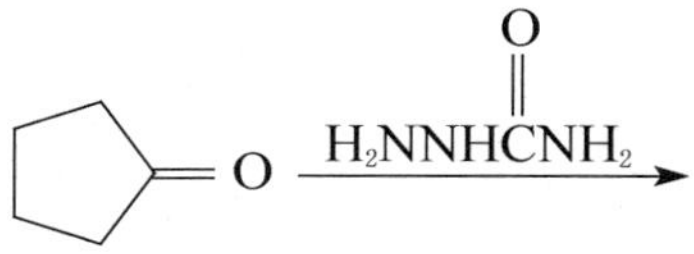 $\xrightarrow{\underset{\displaystyle H_2NNHCNH_2}{\displaystyle \overset{O}{\|}}}$

14. $CH_3\overset{\displaystyle \overset{O}{\|}}{C}CH_2CH_3 \xrightarrow{Zn\text{-}Hg/HCl}$

第14章 实验技术

☞ **能力要求**

　　(1) 能正确使用电子天平、移液管、滴定管、容量瓶等。

　　(2) 能进行化学分析相关操作。

☞ **知识要求**

　　(1) 掌握化学实验室的基本知识。

　　(2) 掌握相关化学实验的原理。

☞ **教学活动建议**

　　做中学、学中做。

14.1　化学实验基本知识

14.1.1　实验安全知识

1. 实验操作安全规则

化学实验基本知识

　　在进行化学实验时，经常使用水、电、煤气，并常碰到一些有毒的、有腐蚀性的或者易燃、易爆的物质。由于不正确和不经心的操作，以及忽视操作中必须注意的事项都可能造成火灾、爆炸和其他不幸的事故发生。因此，实验人员必须注意以下几点。

　　(1) 熟悉实验室及其周围环境，记住水闸、电闸和灭火器的位置。

　　(2) 使用电器时，谨防触电，不要用湿的手、物去接触电插头。实验完毕后及时拔下电插头，切断电源。

　　(3) 一切有毒和有恶臭气体的实验，都应在通风橱内进行。

　　(4) 不能用手直接拿取试剂，要用药勺或指定的器具取用。取用一些强腐蚀性的试剂如氢氟酸（HF）、溴水等，必须戴上橡胶手套。实验完毕后须将手洗净，严禁将食品及餐具等带入实验室中。

　　(5) 不能将各种化学药品任意混合，以免引起意外事故，自行设计的实验必须和教师讨论，征得同意后方可进行。

　　(6) 易燃物（如乙醇、丙酮、乙醚等）、易爆物（如 $KClO_3$）使用时要远离火源，用完应及时加盖存放在阴凉处。

（7）酸、碱是实验室常用试剂，浓酸、浓碱具有强烈的腐蚀性，应小心使用。

（8）在倾注或加热时，不要俯视容器，以防容器内溶液溅在脸上或皮肤上。

（9）启开易挥发的试剂瓶时，尤其在夏季，不可使瓶口对着自己或他人脸部，以防有大量气液冲出时，造成严重烧伤。

（10）实验完毕后，值日生和最后离开实验室的人员应负责检查门、窗、水是否关好，电闸是否断开。

2. 实验室意外事故的正确处理方法

实验室内应备有小药箱，以备发生事故临时处理之用。

（1）割伤（玻璃或铁器刺伤等）：先把碎玻璃从伤处挑出，如轻伤可用生理盐水或硼酸溶液擦洗伤处，涂上紫药水（或红汞水），必要时撒些消炎粉，用绷带包扎。伤势较重时，则先用乙醇在伤口周围擦洗消毒，再用纱布按住伤口压迫止血，立即送医院缝合。

（2）烫伤：可用 10% $KMnO_4$ 溶液擦灼伤处，若伤势较重，可撒上消炎粉或烫伤药膏，再用油纱绷带包扎。

（3）受强酸腐伤：先用干抹布擦拭，再用大量水冲洗，然后擦上 $NaHCO_3$ 油膏。如受氢氟酸（HF）腐伤，应迅速用水冲洗，再用 5% 苏打水冲洗，然后浸泡在冰冷的饱和 $MgSO_4$ 溶液中 $0.5h$，最后敷上药膏（用 $MgSO_4$ 26%、MgO 6%、甘油 18%、水和盐酸普鲁卡因 1.2% 配成），或用悬浮剂（甘油和 MgO $2:1$）涂抹，最后用消毒纱布包扎。伤势严重时，应立即送医院急救。

当酸溅入眼内时，首先用大量水冲眼，然后用 3% 的 $NaHCO_3$ 溶液冲洗，最后用清水洗眼。

（4）受强碱腐伤：先用干抹布擦拭，再用大量水冲洗，然后用 1% 柠檬酸或 H_3BO_4 溶液洗。当碱溅入眼内时，除用大量水冲洗外，再用饱和 H_3BO_4 溶液冲洗，最后滴入蓖麻油。

（5）磷烧伤：用 1% $CuSO_4$、1% $AgNO_3$ 或浓 $KMnO_4$ 溶液处理伤口后，送医院治疗。

（6）吸入 Br_2、Cl_2 等有毒气体时，可吸入少量乙醇和乙醚的混合蒸气以解毒，同时应到室外呼吸新鲜空气。

（7）触电事故：应立即拉开电闸，截断电源，尽快地利用绝缘物（干木棒、竹竿）将触电者与电源隔离。

以上事故如果造成伤害严重时，应立即送医院救治。

3. 一些剧毒、强腐蚀品知识

（1）氰化物和 HCN：如 KCN、NaCN、丙烯腈等，系烈性毒品，进入人体 $50mg$ 即可致死。与皮肤接触，经伤口进入人体，即可引起严重中毒。这些氰化物遇酸可产生 HF 气体，吸入人体即引起中毒。

在使用氰化物时严禁用手直接接触，应戴上口罩和橡胶手套。含有氰化物的废液，严禁倒入酸缸，应先加入 $FeSO_4$ 使之转变为毒性较小的亚铁氰化物，然后倒入水槽，再用大量水冲洗原储放的器皿和水槽。

（2）Hg 和 Hg 的化合物：Hg 的可溶性化合物如 $HgCl_2$、$Hg(NO_3)_2$ 都是剧毒物品，实验中应特别注意金属 Hg（如使用温度计、压力计、汞电极等），因金属 Hg 易蒸发，蒸气有剧毒，又无气味，吸入人体具有积累性，容易引起慢性中毒，所以切不可以麻痹大意。

Hg 的密度很大（约为水的 13.6 倍），作压力计时，应该用厚玻璃管。储存 Hg 的容器必须坚固，且应用厚壁的，并且只应存放少量 Hg 而不能盛满，以防容器破裂，或因脱底而流失。在储存 Hg 的容器下面应放一搪瓷盘，以免不慎洒在地上。为减少室内的 Hg 蒸气，储存 Hg 容器应是紧闭密封，Hg 表面应加入水覆盖，以防蒸气逸出。

废 Hg 切不可倒入水槽冲入下水管。因为它会积聚在水管弯头处，长期蒸发，污染空气，误洒入水槽的 Hg 也应及时捡起。使用和储存 Hg 的房间应经常通风。

（3）As 的化合物：As 和 As 的化合物都有剧毒，常使用的是 As_2O_3（砒霜）和 $NaAsO_2$。这类物质中毒一般由于口服引起。当用 HCl 和粗 Zn 制备 H_2 时，也会产生一些剧毒的 AsH_3 气体，应加以注意。一般将产生的 H_2 通过 $KMnO_4$ 溶液洗涤后再使用，As 的解毒剂是二巯基丙醇，肌肉注射即可解毒。

（4）H_2S：是极毒的气体，有臭鸡蛋味，它能麻痹人的嗅觉，以致逐渐不闻其臭，所以特别危险。使用 H_2S 和用酸分解硫化物时，应在通风橱中进行。

（5）CO：煤气中含有 CO。煤气中毒，轻者头痛、眼花、恶心，重者昏迷。对中毒的人应立即移出中毒房间，呼吸新鲜空气，进行人工呼吸，保暖，及时送医院治疗。

（6）很多有机化合物也是很毒的，它们又常用作溶剂，用量大，而且多数沸点又低，蒸气浓，容易引起中毒，特别是慢性中毒，使用时应特别注意和加强防护。常用的有毒的有机化合物有苯、CS_2、硝基苯、苯胺、甲醇等。

（7）Br_2：棕红色液体，易蒸发成红色蒸气，对眼睛有强烈的刺激催泪作用，能损伤眼睛、气管、肺部，触及皮肤，轻者剧烈灼痛，重者溃烂，长久不愈。使用时应戴橡胶手套。

（8）HF：HF 剧毒，强腐蚀性。灼伤肌体，轻者剧痛难忍，重者使肌肉腐烂，渗入肌肉组织，如不及时抢救，就会造成死亡，因此在使用 HF 时应特别注意，操作必须在通风橱中进行，并戴橡胶手套。

其他遇到的有毒、腐蚀性的无机物还很多，使用时都应加以注意，这里不一一介绍。

4. 灭火常识

1）起火原因

（1）一般有机物，特别是有机溶剂，很容易着火，它们的蒸气、固体粉末（如 H_2、CO、苯、油蒸气、面粉）等与空气按一定比例混合后，当有火花时（点火、电火花、撞击火花）就会引起燃烧或爆炸。

（2）某些化学反应放热会引起燃烧，如金属 Na、K 等遇水可燃烧甚至爆炸。

（3）有些物品易自燃（如白磷遇空气就可自燃），由于保管和使用不当即可引起燃烧。

（4）有些化学试剂相混，在一定的条件下，会引起燃烧和爆炸（如将红磷与 $KClO_3$ 混在一起，磷就会燃烧爆炸）。

2）采取措施

发生火灾时，要沉着快速处理。首先切断热源、电源，把附近的可燃物品移走，再针对燃烧物的性质采取适当的灭火措施。注意不可将燃烧物抱着往室外跑，因为人跑时空气会更流通，火会烧得更猛。

常用的灭火措施有以下几种，要根据火灾的轻重、燃烧物的性质、周围环境和现有条件进行选择。

（1）石棉布灭火：适用于小火。用石棉布盖上燃烧物以隔绝空气，从而灭火。如果火很小，可用湿抹布或石棉板盖上就行。

（2）干沙土灭火：干沙土一般装于沙箱或沙袋内，只要抛撒在着火物体上就可灭火。适用于不能用水扑救的燃烧，但对火势很猛、面积很大的火焰灭火效果欠佳。沙土应该用干的。

（3）水灭火：水是常用的救火物质，它能使燃烧物的温度下降，但一般有机溶剂着火不适用，因有机溶剂与水不相溶，大多相对密度比水小，水浇上去后，有机溶剂会漂在水面上，扩散后继续燃烧。但若燃烧物与水互溶时，或用水没有其他危险时，可用水灭火。在有机溶剂着火时，可先用泡沫灭火器把火扑灭，再用水降温。

（4）泡沫灭火器灭火：泡沫灭火器是实验室常用的灭火器材，使用时，把泡沫灭火器倒过来，往火场喷，由于它生成 CO_2 及泡沫，可使燃烧物与空气隔绝而灭火，效果较好，适用于除电流起火外的任何火情。

（5）CO_2 灭火器灭火：CO_2 灭火器是在小钢瓶中装入液态 CO_2，救火时打开阀门，把喇叭口对准火场喷射出 CO_2 以灭火，在实验室很适用，它不损坏仪器，不留残渣，对于通电的仪器也可以使用，但金属 Mg 燃烧时不可使用它来灭火。

（6）CCl_4 灭火器灭火：CCl_4 沸点较低，喷出来后形成沉重而惰性的蒸气掩盖在燃烧物体周围，使燃烧物体与空气隔绝而灭火。CCl_4 不导电，适于扑灭带电物体的火灾，但它在高温时会分解出有毒气体，故在不通风的地方最好不用。另外，在有 Na、K 等金属存在时不能使用，会引起爆炸。

除了以上几种常用的灭火器外，近年来生产了多种新型的高效能的灭火器。例如 1211 灭火器，它在钢瓶内装有二氟一氯一溴甲烷，灭火效率高。又如干粉灭火器是将 CO_2 和一种干粉剂配合起来使用，灭火速率很快。

（7）水蒸气灭火：用水蒸气对火场喷，也能隔绝空气而起灭火作用。

（8）石墨粉灭火：当 Na、K 或 Li 着火时，不能用水、泡沫灭火器、CO_2、CCl_4 等灭火，可用石墨粉灭火。

电路或电器着火时，扑救的关键首先要切断电源，防止事态扩大。电器着火最好的灭火设施是 CCl_4 灭火器和 CO_2 灭火器。

在着火和救火过程中，衣服着火时，千万不要乱跑，因为空气的迅速流动会加强燃烧，应当躺在地上滚动，这样一方面可压熄火焰，另一方面也可避免火烧到头部。

14.1.2　化学定量分析实验常用器皿

化学定量分析实验常用器皿如表 14-1 所示。

表 14-1　化学定量分析实验常用器皿

器皿	名称	一般用途	注意事项
	烧杯	反应容器，可以容纳较大量的反应物	1. 硬质烧杯可以加热至高温，但软质烧杯要注意勿使温度变化过于剧烈 2. 加热时放在石棉网上，不应直接加热
	锥形瓶	反应容器，摇荡方便，因口径较小，能减少反应物的蒸发损失	1. 硬质锥形瓶可以加热至高温，但软质锥形瓶要注意勿使温度变化过于剧烈 2. 加热时放在石棉网上，不应直接加热
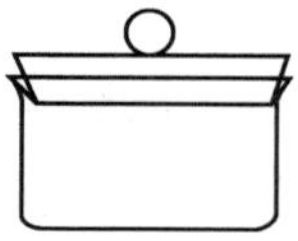	称量瓶	精确称量试样和基准物。质量小，可直接放在天平上称量	称量瓶盖要密合
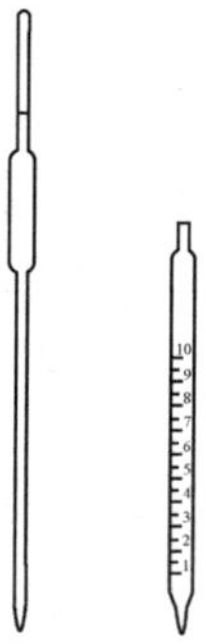	移液管	用于吸取一定量准确体积的液体	1. 不能加热或烘干 2. 将吸取的液体放出时，管尖端剩余的液体不得吹出，如刻有"吹"字的才能把剩余部分吹出
	洗耳球	与移液管配套使用，用时先将球体内部空气排出，将球嘴对准移液管的上口	1. 应保持清洁，禁止与酸、碱、油类、有机溶剂等物质接触 2. 远离热源

续表

器皿	名称	一般用途	注意事项
	容量瓶	配制标准溶液	1. 不能用于储存溶液 2. 不能加热或烘烤
	(a) 酸式滴定管 (b) 碱式滴定管	滴定时用	1. 要清洗洁净，液体下流时，管壁不得有水珠悬挂 2. 滴尖也要充满液体，全管不得留有气泡
	(a) 量筒 (b) 量杯	度量液体的体积，但准确性一般	1. 不能用作反应容器 2. 不能加热或烘烤
	洗瓶	用蒸馏水洗涤沉淀和容器用	1. 不能装自来水 2. 塑料洗瓶不能加热
	表面皿	1. 用作烧杯等容器的盖子 2. 用来进行点滴反应 3. 用于观察小晶体及结晶过程	1. 不能加热 2. 用作烧杯盖子时，表面皿的直径应比烧杯直径略大些
	蒸发皿	用于蒸发、浓缩液体或干燥固体	1. 可直接加热，但液体接近蒸发完时，需要垫石棉网加热 2. 蒸发皿虽耐高温，但不宜骤冷

器皿	名称	一般用途	注意事项
	干燥器	盛放需保持干燥的物	1. 干燥剂不要放得太满，放 $\frac{2}{3}$ 体积即可 2. 干燥器的身与盖间应均匀涂抹一层凡士林 3. 打开盖时应将盖向旁边推开，搬动时应用手指按住盖，避免滑落而打碎
	滴瓶	盛放少量液体试剂	1. 滴管与滴管配套，不可互换 2. 保存见光易分解试剂时应用棕色瓶
	试管	反应容器，反应现象易于观察	1. 反应液体的体积应不超过试管容积的 1/2，加热时应不超过试管容积的 1/3 2. 不可骤冷，以免破裂 3. 加热时，应使试管下半部均匀受热，试管口不可对着人
	离心管	用于少量沉淀的分离	不可加热
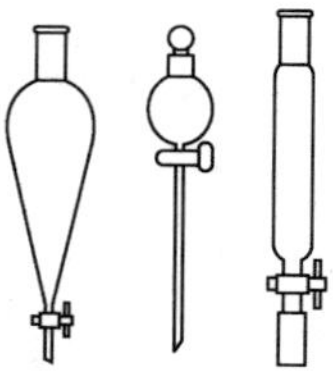	分液漏斗	用于液体的分离、洗涤和萃取	1. 萃取时，振荡初期要多次放气以免漏斗内气压过大 2. 不能加热
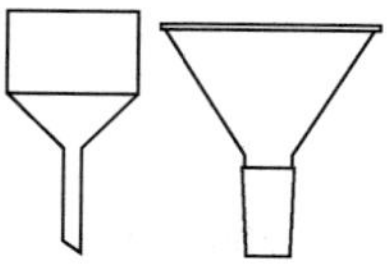	布氏漏斗	与抽滤瓶一起用于减压过滤	1. 不能加热 2. 滤纸要略小于漏斗内径
	抽滤瓶（吸滤瓶）	与布氏漏斗一起用于减压过滤	不能加热

续表

器皿	名称	一般用途	注意事项
	研钵	研磨、混合固体物质	1. 不能代替反应容器用 2. 放入量不能超过容积的 1/3 3. 易爆物质只能轻轻压碎，不能研磨
	坩埚	用于灼烧试样	1. 坩埚可直接加热 2. 坩埚虽耐高温，但不宜骤冷

14.1.3　常用玻璃器皿的洗涤和干燥

1. 器皿的洗涤

分析化学实验中需要使用洁净的玻璃器皿，因此在使用前必须将其充分洗涤，以利于获得准确的分析结果。

一般来说，附着在器皿上的污物有尘土和其他不溶性物质、可溶性物质、有机物质及油污等。针对这些情况，可采用下列方法：

（1）用水刷洗：用自来水和毛刷刷洗器皿上附着的尘土和水溶物。

（2）用去污粉（或洗涤剂）和毛刷刷洗器皿上附着的油污和有机物质。若仍洗不干净，可用热碱液洗。

（3）用还原剂洗去氧化剂，如 MnO_2。

（4）用洗液洗。洗液具有很强的去污能力，洗涤时往器皿内加入洗液，其用量为器皿总容积的 1/3，然后将器皿倾斜，慢慢转动器皿，使器皿的内壁全部为洗液润湿，然后将洗液倒入原来瓶内，再用自来水冲洗干净残留在器皿上的洗液。如果用洗液将器皿浸泡一段时间或者将其加热使用，效果更好。

使用洗液时要注意以下几点。

① 使用洗液前最好先用水或洗涤剂将器皿洗一下。

② 使用洗液前应尽量把器皿内的水去掉，以免将洗液稀释。

③ 洗液用后应倒入原瓶内，可重复使用。

④ 不要用洗液去洗涤具有还原性的污物（如某些有机物），这些物质能把洗液中的 $K_2Cr_2O_7$ 还原为 $Cr_2(SO_4)_3$（洗液的颜色则由原来的深棕色变为绿色）。已变为绿色的洗液不能继续使用。

移液管、滴定管、容量瓶等口径较细且带有准确刻度的量器，其内壁不能用刷子刷洗，通常先用洗涤剂或洗液浸泡，再用自来水冲洗干净。

洗涤器皿时应符合少量（每次用少量的洗涤剂）多次的原则。用布或纸擦拭已洗净的器皿，非但不能使器皿变得干净，反而会将纤维留在器壁上，玷污了器皿。

器皿用自来水洗后，再用蒸馏水洗三遍，已洗净的器皿壁上，不应附着不溶物或油污。检查是否洗净时，可将器皿倒转过来，水即顺着器壁流下，器壁上应只留下一层既薄又均匀的水膜，而不应有水珠。

2. 器皿的干燥

1）加热法

（1）烘干：一般器皿洗净后可以放入恒温箱内烘干，放置器皿时应注意平放或使器皿口朝下。

（2）烤干：烧杯或蒸发皿可置于石棉网上用火烤干。

带有刻度的量器不能用加热方法进行干燥，加热会影响这些器皿的精密度，也可能造成破裂。

2）不加热法

（1）晾干：洗净的器皿可倒置于干净的实验柜内或器皿架上晾干。

（2）吹干：可用吹风机将器皿吹干。

（3）用有机溶剂干燥：有些有机溶剂可以和水相溶，最常用的是乙醇。操作时先在器皿内加入少量乙醇，将器皿倾斜转动，器壁上的水即与乙醇混合，然后倾出乙醇和水，留在器皿内的乙醇可挥发而使器皿干燥。若往器皿内吹入空气可使乙醇挥发更快。

14. 1. 4　实验报告的要求

实验报告是总结实验进行的情况、分析实验中出现的问题和整理归纳实验结果必不可少的基本环节，是把直接的感性认识提高到理性思维阶段的必要一步。同时，通过实验报告也可反映出每个学生的实验水平，是实验评分的重要依据。因此，实验者必须严肃、认真、如实地写好实验报告。

一份完整的实验报告一般应包括八部分内容：

（1）题目、实验者、日期。

（2）实验目的。

（3）实验原理：可用反应方程式表达。

（4）实验用品：包括仪器、试剂、样品等。

（5）实验步骤：可采用表格、框图等形式，能清晰、明了地表示实验过程即可。

（6）实验现象和数据记录：实验现象要表达正确，数据记录要完整，绝不允许主观臆造，弄虚作假。

（7）实验结果：若是定性分析实验，应根据现象做出简明解释，写出主要反应方程式，并分题目做出小结或给出结论；若是定量分析，数据计算务必将所依据的公式和主要数据表达清楚；一般都有平行测定，所以分析结果以算术平均值表示；另外，还要根据要求进行精密度计算，如计算相对极差、相对偏差、相对标准偏差等。

（8）问题与讨论：针对本实验中遇到的疑难问题提出自己的见解或体会；也可对实验方法、教学方法、实验内容等提出自己的意见；还可对书中列出的问题与讨论给予解答等；定量实验若精密度差，应分析其原因。

14.2 单项操作技能

14.2.1 铬酸洗液的配制

铬酸洗液简称洗液，常用于洗涤容量分析的玻璃仪器，如容量瓶、移液管、滴定管等。洗涤时先用该洗液浸泡玻璃仪器，再用水冲洗干净。新配制的洗液为红褐色，氧化能力很强，当洗液用久后如果变绿色即告失效，可加入固体 $KMnO_4$ 使其再生。洗液具有强酸性和强氧化性，操作时应小心，避免溅到皮肤和衣物上。

【实验目的】

（1）掌握量筒量取溶液的方法。

（2）掌握洗液的配制方法。

（3）掌握洗液的使用方法。

单项操作技能

【实验用品】

仪器与材料：电子天平、烧杯（100mL）、量筒（50mL）、玻璃棒、磨口塞玻璃瓶（100mL）、标签纸。

试剂：$K_2Cr_2O_7$、H_2SO_4（98%）、蒸馏水。

【实验内容】

50mL 洗液的配制。

【实验步骤】

用电子天平称量 2.5g $K_2Cr_2O_7$ 于烧杯中，用量筒加 5mL 热蒸馏水，稍冷，用玻璃棒边搅拌边慢慢加入 50mL H_2SO_4（98%），边加边搅拌，配好的溶液储于磨口塞玻璃瓶中备用。贴上标签纸（写明品名、配制日期、配制人）。

【注意事项】

（1）洗液具有很强的腐蚀性，会灼伤皮肤和破坏衣物。如果不慎将洗液洒在皮肤、衣物和实验桌上，应立即用水冲洗。

（2）因 $K_2Cr_2O_7$ 严重污染环境，应尽量少用洗液。

14.2.2 电子天平的使用

电子天平，也叫电子秤，用于称量物体质量。电子天平一般采用应变式传感器、电容式传感器、电磁平衡式传感器等。应变式传感器，结构简单，不需要添加砝码，能在几秒钟内达到平衡，显示读数，精密度高。

电子天平根据不同的精度可分为：十分之一天平（称至 0.1g）、百分之一天平（称至 0.01g）、千分之一天平（称至 0.001g）、万分之一天平（也叫电子分析天平，称至 0.0001g）、十万分之一天平（称至 0.00001g）、百万分之一天平（称至 0.000001g）、千万分之一天平（称至 0.0000001g）。

电子天平安装后，第一次使用或存放时间较长，应对其进行校准。校准时，必须戴上手套，使用镊子夹取砝码。方法：先清除秤盘上的物品，按去皮 TARE 键，使天平显示为"0.0000"（分析天平）；按住 CAL 键，当显示器出现 CAL 时即松手，显示器就出现 CAL-100，其中"100"为闪烁码，表示校准砝码需用 100g 的标准砝码。此时就把准备好"100g"校准砝码放上秤盘，显示器即出现"----"等待状态。

经一段时间后显示器出现 100.0000g，拿掉校准砝码，显示器应出现 0.0000g，若出现不是零，则再清零，再重复以上校准操作。为了得到准确的校准结果，最好重复以上校准操作步骤两次。

1. 称量方法

（1）直接称量法。直接称量物体的质量。此法适于称量洁净、干燥的不易潮解或升华的固体试样。

（2）固定质量称量法（加重法）。此法用于称量固定质量的试剂（如基准物质）。要求被称物为粉末状或细丝状，以便容易调节质量。此法不适合在空气中不稳定、容易吸湿的物质。

（3）减量称量法。此法用于称量一定质量范围的样品或试剂，适合不稳定、容易吸湿的物质。称量试样是由两次之差求得。

2. 电子天平使用方法

（1）水平调节。观察水平仪，如水平仪水泡偏移，需要调节水平脚，使水泡位于水平仪的中心。

（2）清洁。关机状态下，用清洁刷清扫电子天平。

（3）预热。接通电源，预热 0.5h 后，方可进行操作（如后面仍需使用，一般不用切断电源，省去预热时间）。

（4）开启显示器。请按电源键，显示器全亮，约 2s 后显示天平型号，然后是称量模式 0.0000g（分析天平）。读数时应关上天平门。

（5）称量。按去皮键，扣除皮重，置被称物于秤盘上，待数字稳定，该数字即为被称物的质量值。

（6）称量结束。按电源键关闭显示器。若当天不再使用天平，应切断电源。

（7）清洁。称量过程可能有试样掉落在天平内，关闭天平后需要再次清洁。

3. 训练项目

【实验目的】
（1）掌握不同的称量方法。
（2）掌握电子天平的使用方法。
【实验用品】
仪器和材料：电子天平、干燥器、称量瓶、药匙、烧杯、称量纸、布手套或纸条。
试剂：无水 Na_2CO_3、NaCl。
【实验内容】
（1）采用固定质量称量法（加重法）称量 NaCl 0.10～0.11g 2 份。

（2）采用减量称量法称量无水 Na_2CO_3 0.30～0.40g 2 份。

【实验步骤】

（1）称量 NaCl 0.10～0.11g 2 份。

① 完成电子天平的准备工作：水平调节、清洁、预热、开启显示器。

② 放上称量纸，扣除皮重，然后用药匙缓慢加入试剂。

（2）称量无水 Na_2CO_3 0.30～0.40g 2 份（减量称量法）。

戴上布手套（或用纸条）从干燥器中取出称量瓶，如图 14-1（a）所示，直接称量质量，并记录读数。打开瓶盖，在烧杯的上方，倾斜称量瓶的瓶身，用瓶盖轻敲瓶口上部使样品落入烧杯中，如图 14-1（b）所示。在烧杯上方回敲，使瓶口上的样品落回称量瓶或掉入烧杯中。盖上瓶盖，再次称量。两次质量之差，为敲出样品的质量。

（a）取样　　（b）敲样

图 14-1　减量法称量操作

【注意事项】

（1）使用电子天平时，应留意其最大称量值。

（2）在满足精度要求的前提下，不必选择精度过高的天平，以免造成不必要的浪费。

（3）必须定期对电子天平进行维护和检定，使电子天平处于良好状态。

14.2.3　移液管的使用

移液管也叫吸量管或吸管，常用的有大肚吸管（也叫单标线吸量管）和刻度吸管（也叫分度吸量管）两种，是定量分析时准确移取一定体积溶液的量器。

【实验目的】

（1）掌握移液管的清洗方法。

（2）掌握移液管移取溶液的方法。

【实验用品】

仪器和材料：单标线吸量管（1mL、5mL、10mL）、分度吸量管（10mL）、洗耳球、锥形瓶（250mL）、烧杯（100mL）、试剂瓶、滤纸条。

试剂：铬酸洗液、蒸馏水。

【实验内容】

（1）清洗移液管。

（2）用单标线吸量管分别移取 1.00mL、5.00mL、10.00mL 溶液于锥形瓶中。

（3）用分度吸量管减量法移取 2.00mL、4.00mL、6.00mL、8.00mL 溶液于锥形瓶中。

【实验步骤】

（1）练习移液管的使用（用水代替溶液）。

① 洗涤。使用移液管前，可先用铬酸洗液润洗，以除去管内壁的杂质。然后用自

来水冲洗残留的洗液，再用蒸馏水洗净。洗净后的移液管内壁应不挂水珠。

②滤纸条擦拭。移取溶液前以及调刻度前，应先用滤纸条擦拭移液管下端，并将移液管末端内外的水吸尽。

③润洗。用待移取的溶液润洗管壁3次，以确保所移取溶液的浓度不变。方法：先从试剂瓶中倒出溶液至干燥、洁净的烧杯中，然后用左手持洗耳球，将食指或拇指放在洗耳球的上方，其余手指自然地握住洗耳球，用右手的拇指和中指拿住移液管标线以上的部分，无名指和小指辅助拿住移液管，如图14-2（a）所示，将管尖伸入烧杯的溶液中吸取，待吸液吸至移液管的1/4～1/3处（注意：勿使溶液流回，即溶液只能上升不能下降，以免稀释溶液）时，立即用右手食指按住管口并移出。将移液管横过来，用两手的拇指及食指分别拿住移液管的两端，边转动边使移液管中的溶液浸润内壁，当溶液流至标度刻线以上且距上口2～3cm时，将移液管直立，使溶液由尖嘴放出、弃去。

④吸溶液。移液管经润洗后，移取溶液时，将移液管直接插入待吸液面下1～2cm处。管尖不应伸入太浅，以免液面下降后造成吸空；也不应伸入太深，以免移液管外部附有过多的溶液。吸液时应注意容器中液面和管尖的位置，应使管尖随液面下降而下降，当洗耳球慢放松时，管中的液面徐徐上升，当液面上升至标线以上，迅速移去洗耳球。

⑤调液面。用右手食指堵住管口，并将移液管往上提起，使之离开烧杯，用滤纸条擦拭移液管伸入溶液的部分，以除去管壁上的溶液。左手改拿一干净的烧杯，然后使烧杯倾斜，其内壁与移液管尖紧贴，停留30s后右手食指微微松动，使液面缓慢下降，直到视线平视时弯月面与标线相切，如图14-2（b）所示，这时立即将食指按紧管口。

⑥放溶液。移开烧杯，左手改拿锥形瓶，并将锥形瓶倾斜，使内壁紧贴移液管尖。然后放松右手食指，使溶液自然地顺壁流下，如图14-2（c）所示。待液面下降到管尖后，停留15s左右，然后移开移液管放在移液管架上。这时，尚可见管尖部位仍留有少量溶液，对此，除特别注明"吹"字的以外，一般此管尖部位留存的溶液不能吹入锥形瓶中，因为在实际生产检测移液管时是没有把这部分体积算进去的。

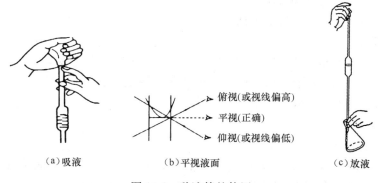

（a）吸液　　　　　　（b）平视液面　　　　　（c）放液

图14-2　移液管的使用

（2）用单标线吸量管分别移取1.00mL、5.00mL、10.00mL溶液于锥形瓶中。

（3）用分度吸量管采用减量法移取2.00mL、4.00mL、6.00mL、8.00mL溶液于锥形瓶中。

减量法移取溶液的操作方法：如用 10mL 分度吸量管移取 6.00mL 溶液，先吸取溶液并调至"0"刻度线，让溶液从"0"刻度流至 6mL 处。在同一实验中，应尽量使用同一根吸量管的同一段，通常尽可能使用上面部分，而不用末端收缩部分。

【注意事项】

（1）在调液面和放溶液的过程中，移液管都要保持垂直。

（2）移液管用完应清洗干净后放在移液管架上，防止尖嘴被玷污和磨损。

14.2.4 容量瓶的使用及溶液配制

容量瓶的用途是配制准确浓度的溶液或定量地稀释溶液，是一种细颈梨形平底瓶，由无色或棕色玻璃制成，带有磨口玻璃塞或塑料塞。其颈上刻有一环形标线，是量入式量器，表示在所指温度下（一般为 20℃）液体充满至标线时的容积。常用的有 25mL、50mL、100mL、250mL、500mL、1000mL 等数种规格。

【实验目的】

（1）掌握容量瓶的清洗、试漏方法。

（2）掌握用容量瓶配制溶液的方法。

【实验用品】

仪器与材料：电子天平、容量瓶（100mL）、烧杯（100mL）、量筒（50mL）、玻璃棒、胶头滴管、试剂瓶、洗瓶、滤纸、细绳或皮筋、标签纸。

试剂：铬酸洗液、无水 Na_2CO_3、蒸馏水。

【实验内容】

配制 100mL 0.1mol/L Na_2CO_3 溶液。

【实验步骤】

（1）检查。先检查容量瓶容积与所要求的是否一致。

（2）试漏。加水至标度刻线附近，盖好瓶塞后用滤纸擦干瓶口。然后，用左手食指按住塞子，其余手指拿住瓶颈标线以上部分，右手用指尖托住瓶底边缘，如图 14-3（a）所示。将瓶倒立 2min 以后不应有水渗出（可用滤纸检查），如不漏水，将瓶直立，转动瓶塞 180°后，再倒立 2min 检查，如不漏水，方可使用。用细绳或皮筋把瓶塞系在瓶颈上，以防跌碎或与其他容量瓶搞混。

（3）洗涤。若容量瓶内壁有油污，可用洗涤剂浸泡或用洗液浸洗。用铬酸洗液洗时，先尽量倒出容量瓶中的水，倒入 10～20mL 洗液，转动容量瓶使洗液布满全部内壁，然后放置数分钟，将洗液倒回原瓶。再依次用自来水、蒸馏水洗净。洗净后的瓶内壁应不挂水珠。

（4）溶解。用电子天平称量 1.06g 无水 Na_2CO_3 于烧杯中，用量筒加 30mL 蒸馏水，用玻璃棒不断搅拌至溶解。

（5）转移溶液。转移溶液时，右手将玻璃棒悬空伸入瓶口中 1～2cm，玻璃棒的下端应靠在瓶颈内壁上，但不能碰容量瓶的瓶口。左手拿烧杯，使烧杯嘴紧靠玻璃棒（烧杯离容量瓶口 1cm 左右），使溶液沿玻璃棒和内壁流入容量瓶中，如图 14-3（b）所示。烧杯中溶液流完后，将烧杯沿玻璃棒稍微向上提起，同时使烧杯直立，待竖直后移开。

将玻璃棒放回烧杯中，不可放于烧杯尖嘴处，也不能让玻璃棒在烧杯滚动，可用左手食指将其按住，然后用洗瓶吹洗玻璃棒和烧杯内壁，再将溶液定量转入容量瓶中。如此吹洗、定量转移溶液的操作，一般应重复 3 次以上。

（6）平摇。当溶液加到容量瓶球 2/3 或 3/4 容积时，将容量瓶按水平方向摇转几周（勿倒转），使溶液初步混匀。

（7）定容。继续加水至距离标度刻线约 1cm 处后，等待 1～2min，使黏附在瓶颈内壁的溶液流下，用胶头滴管于瓶口处，眼睛平视标线，加水至溶液凹液面底部与标线相切。

（8）混匀。盖好瓶塞，用一只手的食指按住瓶塞，其余手指拿住瓶颈标线以上部分，另一只手的手指托住瓶底（对于容积小于 100mL 的容量瓶，不必托住瓶底），如图 14-3（c）所示。将容量瓶倒转，使气泡上升到顶部，旋摇容量瓶混匀溶液，再将容量瓶直立起来。如此反复 10～15 次，使瓶内溶液充分混匀。

（9）转入试剂瓶。将配制好的溶液转入试剂瓶，贴好标签纸（写明浓度、名称、配制人、日期）。

（a）试漏　　　　　　（b）转移　　　　　　（c）混匀

图 14-3　容量瓶的使用

【注意事项】

（1）使用前检查容量瓶塞处是否漏水。

（2）不能在容量瓶里进行溶质的溶解，应将溶质在烧杯中溶解后转移到容量瓶里。

（3）用于洗涤烧杯的溶剂总量不能超过容量瓶的标线。

（4）容量瓶不能进行加热。如果溶质在溶解过程中放热，要待溶液冷却后再进行转移，因为温度升高瓶体将膨胀，所量体积就会不准确。

（5）容量瓶只能用于配制溶液，不能储存溶液，因为溶液可能会对瓶体进行腐蚀，从而使容量瓶的精度受到影响。

（6）容量瓶用毕应及时洗涤干净，塞上瓶塞，并在塞子与瓶口之间夹一条纸条，防止瓶塞与瓶口粘连。

14.2.5　酸式滴定管的使用

滴定管一般分为两种：酸式和碱式，目前也有两用滴定管。酸式滴定管下端带有玻璃旋塞，用来装酸性、中性及氧化性溶液，但不宜装碱性溶液，因为碱性溶液能腐蚀玻璃，放久了旋塞不能旋转。

滴定管的总容量最小为 1mL，最大为 100mL，常用为 50mL、25mL，其最小刻度是 0.1mL，最小刻度间可估计 0.01mL。

【实验目的】

（1）掌握酸式滴定管的清洗方法。

（2）掌握酸式滴定管的使用方法。

（3）掌握酸碱滴定的终点判断方法。

【实验用品】

仪器与材料：酸式滴定管（25mL 或 50mL）、移液管（25mL）、锥形瓶（250mL）、量筒（50mL）、玻璃棒、烧杯、洗瓶、试剂瓶、滤纸。

试剂：HCl（0.1mol/L）、NaOH（0.1mol/L）、甲基橙指示剂、油脂（凡士林或真空活塞油）、洗液、洗洁精或肥皂水、蒸馏水。

【实验内容】

（1）练习酸式滴定管的使用（用水代替溶液）。

（2）用 0.1mol/L HCl 标准溶液滴定 0.1mol/L NaOH 溶液。

【实验步骤】

（1）练习酸式滴定管的使用（用水代替溶液）。

① 检查及涂油。使用前，首先应检查酸式滴定管的活塞与活塞套是否配合紧密，如不紧密将会出现漏水现象，则不宜使用。为使活塞转动灵活并防止漏水现象，需将活塞涂上油脂（凡士林或真空活塞油），如图 14-4（a）所示，操作如下：

a. 取下活塞小头处的小橡皮套圈，再取出活塞（注意勿使活塞跌落地上）。

b. 用滤纸将活塞和活塞套擦干净，擦拭活塞套时可将滤纸卷在玻璃棒上。

c. 用玻璃棒将油脂薄而均匀地涂抹在活塞套小口内侧，用手指将油脂涂抹在活塞的大头上。也可以用手指均匀地涂一薄层油脂于活塞的两头，但不涂活塞套。油脂涂得太少，活塞转动不灵活，还会漏水；涂得太多，活塞孔容易被堵塞。

将活塞插入活塞套中。插入时活塞孔应与酸式滴定管平行，径直插入活塞套，然后向同一方向不断旋转活塞，并轻轻用力向活塞小头部分挤，以免来回移动活塞。直到旋塞呈均匀的透明状态。最后将橡皮套圈在活塞的小头沟槽上。

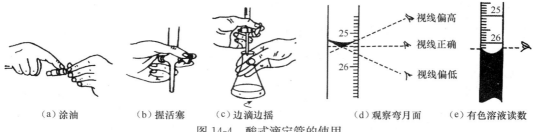

（a）涂油　　（b）握活塞　　（c）边滴边摇　　（d）观察弯月面　　（e）有色溶液读数

图 14-4　酸式滴定管的使用

② 洗涤。酸式滴定管的外侧可用洗洁精或肥皂水刷洗，管内无明显油污的酸式滴定管可直接用自来水冲洗，或用洗涤剂泡洗，但不可刷洗，以免划伤内壁，影响体积的

准确测量。若有少量的污垢可装入约 10mL 洗液，先从下端放出少许，然后用双手平托酸式滴定管的两端，不断转动酸式滴定管，使洗液润洗酸式滴定管内壁，操作时管口对准洗液瓶口，以防洗液洒出。洗完后将洗液从上口倒入洗液回收瓶中。如果酸式滴定管太脏，可将洗液装满整根酸式滴定管浸泡一段时间，为了防止洗液漏出，可在酸式滴定管下方放一烧杯。将洗液从酸式滴定管彻底放净后，用自来水冲洗，再用蒸馏水洗净。洗净后的酸式滴定管内壁应被水均匀润湿而不挂水珠，否则需重新洗涤。

③ 试漏。往酸式滴定管加水至"0"刻度线附近，用滤纸将酸式滴定管外壁擦干，安置在滴定管架上直立静置 2min，检查管尖口及活塞周围有无水渗出，然后将活塞转动 180°，重新检查。

若活塞孔或管尖口被油脂堵塞，可将它插入热水中温热片刻，然后打开活塞，使管内水突然流下，冲出软化油脂。必要时取下活塞，用螺旋状金属丝将油脂带出。

④ 润洗。先将试剂瓶中的溶液摇匀，向酸式滴定管中加入 10～15mL 待装滴定溶液，先从酸式滴定管下口放出少许溶液，然后双手平托酸式滴定管的两端，边转动酸式滴定管，边使溶液润洗酸式滴定管整个内壁，最后将溶液全部放出。重复 3 次。第一次大部分溶液可由上口放出。第二、三次从下口放出，每次洗涤尽量放干残留液。

⑤ 装液。将试剂瓶中溶液摇匀，直接倒入酸式滴定管中，不得用其他仪器（如烧杯、漏斗、滴管等），否则既浪费滴定溶液又增加污染的机会。转移溶液到酸式滴定管时，用左手前三指持酸式滴定管上部无刻度处，并倾倒，右手拿住试剂瓶，向酸式滴定管倒入溶液。如用小试剂瓶，右手可握住瓶身（试剂瓶标签应向手心），倾倒溶液于酸式滴定管中。如遇到大试剂瓶或容量瓶，可将瓶放在桌沿，手拿瓶颈，使瓶倾斜让溶液慢慢倾入酸式滴定管中，直到充满到"0"刻度以上为止。

⑥ 管尖气泡的检查、排除及调零。酸式滴定管充满滴定溶液后，应检查酸式滴定管的管尖是否充满溶液，是否留有气泡。当有气泡时，右手拿酸式滴定管上部无刻度部分，并使酸式滴定管倾斜 30°，左手迅速打开活塞，使溶液冲出管尖口，然后关上活塞，反复数次，直至气泡除去。重新补充溶液并调至"0.00"刻度。

⑦ 滴定操作：

a. 滴定姿势。滴定时，将酸式滴定管垂直地夹在滴定管架上，操作者面对酸式滴定管可坐着也可站着，酸式滴定管高度要适宜，左手控制酸式滴定管滴定溶液，右手振摇锥形瓶。

b. 活塞的控制。使用酸式滴定管时，左手握住酸式滴定管，无名指和小指向手心弯，拇指和食指、中指分别放在活塞柄上、下，控制活塞，如图 14-4（b）所示，应注意不要向外用力，以免推出活塞造成漏水，应使活塞稍有一点向手心的回力，当然也不要过分用力，以免造成活塞旋转困难。

c. 边滴边摇锥形瓶，要配合好。滴定操作可在锥形瓶或烧杯内进行。在锥形瓶中进行滴定时，用右手的拇指、食指和中指拿住锥形瓶，其余两指辅助在下侧，使瓶底距离滴定台 2～3cm，酸式滴定管下端伸入瓶口约 1cm。左手握住酸式滴定管，按前述方法，边滴加溶液，边用右手手腕旋转，摇动锥形瓶，使溶液做圆周运动，如图 14-4（c）所示。注意：酸式滴定管管尖不能碰到锥形瓶内壁。如果有滴定液溅在内壁上，要用洗瓶冲洗到溶液中。

滴定速率的控制：开始时，滴定速率可稍快，10mL/min 左右，即每秒 3～4 滴/s。接近终点时，应改为一滴一滴加入，最后加半滴，直至溶液出现明显的颜色变化为止。

d. 半滴的控制和吹洗。轻轻转动活塞，使溶液悬挂在酸式滴定管管尖口上，形成半滴，用锥形瓶内壁将其沾落，再用洗瓶吹洗。

⑧ 读数。读数时，酸式滴定管管尖口不能挂有水珠。一般读数时要遵守如下原则：

a. 为了便于读数准确，在酸式滴定管装满或放出溶液后，必须等 1～2min，使附着在内壁的溶液流下来后，再读数。如果滴定放出液的速率较慢（如接近终点时），等 0.5～1min 后即可读数。注意：每次读数前，都要看一下内管壁有没有挂水珠，管尖口上有无悬挂液滴，管尖有无气泡。

b. 读数时应将酸式滴定管从滴定管架上取下，用右手大拇指和食指捏住玻璃管上部无刻度处，其他手指辅助在旁，使酸式滴定管保持垂直，然后读数。

c. 由于水的附着力和内聚力的作用，酸式滴定管内液面呈弯月形，无色和浅色溶液比较清晰，读数时，应读弯月面下缘实线的最低点，视线、刻度与弯月面下缘实线的最低点应在同一平面上，如图 14-4（d）所示。对于有色溶液（如 $KMnO_4$、I_2 等），其弯月面不够清晰，读数时，视线与弯月面两侧的最高点相切，如图 14-4（e）所示。但一定要注意初读数与终读数采用同一标准。

d. 读数时必须读至毫升小数点后第二位，即要求估计到 0.01mL。

e. 对于有蓝线的酸式滴定管，读数方法与上述相同。当有蓝线的酸式滴定管盛液后将会出现两个类似弯月面的上下两个尖端交叉，此上下两个尖端交叉点的位置，即为有蓝线的酸式滴定管读数的正确位置。此上下两个尖端交叉点的位置比弯月面最低点略高些。

f. 初学者可采用黑白纸板练习读数。读数时，将纸板放在酸式滴定管背后，使黑色部分在弯月面下面约 1cm 处，此时即可看到弯月面的反射层全部成为黑色，然后，读此黑色弯月面下缘的最低点。对于有色溶液需读弯月面两侧的最高点时，要用白色纸板作为背景。

（2）用 0.1mol/L HCl 标准溶液滴定 0.1mol/L NaOH 溶液。

① 取洗干净的酸式滴定管，用 0.1mol/L HCl 溶液润洗 3 次，装入 HCl 溶液，排除气泡，调整液面至 0.00mL，并记录初读数。

② 取洗净的 25mL 移液管，用 0.1mol/L NaOH 溶液润洗 3 次，移取 25.00mL NaOH 溶液置于锥形瓶中，用量筒加蒸馏水 25mL、甲基橙指示剂 2 滴，用 0.1mol/L HCl 溶液滴定，溶液显橙色，30s 不褪色为终点。记下消耗 HCl 溶液的体积。平行滴定 3 次，每次消耗的 HCl 溶液体积相差不得超过 0.04mL。将实验结果记录于表 14-2 中。

表 14-2　用 0.1mol/L HCl 标准溶液滴定 0.1mol/L NaOH 溶液

测定次数	1	2	3
NaOH 体积/mL			
酸式滴定管初读数/mL			
酸式滴定管终读数/mL			
消耗 HCl 体积/mL			
消耗 HCl 体积平均值/mL			

【注意事项】

（1）最好每次滴定都从 0.00mL 或接近 0 开始，这样可以减少酸式滴定管刻度不均匀引起的误差。

（2）滴定时，左手不能离开活塞，不能"放任自流"。

（3）摇动锥形瓶时，应微动手腕，使溶液向同一方向旋转形成旋涡，不能前后或左右摇动，不应听到酸式滴定管下端与锥形瓶内壁的撞击声。摇动时，要求有一定的速率，不能摇得太慢，以免影响化学反应速率。

（4）滴定时，要注意观察滴落点周围颜色的变化，不要只看酸式滴定管的刻度变化，而不顾滴定反应的进行。

（5）滴定速率控制。一般开始时，滴定速率可稍快，呈"见滴成线"，这时的速率约 10mL/min，即 3～4 滴/s，而不要滴成"水线"。接近终点时，用洗瓶吹洗一下锥形瓶内壁，并改为一滴一滴加入，即每滴加一滴摇几下锥形瓶。最后是每加半滴摇几下锥形瓶，溶液碰在内壁上要立即用洗瓶吹洗一下。直至溶液出现明显的颜色变化。

（6）滴定通常在锥形瓶中进行，而溴酸钾法、碘量法（滴定碘法）等最好在碘量瓶中进行滴定。碘量瓶是带有磨口玻璃塞和水槽的锥形瓶，喇叭形瓶口与瓶塞柄之间形成一圈水槽，槽中加蒸馏水可形成水封，防止瓶中溶液生成的气体逸失。碘量瓶内的溶液反应一定时间后，打开瓶塞，让水流入碘量瓶里，接着进行滴定。

（7）滴定结束后，酸式滴定管内的溶液应弃去，不要倒回原瓶中，以免玷污滴定溶液。洗净酸式滴定管，用蒸馏水充满全管，夹在滴定管架上，上口用一小烧杯罩住，备用；或倒尽水后倒夹在滴定管架上。

14.2.6　碱式滴定管的使用

碱式滴定管下端连接一段乳胶管，内放玻璃珠以控制溶液流出，乳胶管下端再连接一个尖嘴玻璃管。碱式滴定管用来装碱性及无氧化性溶液，凡与橡胶发生反应的溶液，如 $KMnO_4$、I_2、$AgNO_3$ 等溶液，都不能用碱式滴定管装。

【实验目的】

（1）掌握碱式滴定管的清洗方法。

（2）掌握碱式滴定管的操作方法。

（3）掌握半滴的操作及正确的读数方法。

【实验用品】

仪器与材料：碱式滴定管（25mL 或 50mL）、移液管（25mL）、锥形瓶（250mL）、量筒（50mL）、烧杯、洗瓶、试剂瓶。

试剂：NaOH（0.1mol/L）、HCl（0.1mol/L）、酚酞指示剂、洗液、蒸馏水。

【实验内容】

（1）练习碱式滴定管的使用（用水代替溶液）。

（2）用 0.1mol/L NaOH 标准溶液滴定 0.1 mol/L HCl 溶液。

【实验步骤】

（1）练习碱式滴定管的使用（用水代替溶液）。

① 检查。使用前，应检查碱式滴定管乳胶管是否老化、变质。检查玻璃珠是否为完整球形，玻璃珠的大小是否合适。玻璃珠过大，不便操作；玻璃珠过小，则会漏水。如不合适应及时更换。

② 洗涤。若有污垢可用洗液洗。

管身：碱式滴定管应取下乳胶管，用橡胶乳头（可被腐蚀的）将滴定管下口封住，再倒入洗液。少量的污垢可装入 10mL 洗液，双手平托滴定管两端，不断转动滴定管，使洗液润洗滴定管内壁，操作时管口对准洗液瓶口，以防洗液外流。洗完后，将洗液分别由两端放出。如果滴定管太脏，可将洗液装满整根滴定管浸泡一段时间。为了防止洗液漏出，在滴定管下方可放一烧杯。洗液从滴定管彻底放净后，用自来水冲洗，再用蒸馏水洗净。

管尖：将滴定管尖部分浸泡在洗液中，取出用自来水冲洗，再用蒸馏水洗净。

洗涤完换上合适长度及大小的乳胶管，并将玻璃珠调到合适的位置。

③ 试漏。同酸式滴定管。

④ 润洗。同酸式滴定管。

⑤ 装液。同酸式滴定管。

⑥ 管尖气泡的检查、排除及调零。为了排除碱式滴定管的气泡，右手拿滴定管上端，并使管稍向右倾斜，左手指捏住玻璃珠侧上部位，使乳胶管向上弯曲翘起，挤捏乳胶管，如图 14-5（a）所示，使气泡溶液排出，再一边捏乳胶管一边把乳胶管放直，注意待乳胶管竖直后，再松开拇指和食指，否则管尖仍会有气泡。除去气泡后，重新补充溶液并调至 “0.00” 刻度。

⑦ 滴定操作。

a. 滴定姿势。同酸式滴定管。

b. 玻璃珠的控制。使用碱式滴定管时，仍以左手握管，拇指在前食指后，其余三指辅助夹住出口管。用拇指和食指捏在玻璃珠所在部位，通常向右边捏玻璃珠侧偏上方的乳胶管（其实左右均可，通常往右比较省力），使溶液从玻璃珠旁空隙处流出，如图 14-5（b）所示。注意不要使玻璃珠上下移动，不要捏玻璃珠下部胶管，以免空气倒吸，影响读数结果。

c. 边滴边摇锥形瓶，要配合好。同酸式滴定管，如图 14-5（c）所示。

d. 半滴的控制和吹洗。轻挤乳胶管使溶液悬挂在管尖口上，再松开拇指与食指，

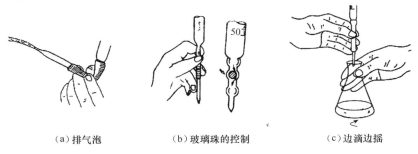

(a)排气泡   (b)玻璃珠的控制   (c)边滴边摇

图 14-5 碱式滴定管的使用

用锥形瓶内壁将其沾落，再用洗瓶吹洗。

⑧ 滴定管的读数。同酸式滴定管。

（2）用 0.1mol/L NaOH 标准溶液滴定 0.1mol/L HCl 溶液。

① 取洗干净的碱式滴定管，用 0.1mol/L NaOH 溶液润洗 3 次，装入 NaOH 溶液，排除气泡，调整液面至 0.00mL，记录初读数。

② 取洗净的 25mL 移液管，用 0.1mol/L HCl 溶液润洗 3 次，移取 25.00mL HCl 溶液置于锥形瓶中，用量筒加蒸馏水 25mL、酚酞指示剂 2 滴，用 0.1mol/L NaOH 溶液滴定，溶液显微红色，以 30s 不褪色为终点，记下消耗 NaOH 溶液的体积。平行滴定 3 次，每次消耗的 NaOH 溶液体积相差不得超过 0.04mL。将实验结果记录于表 14-3 中。

表 14-3　用 0.1mol/L NaOH 标准溶液滴定 0.1mol/L HCl 溶液

测定次数	1	2	3
HCl 体积/mL			
滴定管初读数/mL			
滴定管终读数/mL			
消耗 NaOH 体积/mL			
消耗 NaOH 体积平均值/mL			

【注意事项】

同酸式滴定管。

14.2.7　玻璃量器的容量校准

玻璃量器（如滴定管、移液管、容量瓶等）的体积准确度会影响测定结果的正确性。国内生产的玻璃量器的体积准确度可以满足一般分析工作的需要，一般不需要校准，可直接使用。但在准确度要求较高的分析工作中或玻璃量器使用时间较长时，必须对玻璃量器体积进行校准。玻璃量器的体积校准方法通常有两种，即相对校准和绝对校准（称量法）。

1. 相对校准

当两种容积有一定比例关系的玻璃量器配套使用时，可采取相对校准。例如，25mL 移液管与 100mL 容量瓶配套使用时，只要用 25mL 移液管量取 4 次溶液所得到的溶液总体积与 100mL 容量瓶所标示的容积相等（液面凹处最低点应与容量瓶的刻线相切）即可。如果不一致，则需将容量瓶刻度重新标记。经相对校准后，移液管与容量瓶可配套使用。

2. 绝对校准（称量法）

玻璃量器的实际容积均可采用称量法校准，即用天平称量玻璃量器容纳或放出的蒸馏水的质量，然后根据该温度下水的密度，计算出该量器在 20℃（称为标准温度）时的容积。

将一定温度下水的质量换算成容积时，必须考虑水的密度和玻璃量器的容积随温度的变化以及在空气中称量受到空气浮力的影响。考虑三项因素的综合影响后，得出 20℃下容量为 1mL 的玻璃量器在不同温度时盛水的质量，以密度 ρ_t（单位：g/mL）表示，见表 14-4。

表 14-4 在不同温度下水的密度值

$t/℃$	密度 $\rho_t/(g/mL)$	$t/℃$	密度 $\rho_t/(g/mL)$	$t/℃$	密度 $\rho_t/(g/mL)$
10	0.99839	17	0.99766	24	0.99638
11	0.99832	18	0.99752	25	0.99616
12	0.99823	19	0.99736	26	0.99593
13	0.99814	20	0.99718	27	0.99569
14	0.99804	21	0.99700	28	0.99544
15	0.99793	22	0.99680	29	0.99518
16	0.99779	23	0.99660	30	0.99491

3. 训练项目

【实验目的】
（1）学会玻璃量器的校准方法和有关操作技术。
（2）学会用 Excel 绘制滴定管校正曲线的方法。

【实验用品】
仪器与材料：电子天平、滴定管（25mL 或 50mL，酸式、碱式或两用）、移液管（10mL）、容量瓶（100mL）、温度计、具塞锥形瓶、标签纸、透明胶布。
试剂：蒸馏水。

【实验内容】
（1）滴定管的绝对校准。
（2）移液管的绝对校准。
（3）容量瓶和移液管的相对校准。

【实验步骤】
（1）滴定管的绝对校准。
① 取内外壁洁净干燥的具塞锥形瓶，在电子天平上称量空瓶质量。
② 将待校准的 25mL 滴定管洗干净后，装入蒸馏水至"0"刻度以上，排除管尖气泡，调节液面至"0.00"刻度，除去管尖外的水，读取初读数，并记录水温。
③ 以约 10mL/min（3～4 滴/s）流速从滴定管放出 5mL［要求在（5±0.1）mL 范围内］水至锥形瓶中（注意：勿将水滴在磨口上），读取终读数，滴定管终读数减去初读数，即为此段滴定管管柱的标度体积。
④ 盖上锥形瓶瓶塞，在电子天平上称量锥形瓶加水的质量，减去空瓶质量，即为从滴定管中放出水的质量。此质量除以该温度下水的密度值（表 14-4），即为滴定管中该部分管柱的实际体积。实际体积减去标度体积，即为滴定管该部分管柱的体积校正

值。平行测定 3 次，并求 3 次的平均值。

依此方法测定 0→10mL、0→15mL、0→20mL、0→25mL 滴定管管柱的实际体积，并求出相应管柱的体积校正值。注意：放出 0→25mL 时不能超过 25mL。数据记录及计算示例见表 14-5。

表 14-5　某 25mL 滴定管绝对校准数据

体积/mL	0→5	0→10	0→15	0→20	0→25
锥形瓶质量/g	59.19	59.23	59.31	59.25	59.18
滴定管初读数/mL	0.02	0.00	0.03	0.05	0.00
滴定管终读数/mL	5.03	10.09	15.10	20.05	24.99
锥形瓶加水质量/g	64.16	69.27	74.33	79.19	84.11
标度体积/mL	5.01	10.09	15.07	20.00	24.99
水的称量质量/g	4.97	10.04	15.02	19.94	24.93
称量时水的温度/℃	26.2	26.2	27.0	27.0	27.0
水的密度/(g/mL)	0.99593	0.99593	0.99569	0.99569	0.99569
实际体积/mL	4.99	10.08	15.09	20.03	25.04
体积校正值/mL	−0.02	−0.01	+0.02	+0.03	+0.05

若为 50mL 滴定管，则依此方法测定 0→10mL、0→20mL、0→30mL、0→40mL、0→50mL 滴定管管柱的实际体积，并求出相应管柱的体积校正值。注意：放出 0→50mL 时不能超过 50mL。

⑤ 在 Excel 中，以滴定管读数为横坐标、校正值为纵坐标，绘制滴定管体积校正曲线，并打印。注意：经校准的滴定管要贴上标签，写上名字，后续实验或考核中使用此管时要应用此校正曲线的校正值。

（2）容量瓶的绝对校准。

将洗涤合格并倒置沥干的容量瓶放在天平上称量。取蒸馏水充入已称量的容量瓶中至刻度，称量并测水温（准确至 0.5℃）。根据该温度下的密度，计算实际体积。

例如，20℃时，称量 100mL 容量瓶的质量 m_1 为 75.3117g，取蒸馏水充入已称量的容量瓶中至刻度，称量容量瓶加水的质量 m_2 为 175.0198g，计算 100mL 容量瓶的实际体积 V。（20℃时的密度 ρ 为 0.99718g/mL）

$$V = \frac{m_2 - m_1}{\rho} = \frac{175.0198 - 75.3117}{0.99718} = 99.99007(\text{mL}) \approx 99.99(\text{mL})$$

（3）移液管的绝对校正。

将移液管洗净至内壁不挂水珠，取具塞锥形瓶，擦干外壁、瓶口及瓶塞，称量。按移液管使用方法移取已测温的蒸馏水，放入已称量的具塞锥形瓶中，在电子天平上称量盛水的锥形瓶，计算在该温度下的实际体积。同一支移液管应校准 3 次，要求称量差值不得超过 20mg，否则重新校准。

例如，20℃时，称量具塞锥形瓶的质量 m_1 为 56.1446g，用 10mL 移液管移取蒸馏水，放入已称量的具塞锥形瓶中，称量锥形瓶加水的质量 m_2 为 66.1171g，计算 10mL

移液管的实际体积 V。（20℃时的密度 ρ 为 0.99718g/mL）

$$V = \frac{m_2 - m_1}{\rho} = \frac{66.1171 - 56.1446}{0.99718} = 10.0007(\text{mL}) \approx 10.00(\text{mL})$$

（4）容量瓶和移液管的相对校正。

用洗净的 10mL 移液管吸取蒸馏水，放入洗净沥干的 100mL 容量瓶中，平行移取 10 次，观察容量瓶中水的弯月面下缘是否与标线相切：若正好相切，说明移液管与容量瓶体积的比例为 1∶10；若不相切，表示有误差，记下弯月面下缘的位置，待容量瓶沥干后再校准一次，连续两次实验相符后，用一细条标签纸贴在与弯月面相切之处，并在纸条上刷蜡或贴一块透明胶布以保护此标记。以后使用的容量瓶与移液管即可按所贴标记配套使用。

【注意事项】

（1）进行玻璃量器体积校准时最好让实验室恒定在 20℃。

（2）使用的具塞锥形瓶不宜过大，避免空瓶的质量或者加上水后的质量超过天平的最大称量值。

14.3 综合技能训练

14.3.1 KNO₃ 溶解度的测定

【实验目的】

（1）掌握溶解度的表示方法。

（2）掌握溶解度测定方法。

KNO₃ 溶解度的测定

【实验原理】

KNO₃ 在水里的溶解度是指在一定温度下，KNO₃ 在 100g 水中达到饱和状态时能溶解的克数。它随温度的升高而增大，随温度的降低而减小。把一定量 KNO₃ 在较高温度下溶于一定量的水中，当温度降到溶液里刚有晶体析出时，这时的温度可作为饱和溶液的温度。根据测得的温度和已知 KNO₃ 及水的量，可算出 KNO₃ 在某一温度的溶解度。

【实验用品】

仪器：电子天平、带双孔木塞大试管（50mL）、量筒（25mL）、温度计、玻璃搅拌器、水浴锅、移液管（1mL）。

试剂：KNO₃、蒸馏水。

【实验步骤】

（1）用电子天平称量 5g KNO₃ 固体放入干燥洁净的带双孔木塞大试管，再用量筒加入 5mL 蒸馏水。试管口上配一只双孔木塞，一个孔中插一支温度计，另一个孔中插入一根下端有圈的玻璃搅拌器。把大试管放入水浴锅中水浴加热并不断搅拌。

（2）等 KNO₃ 固体全部溶解后，把试管从水浴中取出，不断搅拌，使它渐渐冷却，观察并记下刚析出 KNO₃ 晶体时的温度。把试管再次放在水浴中加热，等晶体全部溶解后再把试管从水浴中取出。再让它自行冷却，记下晶体刚析出时的温度，直到两次温度读数相同或相差 0.5℃ 以下为止（取两次温度的平均值）。

（3）往试管里用移液管加水，每次加 1mL，按上述操作方法测定溶液中晶体刚析出时的温度。

【数据记录与结果计算】

（1）自拟表格记录数据。

（2）不同温度下 KNO_3 的溶解度可按下式计算：

$$S = 100a/b$$

式中，S————溶解度，g；

　　　a————溶质的质量，g；

　　　b————水的质量（约等于水的体积，水的密度以 1g/mL 算），g。

【问题讨论】

（1）为什么要求 KNO_3 的质量和水的体积都准确，水应尽可能全部加入试管中？

（2）加热时，要保持试管中的液面低于水浴的液面的目的是什么？

（3）搅拌时，搅拌器的玻璃圈为什么不能离开液面？

14.3.2　浓度对化学反应速率的影响

【实验目的】

（1）掌握浓度与化学反应速率之间的关系。

（2）掌握化学反应速率的判别方法。

浓度对化学反应
速率的影响

【实验原理】

当其他条件不变时，增加反应物浓度，可以增大反应的速率。$Na_2S_2O_3$ 溶液跟稀 H_2SO_4 发生反应，会析出 S 而使溶液变浑浊。其反应式为

$$Na_2S_2O_3 + H_2SO_4 =\!=\!= Na_2SO_4 + SO_2 + S\!\downarrow + H_2O$$

$$S_2O_3^{2-} + 2H^+ =\!=\!= SO_2 + S\!\downarrow + H_2O$$

若在一定量的等浓度的 H_2SO_4 溶液里加入等体积的不同浓度的 $Na_2S_2O_3$ 溶液，从出现浑浊现象的先后可判断反应速率的快慢。

【实验用品】

仪器：电子天平、烧杯（100mL）、量筒（100mL、50mL）、玻璃棒、大试管（50mL）、秒表。

试剂：$Na_2S_2O_3 \cdot 5H_2O$、H_2SO_4（98%）、蒸馏水。

【实验步骤】

（1）用电子天平称量 4.75g $Na_2S_2O_3 \cdot 5H_2O$ 于烧杯中，用量筒加入 95.25mL 蒸馏水中溶解，即成 3% $Na_2S_2O_3$ 溶液。

（2）用量筒取 10mL H_2SO_4（98%）慢慢加入 50mL 蒸馏水中（边加边用玻璃棒搅拌），即得 H_2SO_4（1∶5）。

（3）取 3 支大试管，分别编号为 1、2、3 号，并按表中规定的数量加入 $Na_2S_2O_3$ 溶液

和蒸馏水，摇匀后，把试管放在一张有字的纸前，这时隔着试管可以清楚地看到字迹。然后再滴加 H_2SO_4（1∶5）。同时从加入第一滴 H_2SO_4 时开始用秒表记录时间，到溶液出现浑浊，使试管后面的字迹看不见时停止计时。

【数据记录与实验结果】

（1）将记录的时间填入表 14-6 中。

（2）分析反应物的浓度与化学反应速率的关系。

表 14-6　实验数据表

编号	加 3% $Na_2S_2O_3$ 溶液体积/mL	加蒸馏水体积/mL	加 H_2SO_4（1∶5）体积/mL	出现浑浊所需时间/s
1	20	0	20	
2	10	10	20	
3	5	15	20	

这个实验也可以反过来做，即在 3 支试管里各取 10mL 3% 的 $Na_2S_2O_3$ 溶液，分别加入不同浓度的 H_2SO_4，仿照上述方法计时，效果也一样。

【问题讨论】

（1）加蒸馏水的作用是什么？

（2）是否可以不加蒸馏水，而加入不同浓度的 $Na_2S_2O_3$ 或 H_2SO_4？

14.3.3　缓冲溶液的配制和 pH 计的使用

【实验目的】

（1）掌握缓冲溶液 pH 值计算和配制方法。

（2）掌握缓冲溶液的性质和缓冲容量的测定方法。

（3）掌握 pH 计的使用和溶液 pH 值的测定方法。

缓冲溶液的配制　　pH 计（PHS-3C）
和 pH 计的使用　　操作流程图

【实验原理】

能抵抗外来少量强酸、强碱或适当稀释而保持 pH 值基本不变的溶液叫缓冲溶液。缓冲溶液一般由共轭酸碱对组成，其中弱酸为抗碱成分，共轭碱为抗酸成分。当弱酸和共轭碱的浓度相等时，pH 值计算公式为

$$pH = pK_a - \lg(V_{HB}/V_{B^-})$$

按上式计算出所需的弱酸 HB 及其共轭碱 B^- 的体积，将所需体积的弱酸溶液及其共轭酸碱溶液混合，即得所需缓冲溶液。

缓冲溶液的缓冲能力用缓冲容量来衡量，缓冲容量越大，其缓冲能力越大。缓冲容量与总浓度及缓冲比有关：当缓冲比一定时，总浓度越大，缓冲容量越大；当总浓度一定时，缓冲比越接近 1，缓冲容量越大（缓冲比等于 1 时，缓冲容量最大）。

由上述计算配制所得的 pH 值为近似值，需用 pH 计测定其 pH 值，再用酸或碱调整其 pH 值。

【实验用品】

仪器：移液管（1mL、2mL、10mL、20mL）、塑料烧杯（50mL）、pH 计（配复合电极）、试管、试管架、精密 pH 试纸。

试剂：乙酸（0.1mol/L、1mol/L、2mol/L）、乙酸钠（0.1mol/L、1mol/L）、NaH_2PO_4（0.2mol/L、2mol/L）、HCl（1mol/L）、Na_2HPO_4（0.2mol/L、2mol/L）、NaOH（1mol/L、2mol/L）、邻苯二甲酸氢钾标准缓冲溶液（0.05mol/L）、混合磷酸盐标准缓冲溶液（0.025mol/L）、溴酚红指示剂、蒸馏水。

【实验步骤】

（1）缓冲溶液的配制。

① 计算配制 pH 值为 5.00 的缓冲溶液 20mL 所需 0.1mol/L 乙酸（pK_a 值为 4.74）溶液和 0.1mol/L 乙酸钠溶液的体积。用移液管移取所需量的乙酸、乙酸钠溶液，置于塑料烧杯中，摇匀。用 pH 计测定其 pH 值，并用 2mol/L NaOH 或 2mol/L 乙酸调节 pH 值为 5.00，保存备用。

② 计算配制 pH 值为 7.00 的缓冲溶液 20mL 所需 0.2mol/L NaH_2PO_4（pK_a 值为 7.20）溶液和 0.2mol/L Na_2HPO_4 溶液的体积。用移液管移取所需量的 NaH_2PO_4、Na_2HPO_4 溶液，置于塑料烧杯中，摇匀。用 pH 计测定其 pH 值，并用 2mol/L NaOH 或 2mol/L NaH_2PO_4 调节 pH 值为 7.00，保存备用。

（2）缓冲溶液的性质。

① 缓冲溶液的抗酸作用。取 3 支试管，放置于试管架上，分别加入 3.00mL 上述配制好的 pH 值为 5.00 和 7.00 的缓冲溶液和蒸馏水，各加入 2 滴 1mol/L HCl 溶液，摇匀，用精密 pH 试纸分别测定其 pH 值，并加以解释。

② 缓冲溶液的抗碱作用。取 3 支试管，放置于试管架上，分别加入 3.00mL 上述配制好的 pH 值为 5.00 和 7.00 的缓冲溶液和蒸馏水，各加入 2 滴 1mol/L NaOH 溶液，摇匀，用精密 pH 试纸分别测定其 pH 值，并加以解释。

③ 缓冲溶液的抗稀释作用。取 2 支试管，分别加入 0.50mL 上述配制好的 pH 值为 5.00 和 7.00 的缓冲溶液，各加入 5.00mL 蒸馏水，摇匀，用精密 pH 试纸分别测定其 pH 值；另取 2 支试管，一支加入 0.50mL 1mol/L HCl 溶液，另一支加入 0.50mL 1mol/L NaOH 溶液，各加入 5.00mL 蒸馏水，摇匀，用精密 pH 试纸分别测定其 pH 值。

解释上述实验结果。

（3）缓冲容量的比较。

① 缓冲容量与总浓度的关系。取 2 支试管，在一支试管中加入 0.1mol/L 乙酸溶液和 0.1mol/L 乙酸钠溶液各 2.00mL，在另一支试管中加入 1mol/L 乙酸溶液和 1mol/L 乙酸钠溶液各 2.00mL，用 pH 计测定 2 支试管中溶液的 pH 值。向 2 支试管中各滴入 2 滴溴酚红指示剂（变色范围 pH 值为 5.0～6.8，pH<5.0 呈黄色，pH>6.8 呈红色），然后向 2 支试管中分别用胶头滴定滴加 1mol/L NaOH 溶液，边滴加边振荡试管，直至溶液变为红色。记录 2 支试管所加 NaOH 溶液的滴数，并加以解释。

② 缓冲溶液与缓冲比的关系。取 2 支试管，在一支试管中加入 0.1mol/L 乙酸钠溶液和 0.1mol/L 乙酸溶液各 5.00mL，在另一支试管中加入 0.1mol/L 乙酸钠溶液 9.00mL 和 0.1mol/L 乙酸溶液 1.00mL。计算两缓冲溶液的缓冲比，用精密 pH 试纸测定两溶液的 pH 值。然后往每支试管中加入 1mol/L NaOH 溶液 1.00mL，再用精密 pH 试纸测量两溶液的 pH 值。

解释上述实验结果。

【数据记录与实验结果】

（1）自拟表格记录数据。

（2）解释上述实验结果。

【问题讨论】

（1）缓冲溶液的 pH 值由哪些因素决定？

（2）现有 H_3PO_4、HAc、$H_2C_2O_4$、H_2CO_3、HF 及这些酸的各种对应盐类（包括酸式盐），欲配制 pH＝2，pH＝10，pH＝12 的缓冲溶液，应各选用哪种缓冲剂较好？

（3）将 10mL 0.1mol/L 乙酸溶液和 10mL 0.1mol/L NaOH 溶液混合后，问所得溶液是否具有缓冲能力，使用 pH 试纸检验溶液的 pH 值时，应注意哪些问题？

14.3.4 HCl 标准溶液的标定

HCl 标准溶液的标定

【实验目的】

（1）掌握用无水 Na_2CO_3 标定 HCl 标准溶液浓度的原理和方法。

（2）掌握酸式滴定管的使用方法。

（3）掌握减量法称量的方法。

【实验原理】

由于浓 HCl 容易挥发，不能直接配制成准确浓度的标准溶液。因此，配制 HCl 标准溶液时，只能先配制成近似浓度的溶液，然后用基准物质标定其准确浓度，或者用另一已知准确浓度的标准溶液滴定该溶液，再根据它们的体积比计算该溶液的准确浓度。

标定 HCl 标准溶液的基准物质常用的是无水 Na_2CO_3，其反应式为

$$Na_2CO_3 + 2HCl \rlap{=}{=} 2NaCl + CO_2 \uparrow + H_2O$$

【实验用品】

仪器：电子天平、高温箱式电炉、（25mL）、锥形瓶（250mL）、量筒（50mL）、酸式滴定管、电炉。

试剂：HCl（0.1mol/L）、无水 Na_2CO_3（基准物质）、甲基红-溴甲酚绿指示剂、蒸馏水。

【实验步骤】

用电子天平减量法称量于 270～300℃高温箱式电炉中灼烧至恒重的基准物质无水 Na_2CO_3 4 份（精确至 0.0001g），每份 0.2g 左右，分别置于锥形瓶中（标记瓶号），用量筒各加 50mL 蒸馏水溶解，摇匀，加 10 滴甲基红-溴甲酚绿指示剂，用酸式滴定管中的 0.1mol/L HCl 标准溶液滴定至溶液刚好由绿色变紫红色，用电炉煮沸约 2min，冷却至室温后，继续滴定至溶液由绿色变为暗紫色即为终点，记录消耗 HCl 标准溶液的体积。

【数据记录与结果计算】

（1）按表 14-7 记录数据。

（2）按下式计算 HCl 的准确浓度：

$$c_{HCl} = \frac{2m_{Na_2CO_3}}{M_{Na_2CO_3} \times V_{HCl} \times 10^{-3}}$$

式中，c_{HCl}——HCl 标准溶液的准确浓度，mol/L；

　　$m_{Na_2CO_3}$——基准物质无水 Na_2CO_3 的质量，g；

　　V_{HCl}——滴定消耗 HCl 标准溶液的体积，mL；

　　$M_{Na_2CO_3}$——无水 Na_2CO_3 的摩尔质量，106g/mol。

标准溶液的准确浓度保留 4 位有效数字。

表 14-7　减量法称量标定 HCl 数据记录表

测定次数	1	2	3	4
基准物质 Na_2CO_3 质量 m/g				
滴定消耗 HCl 体积 V/mL				
c_{HCl}/(mol/L)				
c_{HCl} 平均值/(mol/L)				
相对极差/%				

【问题讨论】

（1）标定 HCl 标准溶液浓度的无水 Na_2CO_3 用量是如何计算出来的？称量时必须准确到几位有效数字？若 Na_2CO_3 中还含有水分，对标定 HCl 标准溶液有何影响？

（2）用无水 Na_2CO_3 标定 HCl 标准溶液浓度是否可用酚酞作指示剂？为什么？

14.3.5　NaOH 标准溶液的配制与标定

NaOH 标准溶液的
配制与标定

【实验目的】

（1）掌握 NaOH 标准溶液的配制方法。

（2）掌握 NaOH 标准溶液的标定原理和方法。

（3）掌握碱式滴定管的操作方法。

【实验原理】

NaOH 有很强的吸水性，易吸收空气中 CO_2，因而，市售 NaOH 中常含有 Na_2CO_3。除去 Na_2CO_3 常用的方法是将 NaOH 先配成饱和溶液（约 52%，质量分数），由于 Na_2CO_3 在饱和 NaOH 溶液中几乎不溶解，会慢慢沉淀出来，因此，可用饱和 NaOH 溶液配制不含 Na_2CO_3 的 NaOH 溶液。待 Na_2CO_3 沉淀后，吸取一定量上清液，加无 CO_2 的蒸馏水稀释所需浓度。

标定碱溶液的基准物质有邻苯二甲酸氢钾、草酸、苯甲酸等。最常用的是邻苯二甲酸氢钾（$C_6H_4CO_2HCO_2K$，缩写 KHP），该物质不含结晶水，性质稳定且分子量大，是标定碱较理想的基准物质。化学计量点的产物为二元弱碱（pH 值为 9.1），可选用酚酞作指示剂。标定反应式为草酸（$H_2C_2O_4 \cdot 2H_2O$）是二元弱酸，在相对湿度为 5%～95% 时稳定，化学计量点时，溶液呈弱碱性（pH 值为 8.4），可选用酚酞作指示剂。标定反应式为

$$H_2C_2O_4 + 2NaOH == Na_2C_2O_4 + H_2O$$

【实验用品】

仪器：电子天平、烧杯、量筒（100mL）、聚乙烯瓶、移液管（10mL）、容量瓶（250mL、1000mL）、洗瓶、玻璃棒、烘箱、锥形瓶（250mL）、碱式滴定管（25mL）。

试剂：NaOH、酚酞指示剂、邻苯二甲酸氢钾（基准物质）、草酸（基准物质）、无 CO_2 的蒸馏水。

【实验步骤】

（1）0.1mol/L NaOH 标准溶液的配制。

方法一：用电子天平称量 110g NaOH 于烧杯中，用量筒加 100mL 无 CO_2 的蒸馏水溶解，摇匀，注入聚乙烯瓶中，密闭放置至溶液清亮，用移液管取上层清液 5.4mL，用无 CO_2 的蒸馏水稀释到 1000mL 容量瓶中，定容，摇匀。

方法二：称量 1.0g NaOH 固体于烧杯中，用少量无 CO_2 的蒸馏水溶解，待溶液冷却至室温，转移至 250mL 容量瓶中，用洗瓶吹洗烧杯和玻璃棒 2～3 次，一并转移入容量瓶，加蒸馏水定容。此方法能即配即用，但配得的溶液含有少量的 Na_2CO_3。

（2）0.1mol/L NaOH 标准溶液的标定。

方法一：用电子天平称量于 105～110℃ 烘箱中干燥至恒重的基准物质邻苯二甲酸氢钾 4 份（精确至 0.0001g），每份 0.75g 左右，分别置于锥形瓶中（标记瓶号），用量筒各加无 CO_2 的蒸馏水 50mL 溶解，加 2 滴酚酞指示剂，用碱式滴定管中的 NaOH 标准溶液滴定至溶液为粉红色，30s 不褪色，即为终点，记录消耗 NaOH 标准溶液的体积。

方法二：准确称量基准物质草酸 4 份（精确至 0.0001g），每份 0.1300～0.1500g，分别置于锥形瓶中（标记瓶号），各加无 CO_2 的蒸馏水 50mL 溶解，加 2 滴酚酞指示剂，用碱式滴定管中的 NaOH 标准溶液滴定至溶液为粉红色，30s 不褪色，即为终点，记录消耗 NaOH 标准溶液的体积。

【数据记录与结果计算】

（1）参照表 14-7 记录数据。

（2）计算 NaOH 标准溶液的浓度：

$$c_{NaOH} = \frac{m_{KHP}}{M_{KHP} \times V_{NaOH} \times 10^{-3}}$$

式中，c_{NaOH}——NaOH 标准溶液的浓度，mol/L；

m_{KHP}——邻苯二甲酸氢钾的质量，g；

V_{NaOH}——消耗 NaOH 标准溶液体积，mL；

M_{KHP}——邻苯二甲酸氢钾的摩尔质量，204.22g/mol。

$$c_{NaOH} = \frac{2m_{H_2C_2O_4 \cdot 2H_2O}}{M_{H_2C_2O_4 \cdot 2H_2O} \times V_{NaOH} \times 10^{-3}}$$

式中，c_{NaOH}——NaOH 标准溶液的浓度，mol/L；

$m_{H_2C_2O_4 \cdot 2H_2O}$——所称草酸的质量，g；

$\qquad V_{NaOH}$——消耗 NaOH 标准溶液的体积，mL；

$M_{H_2C_2O_4 \cdot 2H_2O}$——草酸的摩尔质量，126.07g/mol。

标准溶液的准确浓度保留 4 位有效数字。

【问题讨论】

（1）标定 0.1mol/L NaOH 时，称量邻苯二酸氢钾或草酸的称量范围是怎样计算的？若称量太多或太少有什么缺点？

（2）溶解邻苯二酸氢钾或草酸时加蒸馏水 50mL，此体积是否要很准确，为什么？

14.3.6　食醋中总酸度的测定

【实验目的】

（1）掌握食醋中总酸度的测定原理和方法。

（2）掌握指示剂的选择原则。

食醋中总酸度的测定

【实验原理】

食醋的主要成分是乙酸（有机弱酸，$K_a = 1.8 \times 10^{-5}$），与 NaOH 反应产物为弱酸强碱盐乙酸钠，反应式为

$$HAc + NaOH \Longrightarrow NaAc + H_2O$$

化学计量点时 pH 值为 8.7，滴定突跃在碱性范围内（如 0.1mol/L NaOH 滴定 0.1mol/L HAc 突跃范围为 pH 值 7.74～9.70），因此应选择在碱性范围内变色的指示剂酚酞（指示剂的选择主要以滴定突跃范围为依据，指示剂的变色范围应全部或一部分在滴定突跃范围内，则终点误差小于 0.1%）。

食醋中总酸度用乙酸含量来表示。

【实验用品】

仪器：移液管（5mL）、锥形瓶（250mL）、量筒（25mL）、碱式滴定管（25mL）。

试剂：酚酞指示剂、NaOH（0.1mol/L，需标定过）、蒸馏水。

样品：食醋溶液。

【实验步骤】

用移液管吸取食醋溶液 5.00mL，移入锥形瓶中，用量筒加入 20mL 蒸馏水稀释，加酚酞指示剂 2 滴，用碱式滴定管中的 0.1mol/L NaOH 标准溶液（需先标定过）滴定至粉红色，30s 不褪色，即为终点，记录消耗 NaOH 标准溶液的体积。平行测定 3 次。

【数据记录与结果计算】

（1）自拟表格记录数据。

（2）按下式计算食醋溶液总酸度：

$$\rho_{HAc} = \frac{c_{NaOH} V_{NaOH} M_{HAc}}{V_s}$$

式中，ρ_{HAc}——食醋溶液的总酸度，g/L；

$\qquad c_{NaOH}$——NaOH 标准溶液的浓度，mol/L；

V_{NaOH}——滴定消耗 NaOH 标准溶液的体积，mL；

M_{HAc}——HAc 的摩尔质量，60g/mol；

V_s——食醋溶液的取样体积，mL。

【问题讨论】

（1）加入 20mL 蒸馏水的作用是什么？

（2）为什么使用酚酞作指示剂？

14.3.7　混合碱中各组分含量的测定

【实验目的】

（1）掌握容量瓶、移液管、滴定管的使用方法和滴定操作。

（2）掌握用双指示剂法测定混合碱各组分的原理和方法。

混合碱中各组分
含量的测定

【实验原理】

工业混合碱通常是 Na_2CO_3 与 NaOH 或 Na_2CO_3 与 $NaHCO_3$ 的
混合物，常用双指示剂法测定其各组分含量。

试样若为 Na_2CO_3 与 NaOH 混合物。NaOH 为一元强碱，与强酸 HCl 反应到达化
学计量点时 pH 值 7.0，Na_2CO_3 为二元弱碱，分两步电离，其 $K_{b_1} = 2.1 \times 10^{-4}$，$K_{b_2} = 2.2 \times 10^{-8}$，且 $K_{b_1}/K_{b_2} \approx 10^4$，$Na_2CO_3$ 第一步和第二步解离产生的 OH^- 均可被分步滴
定，有两个滴定突跃。

第一化学计量点，$NaHCO_3$ 为两性物质，终点时：

$$[H^+] = \sqrt{K_{a_1} \cdot K_{a_2}} = \sqrt{4.5 \times 10^{-7} \times 4.7 \times 10^{-11}} = 4.6 \times 10^{-9} \text{mol/L}$$

$$pH \approx 8.3$$

以酚酞（pH 值变色范围为 8.0～10.0）为指示剂，在酚酞变色时，NaOH 被完全
滴定，而 Na_2CO_3 被滴定生成 $NaHCO_3$，到达第一化学计量点。设此时用去 HCl 的体
积为 V_1（mL），其反应式为

$$NaOH + HCl \Longrightarrow NaCl + H_2O$$

$$Na_2CO_3 + HCl \Longrightarrow NaHCO_3 + NaCl$$

继续用 HCl 滴定，则反应式为

$$NaHCO_3 + HCl \Longrightarrow NaCl + CO_2 \uparrow + H_2O$$

当到达第二化学计量点时，产物为 H_2CO_3（$CO_2 \uparrow + H_2O$），在室温下，CO_2 饱和溶
液的浓度为 0.04mol/L，pH 值 $= -\lg \sqrt{cK_{a_1}} = -\lg \sqrt{0.04 \times 4.5 \times 10^{-7}} \approx 3.9$。

第一计量点后，可加甲基橙（pH 值变色范围为 3.1～4.4）作指示剂，用 HCl 标
准溶液继续滴定至溶液由黄色变为橙色。设此时所消耗的 HCl 标准溶液体积为 V_2
（mL）。Na_2CO_3 分两步滴定时，每步所需 HCl 溶液的体积相等，故滴定 NaOH 所消耗
HCl 溶液的体积为 $V_1 - V_2$（mL）。

$$w_{\text{NaOH}} = \frac{c_{\text{HCl}} \cdot (V_1 - V_2) \cdot M_{\text{NaOH}}}{1000 m_s} \times 100\%$$

$$w_{\text{Na}_2\text{CO}_3} = \frac{c_{\text{HCl}} \cdot V_2 \cdot M_{\text{Na}_2\text{CO}_3}}{1000 m_s} \times 100\%$$

试样若为 Na_2CO_3 与 $NaHCO_3$ 混合物，则 $V_1 < V_2$，同理可得

$$w_{NaHCO_3} = \frac{c_{HCl} \cdot (V_2 - V_1) \cdot M_{NaHCO_3}}{1000 m_s} \times 100\%$$

$$w_{Na_2CO_3} = \frac{c_{HCl} \cdot V_1 \cdot M_{Na_2CO_3}}{1000 m_s} \times 100\%$$

【实验用品】

仪器：电子天平、烧杯、量筒（50mL）、容量瓶（250mL）、移液管（25mL）、锥形瓶（250mL）、酸式滴定管（50mL）。

试剂：HCl（0.1mol/L，标定过）、酚酞指示剂、甲基橙指示剂、参比溶液（pH值8.3）、蒸馏水。

样品：混合碱试样。

【实验步骤】

用电子天平称量 2.0～2.2g（准确至 0.0001g）混合碱试样于烧杯中，加量筒加50mL 蒸馏水溶解，然后定量转移至 250mL 容量瓶中，加蒸馏水至刻度，摇匀。用移液管移取上述溶液 25.00mL 3 份，分别置于锥形瓶中，各加入 2 滴酚酞指示剂，用酸式滴定管中的 0.1mol/L HCl 标准溶液（标定过）滴定至红色恰好消失或变成粉红色（以 pH 值8.3 参比溶液加酚酞对照），记下消耗 HCl 标准溶液的体积 V_1（mL），然后加入 2 滴甲基橙，继续用 HCl 标准溶液滴定至溶液由黄色变为橙色（接近终点时，应剧烈摇动锥形瓶），记录消耗 HCl 标准溶液的体积 V_2（mL）。平行测定 3 次。

【数据记录与结果计算】

（1）自拟表格记录数据。

（2）计算混合碱试样中各组分的含量。

【问题讨论】

（1）食碱的主要成分是 Na_2CO_3，其中常含有少量的 $NaHCO_3$，能否用酚酞为指示剂，测定 Na_2CO_3 的含量？

（2）如何测定 NaOH 和 Na_3PO_4 混合碱中各组分的含量？

14.3.8　$KMnO_4$ 标准溶液的配制和标定

$KMnO_4$ 标准溶液的
配制和标定

【实验目的】

（1）掌握 $KMnO_4$ 标准溶液的配制方法和保存条件。

（2）掌握 $KMnO_4$ 标准溶液标定的原理和方法。

【实验原理】

$KMnO_4$ 是氧化还原滴定中最常用的氧化剂之一。$KMnO_4$ 滴定法通常在酸性溶液中进行，反应时 Mn 的氧化数由 +7 变到 +2。市售的 $KMnO_4$ 常含杂质，而且 $KMnO_4$ 易与水中的还原性物质发生反应，光照和 $MnO(OH)_2$ 等都能促进 $KMnO_4$ 的分解，因此配制 $KMnO_4$ 溶液时要保持微沸 1h 或在暗处放置数天，待 $KMnO_4$ 把还原性杂质充分氧化后，过滤除去杂质，保存于棕色瓶中，标定其准确浓度。

草酸钠（$Na_2C_2O_4$）是标定 $KMnO_4$ 标准溶液常用的基准物质，其反应式为

$$5C_2O_4^{2-} + 2MnO_4^- + 16H^+ \Longrightarrow 10CO_2\uparrow + 2Mn^{2+} + 8H_2O$$

反应要在酸性、较高温度和有 Mn^{2+} 作催化剂的条件下进行。滴定初期，反应很慢，$KMnO_4$ 标准溶液必须逐滴加入，如滴加过快，部分 $KMnO_4$ 在热溶液中将按下式分解而造成误差：

$$4KMnO_4 + 2H_2SO_4 \Longrightarrow 4MnO_2 + 2K_2SO_4 + 2H_2O + 3O_2$$

在滴定过程中逐渐生成的 Mn^{2+} 有催化作用，能使反应速率逐渐加快。

因为 $KMnO_4$ 标准溶液本身具有特殊的紫红色，故用作滴定剂时，不需要另加指示剂。

【实验用品】

仪器：电子天平、烧杯（1000mL）、电炉、4 号玻璃滤坩、棕色试剂瓶（500mL）、烘箱、锥形瓶（250mL）、量筒（100mL）、棕色酸式滴定管（25mL）、电炉。

试剂：$KMnO_4$、草酸钠（基准物质）、H_2SO_4 溶液（8＋92）、蒸馏水。

【实验步骤】

（1）0.02mol/L $KMnO_4$ 标准溶液的配制。用电子天平称量 3.3g $KMnO_4$ 于烧杯中，加入 1050mL 蒸馏水，用电炉缓缓煮沸 15min，冷却，于暗处放置 2 周，用已处理过的 4 号玻璃滤坩（在同样浓度的 $KMnO_4$ 溶液中缓缓煮沸 5min）过滤，储存于棕色试剂瓶中，待标定。

（2）$KMnO_4$ 标准溶液的标定。用电子天平称量 0.25g（精确到 0.0001g）于 105～110℃烘箱中干燥至恒重的基准物质草酸钠 3 份，分别置于锥形瓶中，用量筒各加 100mL H_2SO_4（8＋92）使其溶解，用棕色酸式滴定管中待标定的 $KMnO_4$ 溶液进行滴定，近终点时用电炉加热至约 65℃。继续滴定至溶液呈粉红色，30s 不褪色，即为终点，记录消耗 $KMnO_4$ 标准溶液的体积。同时做空白实验。

开始滴定时，速率宜慢，在第一滴 $KMnO_4$ 标准溶液滴入后，不断摇动溶液，当紫红色褪去后再滴入第二滴。待溶液中有 Mn^{2+} 产生后，反应速率加快，滴定速率也就可适当加快。近终点时，应减慢滴定速率同时充分摇匀。

【数据记录与结果计算】

（1）参照表 14-7 设计表格记录数据。

（2）按下式计算 $KMnO_4$ 的浓度：

$$c_{KMnO_4} = \frac{2m_{Na_2C_2O_4}}{5 \times M_{Na_2C_2O_4} \times (V_{KMnO_4} - V_0) \times 10^{-3}}$$

式中，c_{KMnO_4}——$KMnO_4$ 标准溶液的浓度，mol/L；

$m_{Na_2C_2O_4}$——草酸钠的质量，g；

$M_{Na_2C_2O_4}$——草酸钠的摩尔质量，134g/mol；

V_{KMnO_4}——滴定消耗 $KMnO_4$ 标准溶液的体积，mL；

V_0——空白实验消耗 $KMnO_4$ 标准溶液的体积，mL。

【问题讨论】

（1）配好的 $KMnO_4$ 溶液为什么要过滤后才能保存？过滤时是否可以用滤纸？

（2）配制好的 $KMnO_4$ 溶液为什么要盛放在棕色瓶中保护？如果没有棕色瓶怎么办？

（3）标定 $KMnO_4$ 标准溶液时，为什么第一滴 $KMnO_4$ 溶液加入后红色消退很慢，以后褪色较快？

14.3.9　H_2O_2 含量的测定

【实验目的】

（1）掌握应用 $KMnO_4$ 法测定双氧水中 H_2O_2 含量的原理和方法。

（2）掌握自身指示剂的特点。

H_2O_2 含量的测定

【实验原理】

在酸性溶液中 H_2O_2 是强氧化剂，但遇到强氧化剂 $KMnO_4$ 时，又表现为还原剂。因此，可以在酸性溶液中用 $KMnO_4$ 标准溶液直接滴定测得 H_2O_2 的含量，以 $KMnO_4$ 自身为指示剂。反应式为

$$5H_2O_2 + 2MnO_4^- + 6H^+ \rule[0.5ex]{2em}{0.4pt} 2Mn^{2+} + 5O_2 \uparrow + 8H_2O$$

【实验用品】

仪器：移液管（1mL、25mL）、容量瓶（250mL）、锥形瓶（250mL）、量筒（25mL）、胶头滴管、棕色酸式滴定管（25mL）。

试剂：$KMnO_4$（0.02mol/L）、H_2SO_4（1mol/L）、$MnSO_4$（1mol/L）、蒸馏水。

样品：双氧水。

【实验步骤】

用移液管移取双氧水样品 1.00mL，置于 250mL 容量瓶中，加蒸馏水稀释至刻度，充分摇匀后，用移液管移取 25.00mL 稀释后的溶液，置于锥形瓶中，用量筒或移液管加 1mol/L H_2SO_4 20mL，用胶头滴定滴加 1mol/L $MnSO_4$ 溶液 2～3 滴，用棕色酸式滴定管中的 0.02mol/L $KMnO_4$ 标准溶液滴定至溶液呈粉红色，30s 不褪色，即为终点，记录消耗 $KMnO_4$ 标准溶液的体积。平行测定 3 次。

【数据记录与结果计算】

（1）按表 14-8 记录数据。

（2）按下式计算 H_2O_2 含量：

$$\rho_{H_2O_2} = \dfrac{\dfrac{2}{5}c_{KMnO_4} \times V_{KMnO_4} \times 10^{-3} \times M_{H_2O_2}}{\dfrac{1.00}{250.0} \times 25.00 \times 10^{-3}}$$

式中，$\rho_{H_2O_2}$ ——H_2O_2 的含量，g/L；

$\quad c_{KMnO_4}$ ——$KMnO_4$ 标准溶液的浓度，mol/L；

$\quad M_{H_2O_2}$ ——H_2O_2 的摩尔质量，34g/mol；

V_{KMnO_4}——滴定消耗 $KMnO_4$ 标准溶液的体积，mL。

表 14-8　H_2O_2 含量测定数据记录表

测定次数	1	2	3
双氧水样品体积/mL		1.00	
稀释总体积/mL		250.0	
取稀释后的溶液体积/mL	25.00	25.00	25.00
滴定初始读数/mL			
滴定终点读数/mL			
V_{KMnO_4}/mL			
c_{KMnO_4}/(mol/L)			
$\rho_{H_2O_2}$/(g/L)			
平均值 $\bar{\rho}_{H_2O_2}$/(g/L)			
相对平均偏差			

【问题讨论】

（1）加 $MnSO_4$ 溶液的作用是什么？不加 $MnSO_4$ 行吗？为什么？

（2）含有乙酰苯胺等有机物作稳定剂的 H_2O_2 试样能否仍用 $KMnO_4$ 法测定 H_2O_2 的含量？在测定过程中，能否把 H_2SO_4 改用 HNO_3 或 HCl？

14.3.10　$Na_2S_2O_3$ 标准溶液的配制和标定

【实验目的】

（1）掌握 $Na_2S_2O_3$ 标准溶液的配制和标定方法。

（2）掌握淀粉指示剂的作用原理。

（3）掌握碘量瓶的操作方法。

$Na_2S_2O_3$ 标准溶液的
配制和标定

【实验原理】

$Na_2S_2O_3$ 不是基准物质，因此不能直接配制标准溶液。配制好的 $Na_2S_2O_3$ 溶液不稳定，容易分解，这是由于在水中的微生物、CO_2、空气中 O_2 作用下，发生下列反应：

$$Na_2S_2O_3 \longrightarrow Na_2SO_3 + S\downarrow$$

$$S_2O_3^{2-} + CO_2 + H_2O \longrightarrow HSO_3^- + HCO_3^- + S\downarrow（微生物）$$

$$S_2O_3^{2-} + 1/2O_2 \longrightarrow SO_4^{2-} + S\downarrow$$

此外，水中微量的 Cu^{2+} 或 Fe^{3+} 等也能促进 $Na_2S_2O_3$ 分解。

因此，配制 $Na_2S_2O_3$ 标准溶液时，需要用新煮沸（为了除去 CO_2 和杀死细菌）并冷却了的蒸馏水，加入少量 Na_2CO_3，使溶液呈弱碱性，以抑制细菌生长。这样配制的溶液也不宜长期保存，使用一段时间后要重新标定。如果发现溶液变浑或析出 S，就应该过滤后再标定，或者另配溶液。

$K_2Cr_2O_7$、KIO_3 等基准物质常用来标定 $Na_2S_2O_3$ 标准溶液的浓度。称量一定量基准物质，在酸性溶液中与过量 KI 作用，析出的 I_2，以淀粉为指示剂，用 $Na_2S_2O_3$ 标准

溶液滴定，有关反应式为

$$Cr_2O_7^{2-} + 6I^- + 14H^+ =\!\!=\!\!= 2Cr^{3+} + 3I_2\downarrow + 7H_2O$$

或

$$IO_3^- + 5I^- + 6H^+ =\!\!=\!\!= 3I_2\downarrow + 3H_2O$$

$$I_2 + 2S_2O_3^{2-} =\!\!=\!\!= 2I^- + S_4O_6^{2-}$$

$K_2Cr_2O_7$（或 KIO_3）与 KI 的反应条件如下：

（1）溶液的酸度越大，反应速率越快，但酸度太大时，I^- 容易被空气中的 O_2 氧化，所以酸度一般以 $0.2\sim0.4mol/L$ 为宜。

（2）$K_2Cr_2O_7$ 与 KI 作用时，应将溶液储于碘瓶或磨口锥形瓶中（塞好磨口塞），在暗处放置一定时间，待反应完全后，再进行滴定。KIO_3 与 KI 作用时，不需要放置，宜及时进行滴定。

（3）所用 KI 溶液中不应含有 KIO_3 或 I_2。如果 KI 溶液显黄色，则应事先用 $Na_2S_2O_3$ 标准溶液滴定至无色后再使用。若滴至终点后，很快又转变为蓝色，表示 KI 与 $K_2Cr_2O_7$ 的反应未进行完全，应另取溶液重新标定。

【实验用品】

仪器：电子天平、烧杯（1000mL）、电炉、4 号玻璃滤锅、棕色试剂瓶、烘箱、碘量瓶（500mL）、量筒（50mL）、碱式滴定管（50mL）。

试剂：$Na_2S_2O_3\cdot5H_2O$、无水 Na_2CO_3、$K_2Cr_2O_7$（基准物质）、KI、HCl（6mol/L）、淀粉指示剂（10g/L）、蒸馏水。

【实验步骤】

（1）0.1mol/L $Na_2S_2O_3$ 标准溶液的配制。用电子天平称量 26g $Na_2S_2O_3\cdot5H_2O$ 于 1000mL 烧杯中，加入 0.2g 无水 Na_2CO_3，用 1000mL 蒸馏水溶解，用电炉缓缓煮沸 10min，冷却，放置 2 周后用 4 号玻璃滤锅过滤，储存于棕色试剂瓶中。

（2）标定。用电子天平称量 0.18g（精确到 0.0001g）已于 120℃烘箱干燥至恒量的基准物质 $K_2Cr_2O_7$ 3 份，分别置于碘量瓶中，用量筒加 50mL 蒸馏水，使其溶解，加 3g KI 和 8mL 6mol/L HCl 溶液，塞好塞子并用蒸馏水封，充分混匀，于暗处放置 10min。加 150mL 蒸馏水（15～20℃），用碱式滴定管中的 $Na_2S_2O_3$ 标准溶液滴定（快滴慢摇）。当溶液由棕红色变为淡黄色时，加 2mL 淀粉指示剂（10g/L），继续滴定至溶液蓝色刚好消失即到达终点（慢滴快摇），记录消耗 $Na_2S_2O_3$ 标准溶液的体积。

【数据记录与结果计算】

（1）自拟表格记录数据。

（2）按下式计算 $Na_2S_2O_3$ 标准溶液的浓度：

$$c_{Na_2S_2O_3} = \frac{6\times m_{K_2Cr_2O_7}}{M_{K_2Cr_2O_7}\times V_{Na_2S_2O_3}\times 10^{-3}}$$

式中，$c_{Na_2S_2O_3}$——$Na_2S_2O_3$ 标准溶液的浓度，mol/L；

$\quad\quad m_{K_2Cr_2O_7}$——$K_2Cr_2O_7$ 的质量，g；

$\quad\quad M_{K_2Cr_2O_7}$——$K_2Cr_2O_7$ 的摩尔质量，294.2g/mol；

$V_{\mathrm{Na_2S_2O_3}}$——滴定消耗 $\mathrm{Na_2S_2O_3}$ 标准溶液的体积，mL。

【问题讨论】

（1）$\mathrm{Na_2S_2O_3}$ 标准溶液为什么要预先配制？为什么配制时要用刚煮沸过并已冷却的蒸馏水？为什么配制时要加少量的无水 $\mathrm{Na_2CO_3}$？

（2）$\mathrm{K_2Cr_2O_7}$ 与 KI 混合在暗处放置 5min 后，为什么要用蒸馏水稀释，再用 $\mathrm{Na_2S_2O_3}$ 标准溶液滴定？如果在放置之前稀释行不行，为什么？

14.3.11　$\mathrm{I_2}$ 标准溶液的配制与标定

$\mathrm{I_2}$ 标准溶液的
配制与标定

【实验目的】

（1）掌握 $\mathrm{I_2}$ 标准溶液的配制与标定方法。

（2）掌握淀粉指示剂指示终点的原理及方法。

【实验原理】

25℃时 100mL 水只能溶解 0.0035g $\mathrm{I_2}$，除了很小的溶解度，水溶液中 $\mathrm{I_2}$ 还具有可观的蒸气压，因此操作时由于 $\mathrm{I_2}$ 挥发会引起浓度的稍微降低，故 $\mathrm{I_2}$ 标准溶液多采用间接法配制。将 $\mathrm{I_2}$ 溶解于 KI 的水溶液中，使 $\mathrm{I_2}$ 与 $\mathrm{I^-}$ 形成 $\mathrm{I_3^-}$，$\mathrm{I_2}$ 溶解度增加。

$\mathrm{I_2}$ 标准溶液可用 $\mathrm{Na_2S_2O_3}$ 标准溶液来标定，以淀粉溶液为指示剂，蓝色消失为终点。其反应式为

$$\mathrm{I_2 + 2S_2O_3^{2-} \Longrightarrow S_4O_6^{2-} + 2I^-}$$

【实验用品】

仪器：电子天平、烧杯、棕色试剂瓶、移液管（50mL）、碘量瓶（250mL）、量筒（25mL、250mL）、碱式滴定管（25mL）。

试剂：$\mathrm{I_2}$、KI、$\mathrm{Na_2S_2O_3}$（0.1mol/L）、淀粉指示剂（10g/L）、HCl（0.1mol/L）、蒸馏水。

【实验步骤】

（1）0.05mol/L $\mathrm{I_2}$ 标准溶液的配制。用电子天平称量 7.0g KI 和 2.6g $\mathrm{I_2}$ 溶于烧杯中，用量筒加 20mL 蒸馏水，转移入棕色试剂瓶中，放置 2d，用蒸馏水稀释至 200mL，摇匀。

（2）$\mathrm{I_2}$ 标准溶液的标定。用移液管移取 35.00mL 配制的 $\mathrm{I_2}$ 标准溶液置于碘量瓶中，用量筒加 150mL 蒸馏水（15～20℃）和 5mL 0.1mol/L HCl 溶液，用碱式滴定管中的 0.1mol/L $\mathrm{Na_2S_2O_3}$ 标准溶液滴定，近终点时加 2mL 淀粉指示剂（10g/L），继续滴定至溶液蓝色消失，记录消耗的 $\mathrm{Na_2S_2O_3}$ 标准溶液体积。平行测定 3 次。

同时做蒸馏水所消耗 $\mathrm{I_2}$ 的空白实验：取 185mL 蒸馏水（15～20℃），加入 5mL 0.1mol/L HCl溶液，加 0.05mL 配制的 $\mathrm{I_2}$ 标准溶液及 2mL 淀粉指示剂（10g/L），用 0.1mol/L $\mathrm{Na_2S_2O_3}$ 标准溶液滴定至溶液蓝色消失，记录消耗的 $\mathrm{Na_2S_2O_3}$ 标准溶液体积。

【数据记录与结果计算】

（1）自拟表格记录数据。

（2）按下式计算 I_2 标准溶液的浓度：

$$c_{I_2} = \frac{(V_1 - V_2) \cdot c_{Na_2S_2O_3}}{V_3 - V_4}$$

式中，c_{I_2}——I_2 标准溶液的浓度，mol/L；

　　　$c_{Na_2S_2O_3}$——$Na_2S_2O_3$ 标准溶液的浓度，mol/L；

　　　　V_1——滴定消耗 $Na_2S_2O_3$ 标准溶液体积，mL；

　　　　V_2——空白实验消耗 $Na_2S_2O_3$ 标准溶液体积，mL；

　　　　V_3——I_2 标准溶液体积，mL；

　　　　V_4——空白实验中加入 I_2 标准溶液体积，mL。

【问题讨论】

（1）为什么必须使用过量的 KI 来制备 I_2 标准溶液？

（2）标定时，为什么临终点时才加入淀粉指示液？

14.3.12　直接碘量法测定维生素 C 的含量

【实验目的】

（1）掌握直接碘量法测定维生素 C 的原理。

（2）掌握维生素 C 的测定方法。

【实验原理】

直接碘量法测定
维生素 C 的含量

维生素 C（V_C）又称抗坏血酸，属水溶性维生素，分子式为 $C_6H_8O_6$。维生素 C 具有还原性，可被 I_2 定量氧化，因而可用 I_2 标准溶液直接测定。由于维生素 C 极易被氧化，特别是在碱性溶液中，所以，在测定中必须使溶液保持足够的酸度。其滴定反应式为

$$O=\!\!\!\underset{HO\ \ \ \ OH}{\overset{OH}{\underset{H}{\vert}}}\!\!\!-CH_2OH + I_2 \rightleftharpoons O=\!\!\!\underset{O\ \ \ \ O}{\overset{OH}{\underset{H}{\vert}}}\!\!\!-CH_2OH + 2HI$$

【实验用品】

仪器：研钵、电子天平、锥形瓶（250mL）、量筒（10mL、100mL）、棕色酸式滴定管（25mL）。

试剂：HAc（2mol/L）、淀粉指示剂（5g/L）、I_2（0.05mol/L，用 I_2 和 KI 配制）、无 CO_2 的蒸馏水。

样品：维生素 C 药片。

【实验步骤】

取 20 片维生素 C 药片，用研钵研成细粉末并混均匀，用电子天平称量粉末 0.6g（精确至 0.0001g），置于锥形瓶中，用量筒加 100mL 无 CO_2 的蒸馏水溶解，再用量筒加入 10mL 2mol/L HAc 溶液和 2mL 淀粉指示剂（5g/L），立即用棕色酸式滴定管中的 0.05mol/L I_2 标准溶液滴定至蓝色，30s 内不褪色即为终点，记下消耗 I_2 标准溶液的体

积。平行测定 3 次。

【数据记录与结果计算】

（1）自拟表格记录数据。

（2）按下式计算维生素 C 的含量（用质量分数 w 表示）：

$$w = \frac{c_{I_2} \times \dfrac{V_{I_2}}{1000} \times M}{m_s} \times 100\%$$

式中，w ——维生素 C 的含量，%。

　　　　c_{I_2} ——I_2 标准溶液的浓度，mol/L；

　　　　V_{I_2} ——滴定消耗 I_2 标准溶液的体积，mL；

　　　　M ——维生素 C 的摩尔质量，176.1g/mol；

　　　　m_s ——维生素 C 药片的质量，g。

【问题讨论】

（1）为什么要用刚煮沸过并已冷却的蒸馏水溶解样品？

（2）测定维生素 C 的溶液中为什么要加 HAc？

14.3.13　漂白粉中有效氯含量的测定

漂白粉中有效氯
含量的测定

【实验目的】

（1）掌握用间接碘量法测定漂白粉中有效氯含量的原理。

（2）掌握间接碘量法测定漂白粉中有效氯含量的方法。

【实验原理】

漂白粉的主要成分是 $CaCl_2$ 和 $Ca(ClO)_2$，通常用化学式 $Ca(ClO)Cl$ 表示，其中的 $Ca(ClO)_2$ 与酸作用后产生 Cl_2，Cl_2 具有漂白作用。释放出来的氯称为有效氯，漂白粉的质量常用有效氯来表示，普通漂白粉含有效氯的量为 30%～35%。漂白粉能与空气中的 CO_2 作用产生 $HClO$ 而造成有效氯的损失，因此应尽量避免与空气较长时间的接触。

漂白粉的有效氯可用间接碘量法测定，这是因为漂白粉在酸性条件下与过量的 I^- 作用可定量产生 I_2，而析出的 I_2 可用 $Na_2S_2O_3$ 标准溶液进行滴定。反应式为

$$Ca(ClO)Cl + 2H^+ \Longrightarrow Ca^{2+} + Cl_2 + H_2O$$

$$Cl_2 + 2KI \Longrightarrow 2KCl + I_2$$

$$I_2 + 2Na_2S_2O_3 \Longrightarrow Na_2S_4O_6 + 2NaI$$

由以上反应式可知，有效氯物质的量与反应析出的 I_2 物质的量相同。

【实验用品】

仪器：电子天平、碘量瓶（250mL）、量筒（100mL）、棕色碱式滴定管（25mL）。

试剂：$Na_2S_2O_3$（0.1mol/L）、KI、HCl（6mol/L）、淀粉指示剂（5g/L）、蒸馏水。

样品：漂白粉。

【实验步骤】

用电子天平称量 0.14～0.16g（精确至 0.0001g）漂白粉于碘量瓶中，加入少量蒸馏水溶解，然后加入 1g KI 固体和 4mL 6mol/L HCl 溶液，塞好塞子并水封，充分混匀，放于暗处 5min。然后用量筒加 100mL 蒸馏水稀释，并迅速用棕色碱式滴定管中的 $Na_2S_2O_3$ 标准溶液滴定至溶液呈浅黄色（快滴慢摇），加入 1mL 5g/L 淀粉指示剂，继续滴定溶液至蓝色消失即为终点（慢滴快摇），记录消耗 $Na_2S_2O_3$ 标准溶液的体积。平行测定 3 次。

【数据记录与结果计算】

（1）自拟表格记录数据。

（2）按下式计算漂白粉中有效氯的含量（用质量分数 w 表示）：

$$w = \frac{c_{Na_2S_2O_3} \times \dfrac{V_{Na_2S_2O_3}}{1000} \times M_{Cl}}{2m_s} \times 100\%$$

式中，w——漂白粉中有效氯的含量，%。

$c_{Na_2S_2O_3}$——$Na_2S_2O_3$ 标准溶液的浓度，mol/L；

$V_{Na_2S_2O_3}$——滴定消耗 $Na_2S_2O_3$ 标准溶液的体积，mL；

M_{Cl}——Cl 原子的摩尔质量，35.5g/mol；

m_s——漂白粉的称样量，g。

【问题讨论】

（1）造成本实验误差的主要因素有哪些？应如何减少误差？

（2）为什么不能早加淀粉，又不能过迟加？

14.3.14　$AgNO_3$ 标准溶液的配制和标定

【实验目的】

（1）掌握 $AgNO_3$ 标准溶液的配制和标定方法。

（2）掌握沉淀滴定的方法和原理。

（3）掌握分步沉淀的原理。

$AgNO_3$ 标准溶液的
配制和标定

【实验原理】

$AgNO_3$ 标准溶液可以用经过预处理的基准物质 $AgNO_3$ 直接配制。但非基准物质 $AgNO_3$ 中常含有杂质，如 Ag、Ag_2O、HNO_3、亚硝酸盐等，因此用间接法配制。先配成近似浓度的溶液后，再用基准物质 NaCl 标定。

用基准物质 NaCl 溶解后，在中性或弱碱性溶液中，用 $AgNO_3$ 标准溶液滴定，其反应式为

$$Ag^+ + Cl^- \stackrel{}{=\!=\!=} AgCl \downarrow$$

以 K_2CrO_4 作为指示剂，达到化学计量点时，微过量的 Ag^+ 与 CrO_4^{2-} 反应析出砖红色 Ag_2CrO_4 沉淀为滴定终点。其反应式为

$$2Ag^+ + CrO_4^{2-} \stackrel{}{=\!=\!=} Ag_2CrO_4 \downarrow$$

【实验用品】

仪器：电子天平、烧杯（1000mL）、量筒（500mL、50mL）、棕色试剂瓶（500mL）、高温箱式电炉、锥形瓶（250mL）、移液管（1mL）、棕色酸式滴定管（25mL）。

试剂：$AgNO_3$、NaCl（基准物质）、K_2CrO_4 指示剂（50g/L）、不含 Cl^- 的蒸馏水。

【实验步骤】

（1）配制 0.1mol/L $AgNO_3$ 标准溶液。用电子天平称量 8.5g $AgNO_3$ 于烧杯中，用量筒加入 500mL 不含 Cl^- 的蒸馏水溶解，储存于棕色试剂瓶中，摇匀，置于暗处，待标定。

（2）标定 $AgNO_3$ 标准溶液。用电子天平称量于 500～600℃ 高温箱式电炉灼烧至恒重的基准物质 NaCl 0.12～0.15g（精确至 0.0001g），置于锥形瓶中，用量筒加 50mL 不含 Cl^- 的蒸馏水溶解，用移液管加 1mL K_2CrO_4 指示剂（50g/L），用棕色酸式滴定管中的 $AgNO_3$ 标准溶液滴定至溶液出现砖红色沉淀，即为终点，记录消耗 $AgNO_3$ 标准溶液的体积。平行测定 3 次。

【数据记录与结果计算】

（1）自拟表格记录数据。

（2）$AgNO_3$ 标准溶液浓度按下式计算：

$$c_{AgNO_3} = \frac{m_{NaCl}}{M_{NaCl} V_{AgNO_3} \times 10^{-3}}$$

式中，c_{AgNO_3}——$AgNO_3$ 标准溶液的浓度，mol/L；

　　　m_{NaCl}——称量基准物质 NaCl 的质量，g；

　　　M_{NaCl}——NaCl 的摩尔质量，58.5g/mol；

　　　V_{AgNO_3}——滴定消耗 $AgNO_3$ 标准滴定溶液的体积，mL。

【问题讨论】

（1）为什么配制 $AgNO_3$ 标准溶液用的水要用不含有 Cl^- 的蒸馏水？

（2）实验完毕后，盛装 $AgNO_3$ 标准溶液的滴定管应先用蒸馏水洗涤 2～3 次后，再用自来水洗净，为什么？

14.3.15　NaCl 含量的测定

【实验目的】

（1）掌握测定 NaCl 含量的原理和方法。

（2）掌握 K_2CrO_4 指示剂的使用及终点判断方法。

（3）掌握分步沉淀的原理。

NaCl 含量的测定

【实验原理】

食盐中含有 Cl^-，溶样后，在中性或弱碱性溶液中，用 $AgNO_3$ 标准溶液滴定，其反应式为

$$Ag^+ + Cl^- \rightleftharpoons AgCl\downarrow$$

以 K_2CrO_4 作为指示剂，达到化学计量点时，微过量的 Ag^+ 与 CrO_4^{2-} 反应析出砖红色 Ag_2CrO_4 沉淀为滴定终点，其反应式为

$$2Ag^+ + CrO_4^{2-} = Ag_2CrO_4 \downarrow$$

【实验用品】

仪器：电子天平、烧杯（100mL）、容量瓶（250mL）、移液管（25mL、1mL）、锥形瓶（250mL）、量筒（20mL）、棕色酸式滴定管（25mL）。

试剂：K_2CrO_4 指示剂（50g/L）、$AgNO_3$（0.1mol/L）、蒸馏水。

样品：食盐。

【实验步骤】

（1）试液的配制。用电子天平称量食盐1.5g（精确至0.0001g）于烧杯，用少量蒸馏水溶解后，转入250mL容量瓶中，稀释至刻度线，摇匀。

（2）滴定。用移液管移取上述溶液25.00mL，置于锥形瓶中，用量筒加20mL蒸馏水，用移液管加1mL K_2CrO_4 指示剂（50g/L），用棕色酸式滴定管中的0.1mol/L $AgNO_3$ 标准溶液滴定至出现砖红色沉淀，即为终点，记录消耗 $AgNO_3$ 标准溶液的体积。平行测定3次，并做空白实验。

【数据记录与结果计算】

（1）自拟表格记录数据。

（2）按下式计算 NaCl 的含量（用质量分数 w 表示）：

$$w = \frac{c_{AgNO_3} \times (V_1 - V_0) \times 10^{-3} \times M_{NaCl}}{m_s \times \dfrac{25.00}{250.0}} \times 100\%$$

式中，w ——食盐中 NaCl 的含量，%；

c_{AgNO_3} ——$AgNO_3$ 标准溶液的浓度，mol/L；

V_1 ——滴定消耗 $AgNO_3$ 标准溶液的体积，mL；

V_0 ——空白实验消耗 $AgNO_3$ 标准溶液的体积，mL；

M_{NaCl} ——NaCl 的摩尔质量，58.5g/mol；

m_s ——食盐的称样量，g。

【问题讨论】

（1）该实验能否不使用容量瓶，如不使用，应当如何操作？请详细描述。

（2）为何要严格控制 K_2CrO_4 指示剂的量？

14.3.16　NH_4SCN 标准溶液的配制和标定

【实验目的】

（1）掌握 NH_4SCN 标准溶液的配制和标定方法。

（2）掌握铁铵矾指示剂法滴定终点的判断方法。

【实验原理】

NH_4SCN 试剂一般含有杂质，如硫酸盐、氯化物等，纯度仅

NH_4SCN 标准溶液
的配制和标定

在 98% 以上,因此,NH_4SCN 标准溶液要用间接法制备。即先配成近似浓度的溶液,再用基准物质 $AgNO_3$ 标定。标定方式可采用直接滴定或者返滴定。直接滴定以铁铵矾为指示剂,用配好的 NH_4SCN 标准溶液滴定一定质量的基准物质 $AgNO_3$,由 $[Fe(SCN)]^{2+}$ 配合离子的红色指示终点。其反应式为

$$Ag^+ + SCN^- \Longrightarrow AgSCN \downarrow (白色)$$

$$Fe^{3+} + SCN^- \Longrightarrow [Fe(SCN)]^{2+} (红色)$$

指示剂浓度对滴定有影响,一般控制浓度 $0.015mol/L$ 为宜,溶液酸度应保持在 $0.1 \sim 1mol/L$。

【实验用品】

仪器:电子天平、烧杯(250mL)、量筒(100mL、10mL)、容量瓶(1000mL)、试剂瓶、H_2SO_4 干燥器、锥形瓶(250mL)、移液管(10mL)、酸式滴定管(25mL)。

试剂:NH_4SCN、铁铵矾指示剂(80g/L)、$AgNO_3$(基准物质)、HNO_3(25%)、蒸馏水。

【实验步骤】

(1) NH_4SCN 标准溶液配制。用电子天平称量 7.96g NH_4SCN 置于烧杯中,用量筒加 100mL 蒸馏水溶解,转移至 1000mL 容量瓶内,加蒸馏水稀释至刻度,混匀,溶液贮存在试剂瓶中。

(2) 标定。用电子天平称量 0.5g(精确至 0.0001g)于 H_2SO_4 干燥器中干燥至恒重的基准物质 $AgNO_3$,置于锥形瓶中,用 100mL 蒸馏水溶解后,用移液管加 2.00mL 铁铵矾指示剂(80g/L)及 10mL HNO_3(25%),用酸式滴定管中的 NH_4SCN 标准溶液滴定,终点前摇动溶液至完全清亮后,继续滴定至溶液呈浅棕红色,30s 不褪色为终点,记录消耗 NH_4SCN 标准溶液的体积。平行测定 3 次。

【数据记录与结果计算】

(1) 自拟表格记录数据。

(2) 按下式计算 NH_4SCN 的浓度:

$$c_{NH_4SCN} = \frac{m_{AgNO_3}}{M_{AgNO_3} V_{NH_4SCN} \times 10^{-3}}$$

式中,c_{NH_4SCN}——NH_4SCN 标准滴定溶液浓度,mol/L;

m_{AgNO_3}——$AgNO_3$ 的质量,g;

M_{AgNO_3}——$AgNO_3$ 的摩尔质量,169.8g/mol;

V_{NH_4SCN}——滴定消耗 NH_4SCN 标准溶液的体积,mL。

【问题讨论】

(1) 直接法标定时的酸性条件是什么?能否在碱性条件下进行标定?为什么?

(2) 是否需要严格控制铁铵矾指示剂的量?为什么?

14.3.17 EDTA 标准溶液的配制及标定

【实验目的】

(1) 掌握 EDTA 基准物质的处理方法。

（2）掌握配制和标定 EDTA 标准溶液的方法。

EDTA 标准溶液的
配制及标定

EDTA 滴定时
铬黑 T 变色原理

【实验原理】

EDTA 是乙二胺四乙酸的简称，是四元酸，在水中的溶解度比较小，应用起来非常不方便，而其二钠盐在水中的溶解度却比较大，因此在实际应用中人们常采用其二钠盐，即 Na_2EDTA，用 Na_2H_4Y 表示，习惯上也简称为 EDTA。

乙二胺四乙酸二钠盐（简称 EDTA）是常用的有机配位剂，能与大多数金属离子形成稳定的 1：1 型的螯合物，计量关系简单，故常用作配位滴定的标准溶液。可采用直接法配制得到 EDTA 标准溶液，不过通常采用间接法配制。

标定 EDTA 标准溶液的基准物有 Zn、ZnO、$CaCO_3$、Bi、Cu、$MgSO_4 \cdot 7H_2O$、Ni、Pb 等。选用的标定条件应尽可能与测定条件一致，以免引起系统误差。如果用被测元素的纯金属或化合物作基准物质，就更为理想。该实验采用 $MgSO_4 \cdot 7H_2O$ 作基准物质标定 EDTA，以铬黑 T(EBT) 作指示剂，用 pH≈10 的氨性缓冲溶液控制滴定时的酸度。因为在 pH≈10 的溶液中，铬黑 T 与 Mg^{2+} 形成比较稳定的酒红色螯合物 (Mg-EBT)，而 EDTA 与 Mg^{2+} 能形成更为稳定的无色螯合物。因此，滴定至终点时，EBT 便被 EDTA 从 Mg-EBT 中置换出来，游离的 EBT 在 pH 值为 7～11 的溶液中呈蓝色。其反应式表示为

滴定前：　　　　　$Mg^{2+} + EBT \Longrightarrow Mg\text{-}EBT$

　　　　　　　　　　　　（酒红色）

主反应：　　　　　$Mg^{2+} + EDTA \Longrightarrow Mg\text{-}EDTA$

终点时：　　　$Mg\text{-}EBT + EDTA \Longrightarrow Mg\text{-}EDTA + EBT$

　　　　　　酒红色　　　　　　　　　　　蓝色

【实验用品】

仪器：电子天平、烧杯、电炉或电热套、量筒（500mL、50mL）、容量瓶（250mL、100mL）、移液管（20mL）、锥形瓶（250mL）。

试剂：EDTA（乙二胺四乙酸二钠，分子式为 $Na_2C_{10}H_{14}N_2O_8 \cdot 2H_2O$）、$MgSO_4 \cdot 7H_2O$（基准物质）、$NH_3\text{-}NH_4Cl$ 缓冲溶液（pH≈10）、铬黑 T（EBT）指示剂、蒸馏水。

【实验步骤】

直接法配制：

用电子天平称量干燥至恒重的 EDTA 基准物质 0.95g（精确至 0.0001g），置于烧杯中，用量筒加 50mL 蒸馏水，用电炉或电热套稍微加热使之溶解，定量转移至 250mL 容量瓶中，稀释至刻度线，摇匀，备用。

间接法配制：

（1）0.01mol/L EDTA 标准溶液的配制。用电子天平称量 1.86g EDTA 于烧杯中，用量筒加 500mL 蒸馏水中，摇匀，备用。

（2）0.01mol/L Mg 标准溶液的配制。用电子天平称量 $MgSO_4 \cdot 7H_2O$ 基准物质 0.25～0.3g（精确至 0.0001g），置于烧杯中，加 30mL 蒸馏水溶解，定量转移到 100mL 容量瓶中，加蒸馏水稀释至刻度，摇匀。计算其准确浓度。

（3）EDTA 标准溶液浓度的标定。用移液管吸取 Mg 标准溶液 20.00mL 置于锥形瓶中，加 5mL pH 值为 10 的 NH_3-NH_4Cl 缓冲溶液，加入 2～3 滴铬黑 T 指示剂，用 EDTA 标准溶液滴定至溶液由酒红色恰变为蓝色，即达终点，记录消耗 EDTA 标准溶液的体积，平行测定 3 次。

注意：络合滴定速率不能太快，特别是近终点时要逐滴加入，并充分摇动。因为络合反应速率较中和反应要慢一些。

【数据记录与结果计算】

（1）自行设计表格记录数据。

（2）直接法配制可按下式计算 EDTA 浓度：

$$c_{EDTA} = \frac{m_{EDTA}}{M_{EDTA} \times V_{EDTA} \times 10^{-3}}$$

式中，c_{EDTA}——EDTA 标准溶液的浓度，mol/L；

　　m_{EDTA}——EDTA 的质量，g；

　　V_{EDTA}——滴定消耗 EDTA 标准溶液的体积，mL；

　　M_{EDTA}——EDTA 的摩尔质量，372.2g/mol。

（3）间接法配制可按下式计算 EDTA 浓度：

$$c_{EDTA} = \frac{m_{MgSO_4 \cdot 7H_2O}}{M_{MgSO_4 \cdot 7H_2O} \times V_{EDTA} \times 10^{-3}}$$

式中，c_{EDTA}——EDTA 标准溶液的浓度，mol/L；

　　$m_{MgSO_4 \cdot 7H_2O}$——$MgSO_4 \cdot 7H_2O$ 的质量，g；

　　V_{EDTA}——滴定消耗 EDTA 标准溶液的体积，mL；

　　$M_{MgSO_4 \cdot 7H_2O}$——$MgSO_4 \cdot 7H_2O$ 的摩尔质量，246.3g/mol。

【问题讨论】

（1）为什么在直接配制 EDTA 标准溶液时，必须使用干燥至恒重的 $Na_2H_2Y \cdot 2H_2O$ 基准物质？

（2）配位滴定法与酸碱滴定法相比，有哪些不同？操作中应注意哪些问题？

14.3.18　水中总硬度的测定

【实验目的】

（1）掌握水中 Ca^{2+}、Mg^{2+} 总量的测定意义。

（2）掌握 EDTA 法测定水中 Ca^{2+}、Mg^{2+} 的原理和方法。

【实验原理】

在 pH 值为 10 的溶液中，指示剂铬黑 T（EBT）能与 Ca^{2+}、Mg^{2+} 生成酒红色螯合物（Me-EBT），而 EDTA 与 Ca^{2+}、Mg^{2+} 能

水中总硬度的测定

形成更为稳定的无色螯合物。当用 EDTA 滴定接近终点时，EBT 便被 EDTA 从 Me-EBT中置换出来，游离的 EBT 在 pH 值为 7～11 的溶液中呈蓝色。于是溶液由酒红色变为蓝色，即为终点。其反应式表示为

滴定前：　　　　　　$Me^{2+} + EBT \rightleftharpoons Me\text{-}EBT$　　（Me^{2+} 代表 Ca^{2+}、Mg^{2+}）

　　　　　　　　　　　　　　　（酒红色）

主反应：　　　　　　$Me^{2+} + EDTA \rightleftharpoons Me\text{-}EDTA$

终点时：　　　　　　$Me\text{-}EBT + EDTA \rightleftharpoons Me\text{-}EDTA + EBT$

　　　　　　　酒红色　　　　　　　　　　　　　蓝色

含有 Ca^{2+}、Mg^{2+} 的水叫硬水。测定水的总硬度就是测定水中 Ca^{2+}、Mg^{2+} 的总含量，可用 EDTA 配位滴定法测定。滴定时，Fe^{3+}、Al^{3+} 等干扰离子可用三乙醇胺予以掩蔽；Cu^{2+}、Pb^{2+}、Zn^{2+} 等重属离子，可用 KCN、Na_2S 或巯基乙酸予以掩蔽。

硬度的表示方法尚未统一，目前我国使用较多的表示方法有两种：一种是将所测得的 Ca^{2+}、Mg^{2+} 的含量折算成 CaO 的质量，或者折算为 $CaCO_3$ 的质量，即每升水中含有 CaO（或 $CaCO_3$）的毫克数表示，单位为 mg/L；另一种以度计：1 硬度单位表示 10 万份水中含 1 份 CaO（即每升水中含 10mg CaO）。

《生活饮用水卫生标准》（GB 5749—2006）规定，总硬度（以 $CaCO_3$ 计）限值为 450mg/L。

【实验用品】

仪器：移液管（25mL）、锥形瓶（250mL）、酸式滴定管（25mL）。

试剂：EDTA（0.005mol/L）、NaOH（10%）、NH_3-NH_4Cl 缓冲溶液（pH 值为 10），铬黑 T（EBT）指示剂、钙指示剂。

样品：自来水或指定的水样。

【实验步骤】

（1）水中 Ca^{2+}、Mg^{2+} 总含量的测定。用移液管移取水样 25.00mL 置于锥形瓶中，加入 5mL NH_3-NH_4Cl 缓冲溶液（pH 值为 10.0）、2～3 滴铬黑 T 指示剂，摇匀。此时溶液为酒红色，用酸式滴定管中的 0.005mol/L EDTA 标准溶液滴定至纯蓝色，即为终点，记录消耗 EDTA 标准溶液的体积。平行测定 3 次。

（2）水中 Ca^{2+} 含量的测定。用移液管移取水样 25.00mL 置于锥形瓶中，加入 2mL 10% NaOH 溶液，摇匀。再加入约 0.01g 钙指示剂，再摇匀。此时溶液呈淡红色。用酸式滴定管中的 0.005mol/L EDTA 标准溶液滴定至纯蓝色，即为终点，记录消耗 EDTA标准溶液的体积。平行测定 3 次。

（3）水中 Mg^{2+} 含量的测定。由 Ca^{2+}、Mg^{2+} 总含量减去 Ca^{2+} 含量。

【数据记录与结果计算】

（1）自行设计表格记录数据。

（2）按下式计算水的硬度 ρ（以 $CaCO_3$ 含量计）：

$$\rho_{CaCO_3}(\text{mg/L}) = \frac{V_{EDTA} \times c_{EDTA} \times M_{CaCO_3}}{V_{水样}} \times 1000$$

式中，c_{EDTA}——EDTA 标准溶液的浓度，mol/L；

　　　　V_{EDTA}——滴定消耗 EDTA 标准溶液的体积，mL；

　　　　M_{CaCO_3}——$CaCO_3$ 的摩尔质量，100.09g/mol；

　　　　$V_{水样}$——水样的体积，mL。

【问题讨论】

（1）用 EDTA 法测定水中 Ca^{2+}、Mg^{2+} 含量时，哪些离子的存在对测定具有干扰？如何消除？

（2）用铬黑 T 指示剂时，为什么要控制 pH 值为 10？

14.3.19　粗食盐的提纯与质量检验

粗食盐的提纯与
质量检验

【实验目的】

（1）掌握提纯粗食盐的原理和方法。

（2）掌握有关离子的鉴定原理和方法。

【实验原理】

粗食盐中除含有少量泥沙等不溶性杂质和有机化合物外，通常还含有 K^+、Ca^{2+}、Mg^{2+}、Fe^{3+}、SO_4^{2-}、CO_3^{2-}、K^+、Br^-、I^-、NO_3^- 等可溶性杂质离子，这些杂质可通过下列方法除去：

（1）加热灼烧，除去有机化合物等杂质。

（2）溶解、过滤，除去泥沙等不溶性杂质。

（3）加入试剂，使杂质离子形成沉淀，过滤，除去 Ca^{2+}、Mg^{2+}、SO_4^{2-} 等杂质。

① 加 $BaCl_2$，除 SO_4^{2-}。

$$Ba^{2+} + SO_4^{2-} =\!=\!= BaSO_4 \downarrow$$

② 加 $NaOH$、Na_2CO_3，除去 Mg^{2+}、Ca^{2+}、Fe^{3+} 和过量的 Ba^{2+}。

$$Mg^{2+} + 2OH^- + CO_3^{2-} =\!=\!= Mg_2(OH)_2CO_3 \downarrow$$

$$Ca^{2+} + CO_3^{2-} =\!=\!= CaCO_3 \downarrow$$

$$Fe^{3+} + 3OH^- =\!=\!= Fe(OH)_3 \downarrow$$

$$2Fe^{3+} + 3CO_3^{2-} + 3H_2O =\!=\!= 2Fe(OH)_3 \downarrow + 3CO_2 \uparrow$$

$$Ba^{2+} + CO_3^{2-} =\!=\!= BaCO_3 \downarrow$$

③ 加 HCl，除过量 OH^-、CO_3^{2-}。

$$OH^- + H^+ =\!=\!= H_2O$$

$$CO_3^{2-} + 2H^+ =\!=\!= CO_2 \uparrow + H_2O$$

（4）由于钾盐的溶解度比 NaCl 的溶解度大，故在 NaCl 蒸发结晶时，可溶性杂质如 K^+、Br^-、I^-、NO_3^- 等留在母液中与 NaCl 晶体分离。

【实验用品】

仪器：电子天平、研钵、蒸发皿、玻璃棒、烧杯、可调电炉、保温漏斗、胶头滴管、抽滤装置、pH 试纸、玻璃漏斗、中速滤纸、刻度试管、点滴板。

试剂：$AgNO_3$（0.1mol/L）、$BaCl_2$（1mol/L）、H_2SO_4（1mol/L）、NaOH

（0.02mol/L、2mol/L）、HCl（0.02mol/L、2mol/L）、氨试液（1mol/L）、$NH_3 \cdot H_2O$（6mol/L）、HNO_3（6mol/L）、Na_2CO_3（饱和溶液）、草酸铵试液（35g/L）、乙醇（95%）、溴麝香草酚蓝指示剂、蒸馏水。

样品：粗食盐。

【实验步骤】

（1）粗食盐提纯。

① 称量、研磨、炒盐。用电子天平称量粗食盐 10.0g（若不做质量检验可用 5.0g 粗食盐，以下其余试剂用量相应减半），置于研钵中研细后转移至蒸发皿中，用玻璃棒在小火中炒至无爆裂声，冷却。

② 溶解和热过滤。将上述粗食盐转移至盛有 40mL 蒸馏水的 100mL 烧杯中，用可调电炉加热并搅拌使其溶解，用保温漏斗热过滤，弃去不溶性杂质，保留滤液。

③ 沉淀和减压过滤。边搅拌边用胶头滴管逐滴加入 1mol/L $BaCl_2$ 溶液 1.5～2.0mL 后，加热并继续搅拌滤液至近沸。停止加热和搅拌，待沉淀沉降，溶液变清后，沿烧杯壁加 1 滴 $BaCl_2$ 溶液，观察上层是否有浑浊。如有浑浊，表明 SO_4^{2-} 尚未除尽，需再滴加 $BaCl_2$ 溶液。待沉淀沉降，溶液变清后，沿烧杯壁加 1 滴 $BaCl_2$ 溶液，上层清液无浑浊为止。继续加热 5min，使沉淀颗粒长大而易于沉降，用抽滤装置减压过滤，弃去沉淀，滤液转移至干净烧杯中。

④ 再沉淀和普通过滤。边搅拌边滴加饱和 Na_2CO_3 溶液 1.5～2.0mL，加热至沸，使 Ca^{2+}、Mg^{2+}、Fe^{3+} 和过量的 Ba^{2+} 生成沉淀并沉降。用上述检验 SO_4^{2-} 是否除尽的方法检验 Ca^{2+}、Mg^{2+}、Fe^{3+}、Ba^{2+} 是否沉淀完全。在此过程中注意补充蒸馏水，保持原体积，防止 NaCl 晶体析出。加入 2mol/L NaOH 调节溶液 pH 值为 10～11（用 pH 试纸测）。继续煮沸 2～3min，冷却，用玻璃漏斗和中速滤纸过滤，弃去沉淀，滤液转移至蒸发皿中。

⑤ 中和。向滤液中滴加 2mol/L HCl，调节溶液 pH 值为 4～5，除去过量的 OH^-、CO_3^{2-}。

⑥ 蒸发浓缩。加热、蒸发、浓缩溶液，至液面出现一层结晶膜时，改用小火加热，并不断搅拌，以免溶液溅出。当蒸发至糊状稠液时，停止加热（切勿蒸干）。冷却后，减压过滤，弃去滤液，用少量 95% 乙醇淋洗产品晶体两三次。将晶体转移到洁净的蒸发皿中，加热炒干（不冒水汽，呈粉状，无噼啪响声）。冷却后称量，计算产率。

（2）质量检验。

① 酸碱度。取上述产品 0.5g 于刻度试管，加 5mL 蒸馏水溶解，加溴麝香草酚蓝指示剂 2 滴，如显黄色，加 0.02mol/L NaOH 0.1mL，此时应显蓝色；如显蓝色或绿色，加 0.02mol/L HCl 0.2mL，此时应显黄色。

② 钡盐。取上述产品 1.0g 于刻度试管，加 5mL 蒸馏水溶解，溶液分为 2 份，一份中加入 1mol/L H_2SO_4 2mL，另一份中加蒸馏水 2mL，静置 15min，2 份溶液应同样澄清。

③ 钙盐。取上述产品 1.0g 于刻度试管，加 5mL 蒸馏水溶解，加 1mol/L 氨试剂 1mL，摇匀，加 35g/L 草酸铵试剂 1mL，5min 内不得发生浑浊。

④ 溶液的澄清度。取本品 0.5g 于刻度试管，加 2.5mL 蒸馏水溶解，溶液应澄清。溶液保留下步用。

⑤ Cl^- 的检验。取上述 NaCl 溶液 1～2 滴于点滴板中，加入同量的蒸馏水后，滴加 0.1mol/L $AgNO_3$ 溶液 2 滴，应有白色沉淀生成；滴加 6mol/L $NH_3 \cdot H_2O$，沉淀又溶解，再滴加 6mol/L HNO_3 至显酸性，又有白色沉淀生成。

【实验现象与结果】

（1）记录每一步的实验现象。

（2）解释实验现象并写出反应方程式。

【问题讨论】

（1）在除 Ca^{2+}、Mg^{2+}、SO_4^{2-} 等时，为什么要先加 $BaCl_2$ 溶液，后加 Na_2CO_3 溶液？能否先加 Na_2CO_3 溶液？

（2）加入沉淀剂除 SO_4^{2-}、Ca^{2+}、Mg^{2+}、Ba^{2+} 时，为何要加热？

（3）怎样除去实验过程中所加的过量沉淀剂 $BaCl_2$、NaOH 和 Na_2CO_3？

14.3.20 薄层色谱实验

薄层色谱实验

【实验目的】

（1）掌握薄层色谱的基本原理和应用。

（2）掌握薄层层析板的制备及定性分析方法。

【实验原理】

有机混合物中各组分对吸附剂的吸附能力不同，当展开剂流经吸附剂时，有机物各组分会发生无数次吸附和解吸过程，吸附力弱的组分随流动相迅速向前，而吸附力强的组分则滞后，由于各组分不同的移动速率而使得它们得以分离。图 14-6 为层析过程装置图。物质被分离后在图谱上的位置，常用比移值 R_f 表示。

$$R_f = \frac{原点至层析斑点中心的距离}{原点至溶剂前沿的距离}$$

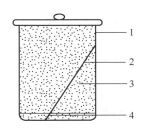

1. 层析缸（广口瓶）；2. 薄层板；3. 层析点；4. 层析液。

图 14-6　层析过程装置图

【实验用品】

仪器：电子天平、研钵、量筒（10mL）、载玻片、烘箱、干燥器、铅笔、点样毛细管、层杯缸或广口瓶（250mL）、镊子、尺、吹风机。

试剂：二氯乙烷、乙醇（95％）、硅胶 G 粉、羧甲基纤维素钠（CMC）溶液

（5%）。

样品：碱性湖蓝与荧光黄混合样品溶液、阿司匹林和咖啡因混合样品溶液、阿司匹林样品溶液。

【实验步骤】

（1）薄层层析板的制备。用电子天平称量 3g 硅胶 G 粉于研钵中，用量筒加 8mL 5%的羧甲基纤维素钠（CMC）溶液，研磨 1~2min，至成糊状后立即倒在准备好的载玻片上，快速左右倾斜，使糊状物均匀地分布在整个板面上，厚度约为 0.25mm，然后平放于平的桌面上干燥 15min，再放入 100℃的烘箱内活化 2h，取出放入干燥器内保存备用。

（2）点样。在薄层层析板下端 1.0cm 处（用铅笔轻划一起始线，并在点样处用铅笔作一记号为原点），取点样毛细管，分别蘸取咖啡因与阿司匹林混合样品、阿司匹林纯样品，点于原点上（注意：点样毛细管不能混用，毛细管不能将薄层层析板表面弄破，样品斑点直径在 1~2mm 为宜。斑点间距稍大一点。点样次数 5~7 次）。另取一块薄层层析板，点碱性湖蓝与荧光黄混合样品。

（3）定位及定性分析。将点好样的薄层层析板分别放入装有二氯乙烷层析液和 95%乙醇溶液的 2 个层杯缸或广口瓶中，盖上盖子，待层析液上行至距薄层层析板上沿 1cm 左右时，用镊子取出，再用铅笔将各斑点圈出，并找出斑点中心，用尺量出各斑点到原点的距离和溶剂前沿到起始线的距离（点有阿司匹林的薄层层析板需用吹风机吹干），计算各样品的比移值并定性确定混合物中各物质名称。

【数据记录与结果计算】

（1）将实验数据填入表 14-9 中。

（2）计算各个成分的 R_f。

表 14-9　实验数据

项目	组一		组二	
样品	阿司匹林和咖啡因混合样品	阿司匹林	荧光黄	碱性湖蓝
斑点移动距离 a/cm				
溶剂移动距离 b/cm				
R_f				

【问题讨论】

（1）为什么在铺板时，一定要铺匀，特别是边、角部分，晾干时要放在平整的地方？

（2）为什么薄层层析要求在点样时点要细，直径不要大于 2mm，间隔要保持 0.5cm 以上？

14.3.21　离子交换除盐实验

【实验目的】

（1）掌握离子交换法除盐的操作方法。

（2）掌握阳离子交换和阴离子交换基本理论。

（3）掌握离子交换法在水处理中的作用与原理。

【实验原理】

离子交换除盐实验

离子交换过程可以看作是固相的离子交换树脂与液相中电解质之间的化学置换反应，其反应一般都是可逆的。

原水通过装有阳离子交换树脂的交换器时，水中的阳离子如 Ca^{2+}、Mg^{2+}、K^+、Na^+ 等便与树脂的可交换离子（H^+）交换；接着通过装有阴离子交换树脂的交换器时，水中的阴离子 Cl^-、SO_4^{2-}、HCO_3^- 等与树脂中的可交换离子（OH^-）交换。基本反应为

$$RH^+ + \begin{cases} 1/2Ca^{2+} \\ 1/2Mg^{2+} \\ Na^+ \\ K^+ \end{cases} \begin{cases} 1/2SO_4^{2-} \\ Cl^- \\ HCO_3^- \\ HSiO_3^- \end{cases} = R \begin{cases} 1/2Ca^{2+} \\ 1/2Mg^{2+} \\ Na^+ \\ K^+ \end{cases} + H^+ \begin{cases} 1/2SO_4^{2-} \\ Cl^- \\ HCO_3^- \\ HSiO_3^- \end{cases}$$

$$ROH^- + H^+ \begin{cases} 1/2SO_4^{2-} \\ Cl^- \\ HCO_3^- \\ HSiO_3^- \end{cases} = R \begin{cases} 1/2SO_4^{2-} \\ Cl^- \\ HCO_3^- \\ HSiO_3^- \end{cases} + H_2O$$

树脂使用一段时间后失去继交换离子的能力称为失效。树脂使用失效后要进行再生，即把树脂上吸附的阴、阳离子置换出来，代之以新的可交换离子（H^+、OH^-）。阳离子交换树脂用 HCl 或 H_2SO_4 再生，阴离子交换树脂用 NaOH 再生。基本反应式为

$$R_2Ca + 2HCl = 2RH + CaCl_2$$
$$R_2Mg + 2HCl = 2RH + MgCl_2$$
$$RCl + NaOH = ROH + NaCl$$

【实验用品】

仪器：离子交换树脂装置一套、温度计、电导率仪、pH 计、尺、秒表。

【实验步骤】

（1）熟悉装置。掌握离子交换树脂装置的管路连接方式、阀门作用、管路流程。

（2）分别用温度计、电导率仪、pH 计测定原（自来水）温度、电导率、pH 值，用尺测量交换柱内径及树脂层高度，将所得数据记录在表 14-10 中。

（3）离子交换。原水按照一定的流速通过阴阳离子交换柱，通过流量计调节流量，在不同的流速下实验。设定一个流速，用秒表设定运行 8min，测定出水的电导率和 pH 值，连续 3 次，求平均值，记录于表 14-11 中。

（4）冲洗。离子交换完毕，用自来水正洗、反洗各 15min，反洗结束后将水放到水面高于树脂表面 10cm 左右。

【数据记录与结果计算】

（1）将原水电导率和实验装置的有关数据填入表 14-10 中。

表 14-10　原水电导率和实验装置的有关数据

原水电导率 $k_0/(\mu s/cm)$	交换柱内径/cm	阳离子树脂层高度/cm	阴离子树脂层高度/cm

（2）将交换过程的数据填入表 14-11 中。

表 14-11　交换过程数据记录

原水温度：　　　　　　　　　原水 pH 值＝

交换柱水流速率/(L/h)	阳离子交换柱		阴离子交换柱	
	pH 值	电导率/(μs/cm)	pH 值	电导率/(μs/cm)
30				
平均				

交换柱水流速率/(L/h)	阳离子交换柱		阴离子交换柱	
	pH 值	电导率/(μs/cm)	pH 值	电导率/(μs/cm)
70				
平均				

【问题讨论】

（1）说明两种树脂的外观、形态等区别。

（2）新鲜树脂如何预处理？

主要参考文献

董元彦，2005. 无机及分析化学［M］. 2 版. 北京：科学出版社.

高琳，2006. 基础化学［M］. 北京：高等教育出版社.

高职高专化学教材编写组，2018. 分析化学［M］. 4 版. 北京：高等教育出版社.

黄南珍，2003. 分析化学［M］. 北京：人民卫生出版社.

刘斌，2003. 有机化学［M］. 北京：人民卫生出版社.

倪沛洲，2002. 有机化学［M］. 4 版. 北京：人民教育出版社.

王炳强，曾玉香，2015. 全国职业院校技能竞赛"工业分析检验"赛项指导书［M］. 北京：化学工业出版社.

吴英锦，2007. 基础化学［M］. 北京：高等教育出版社.

伍伟杰，2008. 药用基础化学：无机化学［M］. 北京：中国医药科技出版社.

邢其毅，2005. 基础有机化学［M］. 3 版. 北京：高等教育出版社.

叶芬霞，2018. 无机及分析化学［M］. 2 版. 北京：高等教育出版社.

曾崇理，2002. 有机化学［M］. 北京：人民卫生出版社.

张法庆，2008. 有机化学［M］. 2 版. 北京：化学工业出版社.

钟国清，2009. 基础化学［M］. 北京：科学出版社.

化学学科网 http://huaxue.zxxk.com/

化学资源网 http://www.21cnjy.com/huaxue/

中国化学会 http://www.chemsoc.org.cn/

中国食品安全网 http://www.cfqn.com.cn/

附　　录

附表 1　常用指示剂配制方法

指示剂名称	pH 值变色范围	颜色变化	配制方法
甲基紫	0.13～0.5	黄～绿	0.1g 或 0.05g 溶于 100mL 水中
甲基红	4.4～6.2	红～黄	0.1g 或 0.2g 溶于 100mL 60％乙醇
甲基橙	3.2～4.4	红～黄	0.1g 指示剂，加水使溶解成 100mL
中性红	6.8～8.0	红→黄	0.5g 指示剂，加水使溶解成 100mL，滤过
溴酚蓝	2.8～4.6	黄～蓝绿	0.1g 指示剂，加 0.05mol/L NaOH 溶液 3.0mL 使溶解，再加水稀释至 200mL
溴甲酚绿	3.6～5.2	黄～蓝	0.1g 指示剂，加 0.05mol/L NaOH 溶液 2.8mL 使溶解，再加水稀释至 200mL
溴甲酚紫	5.2～6.8	（黄→紫）	0.1g 指示剂，加 0.02mol/L NaOH 溶液 20mL 使溶解，再加水稀释至 100mL
溴酚红	5.0～6.8	黄～红	0.1g 或 0.04g 溶于 100mL 20％乙醇
溴百里酚蓝	6.0～7.6	黄～蓝	0.05g 溶于 100mL 20％乙醇
酚酞	8.2～10.0	无色～红色	0.1g 溶于 100mL 60％乙醇
百里酚酞	9.3～10.5	无色～蓝	0.1g 溶于 100mL 90％乙醇
百里酚蓝	1.2～2.8	红～黄	0.1g 溶于 100mL 20％乙醇
酚红	6.8～8.0	黄～红	0.1g 溶于 100mL 20％乙醇
甲酚红	7.2～8.8	黄～红	0.1g 指示剂，加 0.05mol/L NaOH 溶液 5.3mL 使溶解，再加水稀释至 100mL
百里香酚蓝-酚酞			3 份体积百里香酚蓝溶液（1g/L）和 2 份体积酚酞溶液（1g/L）混合均匀
溴甲酚绿-甲基橙			6 份体积溴甲酚绿溶液（1g/L）和 1 份体积甲基橙溶液（1g/L）混合均匀
溴甲酚绿-甲基红			3 份体积溴甲酚绿溶液（1g/L）与 1 份体积甲基红溶液（1g/L）混合，摇匀，储存于棕色瓶中
铬黑 T（EBT）			称取 0.50g 铬黑 T 和 4.5g 氯化羟胺，溶于乙醇中，用乙醇稀释至 100mL，储存于棕色瓶中。可保持数月不变质
钙指示剂			称取 0.20g 钙指示剂与 10g 在 105℃干燥的氯化钠，置于研钵中研细混匀。储存于棕色磨口瓶中
淀粉指示液 10g/L			取可溶性淀粉 1.0g，加水 5mL 搅匀后，缓缓倾入 100mL 沸水中，边加边搅拌，继续煮沸 2min，放冷，本液应临用新制。若加入几滴甲醛溶液，可延长使用期限

附表 2　不同温度下标准滴定溶液的体积补正值（GB/T 601—2016）

［1000mL 溶液由 t℃换算为 20℃时的补正值/(mL/L)］

温度 t/℃	水及 0.05mol/ L 以下的各种水溶液	0.1mol/L 及 0.2mol/L 各种水溶液	盐酸溶液 c_{HCl}= 0.5mol/L	盐酸溶液 c_{HCl}= 1mol/L	硫酸溶液 $c_{\frac{1}{2}H_2SO_4}$= 0.5mol/L 氢氧化钠溶液 c_{NaOH}= 0.5mol/L	硫酸溶液 $c_{\frac{1}{2}H_2SO_4}$= 1mol/L 氢氧化钠溶液 c_{NaOH}= 1mol/L	碳酸钠溶液 $c_{\frac{1}{2}Na_2CO_3}$= 1mol/L	氢氧化钾-乙醇溶液 c_{KOH}= 0.1mol/L
5	+1.38	+1.7	+1.9	+2.3	+2.4	+3.6	+3.3	—
6	+1.38	+1.7	+1.9	+2.2	+2.3	+3.4	+3.2	—
7	+1.36	+1.6	+1.8	+2.2	+2.2	+3.2	+3.0	—
8	+1.33	+1.6	+1.8	+2.1	+2.2	+3.0	+2.8	—
9	+1.29	+1.5	+1.7	+2.0	+2.1	+2.7	+2.6	—
10	+1.23	+1.5	+1.6	+1.9	+2.0	+2.5	+2.4	+10.8
11	+1.17	+1.4	+1.5	+1.8	+1.8	+2.3	+2.2	+9.6
12	+1.10	+1.3	+1.4	+1.6	+1.7	+2.0	+2.0	+8.5
13	+0.99	+1.1	+1.2	+1.4	+1.5	+1.8	+1.8	+7.4
14	+0.88	+1.0	+1.1	+1.2	+1.3	+1.6	+1.5	+6.5
15	+0.77	+0.9	+0.9	+1.0	+1.1	+1.3	+1.3	+5.2
16	+0.64	+0.7	+0.8	+0.8	+0.9	+1.1	+1.1	+4.2
17	+0.50	+0.6	+0.6	+0.6	+0.7	+0.8	+0.8	+3.1
18	+0.34	+0.4	+0.4	+0.4	+0.5	+0.6	+0.6	+2.1
19	+0.18	+0.2	+0.2	+0.2	+0.2	+0.3	+0.3	+1.0
20	0.00	0.00	0.00	0.0	0.0	0.0	0.0	0.0
21	−0.18	−0.2	−0.2	−0.2	−0.2	−0.3	−0.3	−1.1
22	−0.38	−0.4	−0.4	−0.5	−0.5	−0.6	−0.6	−2.2
23	−0.58	−0.6	−0.7	−0.7	−0.8	−0.9	−0.9	−3.3
24	−0.80	−0.9	−0.9	−1.0	−1.0	−1.2	−1.2	−4.2
25	−1.03	−1.1	−1.1	−1.2	−1.3	−1.5	−1.5	−5.3
26	−1.26	−1.4	−1.4	−1.4	−1.5	−1.8	−1.8	−6.4
27	−1.51	−1.7	−1.7	−1.7	−1.8	−2.1	−2.1	−7.5
28	−1.76	−2.0	−2.0	−2.0	−2.1	−2.4	−2.4	−8.5
29	−2.01	−2.3	−2.3	−2.3	−2.4	−2.8	−2.8	−9.6
30	−2.30	−2.5	−2.5	−2.6	−2.8	−3.2	−3.1	−10.6
31	−2.58	−2.7	−2.7	−2.9	−3.1	−3.5	—	−11.6
32	−2.86	−3.0	−3.0	−3.2	−3.4	−3.9	—	−12.6
33	−3.04	−3.2	−3.3	−3.5	−3.7	−4.2	—	−13.7
34	−3.47	−3.7	−3.6	−3.8	−4.1	−4.6	—	−14.8
35	−3.78	−4.0	−4.0	−4.1	−4.4	−5.0	—	−16.0
36	−4.10	−4.3	−4.3	−4.4	−4.7	−5.3	—	−17.0

注：1) 本表数值是以 20℃为标准温度以实测法测出。

2) 表中带有 "＋"、"—" 号的数值是以 20℃为分界。室温低于 20℃的补正值为 "＋"，高于 20℃的补正值为 "—"。

3) 本表的用法：如 1L 硫酸溶液（$c_{\frac{1}{2}H_2SO_4}$=1mol/L）由 25℃换算为 20℃时，其体积补正值为 −1.5mL，故 40.00mL 换算为 20℃时的体积为：

$$40.00-\frac{1.5}{1000}\times 40.00=39.94 （mL）$$

附表 3 "工业分析检验"赛项化学分析考核评分细则

序号	作业项目	考核内容	配分	操作要求	考核记录	扣分	得分
一	基准物及试样的称量 （9分）	称量操作	1	1. 检查天平水平			
				2. 清扫天平			
				3. 敲样动作正确			
				每错一项扣 0.5 分，扣完为止			
		基准物或试样称量范围	7	1. 在规定量±5%～±10%内 每错一个扣 1 分，扣完为止			
				2. 称量范围最多不超过±10% 每错一个扣 2 分，扣完为止			
		结束工作	1	1. 复原天平			
				2. 放回凳子			
				每错一项扣 0.5 分，扣完为止			
二	溶液配制 （5分）	容量瓶洗涤	0.5	洗涤干净 洗涤不干净，扣 0.5 分			
		容量瓶试漏	0.5	正确试漏 不试漏，扣 0.5 分			
		定量转移	1	转移动作规范			
				洗涤小烧杯			
				每错一项扣 0.5 分，扣完为止			
		定容	3	1. $\frac{2}{3}$ 处水平摇动			
				2. 准确稀释至刻线			
				3. 摇匀动作正确			
				每错一项扣 1 分，扣完为止			
三	移取溶液 （5分）	移液管洗涤	0.5	洗涤干净 洗涤不干净，扣 0.5 分			
		移液管润洗	1	润洗方法正确 润洗方法不正确扣 1 分			
		吸溶液	1	1. 不吸空			
				2. 不重吸			
				每错一项扣 1 分，扣完为止			
		调刻线	1	1. 调刻线前擦干外壁			
				2. 调节液面操作熟练			
				每错一项扣 0.5 分，扣完为止			
		放溶液	1.5	1. 移液管竖直			
				2. 移液管尖靠壁			
				3. 放液后停留约 15s			
				每错一项扣 0.5 分，扣完为止			
四	托盘天平使用 （0.5分）	称量	0.5	称量操作规范 操作不规范扣 0.5 分			

序号	作业项目	考核内容		配分	操作要求	考核记录	扣分	得分
五	滴定操作 （4.5分）	滴定管的洗涤		0.5	洗涤干净 洗涤不干净，扣0.5分			
		滴定管的试漏		0.5	正确试漏 不试漏，扣0.5分			
		滴定管的润洗		1	润洗方法正确 润洗方法不正确扣1分			
		调零点		0.5	调零点正确 不正确，扣0.5分			
		滴定操作		2	1. 滴定速度适当			
					2. 半滴操作正确			
					每错一项扣1分，扣完为止			
六	滴定终点 （4分）	标定 终点	纯蓝色	4	终点判断正确			
		测定 终点	蓝紫色		终点判断正确 每错一项扣1分，扣完为止			
七	空白实验 （1分）	空白实验 测定规范		1	按照规范要求完成空白实验 测定不规范扣1分，扣完为止			
八	读数 （2分）	读数		2	读数正确 每错一项扣1分，扣完为止			
九	原始数据 记录 （2分）	原始数据 记录		2	1. 原始数据记录不能用其他纸张记录			
					2. 原始数据要及时记录			
					3. 正确进行滴定管体积校正（现场裁判应该对校正体积正值）			
					每错一个扣1分，扣完为止			
十	文明操作 结束工作 （1分）	物品摆放 仪器洗涤 "三废"处理		1	1. 仪器摆放整齐			
					2. 废纸/废液不乱扔/乱倒			
					3. 结束后清洗仪器			
					每错一项扣0.5分，扣完为止			

附表 4　酸、碱的解离常数

（1）常用弱酸的解离常数（298.15K）

弱酸	解离常数 K_a
H_3AlO_4	$K_1=6.3\times10^{-12}$
H_3AsO_4	$K_1=6.0\times10^{-3}$；$K_2=1.0\times10^{-7}$；$K_3=3.2\times10^{-12}$
H_3AsO_3	$K_1=6.6\times10^{-10}$
H_3BO_3	$K_1=5.8\times10^{-10}$
$H_2B_4O_7$	$K_1=1.0\times10^{-4}$；$K_2=1.0\times10^{-9}$

弱酸	解离常数 K_a
HBrO	$K_1 = 2.0 \times 10^{-9}$
H_2CO_3	$K_1 = 4.4 \times 10^{-7}$；$K_2 = 4.7 \times 10^{-11}$
HCN	$K_1 = 6.2 \times 10^{-10}$
H_2CrO_4	$K_1 = 4.1$；$K_2 = 1.3 \times 10^{-4}$
HClO	$K_1 = 2.8 \times 10^{-8}$
HF	$K_1 = 6.6 \times 10^{-4}$
HIO	$K_1 = 2.3 \times 10^{-11}$
HIO_3	$K_1 = 0.16$
H_5IO_6	$K_1 = 2.8 \times 10^{-2}$；$K_2 = 5.0 \times 10^{-9}$
H_2MnO_4	$K_2 = 7.1 \times 10^{-11}$
HNO_2	$K_1 = 7.2 \times 10^{-4}$
HN_3	$K_1 = 1.9 \times 10^{-5}$
H_2O_2	$K_1 = 2.2 \times 10^{-12}$
H_2O	$K_1 = 1.8 \times 10^{-16}$
H_3PO_4	$K_1 = 7.1 \times 10^{-3}$；$K_2 = 6.3 \times 10^{-8}$；$K_3 = 4.2 \times 10^{-13}$
$H_4P_2O_7$	$K_1 = 3.0 \times 10^{-2}$；$K_2 = 4.4 \times 10^{-3}$；$K_3 = 2.5 \times 10^{-7}$；$K_4 = 5.6 \times 10^{-10}$
$H_5P_3O_{10}$	$K_3 = 1.6 \times 10^{-3}$；$K_4 = 3.4 \times 10^{-7}$；$K_5 = 5.8 \times 10^{-10}$
H_3PO_3	$K_1 = 6.3 \times 10^{-2}$；$K_2 = 2.0 \times 10^{-7}$
H_2SO_4	$K_2 = 1.0 \times 10^{-2}$
H_2SO_3	$K_1 = 1.3 \times 10^{-2}$；$K_2 = 6.1 \times 10^{-3}$
$H_2S_2O_3$	$K_1 = 0.25$；$K_2 = 3.2 \times 10^{-2} \sim 2.0 \times 10^{-2}$
$H_2S_2O_4$	$K_1 = 0.45$；$K_2 = 3.5 \times 10^{-3}$
H_2Se	$K_1 = 1.3 \times 10^{-4}$；$K_2 = 1.0 \times 10^{-11}$
H_2S	$K_1 = 1.32 \times 10^{-7}$；$K_2 = 7.10 \times 10^{-15}$
H_2SeO_4	$K_2 = 2.2 \times 10^{-2}$
H_2SeO_3	$K_1 = 2.3 \times 10^{-2}$；$K_2 = 5.0 \times 10^{-9}$
HSCN	$K_1 = 1.41 \times 10^{-1}$
H_2SiO_3	$K_1 = 1.7 \times 10^{-10}$；$K_2 = 1.6 \times 10^{-12}$
$HSb(OH)_6$	$K_1 = 2.8 \times 10^{-3}$
H_2TeO_3	$K_1 = 3.5 \times 10^{-3}$；$K_2 = 1.9 \times 10^{-8}$
H_2Te	$K_1 = 2.3 \times 10^{-3}$；$K_2 = 1.0 \times 10^{-11} \sim 10^{-12}$
H_2WO_4	$K_1 = 3.2 \times 10^{-4}$；$K_2 = 2.5 \times 10^{-5}$
NH_4^+	$K_1 = 5.8 \times 10^{-5}$
$H_2C_2O_4$（草酸）	$K_1 = 5.4 \times 10^{-2}$；$K_2 = 5.4 \times 10^{-5}$
HCOOH（甲酸）	$K_1 = 1.77 \times 10^{-4}$

续表

弱酸	解离常数 K_a
CH_3COOH（醋酸）	$K_1=1.75\times10^{-5}$
$ClCH_2COOH$（氯代醋酸）	$K_1=1.4\times10^{-3}$
CH_2CHCO_2H（丙烯酸）	$K_1=5.5\times10^{-3}$
$CH_3COOH_2CO_2H$（乙酰醋酸）	$K_1=2.6\times10^{-4}$（316.15K）
$H_3C_6H_5O_7$（柠檬酸）	$K_1=7.4\times10^{-4}$；$K_2=1.73\times10^{-5}$；$K_3=4\times10^{-7}$
H_4Y（乙二胺四乙酸）	$K_1=10^{-2}$；$K_2=2.1\times10^{-3}$；$K_3=6.9\times10^{-7}$；$K_4=5.9\times10^{-11}$

（2）常用弱碱的解离常数（298.15K）

弱碱	解离常数 K_b
$NH_3 \cdot H_2O$	1.8×10^{-5}
NH_3-NH_2（联氨）	9.8×10^{-7}
NH_2OH（羟氨）	9.1×10^{-9}
$C_6H_5NH_2$（苯胺）	4×10^{-9}
C_5H_5N（吡啶）	1.5×10^{-9}
$(CH_2)_6N_4$（六次甲基四胺）	1.4×10^{-9}

附表 5　常见难溶电解质的溶度积常数（298K）

难溶强电解质	K_{sp}^{θ}	难溶强电解质	K_{sp}^{θ}
AgCl	1.76×10^{-10}	CuS	1.27×10^{-36}
AgBr	5.35×10^{-13}	$Fe(OH)_2$	4.87×10^{-17}
AgI	8.51×10^{-17}	$Fe(OH)_3$	4.0×10^{-38}
$AgBrO_3$	5.21×10^{-5}	HgS	6.44×10^{-53}
Ag_2CO_3	8.4×10^{-12}	$MgCO_3$	6.82×10^{-6}
Ag_2CrO_4	1.12×10^{-12}	$Mg(OH)_2$	1.8×10^{-11}
Ag_2SO_4	1.20×10^{-5}	$Mn(OH)_2$	2.06×10^{-13}
$BaCO_3$	2.58×10^{-9}	MnS	4.65×10^{-14}
$BaSO_4$	1.07×10^{-10}	$PbCO_3$	1.46×10^{-13}
$BaCrO_4$	1.17×10^{-10}	$PbCrO_4$	1.77×10^{-14}
$CaCO_3$	4.96×10^{-9}	PbI_2	8.49×10^{-9}
$CaC_2O_4H_2O$	2.34×10^{-9}	$PbSO_4$	1.82×10^{-8}
$Ca_3(PO_4)_2$	2.07×10^{-33}	PbS	9.04×10^{-29}
$CaSO_4$	7.10×10^{-5}	$ZnCO_3$	1.19×10^{-10}
CdS	1.40×10^{-29}	ZnS	2.93×10^{-25}

附表6　化学元素周期表

注：相对原子质量录自2001年国际原子量表，并全部取4位有效数字。

周期	IA 1	IIA 2	IIIB 3	IVB 4	VB 5	VIB 6	VIIB 7		VIII		IB 11	IIB 12	IIIA 13	IVA 14	VA 15	VIA 16	VIIA 17	0 18
1	1 H 氢 1s¹ 1.008																	2 He 氦 1s² 4.003
2	3 Li 锂 2s¹ 6.941	4 Be 铍 2s² 9.012											5 B 硼 2s²2p¹ 10.81	6 C 碳 2s²2p² 12.01	7 N 氮 2s²2p³ 14.01	8 O 氧 2s²2p⁴ 16.00	9 F 氟 2s²2p⁵ 19.00	10 Ne 氖 2s²2p⁶ 20.18
3	11 Na 钠 3s¹ 22.99	12 Mg 镁 3s² 24.31											13 Al 铝 3s²3p¹ 26.98	14 Si 硅 3s²3p² 28.09	15 P 磷 3s²3p³ 30.97	16 S 硫 3s²3p⁴ 32.06	17 Cl 氯 3s²3p⁵ 35.45	18 Ar 氩 3s²3p⁶ 39.95
4	19 K 钾 4s¹ 39.10	20 Ca 钙 4s² 40.08	21 Sc 钪 3d¹4s² 44.96	22 Ti 钛 3d²4s² 47.87	23 V 钒 3d³4s² 50.94	24 Cr 铬 3d⁵4s¹ 52.00	25 Mn 锰 3d⁵4s² 54.94	26 Fe 铁 3d⁶4s² 55.85	27 Co 钴 3d⁷4s² 58.93	28 Ni 镍 3d⁸4s² 58.69	29 Cu 铜 3d¹⁰4s¹ 63.55	30 Zn 锌 3d¹⁰4s² 65.41	31 Ga 镓 4s²4p¹ 69.72	32 Ge 锗 4s²4p² 72.64	33 As 砷 4s²4p³ 74.92	34 Se 硒 4s²4p⁴ 78.96	35 Br 溴 4s²4p⁵ 79.90	36 Kr 氪 4s²4p⁶ 83.80
5	37 Rb 铷 5s¹ 85.47	38 Sr 锶 5s² 87.62	39 Y 钇 4d¹5s² 88.91	40 Zr 锆 4d²5s² 91.22	41 Nb 铌 4d⁴5s¹ 92.91	42 Mo 钼 4d⁵5s¹ 95.94	43 Tc 锝 4d⁵5s² [98]	44 Ru 钌 4d⁷5s¹ 101.1	45 Rh 铑 4d⁸5s¹ 102.9	46 Pd 钯 4d¹⁰ 106.4	47 Ag 银 4d¹⁰5s¹ 107.9	48 Cd 镉 4d¹⁰5s² 112.4	49 In 铟 5s²5p¹ 114.8	50 Sn 锡 5s²5p² 118.7	51 Sb 锑 5s²5p³ 121.8	52 Te 碲 5s²5p⁴ 127.6	53 I 碘 5s²5p⁵ 126.9	54 Xe 氙 5s²5p⁶ 131.3
6	55 Cs 铯 6s¹ 132.9	56 Ba 钡 6s² 137.3	57~71 La~Lu 镧系	72 Hf 铪 5d²6s² 178.5	73 Ta 钽 5d³6s² 180.9	74 W 钨 5d⁴6s² 183.8	75 Re 铼 5d⁵6s² 186.2	76 Os 锇 5d⁶6s² 190.2	77 Ir 铱 5d⁷6s² 192.2	78 Pt 铂 5d⁹6s¹ 195.1	79 Au 金 5d¹⁰6s¹ 197.0	80 Hg 汞 5d¹⁰6s² 200.6	81 Tl 铊 6s²6p¹ 204.4	82 Pb 铅 6s²6p² 207.2	83 Bi 铋 6s²6p³ 209.0	84 Po 钋* 6s²6p⁴ [209]	85 At 砹* 6s²6p⁵ [210]	86 Rn 氡 6s²6p⁶ [222]
7	87 Fr 钫* 7s¹ [223]	88 Ra 镭* 7s² [226]	89~103 Ac~Lr 锕系	104 Rf 钻* (6d²7s²) [261]	105 Db 𨧀* (6d³7s²) [262]	106 Sg 𨭎* [266]	107 Bh 𨨏* [264]	108 Hs 𨭆* [277]	109 Mt 鿏* [268]	110 Ds 𫟼* [281]	111 Rg 𬬭* [272]	112 Uub * [285]						

镧系

57 La 镧 5d¹6s² 138.9	58 Ce 铈 4f¹5d¹6s² 140.1	59 Pr 镨 4f³6s² 140.9	60 Nd 钕 4f⁴6s² 144.2	61 Pm 钷* 4f⁵6s² [145]	62 Sm 钐 4f⁶6s² 150.4	63 Eu 铕 4f⁷6s² 152.0	64 Gd 钆 4f⁷5d¹6s² 157.3	65 Tb 铽 4f⁹6s² 158.9	66 Dy 镝 4f¹⁰6s² 162.5	67 Ho 钬 4f¹¹6s² 164.9	68 Er 铒 4f¹²6s² 167.3	69 Tm 铥 4f¹³6s² 168.9	70 Yb 镱 4f¹⁴6s² 173.0	71 Lu 镥 4f¹⁴5d¹6s² 175.0

锕系

89 Ac 锕* 6d¹7s² [227]	90 Th 钍* 6d²7s² 232.0	91 Pa 镤* 5f²6d¹7s² 231.0	92 U 铀 5f³6d¹7s² 238.0	93 Np 镎* 5f⁴6d¹7s² [237]	94 Pu 钚* 5f⁶7s² [244]	95 Am 镅* 5f⁷7s² [243]	96 Cm 锔* 5f⁷6d¹7s² [247]	97 Bk 锫* 5f⁹7s² [247]	98 Cf 锎* 5f¹⁰7s² [251]	99 Es 锿* 5f¹¹7s² [252]	100 Fm 镄* 5f¹²7s² [257]	101 Md 钔* 5f¹³7s² [258]	102 No 锘* 5f¹⁴7s² [259]	103 Lr 铹* 5f¹⁴6d¹7s² [262]

图例说明：
92 U — 原子序数（红色指放射性元素）；元素符号；
铀 — 元素名称（注*的是人造元素）；
5f³6d¹7s² — 外围电子层排布，括号指可能的电子层排布；
238.0 — 相对原子质量（加括号的数据为该放射性元素最长同位素的质量数）

非金属　金属　过渡元素